Grundriß der Technologie;

oder

Anleitung

zur

rationellen Kenntniß und Beurtheilung derjenigen Künste, Fabriken, Manufakturen und Handwerke, welche mit der Kameral- und Policeywissenschaft, so wie der Landwirthschaft in nächster Verbindung stehen.

Zum Gebrauche akademischer Vorlesungen

und

zur Selbstbelehrung

für angehende Staatsdiener, Kameral- und Policeybeamte, desgleichen für Landwirthe, Kaufleute, Fabrikanten, Manufakturisten und Handwerker.

Zweyte völlig umgearbeitete und vermehrte Auflage.

Zweite Abtheilung.

Zum Selbststudium derselben.

Von

Sigismund Friedrich Hermbstädt,

Ritter des Königl. Preuß. rothen Adlerordens und des Königl. Niederländ. Löwenordens, der W. W. und Arzneigelahrtheit Doctor, Königl. Geh. u. Ober-Medizinalrath, ord. öffentl. Lehrer der Chemie u. Technologie an der Königl Fr. Wilh. Universität, der Königl. allgemeinen Kriegsschule, der mediz. chir. Militair-Akademie u. des Bergwerks-Eleven-Instituts Ordentl. Mitgliede der wissenschaftl. Deput. für das Medizinalwesen im Minist. der Geistl.-, Unterrichts- und Medizinal-Angeleg., wie auch der technischen Deput. für Gewerbe im Minist. des Innern; Ehrenmitgliede der philos. Fakultät der K. K. Universität zu Wilna, ord. Mitgl. d. K. Akad. d. Wissensch. u. der Gesellsch. naturf. Freunde in Berlin, Mitgl. der Akad. der Wissensch. zu St. Petersburg, Stockholm u. Kopenhagen, der Kais. Leopoldin. Akad. der Naturforscher, der Societäten der Wissensch. für Naturkunde, Mineralogie u. Mathematik zu Frankf. a. d. O., Paris, Brüssel, Petersburg, Moskau, Halle, Jena, Erfurth, Erlangen, Marburg u. Westphalen; der Senkenbergischen naturforschenden Societät zu Frankfurt a. M., auch der Gesellschaft zur Beförderung der Künste und Gewerbe daselbst; der Societäten der Medicin, Chirurgie und Pharmacie zu Paris, so wie der Künste, Manufakturen und Bergwerkskunde, wie auch der Societé philomatique daselbst; der landwirthsch. Gesellschaften zu Potsdam, Leipzig, Rostock, Ettlingen, Riga, St. Petersburg; der physikal. kameralist. Societät in Erlangen 2c. 2c., theils ordentlichem, theils Ehren-Mitgliede, theils Correspondenten.

Berlin, 1830.
Gedruckt und verlegt
bei G. Reimer.

Inhalt der zweyten Abtheilung.

Seite

Zwölfter Abschnitt.

Dreyzehnter Abschnitt.

Vierzehnter Abschnitt.

Funfzehnter Abschnitt.

Sechzehnter Abschnitt.

Einundzwanzigster Abschnitt.

Zweyundzwanzigster Abschnitt.

Seite

Dreyundzwanzigster Abschnitt.

Vierundzwanzigster Abschnitt.

Fünfundzwanzigster Abschnitt.

Sechsundzwanzigster Abschnitt.

Siebenundzwanzigster Abschnitt.

Achtundzwanzigster Abschnitt.

Seite

Neunundzwanzigster Abschnitt.

Dreyßigster Abschnitt.

Einunddreyßigster Abschnitt.

Zweyunddreyßigster Abschnitt.

Dreyunddreyßigster Abschnitt.

Vierunddreyßigster Abschnitt.

Seite

Fünfunddreyßigster Abschnitt.

Sechsunddreyßigster Abschnitt.

Siebenunddreyßigster Abschnitt.

Achtunddreyßigster Abschnitt.

Neununddreyßigster Abschnitt.

Vierundvierzigster Abschnitt.

Fünfundvierzigster Abschnitt.

Sechsundvierzigster Abschnitt.

Siebenundvierzigster Abschnitt.

Grundriß
der
Technologie.

Zweyte Abtheilung.
Zum eigenen Studium derselben.

Wie sie der Verfasser schrieb,
Nicht wie sie der Diebstahl druckte,
Dessen Müh' ist, daß er richte
Andrer Mühe stets zu Grunde.
Calderon.

Zwölfter Abschnitt.

Die Fabrikation des Papiers.

(Die Papiermacherey. Das Papiermacher-Handwerk.)

§. 392.

Vor der Erfindung unsers jetzt bekannten Papiers, grub man die Schrift in Steine, in Erz, in Bley, in Holz, in Wachs, und in Elfenbein ein. Späterhin bediente man sich der Thierhäute (wie die Jonier); der Baumblätter besonders von Palmbäumen, (wie die Aegyptier und die Araber); man schrieb auf Baumrinde (wie die alten Römer); auf Kattun und Taffet (wie die alten Chinesen); bis endlich von den Aegyptiern das Papier erfunden und aus einer Art Schilfrohr (Papyrus oder Byblos, Cyperus Papyrus) verfertiget wurde. Das ägyptische Schilfrohr blieb ohngefähr bis ans Ende des eilften Jahrhunderts nach Ch. G. im Gebrauch, von der Zeit an ward solches durch das Baumbastpapier (vom Baste des Papiermaulbeerbaums Broussonetia Papyrifera, Morus papyrifera Lin.), theils durch das Seiden- und Baumwollenpapier verdrängt.

a) Die Kunst, Papier aus Lumpen (früher nur aus Baumwollenen) zu verfertigen, ist ohnstreitig zuerst von den

Sinesen erfunden worden, durch welche solches in das mittlere Asien und die Bucharey gebracht wurde, wo die Araber auf ihren Gebirgszügen, im Anfange des sechsten Jahrhunderts, die Verfertigung und den Gebrauch des Papiers kennen lernten. Später wurde diese Kunst den Griechen in Konstantinopel bekannt.

b) Die Erfindung, jenes Papier zu verfertigen, kam erst im eilften Jahrhunderte durch die Araber (etwa um das achte Jahrhundert vor Christus) nach Europa; und die ersten Papierfabriken hatten Spanien und Sicilien. Im zwölften Jahrh. kam dieser Fabrikzweig nach Italien. Von den Baumwollenen Lumpen ging man fernerhin zur Anwendung der Leinen über.

c) Die Erfindung, das Papier aus Leinenen Lumpen zu fabriciren, scheint schon im dreyzehnten Jahrhundert gemacht worden zu seyn. Die älteste Papiermühle in Europa, wurde in der Mark Ancona, bey dem Schlosse Fabriano, errichtet.

d) Gegenwärtig ist die Kunst, Papier aus leinenen Lumpen zu produciren, sehr zur Vervollkommenheit gediehen, verdient indessen bey alledem doch noch mancher Verbesserung, bevor sie als ganz vollendet angesehen werden kann.

e) Im Jahr 1347 ertheilte Kayser Ludwig der Bayer die Erlaubniß zur Errichtung einer Papiermühle zu München, die also die älteste in Deutschland ist.

f) Im Jahr 1390 wurde durch den Senator Ulmann Strommer, eine Papiermühle in Nürnberg errichtet.

g) In der Schweiz wurde durch zwey Werkmeister aus Gallizien, in Spanien, die erste Papiermühle zu Basel erbaut.

h) Hans Schönberger war im Jahre 1482 im Besitz einer Papiermühle in Augsburg.

i) Ein gewisser Spielmann, ein Deutscher von Geburt, erbauete unter der Regierung der Königinn Elisabeth, im Jahr 1508, die erste Papiermühle zu Dortfort in England, und wurde von ihr zum Ritter geschlagen.

k) Ein anderer, Namens Pfeifer, gleichfalls ein Deutscher,

errichtete in Rußland die erste Papiermühle zu Moskau, unter der Regierung Kayser Peters des Ersten, im Jahr 1712.

1) Die Papiermacher machen ein Nichtzünftiges Gewerk aus.

(J. H. M. Poppe Geschichte der Technologie rc., 2. B. S. 311 rc. G. F. Wehrs, Von dem Papier, den vor der Erfindung desselben üblich gewesenen Schreibemassen und sonstigen Schreibematerialien. Halle 1798. Beytrag zur Geschichte der Papiermanufakturen: in Hermbstädt's Bülletin rc. 11. B. S. 266 rc. H. Weber's Beyträge zur Gewerbe- und Handelskunde rc. 1. Th. 1825. S. 384 rc. Bayersches neuestes Kunst- und Gewerbeblatt rc. 10. Jahrgang. 2. B. 1824. S. 108 rc.)

§. 393.

Das Ganze der Papierfabrikation läßt sich in zehn verschiedene einzelne Operationen zerfällen, dahin gehören: 1) das Sortiren und Vertheilen der Lumpen; 2) das Zerkleinern derselben; 3) das Macceriren derselben; 4) ihre Verarbeitung zu Halbzeug; 5) die Bereitung des Ganzzeugs; 6) das Schöpfen der Papiermasse zu Bogen; 7) das Auspressen der Papierbogen; 8) das Trocknen derselben; 9) das Leimen des Papiers; 10) das Glätten desselben.

I. Das Sortiren oder Vorbereiten der Lumpen.

§. 394.

Das Sortiren der Lumpen wird vorzüglich aus dem Grunde veranstaltet, um die aus Flachs, aus Hanf und aus Werg gewebten Zeuge von einander zu sondern, die alten von den weniger abgenutzten, so wie auch die gefärbten von den farbenlosen zu trennen, um den Abgang des Papierstoffes dadurch zu vermindern. Daß das

Sortiren der Lumpen, besonders im Auslesen derselben bestehet, ist leicht zu begreifen.

a) Weil alte mehr abgenutzte Lumpen sich früher zerkleinern, als weniger abgenutzte: so würde man, ohne Sortirung derselben, die Ungleichartigkeit der daraus gefertigten Papiermasse nicht vermeiden können.

b) In guten Papierfabriken werden sechszehn Arten der Lumpen von einander gesondert; wobey man Sorge trägt, daß von den etwa zusammen genäheten, die Näthe getrennt und von allen anhängenden Zwirnfäden befreyet werden, weil diese sonst das Papier rauh und uneben machen würden.

c) Das Sortiren der Lumpen wird durch Frauenzimmer oder auch durch Kinder verrichtet.

d) Lumpen von Battist und feiner Leinwand, werden zu Postpapier; etwas gröbere, jedoch weiße, werden zu Herren- oder weißem Papier; noch schlechtere, werden zu Conceptpapier; Lumpen von grober Leinwand, so wie von wollenen Zeugen, werden zu Makulaturpapier und zu Pappe verarbeitet; die aus groben wollenen Zeugen, (z. B. Fries), gewonnenen Lumpen, werden zu Löschpapier verarbeitet.

e) Das Sortiren oder Auslesen der Lumpen wird auf dem Lumpen- oder Haderboden verrichtet.

§. 395.

Die sortirten Lumpen werden nun gewaschen, um sie von allen anklebenden Unreinigkeiten möglichst zu befreyen, und dann getrocknet. In England verrichtet man das Waschen der Lumpen mittelst dazu bestimmten Waschmaschinen, gewöhnlich aber nur mit den Händen.

a) Lumpen, welche mit Pflaster, Salben, Fttt und andern Unreinigkeiten durchdrungen sind, müssen vorher mit alkalischer Lauge recht gut gebeucht werden.

b) Die zu sehr feinem weißen Papier bestimmten Lumpen, können nach dem Waschen auch noch, entweder auf der Rasenbleiche, oder mittelst Chlorkalk (der chemischen Bleiche) weiß gebleicht werden.

(G. F. Wehrs Beschreibung der Lumpen-Waschmaschine. Im Journal für Fabriken, Manufakturen, Handel rc. 9. Bd. 1795. S. 81 rc. Taf. II. Fig. 1. 2. 3. 4, 5.)

II. Das Zerschneiden oder Zerkleinern der Lumpen.

§. 396.

Die gewaschenen Lumpen werden nun mittelst dem Lumpenschneider, der durch Wasser in Bewegung gesetzt wird, zerkleinert, und mittelst einer Art von Sieb, von den Staubtheilen befreyet.

a) Vormals verrichtete man das Zerkleinern der Lumpen mit einem Hacke- oder Schneidemesser, auf einem Block, auf eine sehr mühsame Weise.

b) Gegenwärtig werden die Lumpen, mittelst dem vor ohngefähr 76 Jahren erfundenen Lumpenschneider, auf eine weit bequemere Weise, zerkleinert.

c) Der Lumpenschneider, welcher mit einer Futter- oder Hechsellade viel Aehnlichkeit hat, besitzt folgende Einrichtungen: Die Lumpen befinden sich in einem Kasten, der, um ihr Nachschieben zu begünstigen, etwas nach Vorne zu geneigt ist. Vor diesem Kasten befindet sich eine gefurchte oder mit Schienen besetzte Walze, die beym Herumdrehen die Lumpen aus dem Kasten heraus auf den Block ziehet, auf welchem solche zerschnitten werden. An einigen Lumpenschneidern ist außerdem noch eine Schiebestange angebracht, die mit der Ziehstange zusammen hängt.

d) Auf dem Blocke, unter der Walze, ist das untere Messer durch eine Schraube befestiget, während das obere an einer Stange befestigte Messer, durch die Ziehstange auf- und abwärts gezogen wird, dergestalt, daß bey dem Arbeiten des Instruments, das obere Messer das untere angeschraubte eben so berührt, wie die beyden Klingen einer Scheere, wenn man etwas damit zerschneidet.

e) Der Lumpenschneider selbst findet sich gemeiniglich in der zweyten Etage des Fabrikgebäudes placirt; während das Triebwerk desselben sich im untersten Stocke befindet.

f) Die zerschnittenen Lumpen werden hierauf durch ein Sieb gesiebt, um sie von den Staubtheilen zu befreyen.

(Sprengel's Handwerke in Tabellen, fortgesetzt von Hartwig, 12. B. S. 446, woselbst auch Tab. IX. Fig. 1. eine Abbildung des Lumpenschneiders befindlich ist).

III. Das Maceriren oder Faulen der Lumpen.

§. 397.

Die zerschnittenen und vom Staube befreyten Lumpen werden nun in hölzernen, besser noch in steinernen Gefäßen, mit Wasser eingeweicht, und sich selbst überlassen, um zu maceriren und einen schwachen Grad der fauligen Gährung eingehen zu können, welche, in dem mit Wasser durchdrungenen Zustande, bey der mäßigen Temperatur des Dunstkreises, von selbst erfolgt.

a) Die faulende Gährung der Lumpen dienet einestheils dazu, die Unreinigkeiten mehr daraus hinweg zu nehmen, anderntheils aber, sie zur Zerkleinerung im Geschirr mehr vorzubereiten, und der zerkleinerten Masse mehr Homogenität zu geben.

b) Mehrere Papiermanufakturen lassen die Lumpen nicht faulen, sondern solche lieber länger im Geschirre bearbeiten. Sie gewinnen dadurch allerdings den Vortheil, daß ihr Papier fester wird, aber es ist auch mehr rauh und weniger zart im Gefühl.

c) Meiner eignen Erfahrung zufolge, können die Lumpen durch eine Maceration mit sehr verdünnter Schwefelsäure oder Salzsäure so verbessert werden, daß auch ohne Fäulniß ein vorzüglich schönes Papier daraus gewonnen wird.

IV. Das Geschirr oder die Stampfmühle.

§. 398.

Das Geschirr oder die Stampfmühle, bestehet in derjenigen mechanischen Verrichtung, welche dazu bestimmt ist, die gefaulten Lumpen darin zu zerkleinern. Wir haben daran zu unterscheiden: 1) das Wasserrad; 2) die Daumwelle; 3) die Stampfer mit den Stampfkeulen; 4) den Löcherbaum.

a) Das Wasserrad ist dazu bestimmt, die Daumwelle in Bewegung zu setzen. Dieselbe kann aber auch durch Pferdekraft, durch Windmühlen und durch Dampfmaschinen in Bewegung gesetzt werden.

b) Die Daumwelle ist dazu bestimmt, die Stampfer zu heben. Sie besitzt vier Daumen oder kleine Hebel, die in gleichen Entfernungen auf der Welle von einander abstehen, um die Stampfer zu heben.

c) Die Stampfer selbst bestehen in hölzernen Hämmern, wovon jeder an der Grundfläche mit drey eisernen Stampfkeulen versehen ist, die zum Zermalmen der Lumpen bestimmt sind. Sie sind mit ihren Schwingen (oder Helmen) in den Hinterstanden (den Hinterständern) durch einen Bolzen befestiget. Sie fallen zwischen zwey Latten (den Vorderständern) nieder, damit sie weder rechts noch links ausweichen können.

d) Der Löcherbaum, der dazu bestimmt ist, das Zerkleinern der Lumpen damit zu veranstalten, enthält fünf auch mehrere Löcher, wovon jedes einzelne mit einer eisernen Platte ausgelegt ist, und 3 bis 4 Stampfen aufnehmen kann.

e) Wenn der Löcherbaum z. B. sechs (ovale) Löcher besitzt, und jeder Hammer oder Stampfer, bey der einmaligen Umdrehung der Welle, viermal in das Loch des Löcherbaumes fällt, und drey Hämmer in einem Loche arbeiten, so muß die Daumwelle 72 Däumlinge besitzen.

f) Jedes Loch ist dazu bestimmt, eine eigene Art Lumpen aufzunehmen. Diejenigen Hämmer, welche dem Mühlenrade am nächsten liegen, sind stärker als die weiter davon entfernten. Die ersten sind vorn mit spitzigen eisernen Nägeln beschlagen, damit die Lumpen dadurch zerschnitten werden; die übrigen haben flachköpfige Nägel, um die Lumpen vollends dadurch zu zerreiben. Die ganz letzteren haben am Kopfe gar keine Nägel, weil sie dazu bestimmt sind, die Masse nur noch mehr durchzuarbeiten oder zu quetschen. Nach der Ordnung der Hämmer, müssen bey der Arbeit auch die Lumpen aus einem Loche in das andere gebracht werden.

g) Das nöthige Wasser wird während der Arbeit durch eine Rinne in die Löcher geleitet, und läuft durch den Kas (ein Sieb von Pferdehaaren) wieder ab, wodurch zugleich die Schmutztheile mit fortgeleitet werden.

(Sprengel a. (§. 396.) a. O. S. 449. Tab. XI. Fig. 3. Ludw. Keferstein, Beschreibung einer gut eingerichteten Papiermanufaktur. Im Journal für Fabriken, Manufakturen, Handel und Mode. 6. B. Leipzig 1794. S. 463. Taf. I. u. II.)

V. Das Halbzeug.

§. 399.

Um mit dem Geschirr zu arbeiten, und darin die Lumpen zu Halbzeug umzuändern, werden sie im vorher erwähntem Zustande in die Löcher des Löcherbaums gefüllet, und die Stampfen in Bewegung gesetzt, und so lange in Arbeit erhalten, bis das Halbzeug fertig ist.

a) Um die Lumpen in Halbzeug umzuwandeln, werden sie gewöhnlich 24 Stunden lang im Geschirr bearbeitet.

b) Das Halbzeug wird nun mit dem Leerbecher (einer kleinen Bütte) aus den Löchern heraus geschöpft, und in das Leerfaß (eine Tonne aus Eichenholz) gefüllet.

c) Das Halbzeug kommt hierauf in die Zeugstube, wo

solches mittelst der Zeugpritsche (einem mit einem Handgriffe versehenen Brett) durch hölzerne Rahmen geschlagen, in vierseitige Haufen zusammengesetzt und zum Trocknen hingestellt wird.

VI. Der Holländer.

§. 400.

Der Holländer, eine mechanische Vorrichtung, welche dazu bestimmt ist, das Halbzeug darin zu Ganzzeug zu verarbeiten, verdankt seinen Namen, seiner in Holland zuerst gemachten Erfindung oder seinem daselbst zuerst eingeführten Gebrauch. Die Erfindung des Holländers fällt in den Anfang des 18ten Jahrhunderts. Nach der Behauptung Wehrs soll dieses Instrument in Deutschland erfunden, in Holland aber zuerst angewendet, und von da wieder nach Deutschland übergetragen worden seyn. In Holland wird diese Vorrichtung der Roer-bak (der Rührkasten) genannt. Die Haupttheile des Holländers bestehen: 1) aus einer hölzernen Walze, die auf der Stirn mit metallenen Schienen besetzt ist; 2) aus einem Kloß (der Platte), welcher gleichfalls mit metallenen Schienen besetzt ist; 3) aus dem Verschlag (der Haube).

a) Die hölzerne Walze des Holländers hat gemeiniglich 2 Fuß Durchmesser, und ist auf der Stirn mit mehrern (etwa 36 Stück) einen Zoll dicken und eben so weit von einander abstehenden metallenen Schienen besetzt, die der Länge nach parallel neben einander liegen.

b) Der Kloß oder die Platte liegt nach der Breite des Troges zu, unter der Walze, und ist gleichfalls mit (etwa 10 Stück) metallenen Schienen (gewöhnlich von Eisen, besser von Messing) beschlagen, und so gerichtet, daß, wenn die Walze in Bewegung gesetzt wird, sich ihre Schienen mit denen des Klotzes berühren, so, daß das zwischen beyden durchgehende Halbzeug dadurch zermalmet wird.

c) Der Verschlag oder die Haube, welche über den Trog gehet, ist dazu bestimmt, beym Umdrehen der Walze das Zeug zurück zu halten, damit dasselbe nicht durch die Bewegung heraus getrieben wird.

d) Die Bewegung der Walze wird durch ein Wasserrad veranstaltet, das mit einem dazu gehörigen Stirnrad, eine gemeinschaftliche Welle besitzt. Das Stirnrad treibt einen Trilling, dessen senkrechte Welle oben ein Kamrad hat. Das Kamrad greift in das Getriebe, welches mit der Walze an einer und eben derselben Spille befindlich ist, und setzt so die Walze in Bewegung.

e) Die Walze selbst drehet sich, bey ihrer Bewegung, in einer Bütte, oder einem hölzernen Troge, der ein ovales Loch besitzt, das aber größer als die Walze ist.

f) Endlich kann durch eine Rinne beständig frisches Wasser in die Bütte geleitet werden, welches während der Arbeit durch eine vor dem Haarsieb (der Scheibe) befindliche Oeffnung abfließt, und den Schmutz fortleitet, das Zeug aber zurück hält.

(Sprengel a. (§. 396.) a. O. Tab. XI. Fig. 11. u. 12. Ludw. Keferstein, Beschreibung des sogenannten Holländers ꝛc. Im Journal für Fabriken, Manufakturen, Handel ꝛc. 8. B. 1795. S. 37 ꝛc. Taf. II. Fig. 1. 2. 3. 4. 5. G. F. Wehrs Ebendaselbst. 9. B. 1795. S. 81 ꝛc.)

Die Bereitung des Ganzzeugs.

§. 401.

Wenn das mit dem Geschirr bereitete Halbzeug in Ganzzeug umgeändert werden soll, so wird solches in die Bütte des Holländers geworfen, und dann die Walze desselben in Bewegung gesetzt; dadurch wird nun das Halbzeug zwischen der Walze und der Platte des Holländers hindurch geführt, und dadurch von den Schienen so lange zerschnitten und zerrieben, bis alles in eine dünne breyartige gleichförmige Masse umgewandelt worden ist, wozu gemeiniglich 3 Stunden Zeit erfordert werden, in welchem Zustande nun das Halbzeug in Ganzzeug umgewandelt ist.

a) Um die Probe mit dem Ganzzeug zu machen, gießt man etwas davon aus einem Becher in den andern, um zu bemerken, ob noch Klöse darin befindlich sind; in welchem Falle das Zeug noch länger im Holländer bearbeitet werden muß.

b) Ist das Ganzzeug fertig, so wird der Schieber (die Schleuse) an der Bütte geöffnet, und eine Rinne angelegt, durch welche das Zeug in den Zeugkasten (den Ganzzeugkasten) der Werkstube (einen hölzernen Kasten oder ein Faß) geleitet wird; worin es bis zum Verarbeiten stehen bleibt.

c) Seit der allgemeinen Verbreitung des Holländers, bedarf man in großen Papiermanufakturen des sogenannten Geschirrs (des Stangenstocks) gar nicht mehr. Man verarbeitet die Lumpen gleich, so wie sie zerkleinert sind, im Holländer.

VII. Die Werkzeuge, welche zur Fabrikation des Papiers erforderlich sind.

§. 402.

Um das fertige Ganzzeug (Papierstoff) in Papier umzuwandeln, werden verschiedene Werkzeuge erfordert, die in der Werkstube befindlich sind. Dahin gehören: 1) die Bütte oder Schöpfbütte; 2) der Rechen; 3) die Papierformen; 4) die Filze; 5) die Presse.

a) Die Bütte bestehet in einem hölzernen Fasse, das mehrere Fuß weit ist. Oben am Rande befindet sich eine abwärts geneigte Leiste oder Traufe, von welcher das, bey der Verfertigung des Papiers abträufelnde, Wasser wieder in die Bütte zurück fließt. Ueber der Bütte, gerade in der Mitte derselben, liegt ein breites Brett (der große Steg), und dicht neben ihm liegt der gegen jenen etwas geneigte kleine Steg. An der einen Seite der Bütte befindet sich ein hölzerner Verschlag (der Büttenstuhl), in welchen sich der Papierschöpfer stellt, und so gegen das abfließende Wasser gesichert bleibt. Innerhalb der Bütte, am Boden derselben, ist eine kupferne Blase angebracht, um während der Arbeit das Zeug zu erwärmen und schwebend zu erhalten.

b) Der Rechen selbst bestehet in einem hölzernen Kasten, in welchem das Ganzzeug, wenn solches trocken geworden ist, wieder erweicht, oder wenn solches sich nieder gesetzt hat, wieder aufgerührt wird. In diesem Kasten wird eine senkrechte, unten wie ein Quirl geformte, Stange folgendermaßen hin und her bewegt. Sie befindet sich an einer horizontalen Stange, welche mit einer Kurbel verbunden ist; die Kurbel selbst, sitzt an einer Daumwelle des Geschirrs: folglich bewegt sich die erste senkrechte Stange im Gefäße beständig hin und her. Mittelst einer Rinne kann Wasser in den Rechen geleitet werden, und um den Schmutz, der mit dem Wasser hinein kommen könnte, abzuhalten, setzt man vor die Oeffnung, durch welche das Wasser in den Kasten läuft, eine alte Papierform, wodurch der Schmutz zurück gehalten wird.

c) Die Papierform bestehet in einem Geflechte von Drath, in einem viereckigen Rahmen von Holz eingefasset. Das Hauptgeflechte ziehet sich nach der Breite der Form, und die Drathfäden stehen so dicht an einander, daß nur Wasser, keineswegs aber Papierstoff, durchfließen kann. Etwas stärkere Drathfäden ziehen sich der Länge nach; sie stehen etwa einen Zoll weit von einander ab, und dienen dem feinern Drathe, an welchem sie mit feinem Nähedrath befestiget sind, zur Haltung. Die stärkeren Dräthe bilden die durchsichtigen Linien im Papier. Die ganze Form ist in einem schmalen hölzernen Rahmen eingefasset. Außerdem gehört dazu noch ein leerer hölzerner Rahmen oder Deckel, in welchen die Form genau passet, der aber dicker als die Form ist, über selbige hervorraget, und also verhindert, daß das mit der Form geschöpfte Ganz=

zeug wieder von selbiger abfließen kann. In dem feinern Drathe der Form findet sich das Zeichen der Papiermanufaktur, mit noch feinerm Drathe, etwas erhöhet, eingeflochten, daher erscheint solches durchsichtig, wenn das Papier gegen das Licht gehalten wird.

d) Die Filze sind vom Hutmacher verfertiget. Jeder Filz ist etwas größer als der Papierbogen, der darauf geschlagen werden soll. Die Filze sind stark gewalkt, und durch das Kochen mit Eichenrinde gegerbt, um sie dadurch vor der Fäulniß zu schützen. Um die sich leicht hineinsetzenden Unreinigkeiten daraus hinweg zu nehmen, müssen sie oft ausgewaschen und gepresset werden.

e) Die Presse bestehet aus zwey senkrechten Balken, welche unten und oben durch einen horizontalen Balken (oder Riegel) verbunden sind. Im Zwischenraum dieser senkrechten Balken, befindet sich eine große hölzerne (oder auch stählerne) Schraube, welche im obern und im mittleren Riegel läuft. Der mittlere Riegel ist am Kopf der Schraube, und zwar beweglich. Am Schraubenkopf befinden sich zwey sich rechtwinklich durchschneidende Löcher, in welche ein Hebel gesteckt wird, den man mit einem Tau an den darüber stehenden Haspel befestiget, wodurch man die Schraube so viel leichter umdrehen kann.

Abbildungen von gedachten Werkzeugen finden sich in unten angeführten Schriften.

(Die Bütte s. Sprengel a. (§. 396.) a. O. Taf. XI. Fig. 17. Der Rechen: Tab. XI. Fig. 18. Die Papierform: Tab. XI. Fig. 7. u. 8. Die Presse: Tab. XI. Fig. 16.)

VIII. Die Verarbeitung des Papierstoffes.

(Das Schöpfen, Pressen und Trocknen.)

§. 403.

Die Verarbeitung des Papiers zerfällt in drei Operationen, nämlich: 1) das Schöpfen des Papierstoffes zu Bogen; 2) das Auspressen der geschöpften Bogen; 3) das Trocknen der gepresseten Bogen.

a) Um das Schöpfen oder Formen des Papiers zu veranstalten, wird die Bütte mit dem Ganzzeug aus dem Rechen angefüllet und etwas erwärmet. Der Papierschöpfer stellt sich hierauf oben an der Bütte in den Verschlag, und schöpft mit der Form (wovon er zwey zur Hand haben muß), nachdem er solche in den Rahmen oder Deckel gelegt hat, so viel Zeug aus der Bütte, daß die Form ganz damit bedeckt wird. Damit das Zeug sich nicht ungleich über der Form ausbreite, schüttelt er die volle Form einige Mal über der Bütte hin und her, wodurch zugleich das Ausfließen des Wassers befördert wird. Hat das Zeug sich auf der Form gehörig verdickt, und ist das Wasser abgeflossen, so wird der große Rahmen abgenommen, und die angefüllete Form dem Gautscher, auf dem kleinen etwas abwärts geneigten Steg, zugeschoben.

b) Gautscher oder auch Kautscher wird derjenige Arbeiter genannt, welcher neben dem Filzstoß stehet. Er nimmt die ihm zugeschobene Form in Empfang, legt sie so auf einen Filz, daß der Bogen daran hängen bleibt, und deckt ein zweytes Stück Filz über den abgelagerten Bogen.

c) Während der Gautscher diese Arbeit verrichtet, hat die leere Form an dem Esel (einem zackigen Holze) gestanden, um das Wasser ablaufen zu lassen. Er schiebt sie nun dem Schöpfer auf dem großen Stege wieder zu, während der Schöpfer die zweyte Form wieder gefüllet hat, die er dem Gautscher zuschiebt, und so wechseln nun beyde mit ihren Arbeiten fortwährend ab.

d) Um das Niedersinken des Zeugs in der Bütte zu verhindern, muß dasselbe mit der Schöpfkrücke von Zeit zu Zeit einmal umgerührt werden.

e) Wenn auf solche Weise 182 Stück Filze mit 181 Stück Papierbogen angefüllet worden sind, so wird ein solcher Stoß ein Pauscht, ein Bausch oder ein Puscht genannt.

f) Um das Pressen desselben zu veranstalten, wird nun der ganze Pauscht zwischen zwey Bretter auf den untern Rie-

gel

gel oder das Querholz der Presse gelegt, die Schraube der Presse dann erst bloß mit der Hand herabgewunden, wenn dieses aber nicht mehr gehen will, wird ein Hebel in das Loch des Schraubenkopfs gesteckt, derselbe durch einen Tau am Haspel befestigt, und dieser umgedrehet, wodurch die Kraft verstärkt wird.

g) Wenn durch das Pressen alles Wasser aus den Papierbogen heraus getrieben worden ist, so schreitet man nun zum Trocknen derselben. Der Leger nimmt jetzt jeden Bogen einzeln von dem Filze, legt ihn auf den glatten Legestuhl, und streicht ihn mit der Schleppe (einem breiten Holze, das mit Beuteltuch überzogen ist) wohl auseinander, welche Arbeit so lange fortgesetzt wird, bis drey Rieß gelegt worden sind.

h) Das gelegte Papier wird nun Stoßweise auf den geräumigen und luftigen Trockenboden gebracht, und über den daselbst gezogenen Stricken aufgehängt. Weil Stricke aus Hanf das Papier beschmutzen würden, so gebraucht man dazu entweder dünne Stricke aus Haaren verfertigt, oder noch besser, Stricke, die aus dem Baste der Kokosnüsse verfertigt sind.

i) Das Aufhängen der Bogen über die Stricke, geschiehet mittelst einem hölzernen Kreuze, durch welches man gemeiniglich drey Bogen über einander, auf die Stricke zu hängen pflegt. Das Trocknen der Bogen erfolgt in der warmen Luft von selbst; doch muß solches möglichst langsam veranstaltet, und jede starke Zugluft abgehalten werden.

k) Das Papier ist in diesem Zustande fertig; es wird nun gefalzt, in Bücher gelegt und nochmals gepresset. Auf jedes Buch werden 26 Bogen gerechnet, weil gemeiniglich 2 Bogen als Ausschuß abfallen. Zwanzig Buch machen ein Ries, und zehn Ries machen einen Ballen oder Riem aus.

Anm. Zum Royal- oder Regalpapier, vorzüglich wenn dessen Bogen sehr groß sind, so daß die Form von dem Schöpfer nicht allein gehalten werden kann, hängt diese in einem

Gerüste über der Bütte, und wird von zwey Arbeitern untergetaucht und wieder heraus gezogen.

IX. Fabrikation des Schreibpapiers.

§. 404.

Das vorher beschriebene Papier ist nun dazu bestimmt, als Druckpapier, als Filtrirpapier, als Löschpapier rc. gebraucht zu werden. Soll es aber zum Beschreiben Anwendung finden, so muß selbiges noch geleimt, alaunet und geglättet werden, um dem Ausfließen der Tinte zu widerstehen.

a) Zum Leimen des Papiers bedient man sich eines reinen klaren in Wasser aufgelösten Tischlerleims, den man gemeiniglich in den Papiermanufakturen (durch das Auskochen von Schaafbeinen, von Pergamentschnitzeln rc mit Wasser) sich selbst zubereitet, und nach Absonderung des darüber schwimmenden Fettes so wie nach völliger Klärung der noch warmen Leimbrühe, diese gleich in liquider Form anzuwenden pflegt.

b) Um das Leimen des Papiers zu verrichten, wird jeder Bogen einzeln durch das Leimwasser gezogen; das so mit Leim getränkte Papier wird nun, Stoß für Stoß, zwischen zwey Brettern, in die Presse gebracht, und sodann gleich die einzelnen Bogen (nach der früher beschriebenen Methode) zum Trocknen aufgehängt.

c) Bevor man das geleimte Papier presset, ziehet man dasselbe gewöhnlich noch erst durch eine mit Wasser gemachte Lösung von Alaun (man alaunet dasselbe); oder, welches noch üblicher ist, man setzt der Leimlösung gleich eine verhältnißmäßige Portion Alaun zu; in welchem letztern Fall auf eine Masse von 40 bis 50 Ries Papier, dem Leimwasser, welches dazu bestimmt ist, 8 bis 9 Pfund Alaun zugegeben werden.

d) Der Alaun scheint wohl aus dem Grunde angewendet zu werden, um den Leim (die thierische Gallerte) dadurch zu gerben, und so das Papier dem weißgahren Leder einigermaßen ähnlich zu machen.

e) Das geleimte und alaunte Papier wird nun geglättet, oder an dessen Stelle geschlagen.

f) Das Glätten des Papiers verrichtet man mittelst der Glättmühle. Sie bestehet aus einer großen marmornen Platte, auf welche man die Bogen einzeln legt, und mit dem obern Stein oder Läufer, der gleichfalls aus Marmor angefertigt ist, den Bogen auf beyden Seiten geglättet.

g) Zum Glätten des Papiers bedient man sich auch wohl eines Walzenapparats, indem man die mäßig feuchten Bogen, zwischen zwey Walzen, die auf einander drücken, langsam hindurch gehen läßt.

h) Um das Papier zu schlagen oder zu stampfen, bedient man sich eines großen Hammers, (des Schlagstampfers), dessen Gewicht $\frac{2}{4}$ bis $\frac{3}{4}$ Centner beträgt. Unter ihm befindet sich eine große glatte eiserne Platte, auf welche ein Ries Papier gelegt und solches während dem Schlagen oft umgewendet wird. Das Stampfwerk wird durch Wasser getrieben.

(Unterricht eines Papiermachers an seine Söhne, diese Kunst betreffend. Leipzig 1766.)

X. Verbesserungen in der Papierfabrikation.

§. 405.

Die Papiermanufakturen sind, gleich mehrern andern technischen Gewerben, in der neuern Zeit mannigfaltig verbessert worden. Zu dieser Verbesserung gehören: 1) das Bleichen der Lumpen und des Papierstoffes mit Chlor; 2) das Schöpfen des Papierstoffes mittelst mechanischer Vorrichtung, die Darstellung der Papierbogen ohne Ende, von jeder beliebigen Breite; 4) der Gebrauch der hydromechanischen Presse, statt der Schraubenpresse, zum Auspressen des Papiers;

5) die Erwärmung der Bütte, so wie der Verschießstube und der Trockenböden, durch Wasserdämpfe; 6) das Leimen des Papiers in der Bütte.

A. Das Bleichen der Lumpen und des Papierstoffes mittelst Chlor.

§. 406.

Die überaus günstige Wirkung des Chlors (der sogenannten oxydirten Salzsäure) beym Bleichen der leinen und baumwollenen Gewebe, hat ihm auch Eingang in den Papiermanufakturen gegeben. Jetzt bedient man sich zu dem Behuf des Chlorkalks oder des Chlornatrons.

a) Man bereitet den Chlorkalk, indem z. B. 30 Pfund Kochsalz mit $22\frac{1}{2}$ Pfund zart gepulvertem Braunstein (Graumanganerze; Mangansuperoxyd) in einen geräumigen Kolben gebracht, und $22\frac{1}{2}$ Pfund koncentrirte Schwefelsäure, die vorher mit eben so viel Wasser verdünnet worden war, hinzugegeben wird. Die Oeffnung des Kolben wird mit einem Gasentbindungsrohr verschlossen, der Kolben erhitzt, und so das sich entwickelnde Chlorgas in mit dem vierten Theil seines Gewichts Wasser gelöschten Kalk geleitet, der sich in einem Fasse befindet.

b) Auf 30 Pfund Salz werden 50 Pfund gebrannten Kalk erfordert, der mit $12\frac{1}{2}$ Pfund Wasser vorher, bis zum Zerfallen, gelöscht war.

c) Der Kalk saugt das sich entwickelnde Chlorgas ein, und erzeugt damit einfaches Chlorkalkoxydul, dieses wird vom Wasser zur Hälfte aufgelöst, und stellt nun liquiden doppelten Chlorkalk dar; von welchem 1 Pfund hinreichend ist, um 25 Pfund Papierstoff zu bleichen.

d) Der Chlorkalk wird, mit Wasser verdünnt, dem Papierstoff im Holländer zugegeben und bis das Bleichen vollendet ist, damit herum gearbeitet. Der Stoff wird hierauf im Holländer mit Wasser, dann mit verdünnter Schwefelsäure, endlich mit schwacher Pottaschenlauge gewaschen, um zuletzt alle Säure hinweg zu nehmen.

e) Wird der Chlorkalk mit schwefelsaurem Natron (Glaubersalz), zersetzt, so fällt Gyps zu Boden, und was gelöst bleibt, ist Chlornatron, welches nun wie der Chlorkalk benutzt wird.

f) Nach Arlt können 1000 Pfund Stoff mit einem Mal gebleicht werden; die Kosten betragen für jedes Pfund nicht über 3 Pfennige.

(C. G. Arlt in Hermbstädt's Bulletin des Neuesten etc. 7. B. S. 77 rc. H. Weber's Beyträge zur Gewerbe- und Handelskunde. 1. Th. 1825. S. 394 rc. Dessen Zeitblatt für Gewerbetreibende rc. 1. B. 1828. S. 505—510. S. Stratingh, über die Bereitung und Anwendung des Chlors rc. Ilmenau 1829. S. 12. 28. 48. u. 327 rc.)

B. Die Schöpf- oder Papierform mittelst mechanischer Vorrichtung.

§. 407.

Das Schöpfen des Papiers mittelst mechanischer Vorrichtung, ist durch Desetable zu Caen, zuerst in Vorschlag gebracht worden. Solches gewährt den Vortheil, daß auch ohne Menschenhände, Bogen von jeder beliebigen Größe geschöpft werden können.

a) Bey dem Apparate des Herrn Desetable, wird die Papierform durch einen eignen Mechanismus schräge in die Bütte hinabgelassen, wo sie den Papierstoff aufnimmt, solchen gleichförmig verbreitet, dann wieder emporsteigt und mit so viel Stoff bedeckt erscheint, als zu einem Bogen erforderlich ist.

b) Durch eine zweifache Schwingung, welche die Form nicht aus dem Gleichgewichte bringt, werden die Theilchen des Papierstoffes, nach Erforderniß, abgestoßen oder zusammen gezogen und in einander verwebt.

c) Ist das Wasser abgetröpfelt, so wird die Form aus dem

Rahmen genommen, der sie trägt, und die fertigen Papierbogen auf Filze gelegt, dann sogleich die Form wieder auf den Rahmen gebracht, durch einen leichten Stoß mit der Hand in die Bütte hinabgesenkt und mit einem neuen Bogen belegt, empor gehoben.

(Desetable Vervollkommnung der Papierfabrikation ꝛc. In Hermbstädt's Bulletin etc. 1. B. 1809. S. 246 ꝛc.)

C. Die Fabrikation der Papierbogen ohne Ende.

§. 408.

Die erste Erfindung, Papierbogen ohne Ende zu fabriciren, wurde durch Didot in Frankreich im Jahre 1801 gemacht; in Frankreich wurde der Gegenstand nicht beachtet; aber in England wurde sie auf 15 Jahre patentirt. Von da ging diese Erfindung auf das Festland über. In Rußland wurde eine solche Manufaktur für Kaiserliche Rechnung gegründet. Endlich wurde er auch in Frankreich beachtet; und endlich im Jahre 1813 dem Kaufmann Corty ein Patent auf 15 Jahre, für die gesammte Königl. preußische Monarchie, ertheilt. So kam die erste Manufaktur solcher Art, durch eine Gesellschaft von Actionairs, hier in Berlin zu Stande, die im vollen Gange ist. Eine zweyte Maschine solcher Art hat der Papierfabrikant Müller im Jahre 1819 zu Dombach errichtet.

a) Die erste Vorbereitung der Lumpen, zu Papierstoff geschiehet zum obigen Behufe wie gewöhnlich.

b) Der Lumpenbrey fließt nun aus dem ihn enthaltenen Behälter von selbst, auf ein endloses Drathgewebe aus, das in wagerechter Lage über eine Anzahl kleiner Leitungswalzen hinweg läuft und den Brey aufnimmt.

c) Während seinem Fortgange über die Walzen, erleidet jenes Gewebe eine stete Bewegung nach den Seiten hin, wodurch sich das Wasser von dem Brey trennet, dagegen der Stoff als Papier auf dem Gewebe zurückbleibt.

d) Der Brey wird nun, so wie er auf dem Drathgewebe weiter fortgeführt wird, von der Wäßrigkeit immer mehr befreyet, so daß, wenn er zu der letzten Leitungswalze des aufgespannten Drathgewebes gelangt, sein Zusammenhang bereits so dicht und trocken ist, daß er von den am Ende des Drathgewebes angebrachten Aufnahmewalzen gefasset werden kann, deren Druck ihn noch mehr vereinigt.

e) Von diesen Walzen kommt das Papier nun auf ein wollenes Leitungstuch ohne Ende, welches ihn einem zweyten Walzenpaare zuführt, zwischen denen er völlig ausgepresset wird.

f) Hier wird nun das Papier von einem Haspel aufgenommen, auf den es sich wickelt, und wenn sich genug Papier darauf findet, wird es durchgeschnitten, der Haspel abgenommen, und ein zweyter vorgeschoben, um die Arbeit fortzusetzen.

g) Aus dem so erhaltenen Papier werden nun Bogen von der erforderlichen Größe geschnitten, welche nun den sonst gewöhnlichen anderweitigen Operationen unterworfen werden.

h) Mittelst diesem Apparate erfordert die Bildung des Papiers auf der ganzen Fläche des Drathgewebes mit der Aufnahme auf den Haspel, jedesmal 15 Sekunden Zeit; und jeder Haspelumgang liefert 12 Bogen Papier von gewöhnlichem Format. In einer Minute macht aber der Haspel, bey mäßigem Gange, wenigstens 5 bis 6 Umläufe, welches in einer Minute 60 bis 72 Bogen giebt; wonach also die ganze Maschine, in Zeit von 12 Stunden, 90 bis 108 Rieß Papier zu liefern vermag.

(H. Weber's Beyträge zur Gewerbe- und Handelskunde rc. 1. Th. Berlin 1825. S. 387 rc.)

§. 409.

Späterhin haben die Papierfabrikanten John und George Dickinson, (erster zu London, letzterer zu Nash-Mills in der Grafschaft Herford) Maschinen solcher Art angewendet, wovon wir hier eine Abbildung liefern.

a) Taf. IV. Fig. 4.u.5. zeigt Dickinson's Maschine im Seitenaufriß; Fig. 6. stellt sie im Durchschnitt dar, in welchem die Luft verdünnt wird. Fig. 4. ist ein hölzernes Gestell, das die Maschine trägt. b, b, b ein eisernes Gestell, mit einem ähnlichen, an der gegenüberstehenden Seite. Beyde sind oben mit einer Stange, unten mit einer Leiste verbunden, und schwingen sich um einen Zapfen. c, d ist ein Cylinder, der sich auf einer feststehenden Axe e drehet. f1, und f2, sind Laufräder, welche den Cylinder d, mittelst eines Zahnrades auf der Axe f1, das durch 8 Punkte angedeutet ist, und in ein andres Rad auf der Axe des Cylinders d eingreift, bewegen.

b) g ist ein Cylinder, der in Zapfen läuft und von dem Gestelle b, b, getragen wird. h ist eine Walze, die durch den (gezeichneten) Triebstock bewegt wird, welcher das Zahnrad auf d treibt, und der in ein anderes Zahnrad, auf der Walze h eingreift. k ist eine andere Walze, die in Furchen läuft, indem sie mit der sich drehenden Walze in Berührung gebracht ist.

c) I, I, I ist ein Drathgeflechte, das über die Cylinder, d und g, läuft, dann zwischen den Walzen, h und k, durchziehet, und über die Spannungswalzen, m und n, gehet, von denen letztere, mittelst einer Schraube, nach Belieben gestellt werden kann.

d) o, o ist eine Reihe von Walzen, die das Drathgewebe trägt. Die Walzen drehen sich um Spindeln in Einschnitten an den Seitenleisten am Gestelle b, b, p ist ein starkes Stück Messing, das man den Deckel nennt; es wird zu jeder Seite der Maschine über dem Drathgeflechte und von Querstangen q, q, getragen, die mittelst Schrauben in den Seitenstücken des Gestelles b, b, in die Höhe gehalten und herabgelassen werden können. r, r sind Deckelbänder, die über Rollen laufen, welche an jedem Ende des Deckels angebracht sind; ferner noch über ähnliche Rollen auf der Axe f 1, und unter der Rolle s hinziehen, die in ein mit Wasser gefülletes Gefäß eintaucht.

e) Jene Bänder begrenzen das Ganzzeug (den Papierbrey), an den Seiten des Drathgeflechtes, und bestimmen die Breite der Papierbogen, welche folglich von der Entfernung des Deckels von einander abhängt. t, t sind Spannwalzen, um die Deckelbänder zu spannen. v ist ein großes Laufrad, das von einem Triebstock in Umlauf gesetzt wird; und das kleinere Laufrad w, treibt. Letzteres setzt eine Kurbel in Bewegung (die man hier nicht siehet), die $\frac{3}{8}$ Zoll außer dem Mittelpunkte der Axe des Rades angebracht ist: diese Excentricität kann jedoch, nach Belieben, abgeändert werden. a ist eine an der Kurbel und an dem Gestelle b angebrachte Verbindungsstange, wodurch letztere $\frac{3}{4}$ Zoll bey jeder Umdrehung des Rades w, steigt und fällt. y ist eine eiserne Stütze, die die Feder z stützt, auf welche das Gestell bey jedem Niedersteigen der Verbindungsstange x, schlägt, und so der Kurbel nachhilft.

f) 1 ist eine Bütte, die an dem Gestelle p, angebracht ist, und über die ganze Breite des Drathgeflechtes hinläuft. An dem Vorderbrett ist ein Stück Leder angebracht, welches auf das Drathgeflechte herabsteigt und den Lumpenbrey gleichförmig über dem Drathgeflechte verbreitet. 2 bezeichnet ein dünnes Stück Brett, das auf dem Drathgeflechte, zwischen den Deckeln, auf der Kante steht, und die Luft- und Wasserblasen, im Lumpenbrey zurück hält. 3 bezeichnet eine feststehende Bütte mit Lumpenbrey, aus welcher die Bütte 1 gespeist wird, und wodurch die Menge des Breyes in der letztern regulirt wird. 4 ist eine Röhre, die aus dem Cylinder d, in die Luftpumpe läuft.

g) Taf. IV. Fig. 5. a ist eine metallene Walze, die auf Lagern läuft, welche mittelst der Schraube b, gehoben und gesenkt werden können. c ist eine andere Walze, die sich in einem feststehenden Lager drehet. Diese Walze wird durch das Zahnrad d, auf der Axe derselben, in Bewegung gesetzt, und dieses Rad wird von dem Zahnrade e, getrieben, welches Letztere seine Umdrehung durch die Triebkraft der Maschine erhält. f, f ist ein Laufband aus Filz, das um die kleinen Walzen g, g, g, und zwischen den Walzen a und c läuft. h ist der Haspel, der mittelst einer Rolle k auf seiner Axe gedrehet wird. Letztere wird durch ein Laufband, das über dieselbe und über eine Rolle auf der Axe c läuft, in Bewegung gesetzt.

h) Das Arbeiten der ganzen Maschine geschiehet auf folgende Weise. Der Lumpenbrey oder Papierstoff (das Ganzzeug), fließt aus der Bütte 3 in die Bütte 1, und wird von da durch das Leder über dem Drathgeflechte verbreitet. Ist solche zum Cylinder c gekommen, so erhält das Papier bereits einen bedeutenden Grad von Druck auf seiner äußern Oberfläche, durch die Atmosphäre, indem die Luft im Innern des Cylinders, durch eine an der Röhre 4 angebrachte Luftpumpe verdünnt ist, wodurch das Papier von dem größten Theile seines Wassers befreyet wird. Das Papier läuft hierauf zwischen den Walzen h und k, und von da auf das Laufband von Filz, woselbst das noch im Papier enthaltene Wasser, mittelst den Walzen a und o ausgepresset wird, bevor solches auf dem Haspel h aufgewunden wird.

i) Fig. 6. zeigt den Cylinder d im Durchschnitt. d ist der Auspump- und Luftverdünnungscylinder aus Messing, voll kleiner Löcher; e e sind daran aufgebolzte Endstücke mit Zahnrädern auf ihrem Umfange. f f ist ein hohler feststehender Mittelpunkt, um welchen sich der Cylinder d drehet; er ist wie eine Kurbel gebogen. g ist ein Trog, dessen Boden von Eisen und dessen Seiten von Holz sind, mit zwey beweglichen Endstücken h, h; die nach der Breite des Papiers gestellt werden; er ist ganz mit Leder bedeckt. Dieser Trog wird von den Stützen i, i, i, die in der Axe f, f befestigt sind, getragen, und durch Spiralfedern an den Cylinder angedrückt. l ist eine Röhre, die in den Boden an g passet; das äußere Ende derselben taucht in Wasser. m ist eine Röhre voller Löcher, die zur Luftpumpe führt.

(J. Bramah's Papierbogen ohne Ende. In Hermbstädt's Bulletin ꝛc. 9. B. S. 365 ꝛc. Repertory of arts and Manufactures etc. Vol. 32. pag. 1 ꝛc. und Vol. 33. pag. 1 ꝛc. Dingler's polytechn. Journal ꝛc. 30. Band. S. 356 ꝛc.)

Crompton's Papier-Schneidemaschine.

§. 410.

Da mittelst Dickinson's Maschine das Papier breiter als nothwendig wird, so muß solches der Länge nach zerschnitten werden. Hierzu hat C. B. Crompton eine Maschine angegeben, worauf er patentirt worden ist, die in folgendem besteht.

a) Taf. IV. Fig. 7. zeigt gedachte Maschine im Seitenaufriß, und Fig. 8. zeigt die Maschine im Grundriß. a ist die Walze, auf der das Papier, entweder naß vom Filz ab, oder trocken, aufgerollet wird. b, b, und c, c, sind zwey Paar Zugwalzen, welche das Papier leiten und zuerst zwischen die kreisförmigen Messer e, e, und dann auf die Walze d bringen, auf der solches, nach dem Schnitte, aufgerollet wird.

b) Die Axe, auf welcher das obere Messer aufgezogen ist, wird durch irgend eine Triebkraft in Bewegung gesetzt, und theilt ihre Bewegung den obern Zugwalzen b und c mit. Diese beyden obern Walzen drehen die beyden untern mittelst Zahnrädern an den andern Enden der Axen, die in einander eingreifen. Das obere Messer führt auf dieselbe Weise ein Zahnrad auf seine Axe, das ein anderes Zahnrad auf der Axe des untern Messers treibt. Diese Räder sind, der Deutlichkeit wegen, in der Zeichnung weggelassen.

c) Durch die Umdrehung dieser Theile der Maschine kommt das Papier, das durch die Linie g, g dargestellt ist, von a, zwischen die Walzen b, wird bey e getheilt, und dann von den Walzen c nach d, mittelst eines Laufbandes, geführt, das, wie die Figur zeigt, von d herkommt.

d) Um diese Bewegung nach dem immer wachsenden Umfange der Walze d einzurichten, welcher durch das auf derselben aufgerollete Papier immer größer wird, ist die Bandrolle auf d, eine Reibungswalze, die so gestellt wird, daß sie während ihres Umlaufs sich etwas schieben läßt.

e) Endlich ist zu bemerken, daß die Axe des untern Messers nicht ganz parallel mit jener des obern ist, wodurch die Schneiden der Messer, die gegen die Walze a hinstehen, in Berührung gebracht werden, während die andern Schneiden von einander laufen, so daß das Papier leicht aus den Messern hervortreten kann.

(Dingler's polytechn. Journal rc. 31. B. S. 112 rc.)

D. Gebrauch der hydromechanischen Presse.

§. 411.

Vermöge der früher erörterten eigenthümlichen Konstruktion der Maschine zur Fabrikation der Papierbogen ohne Ende, werden diese gleich durch die Walzen so weit ausgepresset, daß sie von der inhärirenden Wäßrigkeit befreyet erscheinen. Bey den auf gewöhnliche Weise geschöpften Bogen müssen solche mit ihren Filzen ausgepresset werden. Hierzu wird gewöhnlich die Schraubenpresse angewendet. Bramah hat gezeigt, daß durch den Gebrauch der hydromechanischen Presse zu dem Behuf, an Kapital, Zeit und Raum bedeutend erspart wird.

(Joseph Bramah, Erfindung zur Ersparung mehrerer Pressen in der Papier-Manufaktur. In Hermbstädt's Bulletin rc. 9. B. S. 367 rc.)

E. Die Erwärmung der Bütte, der Verschießstube und der Trockenböden mit Wasserdämpfen.

§. 412.

Die Erwärmung der Bütte wird vorzüglich im Winter erforderlich. Die Applikation einer sogenannten Blase in derselben, mit erhitztem Wasser, nimmt Raum weg. Besser ist es, an den Wänden der Bütte hinweg, ein spiralförmiges Rohr zu placiren, durch das die Dämpfe von siedendem Wasser geleitet werden. Eben so können die Verschießstube, so wie die Trockenböden, nach der jetzt allgemein eingeführten Methode, mittelst Wasserdämpfen, oder auch mit heißer Luft geheitzt werden. Wesentliche Verbesserungen des Trockenhauses hat J. Bramah angegeben.

(J. Bramah's Verbesserung des Trockenhauses, für Papier-Manufakturen. In Hermbstädt's Bulletin ꝛc. 9. B. S. 370 ꝛc.)

F. Das Leimen des Papiers zum Schreibepapier in der Bütte.

§. 413.

Das sonst übliche Leimen des Papiers (§. 402.) mittelst Leimwasser und Alaun, ist allerdings vielen Fehlern unterworfen. Man ist daher in neuern Zeiten bemüht gewesen, das Leimen des Papiers, welches zum Schreibepapier bestimmt ist, gleich in der Bütte zu veranstalten, und hat dazu mehrere Methoden in Vorschlag gebracht, die aber noch keinesweges ihre Vollendung erreicht haben.

a) Nach der Ansicht des Verfassers, würde das Leimen des Papiers in der Bütte, ohne Mitwirkung des Alauns, gleich mit Thier-Gallert; zu dem höchst feinen Papier, mittelst Hausenblase; zu den andern Sorten durch klaren Tischlerleim, Pergamentleim, ja sogar bloß mit in Wasser gelösten senegalischen oder arabischen Gummi veranstaltet werden können.

b) Da wo mit Alaun geleimt werden soll, würde es zu empfehlen seyn, den Alaun gleich in die Bütte zuzugeben, und dann das alaunte Papier zu leimen.

c) Von andern sind, zum Leimen in der Bütte, vorgeschlagen worden, eine Verdickung von 45 Pfund Kartoffelstärke, 25 Pfund Harzseife, und 30 Pfund Schleim von

Leinsaamen. Die Harzseife wird aus 75 Pfund weißem Harz, 15 Pfund Aetz-Kaliauflösung zu 36 Prozent, bereitet.

XI. Fabrikation des Papiers zu feinen Spielkarten.

§. 414.

Die Anleitung zu dieser Fabrikation, verdanken wir dem Königl. preuß. Fabriken-Commissionsrath Herrn H. Weber; die Ausführung seiner Idee, dem Papierfabrikanten Hrn. Strehmann und Hrn. Nitsche. Die damit fabricirten Spielkarten haben, wie glaubhafte Zeugnisse nachweisen, die französischen weit übertroffen.

a) Es wird dazu ein Gemenge von feinen und von mittlern Lumpen, im passenden Verhältniß gemacht. Sie werden zerschnitten, sorgfältig gewaschen, und, um alle Knoten hinweg zu nehmen, auf dem Geschirr zu Halbzeug verarbeitet.

b) Das Halbzeug wird einige Tage der Gährung überlassen, um solches mürbe zu machen, hierauf aber auf dem Holländer zu Ganzzeug verarbeitet.

c) Aus der nun von Sand und allen andern Unreinigkeiten freyen Masse, werden jetzt Bogen dergestalt geschöpft, daß aus 10 bis 12½ Pfund ein Rieß Papier hervorgeht.

d) Das Trocknen dieses Papiers muß langsam geschehen. Der zum Leimen bestimmte Leim muß möglichst klar und rein seyn.

e) Das geleimte Papier muß stark gepresset, und dabey oft umgelegt werden. Da dieses Papier, vor und nach dem Leimen, den Frost nicht vertragen kann, so muß dessen Anfertigung in den Sommermonaten geschehen.

(H. Weber, über die Fabrikation des Papiers zu den feinen Spielkarten. In den Verhandlungen des Vereins zur Beförderung des Gewerbefleißes in Preußen. 7. Jahrgang. 1828. S. 139 rc.)

XII. Fabrikation des chinesischen Papiers.

§. 415.

Das chinesische Papier, welches sich durch seinen hohen Grad von Durchscheinbarkeit und dünne Beschaffenheit auszeichnet, wird in China aus dem Baste des Papier-Maulbeerbaums (Morus papyrifera, Broussonetia papyrifera), der in Japan und auf den Südseeinseln wächst, fabricirt. Eine Beschreibung der Art seiner Fabrikation, verdanken wir Hrn. rc. Prechtl in Wien; glückliche Versuche sind damit angestellt im deutschen Vaterlande, vom Universitäts-Gärtner Metzger in Heidelberg aus dem Baste des in Deutschland kultivirten Papier-Maulbeerbaums.

(Prechtl's Anweisung zur Verfertigung des chinesischen Papiers. In den Jahrb. des K. K. polytechn. Instituts zu Wien. 8. B. 1826. S. 151 rc. und 11. B. 1827. S. 94 rc. Metzger im Archiv für die gesammte Naturkunde. 12. B. S. 203 rc., und Dingler's polytechn. Journal. 27. B. 1828. S. 282 rc.)

XIII. Fabrikation des Strohpapiers.

§. 416.

Man hat in neuern Zeiten, erst in England, späterhin auch in Deutschland, angefangen, das Weizenstroh als Material zur Fabrikation des Papiers anzuwenden, und ein sehr glattes festes Papier daraus dargestellt, dem man durch Bleichen seine natürliche gelbe Farbe entziehet. Die Hauptsache dabey liegt in der Vorbereitung des Strohes zum Papierstoff. Das Verfahren dabey besteht in Folgendem:

a) Das Stroh von Weizen wird zu dem Behuf erst ausgeschnitten, um alle Knoten hinweg zu schaffen, dann gewaschen, hierauf mit Kalkwasser gekocht (so daß gegen ein Pfund Wasser acht Loth Kalk gerechnet werden), so wie an die Stellen des Kalks auch ätzende Kalilauge gesetzt werden kann; endlich wieder gewaschen.

b) Die gewaschene Masse wird nun mit einer Lösung von Schwefelkalk (aus 1 Theil Schwefel und 4 Theilen Kalk bereitet) behandelt, sodann wieder gewaschen, um allen Schwefel zu entfernen; hierauf ausgepresset.

c) Von jetzt an kann die Masse mittelst der Rasenbleiche oder auch mittelst Chlorkalk gebleicht werden; worauf sie ganz nach der gewöhnlichen Art zu Papier verarbeitet werden.

(Technical Repository. Jun. 1825. No. 12. Verfertigung des Strohpapiers. In den Jahrbüchern des K. K. polytechn. Instituts in Wien. 9. B. 1826. S. 405 ꝛc. H. Weber's Beyträge zur Gewerbe- und Handelskunde, 2. Th. 1826. S. 261 ꝛc.)

XIV. Fabrikation der farbigen Papiere.

§. 417.

Außerdem, daß man selbst dem feinen weißen zum Schreiben bestimmten Papier, einen geringen Zusatz von Blau (gewöhnlich blaue Smalte oder auch Berlinerblau) giebt, um den Lüstre desselben zu erheben, verfertigt man auch andere farbige Papiere, ohne bestimmten Zusatz einer Farbe, besonders aus farbigen Lumpen, wie z. B. das Blaue zum Einschlagen oder Couvertiren bestimmte Conceptpapier, und das zu gleicher Bestimmung verfertigte rothe Conceptpapier. Endlich gehört hierher noch das blaue Zuckerpapier; das vormals nur allein, als ein Geheimniß, von den Holländern fabricirt, und mit einem Gewinnst von 200 Procent in den Handel gebracht wurde.

a) Die

a) Die feinste Smalte (blaue Farbe. Blaue Stärke) ist und bleibt das beste Mittel zum Blauen des feinen Schreibepapiers. Mit Wasser geschlämmtes Berlinerblau, dienet zwar auch zu gleichem Behuf, liefert jedoch keinesweges einen gleich günstigen Erfolg. In Schwefelsäure gelöster Indig (§. 331. a.) ist zum Blauen des Papiers nicht tauglich, weil die Farbe in der Bütte größtentheils zerstört und nach dem Trocknen ins röthliche gezogen wird.

b) Gewöhnliches blaues Concept- oder Couvertpapier wird gar nicht gefärbt, sondern aus blauen Lumpen bereitet.

c) Das rothe Concept- oder Couvertpapier wird aus rothen Lumpen verfertiget.

d) Zum blauen Zuckerpapier läßt man in 40 Eimer (400 Berliner Quart Wasser) 20 Pfund Kampecheholz nebst 1 Pfund Brasilienholz und einem halben Pfunde Flohsaamen (von Plantago Psyllium) 6 bis 8 Stunden lang kochen, setzt gegen das Ende 5 Pfund in Wasser gelösten Alaun hinzu, seihet nun die Abkochung durch Leinwand, und giebt der Brühe einen Zusatz von 8 Loth ätzendem Salmiakgeist. Jene Farbenbrühe gießt man noch warm in den Holländer zum Papierstoff, und arbeitet alles wohl durch einander, worauf das Papier geschöpft wird.

(Nachricht, wie man auf den Papiermühlen in Angoumois dem Papier die bläuliche Farbe giebt. Im Journal für Kaufleute ꝛc., 2. B. 1. St. S. 146 ꝛc. J. Beckmann, in dessen Beyträgen zur Oekonomie ꝛc. 4. B. XII.)

§. 418.

Man kann dem Papier jede beliebige Farbe, gleich in der Bütte, also vor dem Schöpfen des Stoffes, mittheilen. Hierzu ist es hinreichend, dem Stoffe in der Bütte eine angemessene Quantität Alaun zuzugeben, und dann eine farbige Abkochung von irgend einem Pigment zuzusetzen, und im Holländer oder der Bütte so lange damit herum zu arbeiten, bis die verlangte Farbe hervor gekommen ist.

(Der vollkommne Papierfärber: oder Anweisung alle Sorten gefärbtes Papier zu verfertigen. Leipzig 1823. C. F. G. Thon, die Fabrikation bunter Papiere. Berlin 1826. Fabrikation des bunten Papiers. In Hermbstädt's gemeinnützigem Rathgeber. 5. B. S. 67 ꝛc. J. A. Engels, über Papier u. verschiedene andere Gegenstände. Duisburg, 1808.)

XV. Maroquin- und Lederpapier.

§. 419.

Für die Buchbinderey und andere Zwecke hat man das Papier dem Saffian oder Maroquin-Leder, in der äußern Beschaffenheit, möglichst ähnlich zu machen gesucht. Man erreicht solches, wenn der Bogen mit einem farbigen Schleim von Tragant, oder arabischen Gummi überzogen, dann zwischen metallnen gravirten Walzen, die Figuren eingepresset werden, die man dem Papier ertheilen will.

(Annales de l'industrie nationale et étrangère. Avril 1825. Bulletin de la Société d'Incouragement. Septbr. 1824. pag. 257 ꝛc. Fabrikation des Maroquinpapiers ꝛc. In Hermbstädt's gemeinnützigem Rathgeber ꝛc. 6. B. 1825. S. 32 ꝛc. Forget's Fabrikation des Maroquinpapiers. In den Jahrbüchern des K. K. polytechn. Instituts zu Wien. 3. B. S. 483 ꝛc. Verfertigung des Lederpapiers. Ebendaselbst. 9. B. 1826. S. 406 ꝛc. Papier auf das man mit Metallstift schreiben kann. Ebendaselbst. 13. B. 1828. S. 296 ꝛc. Einsle's Elfenbeinpapier. In H. Weber's Beyträge zur Gewerbe- und Handelskunde. 1. B. 1825. S. 402 ꝛc. Desselben 2. Th. 1826. S. 259 ꝛc.)

Papiermaterialien außer den Lumpen.

§. 420.

Der immer mehr ausgedehnte Gebrauch des Papiers, und der davon abhängende Mangel der Lumpen, hat industriöse Menschen von jeher aufgemuntert, andre Stellvertreter für die Lumpen aus dem Pflanzenreiche zu ersetzen.

Besonders haben daüber die Resultate ihrer Versuche mitgetheilt: 1) der Superintendent Schäffer zu Regensburg; 2) der Engländer Koops zu Millbank, bey London; 3) der Prediger Senger zu Reck, in der Grafschaft Mark; 4) die Papierfabrikanten Engels zu Verden an der Rur ꝛc; aber alle Versuche haben doch bisher gelehrt, daß andre Materialien immer mit einem Zusatz von Lumpen verarbeitet werden müssen, wenn ein nur einigermaßen brauchbares Papier gewonnen werden soll.

a) Als Stellvertreter für die Lumpen sind (nach Schäffer) vorzüglich versucht worden: Wespennester; Sägespäne; Hobelspäne; Büchenholz; Weidenholz; Baummoos; Korallenmoos; Espenholz; Hopfenranken; Weinreben; Maulbeerbaumholz; Aloeblätter; Waldreben; Brennnesseln; Weidenrinde; Kolbenröhre; Erdmoos; Stroh; Baumblätter; Braunkohlstrünke; Asbeststein; Saamenwolle vom Wollgrase; Distelstengel; Maiblumenblätter; Saamenwolle von Disteln; Wassermoos; Torf; die sirische Seidenpflanze; die Gartenpappel; die Feldmelde; Fichtenholz; Beyfuß; Geniste; Tannenzapfen; Kartoffelkraut; alte Dachschindeln; Rohrstengel; Bohnenblätter; Roßkastanienblätter; Tulpenblätter; Lindenblätter; Nußbaumblätter; ausgekochte Farbehölzer. Man siehet wohl, daß manche von jenen Materialien ins Lächerliche fallen.

b) Das Papier aus dem Wassermoos (Conferva) wurde zuerst in der Mitte des siebenzehnten Jahrhunderts von einem Franzosen, Guettard, entdeckt, dessen Verfertigung aber erst vor wenigen Jahren durch Senger ausgeführet. Das daraus gemachte Papier ist nicht schlecht, aber immer von einer unansehnlichen grünen Farbe.

c) Die Herren Engels in Verden fabricirten, mit sehr gutem Erfolg, Papier aus abgenutzten Schiffsseilen; freylich nur ein Packpapier, das aber doch sehr brauchbar ist.

d) Die Fabrikation eines besondern Papiers, aus dem Abgang oder Abfall von Flachs und Hanf, hat Graf de la Garde gelehrt.

(J. J. C. Schäffer Versuche und Muster, ohne alle Lumpen, oder doch nur mit einem geringen Zusatz derselben, Papier zu machen ꝛc., 1. u. 2. B. Desselben Neue Versuche und Muster ꝛc., 1. 2. u. 3. B. Regensburg 1765 —1767. Desselben Wiederholter Versuch auf ordentlichen Papiermühlen, aus allerhand Pflanzen- und Holzarten Papier zu machen ꝛc. 1771. Guettard Untersuchung über die Materien, welche zum Papier gebraucht werden; im Journal oeconomique, 1751. und im Hamburger Magazin 18. B. S. 339. G. R. Böhmer's Technische Geschichte der Pflanzen, 2. Theil. 14. Kap. S. 440—477. De la Garde im London Journal of arts ꝛc. XIV. Vol. 191 ꝛc. und Dingler's polytechn. Journal. 28. B. S. 33. Desgleichen im London Journal of arts. 1828. Septbr. S. 554. und Dingler's polytechn. Journal. 30. B. S. 299 ꝛc. J. A. Engel's, über Papier und einige andere Gegenstände. Duisburg 1808.)

Die Fabrikation der Pappe.

§. 421.

Die Pappe unterscheidet sich vom Papier durch ihre Dicke. Man unterscheidet im allgemeinen zweyerley Arten der Pappe, nämlich: 1) geformte Pappe, und 2) geleimte Pappe. Die geformte Pappe wird wieder unterschieden: in einfache Pappe und in Doppelpappe.

a) Die geformte Pappe wird, gleich dem Papier, aus einem schlechten Lumpenzeug, durchs Schöpfen, mit einer dazu bestimmten Form, bereitet.

b) Die geleimte Pappe, deren Verfertigung mit zur Kartenfabrikation gerechnet werden muß, wird aus einzelnen Bogen Papier, die man über einander leimt, erzeugt.

§. 422.

Um die gepappte oder geformte Pappe zu produciren, gebraucht man als Material gewöhnlich altes Papier, gutes und schlechtes, welches zu nichts anderm brauchbar ist, so wie Abgänge von Papier, Abschnitzeln der

Buchbinder und Kartenmacher, alte zerrissene Pappen, alte Pappkasten, Hutfutterale ꝛc. Um jene Materien in Pappe umzuwandeln, werden sie: 1) in der Faulbütte macerirt; 2) dann in dem Zertheilungskübel ausgeschüttelt; 3) hierauf mit dem Steine (dem Pappenschneider) zerschnitten; 4) in der Werkbütte wohl auseinander getheilt; 5) von dem Büttmann durch die Pappform geformt; dann 6) gepresset; 7) geleimt, und 8) geglättet.

a) Um die oben genannten Materialien zur Pappe in der Faulbütte zu maceriren, werden sie vorher mit Wasser eingeweicht, mit welchem sie sich erhitzen, und in eine Art von fauliger Gährung übergehen, welche, nach Verhältniß der Temperatur, in 8 bis 12 Tagen erfolgt.

b) Um die gefaulte Masse im Zertheilungskübel zu bearbeiten (auszuschütteln), wird solche mit den Händen auseinander gerissen, die frembartigen Theile daraus abgesondert, und dann mit Schaufeln oder Kratzeisen alles sehr gut durch einander gearbeitet, bis eine gleichförmige, dem Papierstoff ähnliche, Masse daraus entstanden ist.

c) Der Stein (oder Pappenschneider) bestehet in einer Kufe, in welcher verschiedene an einem Baum befestigte Messer angebracht sind, mittelst denen der Pappenstoff zerschnitten wird, indem der Baum sich herum bewegt, bis alles in einen gleichförmigen Brey umgewandelt ist.

d) Die Werkbütte bestehet in einem aus Eichenholz zusammen gefügten Kasten, der 5 bis 6 Fuß lang, 3 bis 4 Fuß breit, und eben so tief ist; auf dem Rande ihrer größeren Seite die der des Arbeiters entgegen stehet, befindet sich eine kleine nur 3 Zoll tiefe Wanne, die oberhalb 5 bis 6 Querhölzer hat, welche auf den beyden großen Seiten der Werkbütte ruhen, wo sie zusammengefügt und gleich gemacht sind; sie wird die Abtropfpfanne genannt, und ist dazu bestimmt, das abtröpfelnde Wasser aufzunehmen, wenn das Pappenzeug in die Forme geschöpft wird.

e) In der Werkbütte wird nun das Zeug mit hölzernen Harken gut auseinander gebracht, worauf der Arbeiter (der Büttmann) zwey Formen, aber nur einen Rahmen, der beyden Formen wechselsweise dient, auf seiner Abtropfpfanne hält.

f) Die Verarbeitung des Pappenzeugs zur Pappe geschieht auf eine ähnliche Weise, wie beym Papier (§. 403.) gelehrt wurde. Die verfertigten Pappbogen werden nun, jeder einzeln, auf einen Tuchlappen, über einander gelegt.

g) Die Bogen werden hierauf unter der Papppresse gepresset, indem man 120 bis 200 dünne Pappen mit einem Mal unter die Presse bringt, welches einen Stoß von 3½ bis 4 Fuß Höhe bildet. Die gepresseten Bogen werden an den Enden mit Pappnadeln durchstochen, und an den Haken der Nadeln auf Leinen aufgehängt und getrocknet.

h) Um Doppelpappe zu verfertigen, legt man den Tuchlappen auf den eben hinein gelegten Bogen. Man nimmt jetzt eine frisch gemachte schon gepressete Pappe mit ihrem Tuchlappen, fügt auf diese noch feuchte Pappe die Form, um ihr eine neue Lage zu geben, zu welchem Ende der Leger die schon fertigen und zu verdoppelnden Pappen auf einem Fußschemel bey sich liegen hat, worauf nun beyde Bogen, durch das Pressen, zusammen verbunden werden.

i) Um die Pappe zu leimen, bedient man sich eines eigenen dazu verfertigten Leims, der aus 4 Theilen Abschnitzeln von Ochsen- und Hammelfellen, und 1 Theil Staubmehl bereitet wird. Man kocht zu dem Behuf die Hautabgänge bis zur Auflösung im Wasser, worauf das Mehl gleichfalls bis zur Auflösung mit Wasser gekocht, und dann beydes unter einander gemengt wird.

k) Das Glätten der Pappe wird mit der Glättmaschine verrichtet, und zwar auf einem großen Steine, der zu dem Behuf in einem hölzernen Futteral durch zwey Krampen befestiget liegt. An dem Griffe der Glättmaschine wird ihre Walze angefasset, und die Walze selbst seitwärts an einem Stocke angestützt, der 4 Fuß lang ist und die Walze an die Pappe niederdrückt; welche nur geleitet werden darf, indem an der Decke des Zimmers ein 6 Fuß langes und 6

Fuß breites Brett befindlich ist, welches in der Mitte durch eine eiserne Stange befestiget, und am andern Ende von einem dicken durch einen Hebel mit Gewalt gedreheten Stricke ergriffen wird, wovon das Ende des Brettes sich bieget, und durch die Stärke des Seils wieder um einige Zoll niedergezogen wird. Gegen das Ende des so gekrümmten Brettes wird der obere Theil des Glättstockes angestützt und unten in eine Höhle des Glätters gesteckt. Eine Person darf also den Glätter nur anstoßen, so drücken das Seil und das Brett den Stock mit der Glättwalze auf die Pappe, und in Zeit von einer halben Stunde ist der größte Pappbogen geglättet.

1) Die Glättmaschine selbst bestehet in einer auf einem Stück Holz befestigten Walze, die 3 Zoll dick und 7 bis 8 Zoll lang ist. Das Holz hat auf beyden Enden einen Griff, um solches daran mit der Walze über die Pappe zu führen und diese zu glätten.

(Hallens Werkstätte der heutigen Künste ꝛc. 4. B. 1765. De la Lande, die Kunst Pappe zu machen. Im Schauplatz der Künste und Handwerker, 3. Band. Jacobson's technologisches Wörterbuch ꝛc., 3. Theil. 1783. S. 198. 199. 200. 201. 202. Dasmaret's Papiermacherkunst in ihrem ganzen Umfange. Aus dem Franz. von C. L. Seebas. Leipzig 1803. 4.).

Dreyzehnter Abschnitt.

Die Fabrikation der Filzhüte.

(Die Hutmacherkunst. Das Hutmachergewerk.)

§. 423.

Die Hutmacherkunst (das Hutmachergewerk), bestehet in der mechanischen Kunstfertigkeit, Thierhaare von verschiedener Art dergestalt zu filzen, daß daraus zusammenhängende Zeuge gebildet werden, aus denen allerhand Gegenstände dargestellt werden können.

a) Die Kunst, aus gefilzten Thierhaaren Hüte zu fabriciren, war in Deutschland bereits im Anfang des vierzehnten Jahrhunderts bekannt. Die Hüte hießen damals Filzkappen, und die Hutmacher wurden Filzkappenmacher genannt.

b) Ein solcher Filzkappenmacher existirte bereits im Jahre 1360 zu Nürnberg. Aber erst in der zweyten Hälfte des sechszehnten Jahrhunderts entstand in Deutschland wirklich eine Hutmacher-Innung.

c) Die Künstler, welche Hüte, so wie andere Gegenstände aus Filz fabriciren, werden jetzt Hutmacher, auch Hüter genannt. Sie bilden ein zünftiges, geschenktes Handwerk, das sie in 5 bis 7 Jahren erlernen, wenn kein Lehrgeld gezahlt wird; sonst aber in kürzerer Zeit. Die Gesellen wandern 3 Jahre, und erhalten, wenn einer an einem Orte einwandert, außer andern Begünstigungen, auch ein Geschenk von 5 bis 9 Groschen an baarem Gelde.

d) Zum Meisterstück verfertigen die Hutmacher: 1) einen Kernhut; 2) einen ganzen und einen halben Kastorhut, und 3) eine Heiduckenmütze. Die Kosten des Meisterwerdens belaufen sich auf 150 Thaler.

(J. H. M. Poppe, Geschichte der Technologie ꝛc. 2. B. S. 361 ꝛc.)

I. Materialien der Hutmacherey.

§. 424.

Die Materialien, welche die Hutmacher verarbeiten, bestehen in mancherley Thierhaaren, nämlich: 1) Schaafwolle; 2) Biber- oder Kastorhaaren; 3) Hasenhaaren; 4) Kaninchen- und Seidenhasenhaaren; 5) Persianischer- oder Carmenischer Wolle; 6) Vigogne-Wolle; 7) im Kämelhaar und mehrern andern;

welche Haare nämlich mit samt dem Felle, oder auch abgeschoren, gekauft und verarbeitet werden.

a) Von der Schaafwolle verarbeitet man in den Hutfabriken vorzüglich: 1) die Jütländische Wolle, oder dänische Lammwolle; 2) die veredelte spanische Lammwolle; 3) die pommersche Lammwolle; 4) die preußische und polnische Lammwolle; 5) die Hannövrische und Lüneburger Haidwolle; 6) die russische Zeckelwolle. Man unterscheidet: α) weiße Haidmarks-Lämmerwolle; β) weiße Lämmerwolle; γ) schwarze Lämmerwolle; δ) weiße Sommerwolle; ϵ) graue und bunte Lämmerwolle.

b) Das Biber- oder Kastorhaar, woraus die feinsten Kastorhüte gearbeitet werden, besteht im untern seidenartigen Haare des Bibers (Castor Fiber), und wird in ganzen Fellen angekauft. Die Biberfelle kommen entweder aus Sibirien, oder aus dem nördlichen Amerika, besonders aus Canada. Man unterscheidet davon; 1) das Canadische, welches die längsten dunklen Haare besitzt; 2) das Kamtschadalische, dessen Fell kleiner ist, die Haare sind röthlich und kürzer. Sie werden in fette und in magere Felle unterschieden.

c) Die Hasenhaare erhandelt man gleichfalls samt dem Felle. Man unterscheidet davon gemeiniglich: die Russischen, die Litthauischen, die Pohlnischen und die Deutschen. Von den Hasenhaaren unterscheidet man wieder: 1) die vom Rücken (das Rückenhaar); 2) die von der Seite (das Wammen- oder Bauchhaar); 3) das Seitenhaar; 4) das Schwanz- und Kopfhaar; 5) das Haar vom Sommerfelle; 6) das Abgang- das Blut- und Kratzhaar. Auch von diesen Haaren werden nur die untern weichen (der Flaum) gebraucht, die groben Spitzen werden oben abgeschnitten.

d) Die Kaninchenhaare, werden eben so wie die Hasenhaare, in Rücken- Bauch- und Seitenhaare unterschieden, welche in verschiedene Sorten zerfallen. Die schönsten Haare liefern die engländischen und die französischen wilden Kaninchen. Das Haar ist stahlblau; das vom Rücken meist weiß. Jenen steht nach das Haar der deutschen und polnischen Kaninchen.

e) Die Persianische oder Carmenische Wolle (auch Carmenin und Carmeline, Wickelwolle genannt), wahrscheinlich von Capra Hircus angorensis abstammend) kommt vornehmlich aus der Provinz Kerman in Persien, und gehört, außer den Biberhaaren, zu den feinsten Thierhaaren für die Hutfabrikanten. Das Haar ist lang, glänzend, elastisch und röthlich von Farbe. Schlechter ist das schwarzbraune Haar. Das schlechteste Haar ist das von den Beinen; es ist weiß und spreitzig.

f) Die Vigogne-Wolle besteht in dem Haar des Vigogne-Thiers (Auchenia Vicuna) einem in Peru lebenden Thiere. Sie gehört zu den feinsten Thierhaaren.

g) Das Kämelhaar, es wird von der Kämelziege (§. 76.) gewonnen. Das Kämelhaar wird in drey Hauptsorten unterschieden: 1) die feinste Sorte kommt unter den Namen travaille anglaise; 2) die zweyte Sorte, unter den Namen travaille française; 3) die dritte Sorte, unter den Namen travaille hollandaise, im Handel vor. Sie werden sämmtlich über Smyrna bezogen. Die Farbe ist weiß (griechisches Kämelhaar); oder braun oder roth. Das feinste ist das braune.

h) Das Haar der Bisamkatze (Fiber Zibethicus). Es ist erst seit Kurzem in den Hutfabriken eingeführt worden. Die obern Spitzen werden abgeschnitten, das darüber befindliche zarte lange Haar, wird zu den langhaarigen Hutarten (Chapeaux plumes) verbraucht.

i) Das Affenhaar, vorzüglich Hydromus Coypus oder Quoaya einem dem Biber ähnlichen Thiere, ist gleichfalls erst seit Kurzem in den Hutfabriken eingeführt worden. Es übertrifft an Feinheit und Glanz die Hasenhaare.

k) Das Llamahaar (von Auchenia Llama). Dieses Haar hat übrigens eine Aehnlichkeit mit der persianischen oder carmenischen Wolle (e). Es ist aber weniger glänzend, spröder und zieht sich in der Walke weniger zusammen.

l) Nach Pritchard kann auch das zartere Haar des canabischen Büffels angewendet werden. Jenes Haar soll ein Surrogat für die Vigognewolle abgeben.

(Pritchard in H. Weber's Beyträge zur Gewerbe- und Handelskunde. 1. Th. 1825. S. 267 ꝛc. Lütcke über Hutfabrikation. In den Verhandlungen des Vereins zur Beförderung des Gewerbefleißes in Preußen. 7. Jahrg. 1828. S. 193.)

§. 425.

Die einzelnen Operationen der Hutmacherey zerfallen: 1) in die Vorbereitung der Haare zum Filzen; 2) das Sortiren der vorbereiteten Haare; 3) das Vermengen derselben; 4) das Fachen der Haare mit dem Fachbogen; 5) das Filzen der gefachten Haare; 6) das Formen des Filzes über dem Filzkern, zu einer kegelförmigen Mütze; 7) das Walken; 8) das Ausstoßen oder Ausfausten des gewalkten Hutes; 9) das Abreiben des geformten und getrockneten Hutes mit Bimsstein oder Fischhaut; 10) das Färben der Hüte; 11) das Steifen oder Leimen der Hüte; 12) das Staffiren derselben; welche sämmtliche Operationen hier einzeln näher erörtert werden sollen.

II. Vorbereitung der Haare zum Filzen. (Beizen und Abmeiseln derselben.)

§. 426.

Außer der Schaafwolle, welche, wegen ihrer natürlichen krausen Form, auch ohne weitere Vorbereitung, sich leicht filzen läßt, werden viele die übrigen Thierhaare durch eine eigene Beize dazu vorbereitet, welche in der Kunstsprache die Secretage (das Geheimniß) genannt wird; worauf die Haare von den gebeizten und getrockneten Fellen mit dem Schneideeisen abgemeiselt werden.

a) Jene Beize (die Secretage) wurde im Jahre 1730 durch einen gewissen Mathieu in Frankreich, als ein Geheimniß verkauft. Sie bestehet entweder bloß in Scheidewasser; oder besser in einer mit Salpetersäure gemachten Auflösung des Quecksilbers. Man bereitet diese Auflösung gemeiniglich dadurch, daß eine gute reine Salpetersäure (doppeltes Scheidewasser) mit dem dritten Theile reinen Wassers verdünnet, und in jedem Pfunde desselben 2 Loth Quecksilber aufgelöst werden.

b) Nachdem die Felle ausgebreitet, und die obern steifen Spitzen abgeschnitten worden sind, wird jene Beize, mittelst einem Pinsel, auf die Haare getragen, worauf die so gebeizten Felle getrocknet werden.

c) Von den gebeizten Fellen werden nun die Haare mit dem Schneideeisen (einem an einem hölzernen Griffe befindlichen Messer) abgemeiselt; und dabey das Rückenhaar, so wie die Seiten- und Bauchhaare, jedes für sich aufbewahrt.

d) Durch jenes Beizen, es geschehe nun bloß mit Salpetersäure, oder auch mit der Quecksilberauflösung, wird wahrscheinlich eine Zusammenziehung in der Substanz der Haare veranlasset: die dadurch gekrümmt und zum nachmaligen Filzen vorbereitet werden.

e) Diejenigen Haare, welche nicht gefilzt werden sollen, werden auch nicht gebeizt.

f) Die Nachtheile für die Gesundheit der Arbeiter, welche aus jenem Gebrauch des salpetersauren Quecksilbers, wegen des beym Fachen der Haare davon gebildeten Staubes, entstehen können, läßt uns wünschen, ein anderes Mittel an seine Stelle aufzufinden: vielleicht, daß die Behandlung der Haare mit salpetersaurem Eisen, oder mit gerbenden Vegetabilien, eine gleiche Wirkung leistet.

g) Nach Malard und Defosse, welche in Paris darauf patentirt sind, soll eine schwache ätzende Natronlauge, als Stellvertreter der Quecksilberauflösung, zum Beizen der Haare mit Nutzen zu gebrauchen seyn.

h) Joh. Baring hat eine Maschine beschrieben, die er Pelz-Scheer-Maschine (Cant Twist Blades fur Cutters) mit geraden Blättern nennt, welche zum Abscheeren der Haare von dem Felle, in der Hutmacherey bestimmt ist. Sie besteht darin, daß zwey Stahlblätter an einer eisernen Stange angebracht werden, und die Stange dann gewunden wird, so daß eine Art von Spirale entsteht.

i) Eine andere Maschine solcher Art hat John Semble angegeben, mittelst welcher ein Knabe täglich die Haare, von 5, 8 bis 10 Dutzend Fellen abscheeren kann.

k) Die enthaarten Felle werden, wenn sie unbeschädigt sind, von den Täschnern, den Schuhmachern und den Siebmachern gekauft. Die beschädigten werden zum Leimkochen benutzt.

(Roland: Im Dictionnaire des Manufactures etc. de l'Encyclopédie méthodique Tom. I. pag. 153 etc. und in Hermbstädt's Bülletin des Neuesten und Wissenswürdigsten ꝛc. 5. B. S. 369 ꝛc. Malard und Desosse, in den Description des Brévets Tom. IX. 1826. und Dingler's polytechn. Journal. 30. B. S. 60 ꝛc. Joh. Bating, im London Journal of arts. April 1829. und Dingler's polytechn. Journal. 32. B. S. 412. Taf. IX. Fig. 18. bis 22. H. Weber's Beyträge zur Gewerbe- und Handelskunde ꝛc. 1. Th. 1829. S. 268 ꝛc.)

III. Das Fachen der Haare.
(Der Fachbogen. Die Fachmaschine.)

§. 427.

Die gebeizten und abgemeiselten Haare werden hierauf sortirt, (die Rückenhaare von den Seitenhaaren getrennt), hierauf gehörig unter einander gemengt, und mit dem Fachbogen gefachet.

a) Der Fachbogen bestehet aus einer runden 7 bis 8 Fuß langen und 3 Zoll dicken Stange. An dem einen Ende ist ein kleines Stück Brett, mittelst eines Zapfen angebracht, welcher die Nase genannt wird, und 8 Zoll hervorspringt. Am andern Ende, in derselben Richtung mit dem ersten, ist ein anderes Brett befestiget, welches zuweilen durchbrochen ist, und das Hauptbrett genannt wird. Dasselbe ist ohngefähr 15 Zoll lang, 6 bis 7 Zoll breit, an beyden Enden 1 Zoll dick, aber nach der Mitte zu allmählig dünner. Auf dem äußersten Theile des Hauptbrettes befindet sich ein Streifen Leder (das Bogenleder), der auf beyden Seiten durch Darmsaiten gehalten wird, welche um die Stange gehen, und mittelst zwey Knebelhölzern, nach Gefallen gespannt und zusammengedrehet werden können. An einem Ende der Stange, wo das größte Hauptbrett ist, findet sich eine, eine Linie dicke Darmseite, mit einer Schleife befestiget. Sie gehet von da über die Mitte des Bogenleders hinweg, über einen Einschnitt der Nase zum andern Ende der Stange, und von da weiter durch eine Spalte derselben, bis zu den Haken, woselbst sie der Arbeiter nach Erforderniß, schlaffer oder straffer spannt, und befestiget. In der Mitte der Stange ist ein Strick an einem Nagel befestiget, der dazu dienet, den ganzen Fachbogen über dem Fachtisch an der Decke der Werkstatt aufzuhängen, wenn solcher bey der Arbeit hängen soll. Bey der Arbeit wird die Saite durch das Schlagholz in Bewegung gesetzt.

b) Um die Haare zu fachen (zu zerfäsern), hängt der Arbeiter den Fachbogen an seinem Stricke über dem Werktisch auf, so, daß er 4 Zoll davon abstehet. Der Tisch ist 5 — 6 Fuß lang, und 5 Fuß breit, ruhet auf einem Block, und besitzt statt einem Blatt, eine geflochtene Horde von dürren Weiden, damit der Staub und andere Unreinigkeiten beym Fachen hindurch fallen können.

c) Der Werktisch ist vorn, wo der Arbeiter steht, frey, die übrigen Seiten sind eingeschlossen, aber so gestellt, daß das Licht durch ein Fenster darauf fallen kann. Gemeiniglich besteht die Einfassung an zwey Seiten aus Horden (oder Vorsetzern), die sich oben etwas gegen einander neigen, um dadurch das Verstäuben der Haare zu verhindern.

d) Um die Haare zu fachen, hält der Arbeiter den am Stricke schwebenden Fachbogen bey dem dritten Theil der Stange, indem er die linke Hand in die in der Ruthe der Stange befestigte lederne Handhabe steckt. Die Stange stützt sich auf den Rücken der Hand, und hilft dadurch das Gewicht des Hauptbrettes und der Nase des Fachbogens tragen. Er nimmt nun das Schlagholz in die rechte Hand, hängt die Saite des Fachbogens unter den einen oder den andern Knopf des Schlagholzes, ziehet die Saite so lange nach sich, bis sie über die Rundung des Knopfes weggleitet, von ihm abfliehet, und vermöge ihrer Elasticität in Schwingung gesetzt wird. Dieses Schwingen wird so lange fortgesetzt, bis alle Theile des Haares recht gut auseinander gearbeitet sind, und sich beym geringsten Hauch absondern und entfliehen.

e) Der Arbeiter fachet gewöhnlich vier Stücke, jedes von einer dreyeckigen Gestalt. Jedes einzelne Stück wird ein Fach genannt, und viere dienen dazu, um einen Hut daraus zu verfertigen. Die Fache sind an der größten Seite mehr rund als gerade, und am Rande der beyden kürzesten Seiten mehr dünn, als in der Mitte, damit sie beym Filzen bequem zusammengesetzt werden können. Das Fachen wird so lange wiederholt, bis das gefachete Haar ziemlich zusammen hängt, zu welchem Behuf solches auch mit einer Horde, oder mit einem Stück Pappe oder Pergament zusammengedrückt wird, die man mit der Hand auf beyden Seiten gleichförmig aufdrückt, damit solches sich besser zusammen halte.

f) Das Ueberflüssige des Zeugs, welches beym Fachen der Stücke zu einem Hut, mit den Fingern weggezogen wird, wenn dem Hutfach seine vorläufige Gestalt gegeben wird, wird zusammen auf die Horde gelegt, und zu einem schmalen Streifen gefachet, welcher das Bußstück genannt, und zum Ausbüßen der fehlerhaften Stellen gebraucht wird.

g) Der Fachbogen ist keine europäische Erfindung; schon lange gebrauchte man ihn in China und in der Levante zum Karbätschen der Baumwolle. Die Europäer haben jenes Instrument aber sehr verbessert.

h) Die Hutfabrikanten Barker und Harre's haben eine Maschine angegeben, die einen Stellvertreter des Fachbogens abgeben soll. Sie bestehet in einem Behälter, mit Abtheilungen, in welche die Haare durch einen Windzug getrieben, und nach ihrer gröbern oder feinern Beschaffenheit, gesondert werden. Eine mit Darmsaiten, die gegen einen Stift oder Pflock anstreifen, beschlagene Trommel, auf welche die Haare mittelst einer Vorlage ohne Ende, geleitet werden, wirkt wie der gewöhnliche Fachbogen, treibt die zarten Haare von den gröbern, befreyet sie von den Unreinigkeiten und treibt sie in die verschiedenen Kammern des Behälters. Dieses neue Verfahren scheint Beachtung zu verdienen.

(Jacobson's Technologisches Wörterbuch rc. 1. Th. S. 630 rc. Desselben Schauplatz der Zeugmanufakturen in Deutschland, 2. B. Tab. IV. Fig. XXII. Ein neues Fachinstrument zum Reinigen der Haare, für die Hutfabrikanten rc.: in Hermbstädt's Bülletin rc. 8. B. S. 175 rc. Barker und Harre's: Im Repertory of arts etc. Vol. 42. pag. 193 rc. und H. Weber's Beyträge rc. 1. Th. 1825. S. 266 rc. Abbildung des Fachbogens. s. Pilzecker's Hutmacherkunst rc. Ilmenau 1828. Taf. I. Fig. 1.)

IV. Das Filzen der gefacheten Haare.

§. 428.

Die zartesten Flocken der gefacheten Haare greifen schon trocken in einander, wenn sie mit der Horde, mit Pergament oder (wie es gewöhnlich geschiehet), mit einem Siebe zusammen gedrückt werden; mehr aber wird das Filzen derselben befördert, wenn man solche im angefeuchteten Zustande, in der Wärme bearbeitet. Zu dem Behuf werden die verschiedenen Fache des künftigen Huts einzeln in Leinwand eingeschlagen, angefeuchtet, auf der Filztafel über einem Ofen gefilzt, alsdann über dem eingelegten Filzkern zu einer kegelförmigen Mütze gefilzet, und da, wo es nöthig ist, mit der Butze ergänzet. Ganz feine Hüte werden auf dem Fachtische kalt gefilzt.

a) Um das Filzen der Fache zu veranstalten, breitet der Arbeiter ein Stück Leinwand auf der Filzplatte (dem Filzblech oder Filzeisen) aus, welches 3 Fuß lang und 2 Fuß breit ist. Nun wird die Hälfte der auf der Platte liegenden Leinwand möglichst gleichförmig angefeuchtet, welches Anfeuchten gemeiniglich mit einem zusammen gebundenen Bündel Mäusedorn (Ruscus aculeatus) verrichtet wird. Auf dem angefeuchteten Filzlappen wird nun ein Fach ausgebreitet, und auf dasselbe der Filzkern (ein dickes weiches Papier) gelegt, auf dieses wieder ein zweytes Fach ꝛc. Hierauf wird nun der vor dem Filzkern vorstehende Rand des einen Faches auf das andere umgelegt, und beyde dadurch in der Nath vereinigt. Die beyden vereinigten Fache werden nun mit dem Filzkern in ihrer Mitte völlig in das Filztuch eingewickelt, und auf allen Seiten auf der Filzplatte zusammen gedrückt, indem man sie auf mancherley Weise zusammen legt, und ihnen beständig kleine Stöße giebt. Um zu sehen, ob das Filzen gut von Statten gehet, muß das Filztuch zuweilen geöffnet, auch wohl benetzt werden.

b) Sind auf solche Weise zwey und zwey Fächer vereinigt, dann werden die beyden andern Fache auf die ersten beyden aufgefilzet, um dadurch dem Körper mehr Haltbarkeit zu geben. Deshalb nimmt der Arbeiter die beyden bereits vereinigten Fache aus dem Filztuche, ziehet den Filzkern aus den Fachen heraus und kehret diese mit der Hand um, so daß die innere Seite nach außen kommt. Er ziehet dann das Ganze gerade, und legt sie wieder auf das benetzte Filztuch auf der Filzplatte, benetzt die obere Seite der beyden vereinigten Fache mit Wasser, legt auf diese Seite das dritte Fach, so daß dieses jenes ganz genau bedeckt, und kehrt das Ganze um. Der vorspringende Rand wird auf die vereinigten Kernfache umgeschlagen, so, daß selbiger glatt auf dem Filz des einen Kernfaches liegt. Diese oberste Seite wird nun gleichfalls benetzt, auf solche das vierte Fach aufgelegt, das Ganze abermals umgekehrt, und die Ränder so eingelegt, daß sie auf das vorher aufgelegte dritte Fach zu liegen kommen; wobey man aber Sorge tragen muß, daß die Nath der obern Fache, nicht auf die Nath der unteren zu liegen kommt.

c) Ist die Arbeit so weit verrichtet, so werden alle Runzeln und Falten gut ausgezogen, worauf die aufgelegten Fache mit dem Kernfache zusammen gefilzt werden. Zu dem Behuf wird der Filzkern wieder in die Herzfache gesteckt, und durch Stoßen und Rollen so lange auf der Filzplatte gefilzet, bis alle vorhandenen Fache durchaus zusammen gefilzt sind, wodurch der Filz die erforderliche Stärke erhält. Haben sich während dieser Arbeit dünne Stellen gebildet, dann werden solche mit der Buße ausgebüßet (ausgebessert).

d) Soll der Hut plattirt werden, z. B. einen Ueberzug von feinern Haaren bekommen, so wird dieser gleich bey dem Filzen mit den Fachen verbunden. Ueberzüge von Kastorhaaren werden aber erst beym Walken aufgetragen.

(S. Pilzecker's Hutmacherkunst rc. Ilmenau 1828. S. 54 rc. Taf. III. Fig. 11. u. 12.)

V. Das Walken der Filzhüte.

§. 429.

Um dem Filz noch mehr Festigkeit zu ertheilen, wird derselbe gewalkt. Das Walken verrichtet man auf dem geneigten hölzernen Bord des Walkkessels, mit der aus Weinhefe, Weinstein, Branntweinspülig und Wasser bereiteten heißen Walkbeize, mit Hülfe des Rollstocks; worauf der gewalkte Hut auf die hölzerne Form gebracht, ausgestoßen, und mit dem Rande versehen, dann ausgefaustet wird.

a) Der Walkkessel ist ein längliches Viereck, von Kupfer angefertigt, mit einem 2 bis 3 Zoll breiten, nach auswärts gebogenen Rande versehen, mit welchem er auf der Mauer des Ofens, in welchem selbiger eingemauert ist, sich stützet. Der obere Theil des Ofens, nebst dem Mauerwerk, womit der Kessel umgeben ist, ist nicht horizontal, sondern die beyden langen Seiten des Kessels sind dergestalt gegen einander geneigt, daß zwey dicke hölzerne Tafeln oder Borde (die Walktafeln), mit welchen das Mauerwerk bedeckt ist, alles Wasser, das während dem Walken aufgebracht wird, wieder in den Kessel zurück leiten.

b) Soll das Walken des Filzes verrichtet werden, so wird der Kessel mit Wasser gefüllt, dieses mit der Weinhefe, mit dem Weinstein ꝛc. versetzt, und das Fluidum auf 60 bis 70 Grad Reaumür erhitzt.

c) Ist dieses vorbereitet, so taucht der Arbeiter (der Hutwalker) den zusammen gewickelten Filz in die Walkbrühe, drehet ihn mit dem Rollstock etwas herum, und wenn er merkt, daß er genug eingetaucht ist, bringt er ihn auf die Walktafel, drückt mit dem Rollstocke das Wasser etwas heraus, und thut etwas kaltes dazu, um sich bey der Arbeit nicht zu verbrennen. Er nimmt nun den Filz auseinander, und walkt ihn mit beyden Händen, schlägt hierauf den Filz in das Kreuz und legt ihn auf die Tafel.

d) Wenn dieses geschehen ist, schöpft der Walker Brühe aus dem Kessel, begießt den Hut gelinde damit, und schlägt ihn von vier Seiten um, auch giebt er ihm bey jedem Umschlag einen gelinden Druck und Stoß. Er macht nun den Filz wieder auf, schlägt ihn ins Kreuz, und gleicht dabey die Biegungen wieder aus. Nun begießt er ihn wieder mit heißer Brühe, walket sodann den Rand von beyden Seiten, begießt ihn wieder, und walket nun vom Schnitt gerade nach dem Kopfe zu, taucht dann den Kopf in die Brühe, und walket ihn nach dem Schnitte zu. Alles dieses geschieht zu wiederholten Malen, und bey jeder Erneüerung unter Begießung mit heißer Brühe, und immer sehr behutsam.

e) Wenn nach einer halben Stunde, nach fortgesetztem immer stärkerem Walken, bemerkt wird, daß der Filz hinreichend zusammen gegangen ist, so wird er geebnet, um zum Aufschließen in der Walke geschickt zu werden.

f) Unter dem Aufschließen verstehet man das Büßen oder Auflegen von Stückchen Filz auf die dünnen Stellen. Auch begreift man darunter das Auflegen des Ueberzugs (die Plattirung), wenn solcher beym Filzen noch nicht gegeben worden war. Hiezu muß die Oberfläche des Filzes gleich und sauber seyn. Diese Vorbereitung wird das Gleichrichten genannt. Um solches zu veranstalten, wickelt der Hutwalker den Theil des Filzes, der bearbeitet werden soll, auf das Rollholz; nun legt er beyde Hände auf den zusammen gelegten Filz und rollet ihn damit. Hiebey muß aber Sorge getragen werden, daß der Filz da, wo es nöthig ist, stärker gewalkt wird, als an andern Stellen.

g) Was die beym Hutwalken erforderlichen Werkzeuge betrifft, so versteht man unter dem Rollstocke (c) ein 2 Fuß langes rund gedrehetes Stück Holz, das in der Mitte 14, an beyden Enden aber 12 Linien breit ist.

(C. Pilzecker's Hutmacherkunst ꝛc. Ilmenau 1828. S. 67 ꝛc. Taf. III. Fig. 13. 14. 16. 17. 18. und Taf. IV. Fig. 20.)

VI. Das Ausstoßen und Ausfausten.

§. 430.

Wenn der Filz durch das Walken seine erforderliche Festigkeit erhalten hat, so wird er nun auf die hölzerne Form gebracht, dann ausgestoßen und ausgefaustet; nämlich mit dem Rande versehen.

a) Die Hutform bestehet in einem aus Holz verfertigten abgekürzten Kegel, der die Größe eines Menschenkopfes besitzt, oder vielmehr einer kurzen Walze, die auf der obern Grundfläche, welche die Platte des Hutes bildet, abgerundet ist. Sie ist aus mehrern einzelnen Theilen zusammengesetzt.

b) Auf jene Form wird nun der gewalkte noch nasse Hut geschlagen, um ihm die spitze Gestalt zu benehmen, und sie in die platte Gestalt des Hutkopfes umzuwandeln. Um dieses zu verrichten, schlägt der Hutmacher den Hut in den Kranz, taucht ihn dann in den Waschkessel ein, legt ihn auf den Walkkessel, und dehnt nun mit dem Fauster oder auch mit dem Ausstoßer die Spitze aus und macht sie platt.

Jene Arbeit wird so oft wiederholt, bis der Arbeiter den Filz über die Hutform streifen kann.

c) Wenn der Filz so weit ausgetrieben ist, daß er auf die Form passet, so bindet der Arbeiter nun eine starke Schnur um die Höhe der Form zweymal herum, und drückt hierauf mit dem Krummstampfer den Rand bis auf die Grundfläche der Form nach herunter, ziehet alsdann den Filz nach der Form gerade, und giebt ihm die rechte Gestalt, damit der Kopf glatt werde und gerade in die Mitte der Form fällt. Ist dieses geschehen, so wird der Hut nebst der Form in den Walkkessel gelegt, wo er bis zum völligen Erwärmen liegen bleibt.

d) Nun wird der Hut ausgefaustet. Der Arbeiter legt ihn auf die Walktafel, streicht mit dem Plattstampfer alle Runzeln aus, hält hierauf das, was den Rand ausmachen soll, in die Höhe, drückt nun den Rand so nieder, daß er mit der Grundfläche der Form in gerader Linie fortläuft, zu welchem Ende dem Rande ein größerer Umfang gegeben werden muß, als er bis dahin gehabt hatte. Deshalb setzt der Arbeiter seine beyden Hände zwischen den erweichten und erhitzten Kopf des Hutes und seinen in der Höhe gehabenen Rand, und drückt auf diesen so anhaltend als er kann, um ihn dadurch hinab zu treiben. Donn greift er mit der linken Hand auf eine Stelle des Randes, hält ihn fest, und mit der rechten Hand faßt er an diejenige Stelle, welche zunächst an jener in der linken Hand ist, und ziehet mit aller Kraft vorwärts. So wird nach der Länge Stelle für Stelle des Randes ausgezogen. Wenn dieses geschehen ist, wird die Arbeit nach der Breite wiederholt, um dadurch dasjenige wieder zu ordnen, was beym Ausfausten in die Länge gelitten haben möchte. Wenn auch dieses geschehen ist, so wird die Breite des Randes durchaus gemessen, und wenn der Kopf in der Mitte ist, so wird die Formschnur aufgebunden, und zu wiederholten Malen an denjenigen Theilen gezogen, welche die Form deckt, zunächst oben an der Seite, wo man den Rand breiter gefunden hat. Endlich wird das Formband wieder umgebunden, mit dem Hohlstampfer niedergedrückt, und zuletzt der Hut gleich gefaustet. Nun wird er zum Trocknen aufgehängt.

e) Der Plattstampfer und der Krummstampfer, zwey in der Hutmacherey gebräuchliche Werkzeuge, haben viel Aehnlichkeit mit einander. Der Krummstampfer bestehet in einer viereckigen Platte von Messing, die eine Linie dick, 6 Zoll hoch und 4 Zoll breit ist. Sie ist nach der Länge etwas gekrümmt und oben zusammen gerollet. Der untere Rand ist etwas rund ausgeschnitten, und dünner zugehend, doch ohne schneidend zu seyn. Der Plattstampfer hat mit dem Krummstampfer viel Aehnlichkeit, nur ist er der Länge nach nicht gebogen, der untere Rand ist gerade, und die Schneide ist rund verbrochen. Er ist besonders zum Ausstreichen der zirkelförmigen Rundungen bestimmt.

(Pilzecker a. (§. 428.) a. O.)

VII. Das Abreiben.

§. 431.

Wenn der Hut trocken ist, so wird er mit Bimsstein oder auch mit Fischhaut abgerieben, um die groben Haare, welche nach dem Walken aus dem Filz hervorstehen, hinweg zu nehmen und die Oberfläche zu reinigen; worauf der Hut dem Färber überliefert wird.

(Pilzecker a. (§. 428.) a. O. S. 136 ꝛc.)

VIII. Das Färben der Hüte.

§. 432.

Die Hüte werden nun, gewöhnlich schwarz, gefärbt, wozu man sich einer Farbenbrühe bedient, die aus Kampecheholz, aus Galläpfeln, aus Schmack, aus Eisenvitriol, aus Weinstein und aus Grünspan in Vermengung mit Gummi bereitet wird.

a) Wenn der Hutmacher färben will, so streift er den Hut auf eine Form, welche höher ist als die, auf der er angeformt wird. Unter den Kopf des Huts bindet er ebenfalls ein

Formband, legt nun den Hut mit der Form eine kurze Zeit in kochendes Wasser, bringt beyde darauf auf einen Tisch, streift den Rand des Hutes über die Form, und stößt das Band, mit dem Krummstampfer, fast bis zum Schnitt des Randes hinab, worauf die Form an ihrer Grundfläche gegen einen Block gestoßen, und daher noch genauer in den Hut hinein getrieben wird.

b) Hut und Form werden hierauf aufs neue in heißes Wasser getaucht, und das Wasser auf einer Tafel mit dem Plattstampfer ausgedrückt. Die Haare werden alsdann mittelst eines Krätzchens aufgekratzt, und nun kommen die Hüte in den Farbekessel.

c) Die Farbenbrühe wird aus 12 Pfund Kampecheholz, 6 Pfund Schmack, 10 Pfund Galläpfeln, 1 Pfund Weinstein, ½ Pfund Grünspan und 6 Pfund Eisenvitriol, mit Wasser gekocht, zubereitet.

d) In die Brühe des Farbenkessels werden jetzt die Hüte nebst der Form, und zwar jeder auf den Kopf, eingesetzt, der Kessel mit Brettern zugedeckt, und nun die Flüssigkeit 2 Stunden lang im Kochen erhalten. Nach dieser Zeit öffnet man den Kessel, kühlt die Brühe durch zugegossenes kaltes Wasser ab, nimmt die Hüte heraus, setzt sie um den hölzernen Rand des Kessels, damit die Farbe ablaufe, und wenn dieses geschehen ist, setzt man sie auf Bretter, um sie an der Luft abkühlen zu lassen. A. Boffum hat eine eigene Maschine zum Färben der Hüte angegeben.

e) Während die Hüte abkühlen, wird die Farbenbrühe wieder mit etwas Vitriol und Grünspan geschärfet, und der Kessel aufs Neue mit Hüten angefüllet, die gleichfalls 2 Stunden kochen. Während dem sind die zuerst gefärbten abgekühlt, sie werden nun wieder auf die vorige Weise in den Kessel gebracht, dagegen die Hüte von der zweyten Farbe wieder abgekühlt werden; und so wird fortgefahren.

f) Nach dem Färben werden die Hüte mit kaltem Wasser gewaschen und mit einer scharfen Bürste abgerieben. Hierauf werden sie in warmem Wasser rein ausgestrichen, dann aber in der Sonne oder in der Trockenstube etwas abgetrocknet. Zuletzt werden sie mit einer glatten Bürste abgerieben, dann geglättet, und zuletzt völlig getrocknet.

(P. L. Pichard, Teinture des chapeaux. Im l'Industrie Journal etc. Vol. V. No. 8. Dec. 1828. pag. 423 rc. und Dingler's polytechn. Journal rc. 32. B. S. 178 rc. C. Pilzecker rc. a. (§. 428.) a. O. S. 160 rc. A. Bossum's Maschine zum Färben der Hüte. In den Jahrbüchern des K. K. polytechn. Instituts zu Wien. 13. B. S. 251 rc. Taf. IV. Fig. 8. rc.)

IX. Das Steiffen oder Leimen, Zurichten und Glänzen der Hüte.

§. 433.

Die gefärbten Hüte werden nun gesteifet oder geleimt, um ihnen den gehörigen Grad der Festigkeit zu ertheilen. Man bedient sich dazu eines Leims, der aus Gummi und Tischlerleim, oder auch aus andern klebrigen Materien des Pflanzenreichs, wie Flohsaamen rc. bereitet ist. Zuletzt werden die Hüte geglänzet, gebiegelt und staffiret.

a) Um einen Leim für die Hüte zu verfertigen, lassen die Hutmacher gemeiniglich 1 Pfund gemeinen Gummi zwey Stunden lang mit Wasser kochen, setzen alsdann 1 Pfund guten Tischlerleim, so wie auch ¾ Pfund Rindsgalle oder Weinessig hinzu, und lassen die davon erhaltene Brühe durch ein Haarsieb laufen.

b) Zum Steiffen selbst, ist ein besonderer Ofen eingerichtet, der oberwärts zwey Feuerlöcher hat, die trichterförmig zugehen, in welchem ein Rost ist, auf den man Kohlen legen kann. Der obere Rand ist mit einem 15 Zoll im Durchmesser haltenden Ringe eingefasset. Um die Löcher herum stehen Ziegelsteine, auf denen eine kupferne Platte liegt, so daß die Hitze oder der Broden zwischen den Steinen hindurch gehen kann. Statt dieser Vorrichtung bedient man sich auch eines mit Wasser gefüllten Kessels, der mit einem durchlöcherten Deckel bedeckt ist, auf den die geleimten Hüte, in Leinwand eingeschlagen, gelegt werden.

c) Neben dieser Vorrichtung befindet sich ein Tisch, der mit einem Loche versehen ist, in welches der Kopf des Hutes passet. Der Hutmacher legt den Kopf des Hutes in jenes Loch so, daß sein Rand auf den Tisch zu liegen kommt; nimmt nun den Rand in seine linke Hand, taucht eine Bürste in den heiß gemachten Leim, und streicht erst an den Stellen, welche dünne sind, solchen auf, hierauf aber über den ganzen Rand, jedoch so, daß der Schnitt davon befreyet bleibt.

d) Wenn solches geschehen ist, so begiebt sich der Hutmacher zum stark geheizten Ofen, und legt nun ein mit Wasser durchnetztes Stück Leinwand mit einer Seite auf das Blech und mit der andern über den Hut, da denn, durch den aus der Leinwand aufsteigenden Dunst, der Leim in kurzer Zeit sich in den Hut ziehet. Ist dieses geschehen, so wird der Hut wieder in das Loch gelegt, und mit der flachen Hand über den ganzen Rand gestrichen, wodurch man merken kann, ob noch etwas klebriges auf der Oberfläche vorhanden ist. Endlich werden mit einer Kratze die niederliegenden Haare wieder etwas empor gezogen.

e) Wenn auf solche Weise die Ränder des Hutes auf beyden Seiten gesteift worden sind, so schreitet man nun zum Steifen des Kopfes; wozu indessen jenes Blech nicht gebraucht wird, weil der Leim in den Kopf sich nicht einziehen darf, sondern nun trocken werden muß, indem ihn das Hutfutter bedeckt. Der so geleimte Hut wird nun, am besten in freyer Luft, getrocknet; worauf man ihn glänzet.

f) Um das Glänzen des Hutes zu veranstalten, welches kurz vor dem Aufstutzen desselben verrichtet wird, überfährt der Hutmacher den Hut auf allen Punkten mit einer trocknen Bürste, taucht hierauf eine langhaarige Bürste in die mit Wasser verdünnte schwarze Farbenbrühe, und bürstet damit den Hut allenthalben aus.

g) Wenn auch dieses geschehen ist, so wird der Hut mit einem heißen Biegeleisen ausgebiegelt, wobey der Kopf auf seiner Form ruhet. Zuletzt wird endlich das Haar mit einer trocknen Bürste aufgebürstet, um selbigem den Strich zu geben.

h) Endlich wird nun der Hut staffiret, d. i. nach der Mode zugerichtet. In den meisten Fällen staffiren die Hutmacher die Hüte selbst; sonst machen aber die Hutstaffirer eine eigene Profession aus, die freylich nicht in allen Städten ausgeübt wird. Das ganze Geschäft des Hutstaffirers bestehet darin, daß er den Hut futtert, daß er ihm die verlangte Form giebt, ihn nach der Mode aufkrampet, mit Tressen einfasset rc.

(Jacobson's Technologisches Wörterbuch rc. 4. Thl. S. 272. und 2. Thl. S. 99 und 298. Annalen der Märkischen ökonomischen Gesellschaft in Potsdam rc. V. B. S. 66 rc. C. Pilzecker, die Hutmacherkunst, nach allen ihren praktischen Verrichtungen rc. Mit lithogr. Tafeln. Ilmenau bey Voigt. 1828. 8. S. 161 — 196.)

X. Neue Verbesserungen in der Hutfabrikation.

§. 434.

Die Fabrikation der Filzhüte hat in der neuern Zeit mehrere Verbesserungen und Erweiterungen erhalten. Dahin gehören: 1) die Verfertigung der Filzhüte mittelst Maschinen; 2) die Verbesserung der Hut-Gippen; 3) die Verfertigung der Hüte aus doppeltem Filze; 4) die Fabrikation der wasserdichten Hüte.

a) Die Mittheilung der Methode, Hüte und Kappen mittelst Maschinen darzustellen, verdanken wir Robinson Williams in London, und Moore. Die Maschine des Williams, auf welche derselbe 1826 patentirt worden ist, bestehet: 1) in einem Apparate, der an einer Krempelmaschine angebracht wird, um die Locken der Wolle von der letzten Walze (dem Abnehmer) aus, fortzuleiten, sie in verschiedenen Richtungen über Blöcke oder Formen zu wickeln, und auf diese Weise Mützen oder Kappen von beliebiger Form zu bilden; 2) in einer mit erhitzten Platten und Walzen versehenen Vorrichtung, mittelst welcher die Mützen ferner bearbeitet werden, um Zusammenhang und Festigkeit zu erhalten, bevor zum Filzen derselben geschritten wird.

b) C. M. Channing Moore's Maschine ist auf die Konstruktion der vorigen gestützt. Mittelst dieser Vorrichtung wird die Wolle oder das Thierhaar, aus welchem der Hut fabricirt werden soll, nach und nach von einer Kardätschmaschine hergenommen, und auf einen Block oder Model aufgewunden, auf welchem sie den Körper (die Schale oder den Filz des Hutes), bilden muß, und zwar für zwey Hüte mit einem Mal. Die Wollfasern kreuzen sich, so wie solche nach und nach auf die Maschine gebracht werden.

c) Eine Verbesserung der Hutgippen, welche man Rider's Patent-Hutgippen (Riders Patent Hut Tips) nennt, hat der Hutgippen-Fabrikant Benjamin Rider angegeben, und ist darauf 1828 patentirt worden. Dieses Patent bezieht sich auf ein neues Material, aus welchem die sogenannte Gippe, durch welche der oberste kreisförmige Theil des Hutkopfs gesteift und in seiner Form erhalten wird. Das Material besteht aus einer Art Papier; aus 75 Theilen leinen Papierstoff mit 35 Theilen Korkholz versetzt. Die Masse wird aus der Bütte zu Tafeln geschöpft, und daraus werden die Hutgippen geschnitten.

d) Die wasserdichten Hüte sollen dem Eindringen des Wassers widerstehen. Zu dem Behuf werden sie auf der innern Fläche mit einer Flüssigkeit aus Schellack in Weingeist aufgelöst, oder auch mit jeder andern Harzflüssigkeit überzogen, wodurch sie vorzügliche Steifigkeit erhalten. Durch in gereinigtem Steinkohlenöl aufgelöstes Kautschuk, wird ihnen Undurchdringlichkeit für das Wasser gegeben, und zugleich ihre Biegsamkeit erhalten.

(William's, im London Journal of Arts etc. Vol. XIV. Oct. 1828. pag. 65 ꝛc. s. auch Dingler's polytechn. Journal. 17. B. S. 99. und K. Kamarsch, in den Jahrb. des K. K. polytechn. Instituts in Wien. 13. B. 1828. S. 247. Taf. IV. Fig. 5. ꝛc. C. W. Channing Moore, im London Journal of Arts etc. April. 1829. pag. 26 ꝛc. und Dingler's polytechn. Journal. 33. B. S. 12. Taf. II. Fig.

1. ꝛc. Rider, in den Transactions of the Society for the Encouragement of Arts, Manufact. and Commerce. Vol. XXXIX. 1821. S. 415 ꝛc. Desgleichen in den Jahrb. des K. K. polytechn. Instituts zu Wien. 13. B. S. 252 ꝛc. Taf. III. Fig. 1. ꝛc. Bowlen's und Th. Galon's Hüte aus doppeltem Filz. s. London Journal of Arts and Sciences etc. Vol. XIII. No. 81. Jul. 1827. und in den Jahrb. des K. K. polytechn. Instituts zu Wien. 13. B. S. 254 ꝛc. Lütke's wasserdichte Hüte. In H. Weber's Beyträge zur Gewerbe- und Handelskunde ꝛc. V. Th. 1825. S. 265 ꝛc. J. Blade, Verbesserung im Steifen wasserdichter Hüte. Im Repertory of Patent Inventions. Septbr. 1828. pag. 112 ꝛc. Dingler's polytechn. Journal. 30. B. S. 61 ꝛc. J. C. Leuch's Darstellung der neuesten Verbesserungen in der Hutmacherkunst ꝛc. Nürnberg 1825. Jahrb. des K. K. polytechn. Instituts zu Wien. 9. B. 1826. S. 413 ꝛc.)

XI. Fabrikation der Seidenhüte.

§. 435.

Die den aus Filz ähnlichen sogenannten Seidenhüte haben, rücksichtlich ihrer Wohlfeilheit, den Absatz der aus gefilzten Haaren bereiteten, merklich vermindert; sie stehen ihnen aber in der Haltbarkeit auch weit nach.

a) Zu den Seidenhüten wird die ganze Form aus gesteifter Pappe oder auch Leinwand, angefertigt und mit Seidenvelpel außerhalb überzogen.

b) Da die Seidenhüte weniger elastisch sind als die Filzhüte, so schlägt Wil. White vor, solche aus groben Filz anzufertigen, und außerhalb mit Seidenvelpel zu überziehen.

c) Um das Drücken an der Stirn zu vermeiden, sollen sie rund um die Kante des Kopfes mit weicher Stopfwolle ausgefüttert werden.

(Will. White, im Repertory of Patent Inventions. Vol. V. No. 26. August 1827. und in den Jahrbüchern des K. K. polytechn. Instituts zu Wien. 13. B. S. 255 ꝛc. J. C.

Leuch's Darstellung der neuesten Verbesserungen in der Hutmacherkunst, nebst Anhang zur Verfertigung der Stroh- Seiden- und andern Hüte. Nürnberg 1825.)

Vierzehnter Abschnitt.

Die Fabrikation des Leders.

(Die Ledergerberey. Das Gerberhandwerk.)

§. 436.

Gerben oder Gärben, in der allgemeinen Bedeutung des Wortes, heißt irgend einen rohen Naturstoff so zu bearbeiten, daß derselbe zum speciellen Gebrauch der menschlichen Gesellschaft geschickt gemacht wird. Wird dieses auf die Zubereitung der thierischen Häute angewendet, so wird das Geschäft die Ledergerberey oder die Gerbekunst (Ars Scytodephica, Ars coriaria) genannt.

a) So nennen die Metallarbeiter den Erfolg Gerben, wenn sie ein Metall recht glatt poliren.

b) Der Kupferschmidt sagt, er habe das Kupfer gegerbt, wenn er eine Platte desselben so glättet und ebnet, daß solche für den Kupferstecher brauchbar wird. So wird ein wiederholtes Glühen und Hämmern des Stahls, um solchen in Schmiede-Stahl umzuwandeln, das Gerben des Stahls genannt; so nennet man das Produkt Gerbestahl rc.

c) In der speciellen Bedeutung des Wortes, verstehet man dagegen unter Gerben die Kunst, eine grüne (eine frische oder rohe) Thierhaut so zu bearbeiten, daß solche dadurch gleichsam desorganisirt so wie ihrer sonstigen Zerstörbarkeit und Fäulnißfähigkeit beraubt und in Leder umgewandelt wird.

(S. F. Hermbstädt's chemisch-technologische Grundsätze der gesammten Ledergerberey ꝛc. 1. Th. Berlin 1805.)

§. 437.

Die durch das Gerben derselben veränderte Thierhaut wird Leder genannt. Die gerbende Veränderung irgend einer Thierhaut kann auf eine dreyfach verschiedene Weise verrichtet werden, nämlich: 1) Vermöge ihrer Behandlung mit gerbestoffhaltigen Vegetabilien; 2) vermöge ihrer Behandlung mit Alaun; 3) vermöge ihrer Behandlung mit Fett; und hiernach zerfällt die gesammte Ledergerberey in drey Abtheilungen, nämlich; die Lohgerberey, die Weißgerberey und die Sämischgerberey; die gewöhnlich als zwey verschiedene Gewerbe ausgeübt werden, (d. i. die Weiß- und Sämischgerberey vereinigt), und nicht mit einander verwechselt werden dürfen.

a) Wie und auf welche Weise, oder um welche Zeit die Kunst, Leder zu gerben, erfunden worden ist? wer sie zuerst erfunden hat? welche Völker sie besonders kultivirt haben ꝛc.? darüber haben wir wenig Historisches nachzuweisen.

b) Gemeiniglich wird aber die Kunst Leder zu gerben, für eine Erfindung des Orients gehalten, und es ist ausgemacht, daß solche im Morgenlande früher als in Europa, zu einem großen Grade der Vollkommenheit gebracht worden ist.

c) Den Fabeln der Chinesen zufolge, lehrte ihr Beherrscher Schinfang sie zuerst Thierhäute zuzubereiten, die Haare mit Walzen davon zu trennen ꝛc. Plinius schreibt dagegen die erste Erfindung der eigentlichen Ledergerberey, einem gewissen Tychius aus Böotien zu.

Erste Abtheilung.

Die Lohgerberey.

§. 438.

Die Lohgerberey, in der allgemeinern Bedeutung, bestehet in der Kunst, rohe oder grüne Thierhäute mit Lohe so zu bearbeiten, daß sie dadurch in ihrer Natur verändert, vor der sonst erfolgenden Fäulniß geschützt, und zum Gebrauch als Leder geschickt gemacht werden.

a) Grün oder Rohe wird jede Thierhaut genannt, die noch keine gerbende Veränderung erlitten hat: sie mag frisch vom Thiere kommen, oder schon an der Luft getrocknet worden seyn. Ihre Außenfläche wird die Haar- oder Narbenseite, ihre innere Fläche die Fleisch- oder Aasseite genannt.

b) Lohe (Cortex coriarius) wird jede reich mit Gerbestoff begabte vegetabilische Substanz, im zerkleinerten Zustande, genannt: wie Eichenrinde, Birkenrinde, Knoppern, Schmack, Galläpfel ꝛc.

c) Die mit irgend einer solchen vegetabilischen Substanz gegerbte Thierhaut, wird lohgahres Leder genannt.

d) Die Lohgerber bilden ein zünftiges Gewerk. Sie erlernen dasselbe 3 bis 4 Jahre. Die Gesellen müssen eine bestimmte Zeit wandern, bevor sie zum Meisterrecht gelangen können. Zum Meisterstück müssen sie einige Ochsenhäute (Sohlleder), einige Kuhhäute (Fahlleder), einige Kalbfelle, einige Schaaffelle, und an manchen Orten auch einige Bockfelle lohgahr gerben. Die Handlanger werden bey den Lohgerbern Gerberknechte genannt.

§. 439.

Nach der Verschiedenheit der Produkte, welche dadurch erzielt werden, läßt sich die gesammte Lohgerberey in fünf verschiedene Abtheilungen zerfällen. Dahin gehören:

1) die gemeine oder Rothlohgerberey; 2) die Juftengerberey; 3) die Dänischledergerberey; 4) die Corduangerberey, und 5) die Saffian- oder Maroquingerberey. Wir wollen jeden einzelnen Zweig näher erörtern, nachdem vorher die Vorbereitung der Häute zum Gerben im Allgemeinen entwickelt worden ist, da diese fast bey allen Arten dieselbe bleibt.

§. 440.

Um die rohen oder grünen Thierhäute zur Lohgahrmachung vorzubereiten, werden solche: 1) in fließendem Wasser eingeweicht und gereinigt; 2) enthaaret; 3) geschwellet, und 4) gefärbt, worauf sie nun zum wirklichen Gerben vorbereitet sind.

I. Das Reinigen der rohen Häute.

§. 441.

Um die rohen Häute zu reinigen, werden selbige einige Tage in Wasser eingehängt, und von Zeit zu Zeit auf dem Schabebaum, mit dem Schabeeisen, auf der Fleischseite ausgestrichen, bis sie von allen Unreinigkeiten vollkommen befreyet sind.

a) Die zur Gerberey bestimmten rohen Thierhäute sind entweder von inländischen zahmen (Zahme); oder von wilden Thieren (Wildhäute) aus Amerika, z. B. Brasilien (Brasilian. Buenos ayres. Rio grande. Caraccas. Chili etc.). Man erhält sie in Europa ausgetrocknet. Sie müssen gesund, nicht angegangen (gefault, erstunken) seyn, weil sonst kein dauerhaftes Leder daraus hervorgehet.

b) Das Einweichen der Häute geschieht am besten in fließendem Wasser. Die Zeit, wie lange die Häute weichen müssen, läßt sich nicht immer genau bestimmen; sie richtet sich nach der Temperatur; nur darf sie nicht bis zur Fäulniß der Häute fort-

fortdauern. Nach dem Durchweichen werden sie gewaschen, um alle Unreinigkeiten hinweg zu schaffen.

c) Der Schabebaum (der Gerbebaum, auch Baum oder Streichbaum genannt), bestehet in einem halbrunden hölzernen Baum, der ohngefähr 6 Fuß lang und 18 Zoll breit ist. Mit seinem hinteren Ende ruhet er auf der Erde, mit dem vordern auf einem Kreuzholz oder Kreuzfuß.

d) Das Schabeeisen (das Streicheisen) bestehet in einem eisernen nach dem Rücken zu etwas gekrümmten Messer, mit stumpfer Schneide und mit zwey hölzernen Handgriffen versehen. Die Krümmung dieses Messers richtet sich nach der Krümmung des Schabebaums.

e) Um das Ausstreichen der eingeweichten Häute zu veranstalten, stellt der Arbeiter sich vor den Gerbebaum, legt die geweichte Haut auf die gerundete Fläche desselben, so daß die Fleischseite nach außen zu liegen kommt, und streicht nun, indem er das Schabeeisen an seinen Griffen mit beyden Händen anfasset, die Haut von oben nach unten herab; eine Arbeit, die von Zeit zu Zeit wiederholt wird, bis das Wasser klar abfließt.

f) Um diese und die anderweitigen Operationen ohne Hinderniß verrichten zu können, müssen die Gerbereyen, abgesondert von stark bewohnten Straßen, und in der Nähe eines fließenden Stromes etablirt werden; welches auch in polizeilicher Hinsicht nothwendig ist.

(Ignatz Bautsch, Ausführliche Beschreibung der Lohgerberey, Dresden, 1793. Karl v. Meidinger Abhandlung über die Lohgerberey, Leipzig 1802., mit vielen Kupf. S. F. Hermbstädt Chemisch-technologische Grundsätze der gesammten Ledergerberey, 1. Theil. Berlin 1805. Bagnoll's Maschine zum Abfleischen und Reinigen der Häute ꝛc. In den Annals of arts etc. Tom. IX. pag. 271 ꝛc. Leuch's Verbesserungen in der Ledergerberey ꝛc. Nürnberg 1828. S. 134 ꝛc. Royer's Maschine zum Reinigen und Glätten der Häute ꝛc. Ebendaselbst. S. 135 ꝛc.)

II. Das Enthaaren der Häute.

§. 442.

Um die geweichten und ausgestrichenen Häute zu enthaaren, werden solche: 1) eingesalzt und dem Schwitzen unterworfen; oder: 2) sie werden in dem Kalkäscher dazu vorbereitet. Hierauf werden die Haare entweder mit dem Schabeeisen abgenommen (abgepälet oder abgeböhlet); worauf endlich die abgepälten Häute im Wasser gespület, zu wiederholten Malen ausgestrichen, und zuletzt mit dem Putzmesser ausgeschoren werden.

a) Das Einsalzen und Schwitzen, als Vorbereitung zur Enthaarung, verrichtet man nur mit den dicken einheimischen und wilden Ochsen- oder Büffelhäuten, welche zu wasserdichtem Pfund- oder Sohlleder verarbeitet werden sollen. Es ist dabey die Absicht, die geringe Menge Fett, welches die Häute enthalten, nicht zu zerstöhren, um sie dadurch wasserdichter zu machen; bey der Behandlung im Kalk, würde das Fett hinweggenommen werden; gewöhnlich rechnet man 3 bis 4 Pfund Salz, für eine Haut.

b) Um das Einsalzen zu verrichten, werden sie auf der Fleischseite stark mit Küchensalz, oder auch mit gepülvertem Steinsalz eingerieben und, um sie zum Schwitzen zu bringen, auf Haufen über einander gelegt, und so lange liegen gelassen, bis ihr Geruch einen Anfang der Fäulniß wahrnehmen läßt, und die Haare sich leicht mit der Hand ausrupfen lassen. Durch Erwärmung der Schwitzkammer kann der Erfolg schneller herbey geführt werden.

c) Weniger dicke Felle, welche nicht zu Sohl-, sondern zu Oberleder bestimmt sind, nämlich Schmalleder oder Fahlleder (wie Kuhhäute, Roßhäute, Kalbfelle 2c.) werden, um solche zur Enthaarung vorzubereiten, im Kalkäscher (in der Kälke) bearbeitet.

d) Der Kalkäscher bestehet in einer mit zusammen gefügten Bohlen ausgeschälten Grube, in welcher, außer dem Kalk, ohngefähr 50 Kuhhäute Raum haben. Auf so viel rechnet man einen halben Schiebkarren voll reinen gebrannten Kalk. Derselbe wird in einem andern Gefäße mit so viel Wasser gelöscht, daß er vollkommen zertheilt und im Wasser schwimmend erhalten wird, in welche milchartige Brühe nun die Häute eingelegt werden.

e) Im Kalkäscher bleiben die Häute im Sommer 3 bis 4 Wochen, im Winter hingegen 10 bis 12 Wochen, oder überhaupt so lange liegen, bis die Haare sich leicht lösen. Sie müssen während dieser Zeit öfters aufgeschlagen (auf Latten aufgehängt), und der Kalkäscher aufgerührt werden.

f) Die gekalkten Felle werden nun erstlich mit dem Schabeeisen abgepälet, sodann in Wasser eingeweicht und gespület, zu wiederholten Malen ausgestrichen, und zuletzt mit dem Putzmesser ausgeschoren.

g) Das Putzmesser bestehet in einem gewöhnlichen etwas großen und scharfen Messer. Die von den Haaren vollkommen befreyeten Häute werden in diesem Zustande Blößen genannt.

A. Die gemeine Loh- oder Rothgerberey.

§. 443.

Die gemeine oder Rothgerberey beschäftigt sich mit der Lohgahrmachung der Ochsen-, Kuh-, Roß-, Kalb- und Schaaffelle. Die dabey vorkommenden Operationen zerfallen: 1) in das Schwellen; 2) das Färben in der Triebfarbe; 3) das Gerben, und 4) das Zurichten der gegerbten Felle.

I. Das Treiben oder Schwellen der Häute.

§. 444.

Das Treiben oder Schwellen der Blößen wird ganz besonders mit den dicken, zu Sohl- oder Pfundleder bestimmten Häuten veranstaltet, um solche dadurch mehr aufzulockern, und zur Annahme des Gerbestoffes vorzubereiten, und ihnen zugleich dadurch die eigene Lederfarbe zu ertheilen.

a) Das Schwellen oder Treiben der dicken Sohlhäute verrichtet man in der Schwell- oder Treibegrube (dem Treibekasten), mittelst der dazu bestimmten Treibe- oder Schwellbrühe. Diese bestehet entweder in einer Sauerbrühe, von Gerstenschroot, Sauerteig und Wasser gebildet; oder in ausgegerbter Lohbrühe.

b) Die Treibe- oder Schwellfarbe (die Farbe, der Farbenkasten, die Farbengrube, die Triebfarbengrube) bestehet in einer in der Erde angelegten, mit Bohlen ausgeschälten Grube, die gemeiniglich 8, zuweilen aber bis 40 Fächer oder Abtheilungen enthält; in welchen die Treibfarbe, von verschiedenen Graden der Stärke, enthalten ist.

c) Diejenigen Häute, welche zusammen getrieben oder geschwellet werden sollen, kommen zuerst in die schwächste Brühe; sie werden von Zeit zu Zeit mit einer Krücke darin herum gearbeitet, bleiben eine Zeitlang darin liegen, werden dann in die zweyte Abtheilung gebracht 2c.

d) Die Treibfarbe (Farben-Schwellbeize) bestehet in bereits ausgegerbter saurer Lohbrühe, der man eine verhältnißmäßige Quantität zerhackter Birkenrinde (Birkenlohe), vorzüglich für Sohlleder, oder auch wohl noch Sauerteig, Gerstenschroot 2c. zusetzt. Ihre Bestandtheile sind eigentlich Gallussäure, so wie Essigsäure, nebst Gerbestoff und färbendem Stoff, aus der Eichen- oder Birkenrinde.

e) Die Anfangs farbenlosen Häute nehmen in der Treibfarbe nach und nach eine lederbraune Farbe an, dagegen aber auch die Treibfarbe nach und nach ihre Farbe verliert und in Fäulniß übergehet.

f) Wenn 50 bis 60 Felle zusammen die sämmtlichen Abtheilungen der Schwellgrube durchgegangen sind, so werden sie nun in die Wasserfarbe gebracht.

g) Die Felle sind nun in diesem Zustande vorbereitet, um Rothlohgahr gemacht zu werden.

h) Um die Schwellfarbe zu geben, bedient man sich, zu andern Arten von Leder am liebsten der gemahlenen Birkenrinde, mit Sauerbrühe versetzt, und bedient sich dazu folgendem Verhalten.

Benennung.	Zusammensetzung aus		Die Häute bleiben darin Tage	Werden aufgeschlagen des Tages
	Wasser	Sauerbrühe		
1. Stinkfarbe	8 Theilen	1 Theilen	1	Zweymal
2. Schwellfarbe	7 =	2 =	1	Zweymal
3. desgl.	5 =	4 =	2	Dreymal
4. desgl.	4 =	5 =	3	Viermal
5. desgl.	2 =	7 =	3	Viermal
6. desgl.	1 =	8 =	4	Dreymal
7. desgl.	0 =	bloß Sauerbrühe.	5	Zweymal
8. Steckfarbe	0 =	Sauerbrühe mit Birkenlohe	8, 14—21	

II. Das Gerben oder Gahrmachen der Häute.

§. 445.

Das Gerben oder Lohgahrmachen der schweren Ochsen= oder Büffelhäute, geschiehet in den dazu bestimmten Lohgruben, entweder mit Eichenlohe, oder auch, nach Beschaffenheit der Länder wo gegerbt wird, mit andern schicklichen gerbenden Stoffen.

a) Die Lohgruben bestehen in länglicht=viereckigen in der Erde gemachten Gruben, die bald größer, bald kleiner, und in=

wendig mit Bohlen ausgeschälet sind. Sie finden sich entweder frey oder unter Schuppen, im Hofraume der Lohgerberey placirt.

b) Als Lohe bedient man sich in den meisten Gerbereyen des nördlichen Deutschlands, der gemahlnen Eichenrinde oder Eichenborke. In Ungarn, so wie im Oesterreichischen, bedient man sich der Knoppern. Manche andere gerbende Materien, und ihr vergleichendes quantitatives Verhältniß des Gehalts an Gerbestoff, sehe man in unten angezeigten Schriften.

c) Die Lohmühle, welche zur Zerkleinerung der Lohe bestimmt ist, hat entweder die Gestalt eines Stampfwerks, oder die einer Mahlmühle. Die erste Art hat Aehnlichkeit mit einer Walkmühle, nämlich die daran befindlichen Stampfen werden entweder mittelst der Welle eines Wasserrades in Bewegung gesetzt, oder die Bewegung geschieht auch durch die Kraft des Windes.

d) Die Stampfen solcher Mühlen besitzen an ihrer Grundfläche scharfe Ecken von Eisen, und auf der Grundfläche selbst stehen scharfe Schneiden. Der Grubenstock besitzt für alle dicht neben einander stehende Stampfer eine gemeinschaftliche Grube, von der Gestalt eines Troges, die gleichfalls mit Eisen ausgeschlagen ist. Die Rinde wird in großen Stücken in den Grubenstock geworfen, und darin von den Stampfen zerschnitten und zermalmet.

e) Gewöhnlich wird die Lohe auf einer Windmühle gemahlen, die völlig einer Mehlmühle gleicht, in welcher die vorher in kleine Stücken zerhakte Baumrinde wie Getreide aufgeschüttet wird. Der Laufer einer solchen Mühle erhält vier Hauschläge (ausgehauene Rinnen auf den Mühlsteinen), welche so tief und weit sind, daß die Stücke der Baumrinde hinein bringen und darin zermalmet werden können. Der Lohmüller ist ein ganz gewöhnlicher Müller.

(Hermbstädt's chemisch-technologische Grundsätze der gesammten Gerberzunft rc. 1. Theil, 1805. S. 124 rc. und S. 227 rc. Beyers Mühlenbaukunst rc S. 86 rc. Hermbstädt's Magazin für Färber, 2. B. S. 303.)

§. 446.

Um das Gerben zu veranstalten, werden die vorbereiteten dicken Häute in der Lohgrube abwechselnd mit Lohe geschichtet, oben mit Brettern beschwert, dann unter Wasser gesetzt, oft umgelegt, mit neuer Lohe bestreut, und endlich so lange in der Grube gelassen, bis die Gahre erreicht ist.

a) Beym Einlegen der Häute erhält die Grube erst eine Schicht Lohe, dann eine Haut, dann wieder Lohe ꝛc., bis die Grube voll ist. Man legt die Felle so, daß die Narbenseiten nach unten kommen. Man nennt jenes die erste Versetzung mit Lohe.

b) Nach 2 Monaten werden die Häute heraus genommen, mit neuer Lohe eingeschichtet, und die Narbenseite nach oben gelegt, so bleiben sie abermals 3 bis 4 Monat liegen. Das heißt die zweyte Versetzung mit Lohe.

c) Sie werden nun abermals neu geschichtet, (sie erhalten die dritte Versetzung mit Lohe), und bleiben 4 bis 6 Monat liegen, da denn die Gahre erfolgt ist.

§. 447.

Das lohgahre Leder wird nun aus der Grube heraus genommen, schwach abgetrocknet, dann auf dem Boden ausgebreitet, mit Brettern bedeckt und mit Steinen beschwert, um die Häute zu ebnen, dann mit trockner Lohe abgerieben, und endlich über Stangen aufgehängt, vollends ausgetrocknet, und mit einem geribbten Horn fleißig gestrichen.

a) Um zu beurtheilen, ob das Leder durchaus lohgahr ist, schneidet der Lohgerber von Zeit zu Zeit in ein dickes Ende desselben mit einem Messer ein. So lange sich im Innern noch ein fleischartiger Stoff befindet, muß das Gerben längere Zeit fortgesetzt werden. Wenn hingegen das Fell bis auf den Kern eine braune Farbe und eine faserige Textur angenommen hat, so ist die Gahre vollendet.

b) Die Lohgerber legen gemeiniglich 40, 60 bis 80 Ochsenhäute in eine Grube, und gebrauchen, um die Gahre zu erlangen, 10, 12 bis 15 volle Monate.

c) Vollkommen gut gegerbtes Sohlleder muß (im trocknen Zustande) auf dem Schnitte glänzend und braun marmorirt seyn; ist der Schnitt hingegen aschgrau und hornartig, dann hat solches die erforderliche Gahre noch nicht erreicht.

d) Die gegerbten Sohlhäute werden gemeiniglich nach dem Gewicht verkauft. Zehn Stück solcher Felle nennt man gewöhnlich einen Dächer.

e) In England wird fast alles Sohlleder geklopft, welches mit hölzernen Schlägeln, auf einer steinernen oder auch harten hölzernen Unterlage, verrichtet wird; eine Arbeit, die auf die Verdichtung des Leders einen wichtigen Einfluß hat.

(Hermbstädt's Grundsätze der gesammten Ledergerberey ꝛc. 1. Th. S. 250 ꝛc. De la Lande, die Kunst Leder auf englische Art zu bereiten. Leipzig 1767. 4. Dorn, wichtige Erfindung für die Lohgerberey. Marburg 1820. J. R. Förster, Verbesserung in der Lohgerberey. Halle 1781. Das Ganze der Lohgerberey. Ulm 1823. Philipps The art of tanning and corrying leather, with an account of all the different processes mode use of in Europa and Asia etc. London 1780. 12.)

III. Das Gerben der Kuh- und Roßhäute. (Schmalleder. Fahlleder.)

§. 448.

Kuh- und Roßhäute, welche zu dünnem geschmeidigen Leder bestimmt sind, werden im Kalkäscher zur Enthaarung vorbereitet, und, gleich dem Sohlleder dann in der Schwellfarbe gefärbt, hierauf in der Lohgrube, mit Lohe geschichtet und gegerbt. Die Gahre erfolgt bey diesen schon in einem Zeitraume von 6 bis 8 Monat. Die lohgahren Thierhäute dieser Art werden nun der fernern Appretur unterworfen, um sie als Schmal- oder Fahlleder zu gebrauchen.

Zurichtung der Schmal- oder Fahlleder.

§. 449.

Das Schmal- oder Fahlleder wird, nachdem solches aus der Lohgrube kommt, gespaltet, mit Talg oder Thran eingetränkt, mit den Füßen gewalkt, gebrochen, und mit dem Falzeisen auf dem Falzbaum gefalzet; darauf, wenn solches Narben erhalten soll, mit dem Krispelholze gekrispelt; oder, wenn es glatt seyn soll, pantoffelt, sodann in dem Schlichtrahmen mit der Schlichtzange ausgedehnt und mit dem Schlichtmonde geschlichtet. Leder, welches ganz glatt erscheinen soll, wird mit der Plattstoßkugel und der Blankstoßkugel, theils auf der Tafel, theils auf dem Blankstockbocke bearbeitet.

a) Schmalleder oder Fahlleder sind Benennungen, womit man sowohl Kuhhäute als auch dünne Ochsenhäute, so wie Pferdehäute, bezeichnet, und die durchaus als Sattlerleder, oder auch als Oberleder, zu Stiefeln, Schuhen und andern Gegenständen bestimmt bleiben.

b) Das Lederspalten nennt man, wenn solches, nachdem es aus der Lohgrube kommt, auf dem Streichbaume, mittelst dem Streicheisen, (§. 441. d.) gut ausgestrichen wird, um solches von aller inhärirenden Feuchtigkeit zu befreyen, und zur Annahme der Fettigkeit vorzubereiten.

c) Um die gespaltenen Leder mit Fett zu tränken, werden sie auf einer Tafel ausgebreitet, und alsdann entweder mit geschmolzenem Talg oder einem Gemenge von Talg und Thran eingerieben, bis sie völlig damit getränkt worden sind; worauf sie, jedes Fell einzeln, zur Hälfte in Falten gelegt (eine Kappe gemacht) und mit den Füßen getreten (gebrochen) werden.

d) Um das Falzen zu verrichten, wird das Leder über dem Falzbock ausgebreitet, und mit dem Falzeisen, indem der Gerber dasselbe an beyden Seiten, am Heft und am Handgriff, anfasset, auf der Fleischseite abgeschabt oder damit beschnitten, damit solches überhaupt dünner und an allen Seiten gleich dick werde.

e) Der Falzbock bestehet in einem vorn auf 2 Füßen ruhenden, und hinten nach der Erde geneigtem Bock, dessen oberer Baum glatt und eben ist. Das Falzeisen (der Falz, das Falzmesser) bestehet aus einer breiten Klinge, die auf beyden Seiten mit scharfen Schneiden versehen ist, an dem einen Ende einen hölzernen Heft mit einer Angel, an dem andern aber einen Querhandgriff besitzt, und in der äußern Form mit einem Streicheisen viel Aehnlichkeit hat.

f) Um das Krispeln zu verrichten, und dadurch die Narben des Leders empor zu heben, legt der Arbeiter die gegerbten Häute auf eine Tafel, befestiget solche am Rande derselben mit eisernen Klammern, legt nun die Seite, welche krispelt, um, setzt das Krispelholz mit der gekerbten Seite darauf und fährt mit selbigem hin und her. Jede Haut wird dreymal gekrispelt, zweymal auf der Narbenseite, und einmal auf der Fleischseite.

g) Das Krispelholz bestehet in einem langen Stücke harten Holzes, welches auf der einen Seite, der Breite nach, mit Kerben versehen ist, die während der Arbeit oft mit der Raspel wieder aufgeschärft werden müssen. Auf der äußern glatten Fläche befindet sich an der einen Seite ein Pflock, und an der anderen ein Riemen, wie ein Henkel, mittelst welchem das Krispelholz während der Arbeit angefasset wird.

h) Um das zu glatter Arbeit bestimmte Leder zu pantoffeln, wird das ausgebreitete Leder mit dem Pantoffelholz gerieben, nämlich eben so behandelt, wie mit dem Krispelholze. Das Pantoffelholz hat mit dem Krispelholze viel Aehnlichkeit, nur daß solches auf der einen Seite, statt mit Kerben, mit Korkholz (Pantoffelholz) belegt ist, welches auf der Außenfläche möglichst gut geglättet seyn muß. Das Pantoffeln des Leders wird zuweilen bloß auf der Fleischseite, zuweilen aber auch auf der Narbenseite, verrichtet.

i) Der Schlichtrahmen bestehet in einem hölzernen Gerüste, in welchem das Leder zum Schlichten eingespannet wird. Ein langer Baum ist mit dem einen Ende in der Wand befestiget, mit dem andern hingegen liegt er auf einem Kreuzholze. In einer Vertiefung des Baums liegt ein dünner Stab. Zwischen die Stange und den Baum wird beym Schlichten die Haut eingelegt, und der Stab am Ende mit Schnüren auf dem Baume fest gebunden. Die andern Enden des Felles werden durch die Schlichtzange gefasset und ausgespannt. Die Schlichtzange bestehet in einer starken Zange mit starken Kneipen, die gerade, inwendig aber mit Zähnen versehen sind.

k) Der Schlichtmond bestehet in einer runden eisernen gut verstählten und mit einer scharfen Schneide versehenen Scheibe, die 6 bis 10 Zoll Durchmesser hat. In der Mitte ist sie mit einem Loche versehen, durch das der Gerber die rechte Hand steckt und das Eisen damit hält, wenn er das Leder schlichtet.

l) Um das Leder zu schlichten, spannt der Gerber solches in den Schlichtrahmen, ziehet mit der Schlichtzange die Enden ausgespannet aus, und schneidet nun mit der Schneide des Schlichtmondes das überflüssige Leder auf der Fleischseite hinweg. Die Schlichtzange hat der Gerber an einem um den Leib gebundenen Riemen angeknüpft. Er presset die Kneipen der Zange, wenn er das Leder damit gefasset hat, durch einen Ueberwurf, den er über die Griffe der Zange legt, zusammen, damit das Leder in der Zange gehalten wird.

m) Um das Leder, welches glatt seyn soll, mit der Plattstoßkugel platt zu stoßen, wird solches auf eine große Tafel gelegt, die Plattstoßkugel an beyden Handgriffen angefasset, und mit der Platte die Narben platt damit gestoßen. Die Plattstoßkugel besteht in einer vierkantigen Platte von Eisen, die durchgängig, ihrer Länge nach, eingekerbt und auf einem hervorragenden Holze befestiget ist, welches zwey Handgriffe besitzt.

n) Um das Leder blank zu stoßen (was besonders bey dem gelben lohgahren zu Sattlerarbeiten bestimmten Leder geschiehet), wird solches, nach dem Krispeln und Plattstoßen, auf den Blankstockbock oder auch auf eine Tafel gelegt, und auf der Narbenseite mit der Blankstoßkugel, oder an deren Stelle auch mit einer Wälze von grünem Glas, glatt und blank gerieben. Die Blankstockkugel bestehet in einer Kugel von grünem Glase, die an einem hölzernen Handgriffe befestiget ist, so, daß fast die ganze Kugel frey bleibt. Der Handgriff besitzt 2 Aerme, um mit beyden Händen regiert werden zu können.

(Jos. Chasseborough Dyer, Verbesserung an der Maschine zum Zurichten des Leders. Im London Journal of arts etc. Januar 1828. S. 245 ꝛc. und in Dingler's polytechn. Journal. 28. B. 1828. 184 ꝛc.)

IV. Das Gerben der Kalb- und Schaaffelle.

§. 450.

Die zum Lohgahrmachen bestimmten Kalbfelle, so wie die Schaaffelle, oder andere dünne Thierhäute, werden, gleich den zu Schmal- oder Fahlleder bestimmten Häuten, durch den Kalkäscher enthaaret; sodann werden sie in einem Treibfasse getrieben, worauf sie in der Lohgerberey gahr gegerbt werden. Die lohgahren Felle oder Leder werden dann, gleich anderm Schmalleder, appretirt, und, wenn sie zu Oberleder für Schuhe oder Stiefeln ꝛc. bestimmt sind, schwarz gefärbt.

a) Schaaffelle werden bloß auf der Fleischseite eingekalkt, (angeschwödet) bis die Wolle sich löset, damit diese noch gebraucht werden kann.

b) Man beginnt das Gerben damit, daß man sie, mit schwacher Lohbrühe umgeben, im Treibfasse von verschiedenen

Seiten einigemal herumwendet, und jedesmal etwas neue Lohe zusetzt. Alsdann bringt man sie in die Versatzgrube, schichtet sie darin wechselseitig mit Lohe, übergießt sie mit Wasser, und wartet nun die Gahre ab. Nach der Dicke der Häute, wird zu deren Lohgahrmachen 2, 3, 4 bis 6 Monat erfordert.

c) Die lohgahren Leder werden dann, gleich dem Schmalleder, zugerichtet (appretirt).

d) Die, welche schwarz gefärbt werden sollen, (welches gemeiniglich von den Schuhmachern verrichtet wird), werden auf der Narbenseite mit Eisenschwärze (in Essig aufgelöstem Eisen) angestrichen, dadurch die schwarze Farbe hervorkommt.

V. Die Seguinsche- oder Schnellgerberey.

§. 451.

Der Umstand, daß die dicken Sohlhäute gemeiniglich 12, 14 bis 18 Monat, die Kuh- und Roßhäute 6 bis 8 Monat, und die Kalbfelle 3 bis 4 Monat erfordern, um auf die gewöhnliche Weise gahr gemacht zu werden, hat den französischen Chemiker Armand Seguin (früher schon den Engländer David Macbride) veranlasset, eine verbesserte Gerberey auszumitteln, um dadurch, ohne großen Aufwand von Lohe, die dicksten Ochsenhäute in 4 bis 6 Wochen, die Kuhhäute in 14 Tagen bis 3 Wochen, und die Kalbfelle in 8 bis 14 Tagen lohgahr zu machen; sie ist daher die Schnellgerberey genannt worden.

(David Macbride Unterricht im Lohgerben rc. Aus dem Engl.: in Hermbstädt's Journ. für Lederfabrikanten und Gerber rc. 1. B. S. 132 rc. Armand Seguin sur les nouveaux moyens de tanner les Cuirs: in den Annales de Chimie, Tom. XX. pag. 15 etc.; auch in Hermbstädt's Journal rc. 1. B. 187. F. Hildebrandt Chemische Betrachtungen der Lohgerberey, insbesondere der vom Hrn. A. Seguin empfohlnen Methode rc., Erlangen 1795. S. F.

Hermbstädt's Chemisch-technologische Grundsätze der gesammten Ledergerberey ꝛc. 1. Th. S. 264 ꝛc. und S. 276 ꝛc.)

§. 452.

Seguins Methode, Leder in kürzerer Zeit als sonst lohgahr zu machen, besteht hauptsächlich darin, daß die Lohe vorher mit Wasser extrahirt und nun das Gerben der Häute in der flüssigen Lohbrühe veranstaltet wird, die man anfangs nur schwach, späterhin aber immer koncentrirter, anwendet.

a) In der Seguinschen Schnellgerberey werden die Häute anfangs eben so vorbereitet, als zur gewöhnlichen Lohgerberey.

b) Das Schwellen der Häute verrichtet man mit Schwefelsäure (Vitriol), die mit 200 Theilen Wasser verdünnet wird.

c) Die Häute werden in den Lohgruben entweder aufgehängt, oder auch, durch dazwischen gestreuete Lohspäne, schwebend darin erhalten.

d) Alle übrigen Bearbeitungen der nach Seguins Methode gegerbten Leder sind dieselben, wie bey den auf gewöhnliche Weise producirten.

(Hermbstädt a. (§. 451.) a. O. L. Gall, die Schnellgerberey in Nordamerika. Mit 46 Abbildungen. Trier 1824. 8. J. Joh. Knowly's und W. Duesbury's, Verbesserungen in der Schnellgerberey. Im Repertory of patent inventions. Jul. 1827. pag. 46 ꝛc. und Erdmann's Journal für techn. und ökonom. Chemie ꝛc. 1. B. S. 355 ꝛc. Jul. Giles Ausziehung des Gerbestoffes. In Dingler's polytechn. Journal ꝛc. 30. B. S. 62 ꝛc. Gall a. oben a. O.)

Theorie der Lohgerberey.

§. 453.

Die Lohgerberey ist durchaus auf chemische Grundsätze gestützt, und kann, nach allen ihren Erfolgen, aus seldigen erklärt werden. Es kommen dabey in specielle Betrachtung: 1) die natürliche Grundmischung der Thierhäute; 2) die Grundmischung der gerbenden Materien; 3) das Verhalten des Gerbestoffes zu den thierischen Substanzen, und die davon abhängenden Veränderungen der Letztern.

a) Die thierischen Häute bestehen meist aus animalischer Gallerte, aus wenigem Faserstoff, und aus noch weniger Fett.

b) Die Eichenrinde, so wie die anderweitigen gerbenden Materialien, enthalten unter ihren Bestandtheilen: den Gerbestoff, die Gallussäure und färbenden Stoff.

c) Der Gerbestoff verbindet sich mit der animalischen Gallerte, so wie mit dem Faserstoff. Beyde werden dadurch gegerbt, nämlich zusammen gezogen, in ihrer Natur verändert, im Wasser unauflöslich gemacht, und so vor der Fäulniß geschützt und in Leder umgewandelt.

d) Die Gallussäure, welche einen Bestandtheil der gerbenden Materialien ausmacht, dienet dazu, die Häute zu schwellen und die Einwirkung des Gerbestoffes zu begünstigen. Die färbenden Theile derselben bringen die Lederfarbe hervor.

(S. F. Hermbstädt's Versuch einer scientifischen Beurtheilung der Lohgerberey: in dessen Journal für Lederfabrikanten und Gerber rc. 1. B. S. 3 rc. J. C. Leuch's Zusammenstellung der in den letzten 30 Jahren in der Ledergerberey gemachten Beobachtungen und Verbesserungen. Nürnberg 1828. H. Weber's Beyträge zur Gewerbe- und Handelskunde. 1. Th. 1825. S. 436 rc. und 2. Th. 1826. S. 295 rc.)

Die Lohballen oder Lohkuchen.

§. 454.

Wenn die Lohe (die gemahlne Eichenrinde), durch die Extraktion mit Wasser, aller auflöslichen nutzbaren Bestandtheile beraubt worden ist, so stellt sie eine braune Pflanzenfaser dar, die noch als Brennmaterial benutzt werden kann. Zu dem Behuf wird sie in hölzernen halbkugelichen Formen zusammen getreten, und zu Stücken von beliebiger Form umgewandelt, die unter luftigen Horden getrocknet, und unter dem Namen von Lohkuchen oder Lohballen, verkauft werden.

a) Zur Verfertigung der Lohballen oder Lohkuchen bedient man sich hölzerner Formen, in welche die nasse ausgegerbte Lohe mit den Füßen eingetreten wird.

b) Zum Formen der Lohballen giebt es eigene Arbeiter, die für die Anfertigung von 1000 Stück, 10 bis 12 Groschen erhalten. Gewöhnlich wird die Arbeit durch Weiber verrichtet.

B. Die Juftengerberey.

§. 455.

Der Name Juften (nicht Juchten) stammt von dem bulgarischen Worte Jufti ab, welches eine vielfache Zahl bedeutet, und scheint für die Juftenleder vorzüglich daher abgeleitet zu seyn, weil man beym Färben derselben allemal zwey Felle mit der Narbenseite über einander legt, um einen Sack daraus zu bilden, der mit der färbenden Substanz gefüllet ist.

§. 456.

Die Fabrikation des Juftenleders wird vorzüglich in Rußland ausgeübt, doch werden selbige auch in Deutschland recht gut angefertiget. Man bedient sich dazu der Kuhhäute, der Roßhäute, der Kalbfelle und der Ziegenfelle. Die dabey vorkommenden Operationen zerfallen: 1) in das Reinigen der Häute; 2) das Enthaaren derselben; 3) das Schwellen; 4) das Gerben;

ben; 5) das Tränken derselben mit Birkenöl; 6) das Färben, und 7) das Zurichten oder Appretiren derselben.

a) Das Reinigen der zu Juften bestimmten Häute, wird wie gewöhnlich, und das Enthaaren derselben wird mittelst dem Kalkäscher veranstaltet.

b) Das Schwellen nach dem Enthaaren der Häute verrichtet man entweder: 1) mit Sauerwasser aus Gerstenschrot; oder 2) mit ausgegerbter Lohbrühe; oder 3) mit Kaschka (mit Wasser abgeriebenem Hundekoth), welche letztere Methode in Astrachan gebräuchlich ist.

c) Das Gerben der Juften wird nicht mit Eichenrinde, sondern mit der Rinde von der Gerbeweide (Salix russeliana), auch mit Birkenrinde, mit Fichtenrinde, oder auch mit allen dreyen unter einander gemengt, veranstaltet.

d) Man beginnt die Operation des Gerbens damit, daß man die Blößen 3 bis 4 Tage lang in ausgegerbter Brühe liegen läßt, worauf sie mit dem zerkleinerten Gerbematerial in einer Grube geschichtet, oder auch in einer mit warmem Wasser gemachten Extraktion derselben, eingelegt werden.

e) Die Dauer der Gerbens beträgt 5 bis 6 Wochen. In der ersten Woche bekommen die Häute zwey, in den letztern 5 Wochen aber in jeder nur eine frische Brühe. Die gahren Häute werden nun aufgeschlagen, auf dem Schabebock ausgestrichen und mäßig getrocknet; worauf sie mit Birkenöl getränkt werden.

f) Das Birkenöl (Deggut, Dachert) gewinnt man in Rußland durch eine Art von Theerschweleren, aus der weißen Birkenrinde. Um mit diesem Oel die gegerbten Felle zu tränken, werden solche auf einer Tafel, mit der Fleischseite nach oben, ausgebreitet, das Oel darauf mit Lappen eingerieben, und dieses so lange fortgesetzt, bis die Haut vollkommen mit dem Oel getränkt ist. Hierauf werden die getränkten Häute auf dem Reckbocke so lange gerecket, bis sie geschmeidig worden sind.

g) Die so weit bereiteten Felle werden nun entweder roth oder schwarz gefärbt.

h) Um sie roth zu färben, werden sie erst auf der Narbenseite mit einer Auflösung von Alaun eingerieben, hierauf mit der messingnen Walze gekrispelt, alsdann zwey derselben mit der Narbenseite über einander gelegt, an den Kanten zusammen genähet, so daß ein Sack daraus gebildet wird, in den man die Farbenbrühe hinein gießt, und ihn damit hin und her bewegt. Oder man trägt auch die Farbe mit einem Schwamm auf der ausgebreiteten Haut auf.

i) Zur rothen Farbe bedient man sich einer mit Kalkwasser gemachten Abkochung von rothem Sandelholz und Brasilienholz, mit etwas Salmiak und Natron versetzt.

k) Zu schwarzen Farben bedient man sich bloß einer mit Eisenvitriol versetzten Abkochung des rothen Sandelholzes.

l) Um das Appretiren der gefärbten Häute zu veranstalten, werden solche mehrmals gekrispelt, dann geklopft, alsdann mit dem Schlichtmond geschlichtet, und endlich gebürstet, in welchem Zustande sie nun Handelsprodukt sind.

m) Die schönsten Juften werden im Jaroslawschen, im Kaströmschen, im Plaskowschen und im Orenburgischen fabricirt. Vorzüglich gut verfertigt werden sie auch zu Pinsk oder Pinsko in Lithauen.

(Hermbstädt's Chemisch-technologische Grundsätze der gesammten Ledergerberey, 2. Theil. Berlin 1808. S. 3 ꝛc. Meidinger, Vollständige Abhandlung über die Lohgerberey ꝛc. Leipzig 1802. J. C. Leuch's Verbesserungen in der Ledergerberey. 1828. S. 87 ꝛc.)

C. Die Dänisch-Ledergerberey.

§. 457.

Lohgahres dänisches Leder, so wie solches zu den sogenannten dänischen Handschuhen verarbeitet wird, nennt man ein mit der gepülverten Rinde der Korbweide

(Salix viminalis), auch der Sahl- Werft- oder Palmweide (Salix caprea), gegerbtes Leder. Gewöhnlich werden besonders Ziegen- und Lämmerfelle verarbeitet Dieses Leder ist durch seine helle röthlich-braune Farbe sehr ausgezeichnet.

a) Die zum dänischen Leder bestimmten Häute werden gereinigt, ausgestrichen, im Kalkäscher enthaaret, hierauf in einer schon ausgegerbten schwachen Lohbrühe geschwellet, dann gegerbt.

b) Das Gerben wird mit der gepülverten Korb- oder Sahlweide und Wasser verrichtet.

c) Das gegerbte Leder wird hierauf gefalzt, dann geglättet, und ist nun Handelsgut.

(Hermbstädt a. (§. 456.) a. O. S. 104 ꝛc. J. F. Bergsöe, udförlig Beskrivelse over Garverens og Tongerens Haandwoerk. Kiöbenhavn 1815. 4.)

D. Die Corduangerberey.

§. 458.

Corduan (auch Cordovan, oder Korduan) wird ein aus Bock- oder Ziegenfellen, durch Eichenrinde, oder auch durch Galläpfel oder Schmack gegerbtes Leder genannt, welches verschiedenartig gefärbt, bald narbig, bald rauh verarbeitet wird, und in dem ersten Fall weit kleinnarbiger als der weichste Saffian ist.

a) Der Name Corduanus, so wie Cordabisus, desgleichen Cordoversus und Cordevan, kommt schon im eilften Jahrhundert vor. Von ihm wurden die Schuhmacher Cordobanarii, oder Cordoanarii, so wie Corduaniers und Cordonniers genannt. Vornehme Personen trugen Calcei di Cordaba, oder gerichtete Schuhe von spanischem Cordovan. Man glaubt gewöhnlich, daß jenes Leder seinen Namen der Stadt Corduba in Spanien verdanke. Auf jeden Fall scheint aber die Kunst, solches zu verfertigen, durch die Mauren aus Afrika dahin gekommen zu seyn; so wie alle Gerbereyen im Orient früher als in Europa zur Vollkommenheit gediehen sind. Auch noch jetzt kommen die schönsten Corduane aus der Levante, besonders aus Konstantinopel, aus Smirna und aus Aleppo. Aber auch in Europa werden sie jetzt in vielen Ländern sehr schön verfertigt.

b) Um die Thierhäute zum Corduan vorzubereiten, werden sie in Wasser gereinigt, dann ausgestrichen und im Kalkäscher enthaaret.

c) Nach dem Enthaaren erhalten die Häute ein milchwarmes Bad, aus Wasser und weißem Hundekoth verfertiget; worauf sie in ein aus Wasser und Weizenkleye bereitetes Bad gebracht werden.

d) Wenn solche aus dem Kleyenbade kommen, werden sie gereiniget, zwischen zwey Brettern ausgepresset, und dann mit Küchensalz eingerieben, worauf sie in ein aus Wasser und Feigen bereitetes Bad gebracht werden.

e) Nun werden die so vorbereiteten Häute gefärbt, und zuletzt gegerbt. Das Färben der zu Corduan bestimmten Häute wird auf dieselbe Weise, wie bey den nachstehenden zu Saffian bestimmten, verrichtet. Nur allein die, welche schwarz werden sollen, werden erst nach dem Gerben gefärbt.

f) Nach dem Färben werden die Häute gegerbt. Das Gerben verrichtet man, bey denen welche schwarz gefärbt werden sollen, in einer aus Wasser und Eichenrinde gemachten Brühe; bey denen, welche helle Farben erhalten sollen, aber in einer aus Schmack, oder Galläpfeln und Wasser bereiteten Brühe.

g) Die gegerbten Felle werden durchs Ausstreichen von der darin enthaltenen Wässrigkeit befreiet, dann auf der Narbenseite mit Sesamöl eingerieben und im Schatten getrocknet.

h) Die trocknen Häute werden nun auf der Fleischseite gefalzet, auf der Narbenseite aber entweder gekrispelt oder auch glatt gelassen.

i) Soll der Corduan rauh erscheinen, so werden die Narben vorher, oder gleich nach dem Enthaaren, abgenommen.

(Hermbstädt's Grundsätze der gesammten Ledergerberey ꝛc. 2. Theil. S. 91 ꝛc.)

E. Die Saffiangerberey.

§. 459.

Mit dem Namen Saffian, auch Türkisches und Marokkanisches Leder (Maroquin), wird ein aus Bock- und Ziegenfellen, zuweilen auch aus wilden und zahmen Schweinefellen, bereitetes überaus feines und glänzendes Leder, von verschiedenen Farben bezeichnet, das, in Rücksicht seiner Schönheit, selbst dem Corduan vorgezogen werden muß.

a) Die Fabrikation des Saffians oder Maroquins ist wahrscheinlich eine Marokkanische Erfindung. Der schönste Saffian wird im Königreich Marokko, in der Levante, besonders auf der Insel Cypern zu Diarbeker, auch in der Krimmschen Tartarey verfertiget; aber auch Deutschland, England und Frankreich verfertigen jetzt sehr schönen Saffian.

b) Die Verfahrungsart zur Fabrikation des Saffians oder Maroquins, ist daher nicht an allen Orten dieselbe; anders ist sie zu Fez und Tetuan in Marokko, anders zu Tokat in Kleinasien, anders in der Levante, z. B. zu Saloniche, anders in Rußland, z. B. in Kasan und Astrachan ꝛc.

(S. F. Hermbstädt's Journal für Lederfabrikanten und Gerber. 1. B. S. 120 ꝛc. dessen Chem. technologische Grundsätze der gesammten Ledergerberey. 2. Th. S. 31 ꝛc. Ueber die Methode die Häute der Schweine zuzurichten, und Maroquin daraus zu machen. In den Annales des arts et manufactures. Tom. X. pag. 37 ꝛc. und in den Annalen der Gewerbekunde. 1. B. Leipz. 1803. S. 159 ꝛc.)

§. 460.

Die Fabrikation des Saffians oder Maroquins zerfällt in acht verschiedene Operationen; dahin gehören: 1) das Einweichen und Reinigen der Häute; 2) das Kalken und Enthaaren derselben; 3) die Bearbeitung derselben im Bade von Hundekoth; 4) deren Bearbeitung im Kleyenbade; 5) das Einsalzen und Beizen derselben im Feigenbade; worauf endlich 6) das Gerben; 7) das Färben und 8) die Appretur derselben vorgenommen wird.

a) Das Einweichen der rohen Häute in fließendem Wasser, das Ausstreichen derselben auf dem Gerberbaum, die Behandlung derselben im Kalkäscher, das Enthaaren und Abpählen derselben, wird ganz auf dieselbe Weise, wie bey den andern Thierhäuten veranstaltet.

b) Die abgepählten Blösen kommen nun in ein milchwarmes Bad, aus in Wasser zerlassenem weißen Hundekoth bereitet, in welchem sie mit den Händen gut bearbeitet werden.

c) Die aus dem Kothbade (der Kothbeize) gekommenen Felle, werden nun in einem aus Weizenkleye und Wasser bereiteten milchwarmen Bade bearbeitet.

d) Die im Kleyenbade bearbeiteten Felle werden gereinigt, und um sie von der inhärirenden Feuchtigkeit zu befreyen, zwischen zwei Brettern ausgepresset.

e) So vorbereitet, werden sie nun mit Küchensalz eingerieben, dann in ein milchwarmes Bad, aus Feigen und Wasser bereitet, gebracht, und mit den Händen gut darin herum gearbeitet, worauf sie nun zum Gerben und Färben geschickt sind.

Das Gerben der Häute.

§. 461.

Um die zu Saffian und Maroquin bestimmten, und dazu vorbereiteten Häute zu gerben oder lohgahr zu machen, bedient man sich solcher Gerbematerialien, die wenig oder gar keine färbende Theile enthalten, wie Galläpfel oder Schmack ꝛc. Das Gerben derselben wird bey denen, die roth erscheinen sollen, erst nach dem Färben, bey denen aber die andre Farben erhalten, wie gelb oder grün, blau, schwarz ꝛc. schon vor dem Färben veranstaltet.

a) Um das Gerben der Saffiane zu veranstalten, werden die dazu bestimmten Materialien (am besten bloß levantische Galläpfel) im gröblich zerstoßenen Zustande mit kaltem oder auch milchwarmem Wasser angerührt, so daß eine dünne Brühe daraus entstehet, und in diese werden die zu verarbeitenden Häute eingelegt; oder es werden auch wohl zwey Häute an den Kanten zusammen genähet, ein Sack daraus gebildet, in diesen die gerbenden Materialien gethan, und nun der Sack in einem Gefäße mit Wasser übergossen. Die erfolgte Gahre der Häute erkennt man auf dem gewöhnlichen Wege.

b) Als Stellvertreter der Galläpfel, können auch angewendet werden: 1) die jungen Zweige und Blätter der Bärentraube (Arbutus Uva ursi); oder der Heidebeeren (Vaccinium Vitis Idaei); und 3) die Natterwurzel (Polygonum Bistorta) ꝛc.

Das Färben des Saffians.

§. 462.

Man bereitet gewöhnlich rothes, gelbes, grünes, blaues und schwarzes Saffian-Leder. Von allen diesen Farben wird nur allein die rothe Farbe vor dem Gerben aufge=

tragen; die übrigen erst nach dem Gerben. Jede Darstellung einer oder der andern der gedachten Farben, erfordert ihre eigne Behandlung. Das Färben überhaupt geschiehet nur allein auf der Narbenseite, so daß die Fleischseite möglichst farbenlos bleibt.

a) Um die Häute roth zu färben, werden solche, nachdem sie aus dem Feigenbade kommen, mit in Wasser gelöstem Alaun getränkt, hierauf mit der Fleischseite zusammen geschlagen, und in der dazu bestimmten milchwarmen Farbenbrühe so lange herum gezogen, bis die verlangte Nüance hervor gekommen ist.

b) Zur Farbenbrühe für rothen Saffian, bedient man sich einer aus Kochenille, aus Kurkumeewurzel, aus Gummigut, aus Senegalgummi, aus Granatschalen und aus Alaun, mit reinem Flußwasser gemachten Abkochung, die nur im milchwarmen Zustande angewendet werden darf.

c) Zur gelben Farbe bedient man sich einer mit Alaun und Wasser gemachten Abkochung von Avignon- oder Kreuzbeeren rc. (Rhamnus infectorius). Mit dieser Brühe werden die schon gegerbten Felle gefärbt, nachdem sie vorher mit Alaun getränkt worden sind. Man kann zur Abkochung auch einen Zusatz von Kurkumeewurzel gebrauchen.

d) Zur Hervorbringung der grünen Farbe, werden die vorher gegerbten und mit Alaun getränkten Häute mit einer, aus Berberitzenwurzel und Wasser gemachten und mit Indigoauflösung (§. 331. a.) versetzten Abkochung bearbeitet.

e) Die blaue Farbe wird mit der Indigotinktur allein gegeben, nachdem die Häute vorher mit Alaun getränkt worden sind.

f) Um die Häute schwarz zu färben, werden sie gleichfalls vorher gegerbt, und alsdann, bloß auf der Narbenseite, mit einer Auflösung von Eisen in Essig gemacht, angestrichen, bis zur verlangten Nüance gefärbt.

g) Besondere Vorschriften zur gedachten Färberey finden sich in den (§. 459.) angeführten Schriften erörtert.

Die Appretur des Saffians.

§. 463.

Um die gefärbten Felle zu appretiren, werden sie langsam getrocknet, dann auf der Reckbank gerecket, auf der Fleischseite mit dem Schlichtmonde geschlichtet, dann geglättet, gekrispelt, mit Sesamöl oder auch Olivenöl eingerieben, und sind nun Handelsprodukt.

a) Das Schlichten wird ganz nach den (§. 449. l.) angegebenen Methoden verrichtet.

b) Zum Krispeln bedient man sich entweder des Krispelholzes (§. 449. f.), das auch von Metall verfertigt seyn konn; oder man läßt die Felle durch eine gesteifte metallische Walze hindurch gehen, dadurch ihnen zugleich ein stärkerer Glanz ertheilt wird.

d) Man verarbeitet auch Schaaffelle, so wie Lämmerfelle nach Art des Saffians, sie werden aber auch nie so schön wie die Bockfelle.

(Hermbstädt's chemisch-technologische Grundsätze der gesammten Ledergerberey. 2. Th. S. 102 ꝛc. Robiquet's Fabrikation des Saffians ꝛc. s. Baiersches Kunst- und Gewerbeblatt ꝛc. 1829. 2. Quartal. Nr. 14. u. 15. J. C. Leuch's Zusammenstellung über Verbesserungen in der Gerberey ꝛc. 1828. S. 95—114. Meidinger a. (§. 456.) a. O.)

Zweyte Abtheilung.

Die Weißgerberey.

§. 464.

Von der Lohgerberey wesentlich verschieden, ist die Weißgerberey, in welcher die thierischen Häute nicht mit

Lohe (gerbestoffhaltigen Vegetabilien), sondern mit Alaun, in der Vermengung mit Küchensalz, gegerbt oder gahr gemacht werden.

a) Die Weißgerber bilden in Deutschland ein eigenes geschenktes Handwerk. Ein Gesell, der Meister werden will, muß zum Meisterstück 2 Ochsenhäute, 2 Hirschhäute, 2 Bockfelle, 2 Kalbfelle mit Narben, 2 abgestoßne Kalbfelle, 2 Hammelfelle mit Narben, und 2 abgestoßne Hammelfelle, sämischgahr, und überdies noch 2 Weißgahre und 2 Pelzfelle gerben.

b) Man unterscheidet in Deutschland dreyerley Weißgerber, nämlich: die Kyßler, die Rheinländischen und die Französischen. Die beyden Erstern gerben Weiß- und Sämischgahres Leder auf einerley Weise. Die französischen Weißgerber in Deutschland, sind nicht zünftig, sie bereiten bloß französisches Leder, das aber auch von den deutschen Weißgerbern verfertigt wird.

c) Die Weißgerber verfertigen, außer dem Weißgahren auch das Sämischgahre Leder. Die Sämischgerber machen daher keine eigene Profession aus.

§. 465.

Die Weißgerberey zerfällt in drey Theile, nämlich: in 1) die gemeine Weißgerberey; 2) die Ungarische Weißgerberey, oder die Bereitung des Alaunleders; und 3) die französische Weißgerberey, oder die Bereitung des französischen- oder Erlanger-Leders.

a) In der gemeinen Weißgerberey werden bloß schwache Häute, z. B. Hammelfelle, so wie Ziegen- und Schaaffelle, erst im Kaläscher vorbereitet, und dann mit Alaun- und Küchensalz weißgahr gemacht, ohne sie mit Fett zu tränken.

b) In der Ungarischen Weißgerberey werden Ochsen-, Roß- und Kuhhäute zu Sattler- und Riemerarbeit, ohne sie vorher im Kalk zu behandeln, mit Alaun-

und Küchensalz weißgahr gemacht und dann mit Fett getränkt.

c) In der Französischen oder Erlanger-Weißgerberey werden bloß Lamm- oder Ziegenfelle, zu feinen Handschuhen weißgahr gemacht.

A. Die gemeine Weißgerberey.

§. 466.

Die gemeine Weißgerberey zerfällt in zwölf verschiedene Operationen. Dahin gehören: 1) das Einweichen oder Wässern; 2) das Schaben und Ausstreichen; 3) das Kalken und Enthaaren; 4) das Treiben im Kalkäscher; 5) das Vergleichen; 6) das Reinigen; 7) das Walken oder Stoßen; 8) das Waschen und Spühlen; 9) das Streichen auf der Fleisch- und der Narbenseite; 10) die Behandlung in der Kleyenbeize; 11) das Gerben; und 12) das Zurichten der Häute.

a) Um das Wässern zu verrichten, werden die Häute in fließendem Wasser eingeweicht, bis sie völlig rein sind. Frische Häute bedürfen hierzu nur einer kurzen Zeit; getrocknete hingegen mehrere Tage, bis sie völlig geschmeidig worden sind; doch dürfen sie nie in Fäulniß übergehen. Die Häute werden mit Stricken an der Waschbank im Fluß befestiget, so daß sie im Strohme schwimmen.

b) Um das Schaben oder Ausstreichen zu verrichten, werden etwa 10 Stück der gewässerten Felle auf dem Gerbebaum über einander gelegt, und jedes einzeln mit dem Streicheisen ausgestrichen. Die Kalbfelle und alle übrige mit Haaren besetzten Felle, werden nur auf der Fleischseite; die mit Wolle bedeckten Hammel- oder Schaaffelle werden hingegen auch auf der Narbenseite ausgestrichen, um dadurch zugleich die Wolle zu reinigen. Das letztere Fell wird nicht auf dem Bock allein gestrichen, sondern auf eine Anzahl andere gelegt. Das Streichen hat theils den Zweck die Felle zu reinigen, theils solche geschmeidig zu machen.

c) Um das Kalken und Enthaaren zu verrichten, werden die Hammel- und Schaaffelle, um die Wolle noch zu nützen, angeschwödet; d. i. sie werden, mit der Fleischseite nach oben zu, auf der Erde ausgebreitet, mittelst dem Schwödenwedel (einem in Gestalt eines Pinsels zubereiteten Ochsenschwanze), mit einem aus gleichen Theilen Kalk und gesiebter Asche und Wasser bereiteten Brey, bestrichen, dann der Kopf und die Füße nach der Außenseite zu einwärts gelegt, dann jedes Fell dergestalt zusammen geschlagen, daß die Wolle nicht vom Kalk berührt wird, und so 8 bis 10 Tage liegen gelassen, bis die Wolle sich löset; alsdann werden sie auf der Fleischseite und auf der Haarseite rein ausgewaschen, um sie vom Kalk zu befreyen und vom Schmutz zu reinigen; worauf die Wolle zum Theil abgepflückt, zum Theil aber auf dem Streichbaume abgestoßen oder abgehäret wird. Sie heißen nun Blößen.

d) Kalbfelle hingegen, und andere, die nicht mit Wolle, sondern bloß mit Haaren bedeckt sind, werden in den Kalkäscher gebracht und gewöhnlich 1 bis 4 Tage darin gelassen.

e) Die durch das Anschwöden enthaarten Häute werden nun aufgeschlagen und getrieben. Zu dem Behuf wird der Aescher mit mehrerem gelöschten Kalk aufgefrischet, und die Häute bleiben nun 8 bis 10 Tage darin. So behandelt man die durch das Anschwöden bereiteten Blößen, und auch die behaarten Felle; nur daß die letzteren eine längere Zeit im Aescher verbleiben, worauf von denselben die Haare mit einem Stabe abgerieben werden.

f) Um die Felle zu vergleichen, werden, wenn sie aus dem Aescher kommen, die Spitzen der Füße und des Kopfes, die Ohren, die Brustzipfel und der Schwanz abgeschnitten, und dann werden sie gereinigt.

g) Um das Reinigen zu veranstalten, werden die verglichenen Felle eine Nacht über im Wasser eingeweicht, dann auf dem Schabebock, mit dem stumpfen Streicheisen, sowohl auf der Fleischseite als auf der Narbenseite, wohl ausgestrichen und geschabt.

h) Um das Walken oder Ausstoßen zu veranstalten, werden nun die gereinigten Häute in einem reinen Gefäß, mit einer hölzernen Stoß- oder Pumpkeile, eine halbe Stunde lang gewalkt, dann Wasser zugegossen, das Walken wiederholt, und 3 Stunden lang fortgesetzt.

i) Die gewalkten Häute werden nun gut ausgewaschen, rein gespühlet, dann auf den Fußboden der Werkstätte geworfen, und wenn das Wasser abgelaufen ist, mit milchwarmem Wasser nachgewaschen und gut gespühlet.

k) Ist auch dieses geschehen, so werden jetzt 10 bis 12 Stück der gewaschnen Felle übereinander auf den Schabebaum gelegt, und mit dem Streicheisen jedes einzeln, erst auf der Fleischseite, dann aber auf der Narbenseite, wohl ausgestrichen, wodurch zugleich die Grundhaare völlig hinweg genommen werden, die Verletzung der Narben aber durchaus verhütet werden muß. Zuletzt walkt man die so bearbeiteten Felle noch zweymal in milchwarmem Wasser.

l) Die Kleybeize wird aus Weizenkleye und lauwarmen Wasser, mit etwas Küchensalz und Sauerteig versetzt, bereitet, indem man alles so lange untereinander rührt, bis die Kleye sich an die Hand ansetzt. Durch dieses Fluidum wird nun jedes Fell zweymal gezogen, damit es durchweichet (die Beize fängt); und die durchgenäßten Häute werden nun in ein anderes Gefäß gebracht, die erwärmte Kleyenbeize darüber gegossen, und das Gefäß zugedeckt. Nach 24 Stunden findet sich die Beize in Fermentation, und nun müssen die Häute täglich 3 bis 4 mal niedergestoßen werden, damit sie stets mit der Beize bedeckt bleiben. Die Felle bleiben überhaupt höchstens 3 Tage in der Beize. Dann werden sie mit kugelichen Keulen in der Beize gewalkt. Endlich werden sie heraus genommen, über eine Stange gezogen, die herunter hängenden Zipfel zusammen gedrehet, und mittelst eines Windeisens, (ein wie ein Knie gebogenes Eisen) ergriffen, und zusammen gedrückt, um die

Kleyenbeize heraus zu schaffen. Nun sind die Häute zum Gerben vorbereitet.

Das Gerben oder Gahrmachen der Häute.

§. 467.

Um die so vorbereiteten Häute weißgahr zu machen, werden selbige durch die aus Alaun und Küchensalz bereitete Alaunbrühe, jedes Fell einzeln, hindurch gezogen, nachher bis zur völligen Weißgahre darin bearbeitet.

a) Die Alaunbrühe bereitet man, für jedes Decher Häute zu 10 Stück, aus $1\frac{1}{2}$ Pfund Alaun, $\frac{1}{2}$ Pfund Küchensalz, und $12\frac{1}{2}$ Pfund Wasser. Man erhält alles in einen kupfernen Kessel über dem Feuer, bis die Salze gelöst sind.

b) Um die Häute zu gerben, wird ein Quart, ($2\frac{1}{2}$ Pfund) jener Alaunbrühe in ein Faß gegossen, und ein einzelnes Fell zweymal oder so oft durchgezogen, bis es gut getränkt ist. So oft ein frisches Fell durchgezogen ist, wird $\frac{1}{2}$ Quart der übrigen Brühe nachgegossen.

c) Nach dem zweymaligen Durchziehen läßt man die Felle abtröpfeln, worauf sie zusammen geschlagen, mit den Händen geklatscht, und in das vorher reingemachte Kleyfaß geworfen werden, worin sie 24 bis 72 Stunden liegen bleiben, nach welcher Zeit sie ihre Gahre erreicht haben.

d) Die gahren Häute werden nun über gedachtem Fasse von 2 Arbeitern gut ausgezogen, über demselben auf Stangen aufgehängt, und dergestalt nach der Länge zusammen geschlagen, daß die Narbenseite nach unten zu liegen kommt.

e) Ist die Brühe abgelaufen, so werden sie, eben so zusammen geschlagen, zum Trocknen aufgehängt. Sie sind nun zum Zurichten vorbereitet.

Das Zurichten des weißgahren Leders.

§. 468.

Um die weißgahren Leder zuzurichten (zu appretiren), werden sie angefeuchtet, dann gestollet, hier=

auf getrocknet, und zuletzt auf dem Streichschragen gestrichen, und so sind sie Kaufmannsgut.

a) Um die Leder anzufeuchten, werden sie entweder für sich in einem feuchten Keller ausgelegt, oder auch vorher mit Wasser eingesprengt, um sie zu erweichen.

b) Um sie geschmeidig zu machen, werden sie gestollet. Um das Stollen zu verrichten, werden die Felle nach der Breite über die stumpfe Schneide der halben Stollscheibe weggezogen; dieß dehnet sie aus, und schaffet die Falten hinweg.

c) Die Stolle bestehet in einer halbrunden eisernen Scheibe, die an ihrem Umkreise stumpfscharf, und mit einem eisernen Stiel in einem hölzernen befestiget ist.

d) Das Streichen der gestolleten Felle wird mit der Streiche in dem Streichschragen oder Streichrahmen, in welchen die Felle ausgespannt sind, verrichtet. Es wird dort Stelle für Stelle auf der Fleischseite von dem Baume des Streichschragen herabgestrichen, und zwar erst nach der Länge, dann aber nach der Breite.

e) Die Streiche hat viel Aehnlichkeit mit der Stolle. Ihre halbrunde eiserne Scheibe, hat an ihrem Umkreise eine nicht zu scharfe Schneide, und ist mit einem eisernen Stiel an einen hölzernen mit Leder gepolsterten Heft oder Handgriff befestiget, welcher Handgriff schief gerichtet ist, damit ihn der Gerber bequem unter den Arm nehmen, und mit Nachdruck streichen kann.

(v. Justi Schauplatz der Künste und Handwerke. 5. Th. S. 313 ꝛc. De la Lande, die Kunst des Weißgerbers ꝛc. Leipzig 1767. 4. P. J. Kasteleyn der Gerber, Lohgerber, Weiß- und Sämischgerber. Aus dem Holländischen. Leipz. 1797. Hermbstädt's chemisch-technologische Grundsätze der gesammten Ledergerberey. 2. Th. S. 109.)

B. Die Ungarische Weißgerberey, oder die Bereitung des Alaunleders.

§. 469.

Die Ungarische Weißgerberey, oder die Bereitung des Alaunleders, unterscheidet sich von der gemeinen Weißgerberey dadurch, daß in derselben nicht bloß dünne, sondern auch dicke Kuh- und Ochsenfelle zu Sattler- und Riemerarbeiten gegerbt werden. Sie unterscheidet sich von der gemeinen Weißgerberey ferner dadurch, daß die Häute gar nicht in den Kalk kommen, und daß sie nach dem Gerben mit Fett getränkt werden.

§. 470.

Die Verfertigung des Alaunleders, zerfällt in sieben einzelne Operationen, nämlich: 1) das Einweichen; 2) das Enthaaren; 3) das Gerben mit Alaun und Küchensalz; 4) das Richten; 5) das Trocknen; 6) das Walzen; 7) das Tränken mit Fett. Jenes ist die Methode, um das Alaunleder in französischen Gerbereyen zu bereiten. In den deutschen Gerbereyen bedient man sich dazu einer abgekürzten Methode. Man bereitet außer dem weißen auch braunes Alaunleder.

a) Das Einweichen der rohen Häute verrichtet man in fließendem Wasser, gemeiniglich 24 Stunden lang, nach der Temperatur zuweilen auch 2 bis 3 Tage, bis alles Blut und andre Unreinigkeiten gut ausgezogen sind. Die so gereinigten Häute werden hierauf enthaart.

b) Um das Enthaaren zu verrichten, werden solche, gleich nachdem die Häute aus dem Wasser kommen, mit einem scharfen Putzmesser abgeschoren; worauf man die enthaarten Felle mehrmals im Wasser spühlt, und, um die inhäriren-

den

den Wäßrigkeiten ablaufen zu lassen, sie ein Paar Stunden lang aufhängt.

c) Sie kommen nun in die Alaunbrühe, welche für eine Haut von ohngefähr 50 Pfund, aus 6 Pfund Alaun, und eben so viel Küchensalz, durch die Auflösung in 16 Berliner Quart (40 Pfund) siedendem Wasser bereitet wird.

d) Um das Gahrmachen in der Alaunbrühe (der Alaunbeize) zu verrichten, wird sie im lauwarmen Zustande in eine länglich-runde Wanne auf die Felle gegossen, dergestalt, daß die Narbenseite nach oben gerichtet ist. Ein Arbeiter tritt alsdann mit den Füßen in der Wanne einigemal auf den Fellen herum, worauf sie 8 Tage in der Beize liegen bleiben. Nach dieser Zeit werden sie nochmals in der Beize getreten, hierauf noch 24 Stunden geweichet, dann aufgehangen, und wenn die Brühe abgelaufen ist, zum Trocknen auf den Boden gebracht.

e) Das Richten der Häute wird veranstaltet, bevor sie ganz ausgetrocknet sind. Um solches zu unternehmen, werden die Häute, doppelt zusammen genommen, auf den Fußboden gelegt, und zwar so, daß die Narbenseite nach innen zu liegen kommt. Nun kniet ein Arbeiter darauf, und drückt mit einem zwey Fuß langen Stabe auf die Haut, und ziehet diese beständig gegen sich zu, wodurch alle Falten aus den noch feuchten Fellen herausgebracht werden.

f) Nun erst werden die gerichteten Häute zum völligen Austrocknen aufgehängt.

g) Die getrockneten Felle werden nun gewalzt oder gewalkt. Dieses Walzen oder Walken verrichtet man dadurch, daß ein runder hölzerner Stab zwischen das Fell gesteckt, und mit den Füßen darauf herum getreten wird. Sie werden hierauf eine Stunde lang der Sonne oder einem warmen Zimmer ausgesetzt, um sich aufzulockern, worauf sie zum zweytenmal gewalkt werden, und nun sind sie zum Tränken mit Fett vorbereitet.

h) Um das Einfetten der gewalkten Felle zu veranstalten, werden sie in einer geheizten Stube auf Stangen über Kohlenfeuer erwärmt, welches so lange fortgesetzt wird, bis die Pfotenseiten anfangen weiß zu werden. Nun werden sie auf einem Tisch ausgebreitet, der nicht weit von einem eingemauerten Kessel entfernt ist, in welchem sich geschmolzenes Talg befindet. Mit diesem wird nun die Fleischseite, mittelst einem wollenen Quast, gleichmäßig eingerieben. Ist die Haut auf der Fleischseite völlig mit Talg getränkt, so wird sie nun auch auf der Narbenseite, jedoch bloß mit dem nicht getränkten Quast gerieben, um das gleichmäßige Einziehen des Talgs zu begünstigen.

i) Wenn die Felle mit Talg eingerieben sind, werden sie auf Haufen gelegt, das Kohlenfeuer verstärkt, und dann die Häute durch 2 Arbeiter einigemal darüber hin und her gezogen, damit das Talg in alle Poren sich völlig einziehen kann, worauf man sie in der freyen Luft, die Fleischseite einwärts gekehrt, aufhängt. Das Talg erhärtet nun in der Haut, und nach 10 bis 12 Stunden sind die Häute fertig.

k) In den deutschen Gerbereyen befolgt man eine kürzere Methode. Die enthaarten Häute werden nämlich gleich in der Alaunbeize lauwarm so lange mit den Händen gewalkt, bis alle Stellen der Haut weiß geworden sind. Die Haut wird auf Stangen getrocknet, und auf der Reckbank gerecket, und sie ist gahr. Das Tränken mit Talg geschiehet wie vorher. Auf die letztere Weise wird das Leder in 24 Stunden gahr gemacht.

l) Soll das alaungahre Leder nicht weiß bleiben, sondern Leder-braun erscheinen, so wird solches vor dem Gerben, eben so wie beym Lohgahren-Leder (§. 444. d.) in der Farbe behandelt, und dann mit Alaun gegerbt.

C. Bereitung des Französischen oder Erlanger-Leders.

§. 471.

Das Französische oder Erlanger-Leder, welches zu feinen Glanzhandschuhen bestimmt ist, wird nur aus Häuten von Gemsen, von Ziegen, und von Lämmern verfertigt. Diese Zubereitung zerfällt in acht Operationen, nämlich: 1) das Einweichen; 2) das Bearbeiten im Kalkäscher und das Enthaaren; 3) das Beizen mit Hundekoth; 4) die Bearbeitung in der Kleyenbeize; 5) das Ausstreichen der Gausche auf dem Gerbebaum; 6) das Gerben mit dem Gerbebrey oder dem Weißgerberteig; 7) das Zurichten; 8) das Glänzen desselben.

a) Das Einweichen, die Behandlung im Kalk und das Enthaaren der gedachten Häute, wird ganz nach derselben Weise veranstaltet, wie beym gemeinen weißgahren Leder (§. 466. a.) gelehrt worden ist.

b) Die Blößen werden nun in eine aus weißem Hundekoth und Wasser gemachte und klar abgezapfte Brühe 24 Stunden lang eingelegt.

c) Die in der Kothbeize bearbeiteten Felle kommen nun in die Kleyenbeize (§. 466. l.), worin sie gleichfalls 24 Stunden liegen bleiben.

d) Sie kommen nun auf die Gerbebank, um die darin sitzende Feuchtigkeit, (die Gausche) durchs Ausstreichen, daraus hinweg zu nehmen.

e) Der Gerbebrey wird, für jeden Dächer Felle, aus 1 Pfund Alaun, 8 Loth Küchensalz und 16 Loth gereinigten Weinstein, durch die Auflösung in Wasser bereitet. Ist dieses geschehen, so schlägt man ein Berliner Quart Milch, das Weiße von 4 — 6 Eiern, nebst 8 Loth feinem Olivenöl, und einem Pfund feinem weißem Weizenmehl, recht wohl untereinander, welche Verbindung der Gerbebrey genannt wird.

f) Um mit gedachtem Gerbebrey, der mit der Auflösung des Alauns (e) wohl gemengt wird, zu gerben, werden nun die vorbereiteten Felle eine Zeitlang mit den Händen geknetet, oder gewalkt, und hierauf 48 Stunden, oder überhaupt so lange in die Brühe eingelegt, bis sie durchaus von derselben durchdrungen sind; worauf sie getrocknet werden.

g) Um das Zurichten der getrockneten gahren Felle zu veranstalten, werden sie angefeuchtet, dann gestollet, hierauf geschlichtet, und zuletzt gestrichen, eben so wie beym gemeinen weißgahren Leder (§. 468.) gelehrt worden.

h) Um das Glänzen des Leders zu veranstalten, wird solches auf einem harten Tische ausgebreitet, und mit einem harten Gliedersteine oder einer Glaskugel, auf der Narbenseite, stark gerieben, bis solches den gehörigen Glanz erhalten hat.

i) An einigen Orten erhält jenes Leder auch, auf der Narbenseite, einen Ueberzug von weißer Stärke mit Tragantschleim, worauf solches geglättet wird.

k) Mit dem gemeinen weißgahren, so wie dem Erlanger-Leder ziemlich übereinstimmend, ist auch das Brüßler-Leder, das daselbst roth- oder auch mit andern Farben gefärbt, zu Handschuhen ꝛc. verarbeitet wird.

(F. Gätzel's Färbebuch oder entdeckte Geheimnisse alle Sorten Leder zuzubereiten, zu färben, zu waschen und zu bleichen. Für Lederfabrikanten und Handschuhmacher. Leipzig 1820. 8. M. Queniset, L'art d'appreter et de teindre toutes sortes de peaux etc. Dolfuß, in Leuch's a. (§. 463.) a. O. S. 111.)

Dritte Abtheilung.

Die Sämisch-Gerberey.

§. 472.

Die Sämisch-Gerberey unterscheidet sich von der gemeinen Weißgerberey, so wie von der Alaun-Ledergerberey und der Französischen- oder Erlanger-Weißgerberey dadurch, daß darin die Häute bloß durch das Walken mit Fett gahr gemacht werden. Man bedient sich dazu der Häute von Gemsen, von Hirschen, von Rehen, von Böcken, von Ziegen und von Kälbern, aber auch von Kühen und Ochsen, die zu Beinkleidern, zu Handschuhen, zu Collets ꝛc. verarbeitet werden.

§. 473.

Um die Sämischgerberey zu veranstalten, werden die gedachten Thierhäute, bis solche enthaaret sind, eben so vorbereitet, als zur gemeinen Weißgerberey. Von nun an aber werden 1) die Narben abgestoßen; 2) die entnarbeten Blößen kommen zum zweytenmal in den Kalk; 3) sie werden auf der Fleischseite geschabt; 4) sie kommen zum drittenmal in den Kalkäscher. 5) Nun erhalten sie eine Kleyenbeize, werden dann mit der Stoßkeule gestoßen; 6) auf dem Windestock ausgewunden, dann 7) mit Thran gewalket; und 8) zugerichtet.

a) Das Abstoßen der Narben geschiehet auf dem Schabebaum mit einem etwas stumpfen Messer, um das Einbringen der Fettigkeit mehr zu begünstigen.

b) Die entnarbeten Häute kommen nun noch ein Paar Tage, zum zweytenmal, in den Kalkäscher, um sie zu treiben.

c) Das Schaben auf der Fleischseite geschiehet, um sie von den vorwaltenden Fleischtheilen zu befreyen, worauf sie gespühlt und gereinigt werden.

d) Die dritte Beize im Kalkäscher erhalten sie nur eine kurze Zeit, um sie dadurch vollends zu reinigen.

e) Die Kleyenbeize wird aus dem Grunde gegeben, um die Häute zu schwellen, auch um die Kalktheile daraus, durch die Säure der Beize, hinweg zu nehmen.

f) Das Auswinden mit dem Windestock wird, wie beym weißgahren Leder, veranstaltet, um die Feuchtigkeit daraus möglichst hinweg zu nehmen.

g) Das Walken der so weit vorbereiteten Häute geschiehet auf der dazu bestimmten Walkmühle mit Thran. Sie werden zu dem Behuf mit gutem Thran eingetränkt, jedes

Fell einzeln, dann in den Walkstock gelegt und einige Stunden gewalket. Man nimmt sie von Zeit zu Zeit heraus, tränkt sie aufs neue mit Thran, und wiederholt das Walken derselben. Zwischen dem Walken werden sie zuweilen ausgebreitet, und im Rahmen (bis sie anrauschen) getrocknet.

h) Zuletzt werden sie in der Braut gefärbt. Zu dem Behuf werden sie auf ein Leinentuch in einen spitz zugehenden Haufen über einander gelegt, den man sorgfältig zudeckt, ihn aber von Zeit zu Zeit lüftet, damit die Häute sich nicht erhitzen. Durch diese Behandlung, welche das Färben in der Braut genannt wird, erfolgt eine Art von Fermentation in der Substanz der Häute, der Thran bringt vollständiger in die Massentheilchen der Häute ein, und das Leder nimmt nun seine erforderliche gelbe Farbe an.

i) Nun werden endlich die so weit gegerbten Felle entfettet (degrasirt), um den überflüssigen Thran daraus hinweg zu nehmen. Man verrichtet solches, indem man die Felle einigemal in einer lauwarmen Auflösung von Pottasche auswäscht, welche den vorwaltenden Thran im Wasser lösbar macht, wodurch die Felle gereinigt werden.

k) Die Zurichtung oder Appretur des sämischgahren Leders, wird eben so wie beym weißgahren (§. 468.) veranstaltet.

l) Aus dem Waschwasser, welches beym Degrasiren der Häute abfällt, pflegt man durch zugegossene Säure das Alkali zu binden, und die Fettigkeit, die dann in der Wärme obenauf schwimmt, abzuscheiden. Sie wird in diesem Zustande Degras oder Degrab genannt, und zum Einfetten des lohgahren Leders verbraucht. Das Degras ist seiner Natur nach Oleinsäure.

(P. J. Kasteleyn, das Gerben, Lohgerben, Weiß- und Sämischgerben. Leipzig 1797. Hermbstädt's chemisch-technol. Grundsätze der gesammten Ledergerberey. 2. Theil. S. 129 ꝛc. Die Natur des Degrabs. In Hermbstädt's Bülletin des Neuesten und Wissenswürdigsten ꝛc. 2. Bd. S. 381 ꝛc.)

§. 474.

Als eine besondere Art der Sämisch- oder Fettgerberey kann diejenige angesehen werden, welcher man sich in verschiedenen Gegenden Rußland's und Pohlen's bedient, womit die Landleute Thierhäute gerben, um sie zur Bekleidung der Füße, so wie zu Halftern, Silenzeug für Gespanne ꝛc. in Anwendung zu setzen. Es ist wohl die älteste Methode, der sich die nomadischen Völker bedienten.

a) Zu dem Behuf werden die Häute durch Abscheeren von den Haaren befreyet; dann über einem Tische ausgebreitet, und mit geschmolzenem Talg so oft getränkt, als solches nicht mehr angezogen wird.

b) Hierauf werden sie stark zusammen gedrehet, so daß das Fett bis in die innersten Theile eindringt; dann wieder getränkt, und das Zusammendrehen wiederholt und die Arbeit so oft fortgesetzt, bis die Haut keine Fettigkeit mehr annehmen will, und im Innern eine faserige Textur angenommen hat.

c) Das so bereitete Leder zeichnet sich durch ziemliche Dauer und Widerstand gegen Wasser aus.

d) Diesem ähnlich ist noch das, welches die Kalmücken und Baschkiren verfertigen. Sie schwellen die Häute mit saurer Milch, hängen sie sodann in einem Rauch auf, der mit getrocknetem Schaafmist erzeugt wird. Sie werden hierauf mit Salzwasser und Asche bestrichen, und dann zu Kleidern verwendet.

(Perkin in der Handlungszeitung 1813. S. 85 ꝛc. Auch in Leuch's a. (§. 463.) a. O. S. 75 ꝛc.)

Funfzehnter Abschnitt.

Die Fabrikation des Pergaments.

(Die Pergamentgerberey.)

§. 475.

Pergament nennt man die auf eigene Weise zubereiteten Thierhäute, zu einer steifen, glatten, biegsamen, elastischen Substanz, worauf man schreiben und malen kann. Man wendet dazu Kalbfelle, Hammelfelle, Bockfelle, Eselshäute auch Schweinshäute an; die auf eine sehr mannigfaltige Weise, zu Pergament von verschiedener Art, verarbeitet werden.

a) Das Pergament war schon vor der Erfindung des Papiers bekannt. Schon zur Zeit des Herodots schrieb man auf Hammel- und Ziegenfelle; und schon Ptolomäus Philadelphus bewunderte die Feinheit der Häute, auf welche die griechische Uebersetzung der Bibel geschrieben war.

b) Gemeiniglich glaubt man, daß die Kunst Pergament zu machen, zu Pergamus in Kleinasien erfunden sey. Jenes scheint indessen keinesweges der Fall zu seyn, ob schon die Fabrikation des Pergaments daselbst sehr verbessert seyn mag, und zwar zu der Zeit, als man dem König Eumenes daselbst das Papier aus Egypten vorenthielt, welches derselbe zur Anlegung einer Bibliothek von daher verlangte.

c) In Paris standen vormals die Pergamentmacher (gleich den Buchhändlern, den Buchdruckern und den Buchbindern), unter der Aufsicht der Universität. Sie mußten ihre Fabrikate, zum Zeichen der Güte, vom Rector stempeln lassen, und sie müssen noch jetzt eine Abgabe an die Universität entrichten.

d) In Deutschland halten sich die Pergamentmacher (die sich auch Pergamentirer, auch Pauken- und Trommelmacher nennen), entweder zum Gewerk der Weißgerber, oder der Buchbinder, oder auch zu einem benachbarten Pergamentmachergewerk.

e) Die Pergamentmacher lernen ihre Profession gemeiniglich in 4 bis 5 Jahren, und wenn sie vom Meister in allem frey gehalten werden, müssen sie 6 volle Jahre lernen.

f) Zum Meisterstück muß der Pergamentmacher, von den verschiedenen gebräuchlichen Arten des Pergaments, von einigen einen ganzen, von andern einen halben Decher verfertigen.

(Joh. Beckmann's Anleitung zur Technologie ꝛc. 6. Auflage. Göttingen 1809. S. 334 ꝛc. S. F. Hermbstädt's Chemisch-technologische Grundsätze der gesammten Ledergerberey, 2. Th. S. 133 ꝛc. J. H. M. Poppe's Geschichte der Technologie ꝛc. 2. B. S. 191 ꝛc.)

Fabrikation des Pergaments.

§. 476.

Die Fabrikation des Pergaments (die Pergamentmacherey, die Pergamentgerberey) und seiner verschiedenen Arten, zerfällt in 8 Operationen, nämlich: 1) das Einweichen oder Wässern der dazu bestimmten Häute; 2) das Kalken und Enthaaren derselben; 3) das Kneisen oder Nachhaaren; 4) das Brunnen; 5) das Streichen und Schnüren; 6) das Klären; 7) das Schaben und Glätten, und 8) das Oelen derselben, wenn Oelpergament verfertiget werden soll.

a) Das Einweichen oder Wässern der frischen Häute wird eben so veranstaltet, wie beym gemeinen weißgahren Leder (§. 466.) gelehrt worden.

b) Die Behandlung im Kalkäscher geschiehet eben so, wie bey der Vorbereitung zur Weißgerberey; auch werden die Schaaffelle so wie die Hammelfelle, um die darauf sitzende Wolle noch zu benutzen, bloß angeschwödet (§. 466. c.) und dann enthaaret.

c) Um das Kneisen oder Nachhaaren zu veranstalten, werden die enthaarten Felle am Strohme gewaschen, dann auf den Schabebaum aufgeschlagen, und nun mit dem Kneiseisen (einer scharfen zirkelförmigen Klinge, die mit 2 hölzernen Heften oder Handgriffen versehen ist) die Grundhaare hinweg genommen; worauf die gekneiseten Häute auf der Fleischseite von dem überflüssigen Fleische befreyet werden.

d) Die gekneiseten Häute werden nun gebrunnet. Zu dem Behuf kommen sie in den Brunnenäscher, der mit klarem Kalkwasser gefüllet ist, werden darin mit der Stange desselben 1 bis 2 Stunden lang herum getrieben, um sie dadurch recht zu erweichen und zum nachherigen Streichen auf der Fleischseite vorzubereiten.

e) Der Brunnenäscher bestehet in einem hölzernen Fasse, über welchem eine starke Bohle liegt, in deren Mitte sich ein rundes Loch befindet, in welchem die Stange placirt ist.

f) Die gebrunneten Häute werden mit dem Streicheisen auf der Fleischseite so sauber als möglich ausgestrichen, und dadurch zugleich von dem noch überflüssigen Fleische befreyet.

g) Um das Schnüren und Ausspannen der gestrichenen Häute zu veranstalten, legt der Arbeiter in jeden Zipfel der Haut einen kleinen Kieselstein, schlägt den Zipfel um selbigen herum, und bindet ihn mittelst einer Schlinge fest. Nun stellt sich der Arbeiter vor die Bank, legt die Schnüre zwischen die Zacken des senkrecht stehenden Schnüreisens, so daß der Stein, der sich in der Schlinge befindet, hinter die Zacken fällt, und ziehet die Schnur fest an, wobey der Stein die Schnur vor dem Abgleiten sichert.

h) Mit den Schnüren wird nun die Haut in den aus 4 Latten zusammengesetzten, mit hölzernen Pflöcken versehenen Rahmen befestiget, indem um jeden Pflock eine an der Pergamenthaut angebundene Schnur umgewickelt, der Pflock mit einem eisernen Schlüssel oder Riegel angezogen, und so die Haut in allen vier Seiten des Rahmens gut ausgespannet wird.

i) Um das Klären (das Reinigen) der geschnüreten Haut zu veranstalten, wird der Rahmen an eine Wand gestellt, und, indem man die Haut mittelst eines Ausspanneisens mit Nachdruck, doch so streicht, daß sie nicht verletzt wird, das noch darin sitzende Kalkwasser herausgeschaffet.

k) Nun wird die Fleischseite mit Kreide angestrichen, und solche mittelst eines Stückes Bimsstein eingerieben, (die Haut wird gebimset), um die Adern abzureiben und die Haut zu klären; worauf die Haut abermals mit einem stumpfen Ausspanneisen ausgestrichen wird: eine Operation, die auf der Fleischseite noch dreymal wiederholt wird.

l) Ist die Fleischseite so vollkommen als möglich gereinigt, und aller Kalk daraus hinweg geschaffet worden, so wird nun am Umfange der Haut das Leimleder abgeschnitten, und die Haut zuletzt noch nach der Länge, besonders am Umfange und an den Stellen der Hüftknochen, mit Kreide angerieben, weil diese Theile schwammig sind, und die Feuchtigkeit nach dem Brunnen zurück halten.

m) Ist jene Operation beendigt, so wird der Rahmen umgedreht, und die Narbenseite mit einem scharfen Ausspanneisen ausgestrichen, ohne sie mit Kreide einzureiben, worauf der Rahmen der Sonne ausgesetzt wird, damit die Haut völlig austrocknen kann. Sollten sich Fettflecke darin wahrnehmen lassen, so werden diese mit Kalkwasser daraus hinweg genommen.

n) Nach dem Trocknen werden nun die Häute geschabt und geglättet. Um das Schaben zu veranstalten, muß der Pergamentschaber das Schabeisen so führen, daß die Oberfläche etwas rauh bleibt. Nach vollendetem Schaben, wird nun das Pergament mit Bimsstein geglättet. Man schabet nämlich eine sehr fein geschlämmte, angefeuchtete und in Ballen geschlagene Kreide, mit einem Messer über die Haut, und reibt dieselbe mit einem großen Stück abgeschliffenen Bimsstein so genau auf der Oberfläche ein, daß diese an keiner Stelle rauh bleibt, in welchem Zustande nun das Pergament fertig ist.

Verschiedene Arten des Pergaments.

§. 477.

Jenes ist das allgemeine Verfahren in der Fabrikation des Pergaments. Nach der verschiedenen Form oder der Bestimmung seines Gebrauchs, erleidet dasselbe jedoch in der Zubereitung auch eben so mannigfaltige Abänderungen; daraus entstehen dann sieben im Handel vorkommenden Arten des Pergaments, die unter verschiedenen Namen bekannt sind: als 1) das Schreibepergament; 2) das Malerpergament; 3) das narbige Pergament; 4) das halbnarbige Pergament; 5) das Stickerpergament; 6) das Trommelpergament; 7) das Oelpergament oder die Rechenhäute; wozu 8) noch das Oelpergament aus Leinwand gezählt werden kann.

a) Das Schreibepergament, welches sowohl zum Schreiben, als zur Pastelmalerey bestimmt ist, wird gewöhnlich aus Kalbfellen fabricirt, und zwar ganz nach der vorher beschriebenen Methode. Dieses Pergament muß zwar glatt, aber zugleich auch etwas rauh seyn, welche letztere Eigenschaft ihm mit dem Schabeeisen ertheilt wird. Man kann auf beyde Flächen dieses Pergaments schreiben, doch ist die Fleischseite dazu am qualificirtesten.

b) Das Malerpergament ist besonders zur Miniaturmalerey bestimmt. Dasselbe wird gleichfalls aus Kalbfellen verfertiget. Solches darf nicht zu rauh, sondern muß gleich mit dem Schabeeisen glatt geschabt worden seyn. Dasselbe wird überdieß noch geleimt, (geleimtränkt), und dann mit einer Decke von Bleyweiß überzogen.

c) Um das Leimtränken zu veranstalten, kocht man aus Pergamentschnitzeln und Wasser einen klaren Leim, setzt demselben etwas weiße Seife zu, und bestreicht damit das Pergament, besonders auf der Narbenseite, um selbigem Glanz zu geben. Um den Ueberzug von Bleyweiß zu geben, wird das Bleyweiß auf einem Reibestein mit Wasser abgerieben, dann mit einem Pinsel auf beyde Flächen des Pergaments sauber aufgetragen, nach dem Trocknen des Anstriches aber, das Pergament mit Bimsstein abgerieben.

d) Das narbige Pergament ist zum Einbinden der Bücher bestimmt. Dasselbe unterscheidet sich vom gewöhnlichen Pergament dadurch, daß die Haarseite desselben genarbt ist. Um solches zu verfertigen, wird die Fleischseite wie gewöhnlich mit Kreide geklärt, ausgestrichen, und gereinigt. Die Narbenseite hingegen wird, nach dem Brunnen der Haut, mittelst eines Pinsels, bloß mit Wasser überstrichen, und mit dem Ausspanneisen gereinigt, und zwar so behutsam, daß die Narben nicht verletzt werden. Das narbige Pergament unterscheidet sich vom glatten dadurch, daß die Narbenseite gar keinen Anstrich von Kreide erhält.

e) Das halbnarbige Pergament unterscheidet sich vom vorigen dadurch, daß man die Narben mit dem Schabeisen weggenommen hat, daß dasselbe hernach durch das Leimtränken geglänzet, und auch wohl noch gegilbet wird. Das Gilben desselben, verrichtet man mit einer mit Wasser gemachten Abkochung von Kreuzbeeren, die mit einem Pinsel aufgetragen wird. Das halbnarbige Pergament ist größtentheils zum Einbinden der Bücher bestimmt. Man wählt dazu gemeiniglich starke und dauerhafte Häute, von denen die Grundhaare sich nicht gut hinwegschaffen lassen.

f) Stickerpergament nennt man sowohl das ganznarbige als auch das halbnarbige Pergament, weil solches von den Goldstickern gebraucht wird, um dasselbe unter die Gold- und Silberfäden zu legen.

g) Das Trommelpergament wird aus dem Grunde so genannt, weil selbiges zum Beziehen der Trommeln und der Pauken bestimmt ist. Es muß durchaus sehr elastisch seyn, und nach dem Einspannen beym Anschlagen sonorisch klingen.

h) Um das Trommelpergament zu verfertigen, werden die dazu bestimmten Felle im Kalkäscher enthaaret, dann auf dem Schabebaum ausgestrichen, um sie geschmeidig zu machen, hierauf nochmals in einem aus Kalk und Asche bereiteten Brey bearbeitet, dann vom groben Fleische befreyet, mit Wasser gewaschen, in den Rahmen ausgespannt, und getrocknet. Nach dem Trocknen werden sie geschabet, und sie sind nun zum Gebrauche fertig. Zu Pauken und großen Kriegestrommeln werden Eselshäute, zu ordinairen Trommeln werden Kalbfelle, und zu Kindertrommeln werden Schaaffelle angewendet.

i) Die Rechenhäute (auch Oelshäute oder Oelpergament genannt) werden aus Kalbfellen verfertiget. Bis zur Beendigung des Schabens werden sie ganz nach derselben Weise bearbeitet, wie das Schreibepergament; auch werden sie auf beyden Flächen geschabt. Nach vollendetem Schaben wird ein aus Leimwasser und Bleyweiß abgeriebener Grund darauf getragen. Ist dieser ausgetrocknet, so trägt man einen Ueberzug darauf, der aus feinem Bleyweiß mit Leinölfirniß abgerieben, zubereitet ist. Jener Auftrag wird auf beyden Flächen viermal nach einander wiederholt; doch muß vor jedem neuen Auftrage, der vorige völlig ausgetrocknet seyn. Nach dem letzten Anstrich wird die Haut mit einem Schabeeisen vollends glatt geschabt. Das Oelpergament oder die Rechenhäute besitzen gewöhnlich eine strohgelbe Farbe. Man kann darauf mit Bleystift und Tinte schreiben. Die Schrift läßt sich mit Wasser wieder hinwegnehmen.

k) Von England aus ist das Verfahren bekannt worden, aus Leinwand, aus Tuch und aus Papiere, statt der Thierhäute, Pergament zu machen. Zu dem Behuf werden jene Materien mittelst genau schließenden Preßhölzern ausgespannt, dann mit einem aus Gips, aus Bleyweiß, und aus zerfallenem Kalk mit Wasser gebildeten Brey, der mit Pergamentleim versetzt ist, mittelst einer Bürste überzogen, und zwar viermal hinter einander. Nach dem Trocknen wird der Anstrich mit Bimsstein abgeschliffen, und zuletzt mit klarem Oelfirniß getränkt.

(Hermbstädt's chemisch-technologische Grundsätze rc. 2. Th. S. 133 bis 145 rc.)

Sechzehnter Abschnitt.

Die Fabrikation des orientalischen Chagrins, des Fischhautchagrins, und des chagrinartig gepreßten Leders.

Erste Abtheilung.

Der orientalische Chagrin.

§. 478.

Der ächte orientalische Chagrin wird aus Pferdehäuten und aus den Häuten der wilden Esel zubereitet. Seine Verfertigung ist eine morgenländische Erfindung von hohem Alter, und wird zur Zeit in Europa noch gar nicht ausgeübt. Die Türken nennen ihn Sagri, die Perser aber Sagre. Die vorzüglichen Chagrinfabriken befinden sich zur Zeit in der Türkey, in Persien, in Armenien, in der Bucharey, zu Ismail, in der Moldau und in Astrachan, woselbst der Chagrin von den dort wohnenden Armeniern und Tartaren fabricirt wird.

a) Zur Fabrikation des Chagrins werden nicht die ganzen Häute der Thiere, sondern nur der hintere Streif auf dem Rücken, gleich über dem Schwanze, welcher in Form einer Sichel, in der Länge von anderthalb Arschinen ($45\frac{1}{2}$ Rheinl. Zoll), nach der Quere über den Hüften des Thieres entlang, und etwas länger als eine Elle in der Richtung des Rückenwirbels, heraus geschnitten wird.

b) Die Astrachanschen Saffianfabriken verkaufen ihre Waare an die in Kuban, Astrachan und Kasan wohnenden Tartaren, die sie zur Verzierung ihrer aus Saffian verfertigten Stiefeln und Pantoffeln gebrauchen. Sie pflegen indessen vielen Häuten nur die erste Zubereitung zu geben, und solche an die Perser für 75 bis 85 Rubel, das Hundert, zu verkaufen, die nun die Bearbeitung vollenden, und die fertigen Häute durch ganz Europa debitiren.

§. 479.

Die Fabrikation des orientalischen Chagrins, zerfällt in eilf verschiedene Operationen, nämlich: 1) das Einweichen; 2) das Enthaaren; 3) das Schwellen; 4) das Schaben; 5) das Bestreuen und Einpressen der Allabuta; 6) das Trocknen; 7) das Glätten und Ebenen; 8) das Schwellen mit Lohe; 9) das Beizen mit Soda und mit Küchensalz; 10) das Färben; und 11) das Einfetten derselben.

a) Das Einweichen der Häute in Wasser wird so lange verrichtet, bis die Epidermis sich löst, und die Haare abgenommen werden können.

b) Die geweichten Häute werden nun, jede einzeln, aus der Kufe genommen, auf ein Brett gespannet, die über dem Brett hervorragenden Enden abgeschnitten, und sodann die Haare nebst der Epidermis, mittelst des Uraks (eines dem Schlichtmond ähnlichen Werkzeugs) abgenommen.

c) Die enthaarten Häute werden nun zum zweytenmal in Wasser eingeweicht, bis sie eine Art von Schwellung erlitten haben, worauf sie, mit der Fleischseite nach außen, über Brettern ausgespannt und alle häutige und faserige Theile so vollkommen, als möglich hinweggenommen werden.

d) Nach dem Reinigen der Fleischseite wird nun auch die Haarseite geschabt, und von allen schleimigen Theilen so voll-

vollkommen befreyet, daß die Haut zuletzt einer feuchten ausgespanneten Harnblase ähnlich ist.

e) Um die so weit bearbeiteten Häute mit Allabuta (den schwarzen harten Saamenkörnern der wilden Melde) vorzubereiten, werden sie in hölzernen Rahmen (Paelpi) mit Bindfaden so gleichmäßig als möglich ausgespannt, zu wiederholten malen angefeuchtet und nachgespannt. Um alle Unebenheiten zu vermeiden, werden nun die Rahmen, mit der Narbenseite nach oben, neben einander gestellt; dann wird die Narbenseite mit gedachtem Saamen bestreut, und derselben entweder mit den Füßen eingetreten oder eingepresset.

f) Die gepreßten Häute werden nun im Schatten getrocknet, nach dem Trocknen aus den Rahmen genommen, und die Saamenkörner durchs Schütteln abgesondert; in welchem Zustande nun die Oberfläche der jetzt hornartigen Haut, mit einer Menge Erhabenheiten und Vertiefungen bedeckt erscheint.

g) Um die Häute zu glätten und zu ebenen, wird jede Haut, in der Mitte einer dazu bestimmten Bank, die mit eisernen Haken versehen und mit einem dicken Filz nebst einer Lage Wolle bedeckt ist, so vollkommen als möglich ausgespannt. Nun wird das Glätten derselben, entweder mit dem Tokar (einem wie eine Sichel gebogenem Stahl) oder mit dem Urak (einer Art Schabemesser) veranstaltet; d. i. man fährt damit über die Oberfläche der Haut, ohne sie zu verletzen oder die Eindrücke zu zerstören, bis die Oberfläche so viel als möglich geebnet ist.

h) Nun werden die Häute (nach einigen mit Wasser, nach andern mit Lohbrühe aus Galläpfeln) geschwellet, um das Korn oder die Narben zu erzeugen, durch welche der Chagrin sich vor allen andern Lederarten auszeichnet.

i) Die so weit fertigen Häute werden nun, in eine mit Wasser gemachte milchwarme Auflösung von reiner Soda, 4 bis 5 Stunden eingeweicht, und dann noch 24 Stunden lang in eine Auflösung von Küchensalz gelegt, wodurch sie einen schönen, farbenlosen Zustand annehmen.

k) Man findet diese Häute im Handel weiß, gelb, grün und

blau. Um sie weiß zu färben, wird die Narbenseite mit in Wasser gelöstem Alaun angefeuchtet, dann mit einem Teige aus Maismehl angestrichen, nach dem Trocknen der Ueberzug mit Alaunauflösung erweicht, mit Alaunwasser abgewaschen, und dann an der Sonne getrocknet. Zur rothen Farbe werden die Chagrinhäute 24 Stunden lang in einer Abkochung von der zu Saffian bestimmten Farbenbrühe (§. 462. b.) gebraucht. Eben so wird auch die gelbe Farbe, wie beym Saffian, aufgetragen. Die grüne Farbe wird mit einer Auflösung von Kupfer und Salmiak und Wasser gegeben. Die blaue Farbe wird mit einer Art von Küpe, aus Indig, Soda, Honig und Wasser bereitet, gegeben. Die schwarze Farbe wird mit Galläpfeln und Eisenvitriol gegeben.

l) Nach dem Färben werden die Häute mit geschmolzenem Hammeltalg, mit den Händen eingerieben; wenn das Fett eingedrungen ist, wird das überflüssige Fett von der Haut mit einem hölzernen Messer geschabt. Nun werden die Kanten beschnitten, und die Häute sind fertig.

(Hermbstädt's chemisch-technologische Grundsätze der gesammten Ledergerberey. 2. Th. S. 146 bis 156 ꝛc. Ueber den Astrachanschen Chagrin und des gepreßten oder gekörnten Pergaments ꝛc. In Kastner's deutschen Gewerbefreund. 4. B. 2. Heft. 1820. S. 49 ꝛc. J. C. Leuch's Zusammenstellung der in den letzten 30 Jahren in der Gerberey gemachten Verbesserungen ꝛc. 1828. 8.)

Zweyte Abtheilung.

Die Fabrikation der Fischhäute, oder des Fischhaut-Chagrins.

§. 480.

Die Fischhaut (oder das Fischhaut-Chagrin) welches von den Hutmachern, von den Elfenbein-Drechslern und den Holzarbeitern zum Poliren, in der Ledergerberey hingegen zur Darstellung des gepreßten Leders, endlich auch zu Etuis für Ferngläser, für Brillen ꝛc. gebraucht wird, bestehet in den Häuten verschiedener Arten der Hayfische (Squali), die auf eine bestimmte Art zubereitet worden sind.

a) Die Hayfische kommen im südlichen und im mittelländischen Meere, besonders aber im Nordmeere, selten in der Ostsee vor. Ihre Haut ist nicht mit Schuppen, sondern mit Stacheln besetzt, die nach dem Schwanze zu etwas gebogen sind.

b) Von den Hayfischen, deren Häute zur Zubereitung des Fischhaut-Chagrins angewendet werden, kennt man sechs verschiedene Arten, nämlich den getiegerten Hay, den kleingefleckten Hay, das Seeschwein, den Meerengel, den Dornhay, den Carcharias oder Menschenfresser, und den Engelrochen oder Engelsfisch, der viel kleiner als der Hay ist, und bey Neapel und Genua gefunden wird.

§. 481.

Um aus den Häuten der gedachten Hayarten die Fischhaut zu fabriciren, werden die Häute: 1) ausgespannt und getrocknet; 2) die Stacheln abgeschliffen; 3) gefärbt; und 4) geglättet.

a) Das Ausspannen geschiehet gleich nachdem die Häute abgezogen worden sind, indem sie mit der Fleischseite über ein Brett ausgebreitet, auf dessen Kanten sie fest genagelt werden. Um das Entstehen der Runzeln zu verhüten, werden sie langsam getrocknet.

b) Nach dem Trocknen werden die Stacheln mit Sandstein abgeschliffen.

c) Das Färben geschiehet eben so, wie beym Chagrin angezeigt worden ist.

d) Das Glätten der Fischhäute wird nur bey einer besondern Zubereitung derselben veranstaltet, deren Erfindung den Chinesen angehört. Diese leztern Fischhäute sind glatt und glänzend und lassen in einem dunkelgefärbten

Grunde große und kleine hellfarbige halbdurchsichtige Flecken erkennen, so daß das Ganze das Ansehen einer aus an einander gekütteten, halbdurchsichtigen Steinchen gebildeten Mosaike besitzt.

e) Um die letzte Art der Fischhäute zu verfertigen, wählt man die mit starken sternförmigen Stacheln. Nach dem Abschleifen der Stacheln wird die Haut gelb oder grün gefärbt, worauf man die Zwischenräume zwischen den Stacheln, mit schwarzem oder rothem Siegellack ausgießt. Nun wird das Ganze mittelst eines mit Oel getränkten Lappens geglättet. So entstehet ein schwarzer oder rother Grund, in welchem die halbdurchsichtigen Convexitäten der grün oder gelb gefärbten Hautstacheln, wie eingeküttet erscheinen. Jenen Ueberzug erhält die Haut aber erst dann, wenn man ihr, nach vorher gegangenem Einweichen, die ihr bestimmte Form gegeben hat.

(Hermbstädt's chem. technol. Grundsätze der gesammten Ledergerberey ꝛc. 2. Theil. S. 157 ꝛc. J. Beckmann's Vorbereitung zur Waarenkunde ꝛc. 1. Theil. Göttingen 1794. S. 193 ꝛc.)

Erste Abtheilung.

Die Fabrikation des gepreßten Leders.

§. 482.

Das gepreßte Leder (oder Chagrinleder) ist eigentlich eine Nachahmung des ächten Chagrins. Man unterscheidet davon zweyerley Arten: 1) das, welches mit heißen Kupferplatten gepresset wird; und 2) dasjenige, welchem durch das Pressen mit Fischhäuten (§. 480.) das Ansehen körniger Eindrücke gegeben wird.

a) Die erstgenannte Sorte des chagrinartigen gepreßten Leders wird vorzüglich in Frankreich aus Ziegenfellen bereitet, die man, nach der gewöhnlichen Enthaarung durch

Kalk, so wie nach dem Streichen und Schaben, mit heißen Kupferplatten presset, welche überall mit kleinen Convexitäten und Concavitäten versehen sind, so daß das Leder davon eine dem Chagrin ähnliche, körnige Oberfläche annimmt.

b) Die zweyte Sorte des chagrinartigen Leders wird durch das Pressen mit Fischhäuten dargestellt, und solches zu Sattelleder rc. verarbeitet. Man wählt dazu die schönsten feinnarbigten Fahlleder, legt sie im erweichten Zustande mit der Narbenseite auf eine ausgebreitete Fischhaut, und streicht sie auf der Fleischseite mit einer Blankstoßkugel, wodurch ihnen sehr starke Narben ertheilt werden.

(S. F. Hermbstädt's a. (§. 481.) a. O. S. 156 und S. 158 rc.)

Siebenzehnter Abschnitt.

Die Fabrikation des Leims.

(Die Leimsiederey.)

§. 483.

Leim, so wie Hornleim und Tischlerleim, sind gleichbedeutende Benennungen, womit die aus animalischen Substanzen mit Wasser extrahirte und getrocknete Gallerte bezeichnet wird, der man gemeiniglich die Gestalt länglicht viereckiger dünner Tafeln ertheilet.

a) Die Operation, wodurch man den Leim zubereitet, wird das Leimsieden genannt. Die Arbeiter heißen Leimsieder. Sie bilden keine eigene Zunft, sondern das Leimsieden wird gemeiniglich von den Weißgerbern verrichtet, oder von verarmten Weißgerbern betrieben.

b) Von dem Hornleim oder Tischlerleim verschieden, ist der Fischleim, mit welcher Benennung die zusammen gerollten und getrockneten Schwimmblasen des Störs und des Hausenfisches bezeichnet werden, die auch unter dem Namen Hausenblase bekannt sind.

c) Außer diesen unterscheidet man noch den Mundleim, der aus Hausenblase oder auch aus klaren Tischlerleim, mit Zucker versetzt, entweder gefärbt oder ungefärbt verfertiget, und in dünne Tafeln geformt wird.

§. 484.

Die Leimsiederey zerfällt in sieben verschiedene Operationen; dahin gehören: 1) die Auswahl der dazu brauchbaren animalischen Abgänge; 2) das Reinigen derselben; 3) das Auskochen derselben mit Wasser; 4) das Durchgießen und Klären der flüssigen Gallerte; 5) das Ausgießen der geklärten Gallerte in die Form; 6) das Zerschneiden der erstarrten Masse zu Tafeln; 7) das Austrocknen der Leimtafeln.

a) Die vorzüglichsten Materialien zur Leimsiederey bestehen in den Pergamentschnitzeln; in dem Abschabsel der Weißgerbereyen, so wie in den Fuß- Kopf- und Schwanzstücken der Thierhäute, den Ohrlappen, den Schnitzeln, den Flechsen und Sehnen, welche beym Vergleichen der Blößen abfallen, den Knochen und Elfenbeinspänen etc.

b) Die Pergamentschnitzel, (das Pergamentleder) so wie die andern Abfälle der Roth- und Weißgerbereyen, vorzüglich wenn sie schon getrocknet sind, müssen zu wiederholten Malen in Wasser eingeweicht und mit den Füßen getreten werden, um sie vom inhärirenden Kalke zu befreyen. Frische Materialien, als Hammelfüße etc. müssen, durch wiederholtes Abwaschen mit Wasser, von allen anklebenden Unreinigkeiten befreyet seyn.

c) Um das Auskochen der gereinigten Materialien zu veranstalten, bedient man sich eines kupfernen auch wohl eines eifernen Kessels, der mit einem passenden Deckel verschlossen werden kann. Der Boden des Kessels wird mit Stroh belegt, der Kessel bis an den Rand mit den auszukochenden Materialien und Wasser gefüllt, und nun das Kochen begonnen. Hat man die Lederabgänge in den Kessel gebracht, so lösen sich diese meist ganz auf, und sie müssen so oft nachgetragen werden, als sich noch etwas davon auflösen will. Ist das Kochen drey bis vier Stunden fortgesetzt worden, so gießt man etwas von der Brühe in eine Schale zum Erkalten. Gerinnt die Flüssigkeit in der Kälte, und setzt sie eine Haut, so ist dieses ein Beweis, daß die Masse gut gekocht ist.

d) Um das Durchgießen und Klären der Abkochung zu verrichten, setzt man einen kleinen Korb auf ein Faß, belegt den Boden desselben mit Stroh, und gießt nun das gesammte Fluidum hindurch. Hat sich die Flüssigkeit gesetzt und geklärt, so wird das Klare durch den am Fasse befindlichen Zapfen abgezogen, um solches in die Form zu gießen.

e) Die Form bestehet in einem viereckigen hölzernen Kasten, der etwa 3 Fuß lang, einen halben Fuß breit, und 3 bis 4 Zoll tief ist. In diesen wird nun das geklärte Fluidum gegossen, und so lange darin gelassen, bis solches geronnen ist.

f) Man schneidet nun den geronnenen Leim stückweise aus der Form heraus, legt jedes einzelne Stück mit der hohen Kante auf ein Brett, und zerschneidet solches, mittelst eines feinen Messingdraths, in viereckige Scheiben oder Tafeln, wovon jede etwa einen halben Zoll dick ist.

g) Um nun endlich das Austrocknen des Leims zu veranstalten, bedient man sich länglicht viereckiger Rahmen, die mit aus dünnem Bindfaden gestrickten Fischernetzen ausgeschlagen sind. Diese so vorbereiteten Rahmen oder Horden werden nun, auf einem luftigen Boden, oder unter einem luftigen Schuppen, übereinander placirt, dann die Leimtafeln darauf gelegt und so dem Austrocknen überlassen.

h) Weil aber das Austrocknen so schnell wie möglich bewirkt werden muß, um das Faulen zu verhüten, und dasselbe in geheizten Kammern zu kostbar ausfallen, andrerseits auch bey einer zu hohen Temperatur der Leim leicht schmelzen würde, so kann die Fabrikation des Leims billig nur allein in den Sommermonaten veranstaltet werden; dabey muß man aber den Einfluß der Sonne beym Trocknen, möglichst abhalten.

i) Der getrocknete Leim, welcher den Eindruck der Netze angenommen hat, wird nun an den Kanten mit einer Nadel auf Bindfaden geschnüret, und so aufgehangen, um vollends auszudörren.

(S. F. Hermbstädt's, Bemerkungen über die Fabrikation des Tischlerleims und deren Vervollkommnung. In dessem Bülletin des Neuesten rc. 12. B. S. 33 rc. Jacobson's technologisches Wörterbuch rc. 2. Theil. S. 287 rc. Colle forte, façon anglaise, et colle claire. In den Annales de l'Industrie etc. Tom. XII. 1823. pag. 213 rc. H. G. E. Arnold, die Bereitung des Leims in ihrem ganzen Umfange. Quedlinburg 1826. 8. J. C. Leuch's Anweisung zur Bereitung des Tischlerleims. Nürnberg 1828.)

§. 485.

Ein guter Leim muß hell von Farbe, durchscheinend wie Horn, brüchig, und in siedendem Wasser vollkommen auflösbar seyn; ein solcher verdient den Vorzug vor jedem andern, weil er besonders für die Papiermanufakturen, so wie für die Buchbinder zum Planiren, brauchbar ist.

a) Einen wesentlichen Einfluß auf die gute Beschaffenheit des Leims, hat das Material, woraus er bearbeitet wird. Ein sorgfältiges Sortiren desselben, trägt zur Güte des Leims viel bey.

b) Der schönste Leim ist immer der aus Leder- und Pergamentschnitzeln verfertigte.

c) Will man den Leim von hellgelber Farbe (wie den Holländischen) in den Handel bringen, so pflegen die Leimsieder ihm wohl durch einen Zusatz von Gummigut gelblich zu färben.

d) Der Leim von Hammelfüßen rc. pflegt gemeiniglich braun zu seyn; auch wenn das Trocknen zu langsam verrichtet wird, nimmt der Leim gern eine braune Farbe an, weil die Gallerte zu viel Sauerstoff aus dem Dunstkreise einsaugt.

e) In England bereitet man den so genannten englischen oder starken Leim (Colle forte, Colle d'Angleterre) aus den Knochen, so wie den Knorpeln, den Ribben und den Häuten der großen Fische ꝛc.

f) Ob man den Leim nicht durch Hülfe der schwefligten Säuren völlig weiß bleichen kann, verdient untersucht zu werden.

(Hermbstädt's a. (§. 484.) a. O. S. 42 ꝛc. Der Knochenleim. In Dingler's polytechn. Journal. 29. B. S. 291 ꝛc.)

Achtzehnter Abschnitt.

Die Fabrikation der fetten Oele.

(Die Oelschlägerey.)

§. 486.

Fette Oele (Olea unguinosa, Ol. pinguedinosa) nennt man gewisse Bestandtheile der Vegetabilien, die sich vorzüglich in den Früchten oder den Saamenkernen derselben vorfinden, und durch das Auspressen aus denselben geschieden werden können.

a) Oel (Oleum) nennt man überhaupt eine Materie, welche flüssig ist, sich entzünden läßt, mit einer vielen Ruß absetzenden Flamme brennt, und aus dem Grunde, mittelst eines Dochtes verbrannt, als Erleuchtungsmittel gebraucht werden kann.

b) Man unterscheidet die Oele überhaupt in fette (Olea pinguedinosa, Ol. unctuosa), und in ätherische Oele (Olea aetherea, Ol. destillata).

c) Die ätherischen Oele, welche auch wesentliche Oele (Olea essentialia), so wie riechbare Oele (Olea odora), bestillirbare Oele (Olea destilabilia) und flüchtige Oele (Olea volatilia) genannt werden, zeichnen sich durch einen aromatischen Geruch, einen scharfen brennenden Geschmack, große Flüchtigkeit in der Wärme, und besonders dadurch aus, daß sie mit den ätzenden Alkalien keine seifenartige Verbindung eingehen. Sie erscheinen bald verschieden gefärbt, bald farbenlos.

d) Die fetten Oele (Olea pinguedinosa), die auch ausgepressete Oele (Olea expressa) und feste Oele (Olea fixa) genannt werden, und von denen hier besonders gehandelt wird, unterscheiden sich von den ätherischen dadurch, daß sie: 1) dickflüssig; 2) im reinen Zustande farbenlos sind; 3) daß sie bey der Hitze des siedenden Wassers nicht flüchtig sind; und 4) daß sie mit ätzenden Alkalien leicht in Mischung treten, und damit Seifen erzeugen.

e) Die fetten Oele scheinen, ihren chemischen Elementen zufolge, Produkte der Verbindung aus Kohlenstoff, aus Wasserstoff und aus Sauerstoff auszumachen. Von den Fetten selbst scheinen sie bloß durch die Konsistenz verschieden zu seyn. Sie lassen sich (gleich den festen Fettarten) größtentheils durch eine mechanische Behandlung in zwey verschiedene Materien, in Talgstoff (Stearine) und in Oelstoff (Olaine) zergliedern. Jener ist krystallisirt, der letztere ist flüssig.

(Anweisung zum Anbau der vorzüglichsten öltragenden Gewächse. Nürnberg 1824.)

§. 487.

Man gewinnt die fetten Oele entweder aus den Saamenkörnern der Kräuter und Staudengewächse, oder aus den Fruchtkernen der Bäume.

a) Die wichtigsten Saamenkörner aus Kräutern und Staudengewächsen, welche man zu fetten Oelen benutzt, bestehen in: 1) dem Rübsaamen (Brassica Napus);

2) der Kohlsaat oder dem Ackerkohlsaamen (Brassica campestris); 3) dem Saamen des chinesischen Oelrettigs (Raphanus chinensis oleifer.); 4) dem Leindotter (Myagrum sativum); 5) dem Senfsaamen (Sinapis nigra et alba); 6) dem Hanfsaamen (Cannabis sativa); 7) dem Leinsaamen (Linum usitatissimum et perenne); 8) dem Mohnsaamen (Papaver somniferum).

b) Die wichtigsten Frucht- und Saamenkerne aus Strauch- und Baumgewächsen, zur Darstellung der fetten Oele, bestehen in: 1) den Bucheckern (Fagus sylvatica); 2) den Wallnüssen (Juglans regia); 3) den Haselnüssen (Corylus Avellana).

c) Von gedachten Oelen haben die sechs ersten von (a) die Eigenschaft, in der Kälte zu gerinnen und an der Luft nicht auszutrocknen. Sie werden entweder zum Brennen in den Lampen, oder auch zum Schmalzen der Speisen gebraucht.

d) Die drey übrigen von (a) so wie die unter (b) gedachten, gerinnen nicht in der Kälte, und trocknen in der Wärme aus. Sie werden vorzüglich zur Bereitung der weichen Seife, so wie zur Darstellung des Oelfirnisses angewendet.

e) Man hat noch die Saamen von den Sonnenblumen (Helinthus annus); vom Ackerspergel (Spergula arvensis); vom Heberich (Raphanus Raphanistrum); vom Saflor Carthamus tinctorius); vom Wald (Isatis tinctoria); von den Linden (Tilia europaea); so wie die Weinbeerkerne empfohlen; sie sind aber nicht allgemein im Gebrauch.

Darstellung der fetten Oele.

§. 488.

Um die Ausscheidung der fetten Oele aus den ölhaltigen Saamen und Früchten zu veranstalten, werden solche auf der Oelmühle zerstampft, das Zerstampfte bis zur Entweichung der inhärirenden Feuchtigkeit erwärmt, dann in Haartücher eingeschlagen, und in der Oellade (der Oelpresse) ausgepresset, wobey, nach der Ausscheidung des Oels, die mehlartigen Theile in Form einer festen Masse, als Oelkuchen zurück bleiben.

a) Die in Deutschland üblichen Oelmühlen sind gemeiniglich Stampfmühlen, die durch Wasser getrieben werden. Die hölzernen unten mit Eisen beschlagenen Stampfen, welche durch eine Daumwelle gehoben werden, fallen dabey in eine mit der zu stampfenden Substanz ausgefüllete, inwendig nach einem Bogen ausgehöhlte, und unten mit einer eisernen Platte belegte Grube des Grubenbaums.

b) Das Erwärmen der gestampften Materien verrichtet man, in einem in der Nähe befindlichen eingemauerten flachen kupfernen oder besser eisernen Kessel, unter beständigem Umrühren so lange, bis sich aus der erwärmten Substanz, durch den Druck zwischen den Fingern, das Oel auspressen läßt; wobey jeder Grad der Temperatur vermieden werden muß, der 60 Grad Reaumür übersteigt, weil sonst leicht eine anfangende Zerstöhrung des Oels beginnen würde.

c) Die vielen schleimigen Theile und der Eiweißstoff, welche nebst vielen Wassertheilen mit dem Oel innigst gemengt sind, verhindern die Ausscheidung des Letztern, wenn nicht das Wasser hinweggeschaffet wird. Durch die Ausdünstung des Wassers hingegen, werden die Schleimtheile und der Eiweißstoff erhärtet, dadurch vom Oel getrennt, und das Letztere läßt sich nun durch das Auspressen sehr gut scheiden.

d) Nach einer von dem Herrn Grafen von Keyserling zuerst gemachten Angabe, verrichtet man das Erwärmen und Austrocknen der gestampften Materie, mittelst einer Art von Wasserbad, wodurch jede Zerstöhrung des Oels vermieden wird.

e) Wenn die zerkleinerten Materialien erwärmt sind, so werden sie in Haartücher eingeschlagen, mit diesen in die Näpfe

(d. i. zwischen die Preßplatten) eingelegt, und so die Oellade in den Preßblock gebracht.

f) Der Napf bestehet in einem viereckigen hölzernen Behältniß, mit einem Deckel zugedeckt, welches der Kern genannt wird. Der untere Theil dieses Kerns ist convex, damit solcher in den Napf hinein getrieben werden kann.

g) Sind die Näpfe in die Gruben der Oellade eingesetzt, so werden sie nun in derselben durch zwey etwa 28 Zoll lange Keile zusammen gepresset, wovon der Eine der Schluß- oder Lösekeil, der Zweyte hingegen, der Preß- oder Treibekeil genannt wird. Der Lösekeil wird dabey zuerst eingesteckt, und dann der Preßkeil von dem Oelschläger eingetrieben, wobey das Oel aus einer im Boden der Lade befindlichen Oeffnung, in ein untergesetztes Gefäß abläuft.

h) Der Oelschläger bestehet in einem Klotz oder Hammer von Eichenholz, der 36 Zoll lang und 14 bis 16 Zoll dick, und an den Schlägelarm, wie ein Hammer an seinem Stiel, befestiget ist. Der Schlägelarm selbst ist, wieder an der Schlägelwelle, befestigt.

i) Die nach dem Auspressen übrig bleibenden Oelkuchen enthalten immer noch eine gute Portion Oel in sich. Sie werden wieder zerstampft, mit Wasser angefeuchtet, dann wieder erwärmt, und zum zweytenmal ausgepresset, wodurch noch eine gute Quantität Oel gewonnen wird. Das zuerst gepressete Oel wird Jungfenöl genannt. Die nach dem zweyten Auspressen übrig bleibenden Oelkuchen werden zum Viehfutter gebraucht.

k) Zum Auspressen des zerkleinten Saamen werden am besten Preßtücher aus Pferdehaaren gewebt, gebraucht.

(F. L. Caucrin's praktische Abhandlung vom Baue der Oelmühlen, sowohl der bekannten als verschiedener ganz neuen. Leipzig 1799. 8. Jacobson's technologisches Wörterbuch ꝛc. 3. Th. S. 165 ꝛc. Graf von Keyserling über eine wesentliche Verbesserung der Oelfabrikation. In Hermbstädt's Bülletin des Neuesten und Wissenswürdigsten ꝛc. 14. Band. 4. Heft.)

§. 489.

Außer den gewöhnlichen Oelstampfmühlen, verdienen noch in Betrachtung gezogen zu werden: 1) die holländischen Oelmühlen; 2) die Roßölmühlen; 3) die Samerkantsche Oelpresse.

a) In den holländischen Oelmühlen, welche vom Winde getrieben werden, werden die ölhaltigen Saamen durch zwey senkrechte Mühlsteine erst zerquetscht, sodann aber in dem Grubenstocke von einzelnen Stampfen durchgearbeitet.

b) Die Mühlsteine bestehen gewöhnlich aus Porphyr, aus Granit, aus Marmor oder aus einer andern sehr harten und dichten Steinart. Sie werden durch Hülfe eines Kammrades an der Daumwelle in Bewegung gesetzt. Die Keile der Oellade werden durch Stampfen, von obenher, eingetrieben. In Rußland gebraucht man statt der Steine eine aus Eisen gegossene Scheibe, welche in einem vertieften Heerde läuft. Auch in Deutschland sind die holländischen Oelmühlen schon hin und wieder eingeführt.

c) Die Roßölmühlen, welche durch Pferdekraft in Bewegung gesetzt werden, haben kein Stampfwerk, sondern bloß ein Quetschwerk, d. i. senkrecht bewegliche Mühlsteine, und ein Preßwerk.

d) Wichtige Verbesserungen im Bau der Oelmühlen oder Quetschmaschinen für die Oelbereitung, verdanken wir denen Herren rc. Arndts, Wil. Benecke, Dubrunfaut, Alban, Peter Marx, so wie rc. Cazalis und Cordier, und Bienbar.

e) Die Samarkantsche Oelpresse, deren man sich zu Samarkant, der Hauptstadt in Bucharien, so wie auch in China, zur Darstellung der fetten Oele bedient, und wodurch die möglichst größte Quantität Oel gewonnen werden soll, bestehet in 4 Hauptheilen, nämlich: dem Napf, dem Reibestempel, dem Spannbaum und dem Gestellrahmen. Sie verdient auch in Deutschland eingeführt zu werden.

(F. L. Caucrin a. (§. 488.) a. O. Wuttich, Beschreibung und Abbildung der Samarkant'schen Oelpresse. In Hermbstädt's Büllctin des Neuesten und Wissenswürdigsten ꝛc. 14. Bd. S. 102. Taf. II. Arndts, über verschiedene Gegenstände bey der Oelbereitung, mit besonderer Rücksicht auf das in Westphalen übliche Verfahren. Im neuen Baierschen Kunst- und Gewerbeblatt ꝛc. 2. B. 1824. S. 73 — 84. Wil. Benecke's Oelmühle und Maschine zum Mahlen der Oelsaamen. In Dingler's polytechn. Journal ꝛc. 28. B. S. 280 ꝛc. und 33. B. S. 64 ꝛc. Bienbar, über Oelbereitung. Im Baierschen Kunst- und Gewerbeblatt. 14. Jahrgang. 1828. S. 476 ꝛc. Dubrunfaut, Mémoire sur la fabrication des huiles de graines, avec planches etc. v. L'Industrie Journal etc. Vol. V. 1828. pag. 193 ꝛc. Alban's Walzen-Quetschmaschine für fette Oele. In Dingler's polytechn. Journal ꝛc 30. B. S. 178 ꝛc. Peter Marx Oelmühle. s. Baiersches Kunst- und Gewerbeblatt 14. Jahrgang. 1829. 3. Quartal. S. 440 ꝛc. Taf. I. Cazalis und Corbier's senkrechte Mühlsteine, zum Zerquetschen der Oelsaamen. In Dingler's polytechn. Journal. 32. B. S. 177 ꝛc. G. Albrecht, die vortheilhafteste Gewinnung des Oels. Quedlinburg. 8. Julia Fontenelle: theoret. prakt. Handbuch der Oelbereitung und Oelreinigung; übersetzt von Haumann. Ilmenau 1828. J. A. M. Matthieu, Beschreibung und Abbildung der neuesten Erfindungen in Betreff der Oelfabrikation ꝛc. Quedlinburg. 1828.)

§. 490.

Die fetten Oele erscheinen, gleich nach dem Auspressen, immer noch mit einigen Schleim- und andern Theilen gemengt, und verdanken ihnen eine getrübte Beschaffenheit. Wenn sie in Gefäßen aufbewahrt werden, so senken sich die trüben Theile zu Boden, und die Oele klären sich. Werden jene sie trübenden Theile nicht daraus abgesondert, so nehmen sie eine ranzide Beschaffenheit an, verdicken sich, werden übelriechend und sind dem Verderben unterworfen.

a) Die großen Oelmanufakturen bedient man sich gemauerter und mit wasserdichtem Cement ausgeschlagener Behälter oder Cisternen, in welchen die Oele sich klären, worauf nun die geklärten Oele auf Fässer abgezogen werden.

b) Werden die schleimigen Theile nicht ausgesondert, so veranlassen dieselben leicht eine Art von saurer Gährung in den Oelen, daher diese einen widrigen Geruch und einen scharfen, bittern, ekelhaften Geschmack annehnehmen, und nun für manchen Gebrauch untauglich sind.

Das Reinigen der fetten Oele. (Die Oelraffinerie.)

§. 491.

Der Gebrauch der fetten Oele ist sehr mannigfaltig, nämlich zum Schmalzen der Speisen, zum Einfetten der Wolle (§. 84.), zum Einschmieren der Metalle, zur Bereitung der Firnisse, zur Verfertigung der weichen oder grünen Seife und zum Brennen in den Lampen; zur letztern Benutzung insbesondere, bedürfen sie einer vorherigen Reinigung.

a) Fette Oele, die zum Schmalzen der Speisen benutzt werden sollen, wie besonders das Oel aus dem chinesischen Oelrettig, das Mohnöl, das Buchekkernöl, das Sonnenblumenkernöl, müssen billig so kalt wie möglich gepresset werden.

b) Die, welche zum Brennen in den Lampen benutzt werden sollen, müssen noch besonders gereinigt werden, wenn sie mit klarer Flamme brennen, und nicht viel Kohle, Rauch oder üblen Geruch beym Brennen verbreiten sollen.

c) Unter allen dazu vorgeschriebenen Reinigungsarten, verdient diejenige den Vorzug, welche von Thenard anempfohlen worden ist. Sie bestehet darin, daß man das Oel mit 2 bis 3 Procent seines Gewichtes, koncentrirter Schwefelsäure vermengt, gut damit untereinander rührt, die gebildete schwarzgrüne schmierige Masse, nach der Zeit von 24 Stunden, mit dem doppelten ihres Umfangs von weichem Flußwasser vermengt, und wenn die unreinen Theile sich abgesetzt haben, das reine Oel hingegen sich geklärt hat, das letztere nun durch Dochte abziehet, oder durch Wolle oder graues Fließpapier filtrirt.

(Ueber die Reinigung des Brennöls. In Hermbstädt's Büllefin des Neuesten und Wissenswürdigsten ꝛc. 2. B. S. 187 ꝛc. T. Coyan, Reinigung des Lein- und Rüböls. In Dingler's polytechn. Journal. 34. B. S. 41 ꝛc. J. H. Wolker, die beste und vortheilhafteste Methode der Oelreinigung. Quedlinburg 1828. Die Oelraffinerie, oder deutliche Anweisung zur ächten Fabricirung des Spaar- und Weißöls, aus Rüböl. Gotha bey Glaser. Dubrunfaut, neues Verfahren Brennöl zu reinigen. Im l'Industrie Journal. Vol. IV. 1828. pag. 143 ꝛc. und allgemeine Handl. Zeitung. 1828. 24. Stück. S. 101 ꝛc. C. G. Demrich, die neueste und beste Art mit wenigen Kosten das Rüböl zu reinigen. Mit Kupfern. Leipzig. gr. 8. Jul. Fontanelle, Manuel du fabricant et de l'epurateur d'huiles; suivi d'un aperçu sur l'Eclairage par les gaz. Paris 1827. Reinigung des Oels zu Lampen. In Dingler's polytechn. Journal. 31. B. S. 236 ꝛc. Die Oelraffination. In H. Weber's Zeitblatt für Gewerbetreibende. 1. B. S. 269 und 274 ꝛc. Mathew Wilks, neue Methode Oele zu reinigen. Im London Journal of arts and Manufact. etc. May 1824. No. XLI. und in den Jahrbüchern des K. K. polytechn Instituts ꝛc. 6. B. 1825. S. 522 ꝛc.)

Neunzehnter Abschnitt.

Die Fabrikation der Seife.

(Die Seifensiederey.)

§. 492.

Mit dem Namen Seife, in der speciellern Bedeutung des Wortes, bezeichnet man ein aus Kali oder Natron und einer Fettigkeit erzeugtes Produkt, das sowohl im Wasser als im Alkohol lösbar ist, und dessen Lösung, wenn sie geschüttelt wird, stark schäumt. In der allgemeinern Bedeutung wird darunter jede natürliche oder auch künstliche Substanz verstanden, welche die Fähigkeit besitzt, Fettigkeiten und Harze, so wie mancherley andere Unreinigkeiten aufzulösen, sie mit dem Wasser mengbar zu machen, und solche aus den damit durchdrungenen Zeugen hinweg zu nehmen.

a) Die erste Erwähnung der Seife findet sich beym Galen unter dem griechischen Worte σαπων; ein Beweis, daß sie den alten Griechen nicht unbekannt war. Plinius schreibt die Erfindung der Seife den Galliern zu, räumt aber der deutschen Seife einen Vorzug vor der der Gallier ein. Es entstehet daher die Frage: ob nicht die Seife eine ursprünglich deutsche Erfindung ausmacht, und der Name σαπων bey den Griechen, so wie der lateinische Name Sapo bey den Lateinern, von dem plattdeutschen Worte Sepe entstanden ist?

b) Nachdem man in spätern Zeiten das Wort Seife in einem sehr ausgedehnten Sinne gebraucht hat, hat man die Seifen überhaupt in natürliche und in künstliche; so wie die

Erstern, nach ihrer Abstammung, in animalische, in vegetabilische und in mineralische; die künstlichen hingegen, nach ihrer Zubereitung, in Talgseifen, in Oelseifen, in Wachsseifen und in Harzseifen; und nach ihrer Konsistenz, in feste und in weiche oder Schmierseifen unterschieden.

c) So zählet man zu den animalischen Seifen: 1) die Rindsgalle; 2) den gefaulten Menschenharn; 3) den Schweinekoth.

d) Zu den vegetabilischen Seifen werden gerechnet: 1) das Seifenkraut; 2) das Bohnenmehl; 3) das Mehl der Roßkastanien; 4) die Weizenkleye.

e) Zu den mineralischen Seifen werden gerechnet: 1) der Walkerthon; 2) der Talkstein.

(Joh. Beckmann's Beyträge zur Geschichte der Erfindungen. 4. Bd. 1. Heft. S. 1 ꝛc. S. F. Hermbstädt's Wissenschaft des Seifesiedens, oder chemische Grundsätze der Kunst alle Arten Seife zu fabriciren ꝛc. Berlin bey Nicolai. 1808. 8. S. 1 ꝛc. 2. Auflage. 1824. S. 15—19.)

§. 493.

Die gesammte Kunst Seife zu sieden, zerfällt: 1) in die Kenntniß der dazu erforderlichen Hülfsmaterialien; 2) die Kenntniß der dazu erforderlichen Geräthschaften; 3) die Kenntniß von der Zusammensetzung der verschiedenen im Handel vorkommenden Arten der Seife.

a) Die Hülfsmaterialien zur Seifensiederey bestehen: 1) in den Fettarten verschiedener Thiere; 2) in den zu ihrer Saponifikation erforderlichen alkalischen Substanzen: als Holzasche, Pottasche, Soda und Kalk.

b) Die Fettarten bestehen 1) in Hammeltalg oder Rindstalg ꝛc.; 2) in Wallfischthran, in Heringsthran und in Robben- oder Seehundsthran. Endlich in:

c) Die fetten Oele der Vegetabilien, als: 1) Olivenöl; 2) Hanföl; 3) Leinöl; 4) Palmöl.

d) Die Geräthe bestehen in den Laugenäschern, den Sümpfen, dem Siedekessel, den Seihefässern, den Formen rc.

Erste Abtheilung.

Die Fabrikation der weißen Seife.

(Die Weißseifensiederey.)

§. 494.

Die Weißseifensiederey zerfällt in fünf Operationen, nämlich: 1) in die Anfertigung der Seifensieder-Lauge; 2) das Sieden der Seife mit derselben, bis zum Seifenleim; 3) das Aussalzen der Seife; 4) das Gahrsieden derselben; und 5) das Formen derselben.

a) Die Seifensieder bilden ein geschenktes Handwerk. Sie erlernen dasselbe, gegen die Erlegung eines Lehrgeldes von 100 Thalern, in dem Zeitraume von 3 Jahren; außerdem müssen sie 6 Jahre lernen. Zum Meisterstück muß der Geselle einen Sud Seife sieden, die während dem Sieden eine buntfleckige Beschaffenheit annimmt.

b) Außer dem Seifesieden, beschäftigen sich die Seifensieder auch noch mit dem Lichtziehen oder Lichtgießen; obschon es auch besondere Lichtzieher giebt.

Bereitung der Seifensiederlauge.

(Feuerlauge. Abrichtelauge. Schwache Lauge.)

§. 495.

Seifensiederlauge nennt man eine aus feuerbeständigen Alkalien (z. B. Holzasche, oder auch Pottasche, oder Soda) in der Verbindung mit gebranntem Kalk und Wasser, bereitete Aetzlauge, die dazu bestimmt ist, die Fettigkeiten aufzulösen und solche in Seife umzuwandeln.

a) Um die Seifensiederlauge anzufertigen, werden z. B. 2 Wispel (48 Berl. Scheffel) gesiebte Asche, am besten von Laubholz, auf den gepflasterten Fußboden der Werkstätte geschüttet, dieselbe mit so viel Wasser besprengt, daß sie zusammenballet, mit einer Schaufel wohl unter einander gearbeitet und ein Haufen daraus gebildet. Nachdem man in den Aschenhaufen eine Vertiefung gemacht hat, werden ohngefähr 24 Metzen gebrannter Kalk in das Loch gethan und mit so viel Wasser begossen, daß er sich löschet; während dem Löschen wird er, so oft wie möglich, mit der Asche bedeckt. Zuletzt wird der gelöschte Kalk mit der Asche gut durch einander gearbeitet, und nun ist die Masse fertig, um ausgelaugt zu werden.

b) Um die Masse auszulaugen, wird solche auf den Aescher gebracht, darin festgedrückt, und nach einem Zeitraume von 24 Stunden, nachdem die Oberfläche gut geebnet, und mit etwas Stroh bedeckt worden ist, wird der Aescher so oft mit Wasser begossen, bis dieses sich nicht mehr einsaugen will. Nun wird der Hahn am Boden des Aeschers geöffnet, da dann eine scharfe alkalische Lauge aus demselben nach und nach abfließt, die in einem darunter stehenden Sumpfe gesammlet wird. Man fährt nun fort, von Zeit zu Zeit, frisches Wasser auf den Aescher nachzugießen, bis das abfließende zuletzt reines Wasser ist.

c) Der Aescher bestehet in einem aus Faßdauben, oder besser aus gegossenem Eisen, angefertigtem Geräthe, das die Gestalt eines ½ von der Spitze abgeschnittenen Kegels besitzt. An seinem Boden, nach der vordern Seite zu, ist ein Hahn oder auch bloß ein Zapfen angebracht. Inwendig trägt der Boden ein Kreuz von Holz, etwa 5 Zoll hoch, auf dem ein zweyter durchlöcherter Boden sich befindet, so daß zwischen diesem und dem wahren Boden, für das Ansammlen der Lauge, ein Zwischenraum bleibt. Der Aescher stehet gemeiniglich auf einer gemauerten Bank, oder auch auf einem besondern Gestelle. Unter dem Hahne desselben, gemeiniglich in die Erde gegraben, befindet sich ein zweytes Gefäß, ein Faß von Holz oder von Eisen, welches der Sumpf genannt wird, und zum Aufnehmen der abfließenden Lauge bestimmt ist.

d) Man gewinnt gemeiniglich drey verschiedene Sorten der Lauge, nämlich: 1) Feuerlauge oder Meisterlauge; 2) Abrichtelauge, und 3) schwache Lauge, die sich durch einen verschiedenen Gehalt an Alkali unterschieden.

e) Die Stärke der Lauge, nämlich ihre specifische Dichtigkeit, bestimmt der Seifensieder mittelst dem Laugenprober, nämlich einem nach Procenten eingerichteten Aräometer. Eine Lauge, die 18 bis 20 Procent Kaligehalt angiebt, heißt Feuerlauge oder Meisterlauge. Die, welche 8 bis 10 Procent angiebt, heißt Abrichtelauge; die, welche nur 1 bis 4 Procent angiebt, wird schwache Lauge genannt. Die letztere Lauge wird, bey der Anstellung eines neuen Aeschers, statt des bloßen Wassers, darauf gegossen.

f) Beym Mangel an brauchbarer Holzasche, wird solche mit der Hälfte oder auch mit dem dritten Theil Pottasche versetzt, die man vorher zerstampft, durch ein grobes Sieb schlägt, und mit der Asche mengt. Alles übrige wird eben so behandelt, wie beym Gebrauch der bloßen Holzasche, nur mit dem Unterschiede, daß in Hinsicht des Kalks, für jeden Gewichtstheil Pottasche, wenigstens $1\frac{1}{4}$ Theil gebrannter Kalk angewendet werden muß.

g) Als Stellvertreter der Holzasche und der Pottasche kann auch die Soda zur Fabrikation der Seife angewendet werden; sie muß jedoch vor dem Auslaugen allemal mit gleich viel Holzasche, die auch schon ausgelaugt seyn kann, vermengt werden, um das Auslaugen dadurch zu begünstigen. Auf 2 Ctr. Soda werden 3 Ctr. Asche und $1\frac{1}{2}$ Ctr. Kalk erfordert. Die Behandlung ist übrigens ganz dieselbe, wie beym Gebrauch der Pottasche.

(Hermbstädt's chemische Grundsätze der Kunst Seife zu sieden ꝛc. Berlin 1808. S. 119. 123. 125 u. 134—155. 2. Aufl. 1824. S. 148 ꝛc.)

Das Sieden der Seife.

§. 496.

Um mit der verfertigten Seifensiederlauge das Talg in Seife zu verwandeln, wird der Siedekessel mit der Feuerlauge angefüllet, das Talg hinzu gegeben, nun unter abwechselndem Umrühren und Zugießen neuer Lauge, die Masse zum Seifenleim gekocht, dieser mit Küchensalz ausgesalzet, die ausgesalzte Masse durchgeseihet, das Aussalzen zum zweytenmal verrichtet, dann die Seife gahr gesotten, die gahre Seife in die Form ausgegossen, nach dem Erstarren in Riegel zerschnitten, und dann getrocknet.

a) Man wolle z. B. 5 Ctr. Talg in Seife umwandeln, so wird der Siedekessel mit 25 Eimer (= 270 Berliner Quart) Feuerlauge, von 20 Procent nach dem Aräometer, angefüllet, das Talg hinzu gegeben, der Kessel mit beweglichen Deckeln zugedeckt, und nun die Masse, indem man sie von Zeit zu Zeit einmal umrührt, 5 Stunden lang fortwährend gelinde gekocht, und während dieser Zeit noch 15 Eimer Feuerlauge nachgetragen.

b) In diesem Zustande zeigt nun gemeiniglich die gekochte Masse eine durchsichtige gallertartige Beschaffenheit, ähnlich dem erstarrenden Leim, und wird Seifenleim genannt.

c) Wenn der Seifenleim die gehörige Konsistenz besitzen soll, so muß derselbe 1) beym fortgesetzten Feuer sich noch mehr verdichten; 2) beym Zusatz frischer Lauge nicht dünner werden; 3) von dem Spaten nicht in Tropfen, sondern als ein zusammenhängender Strahl von durchsichtiger Beschaffenheit abfließen, und beym Drehen des Spatens, sich um selbigen herum wickeln; 4) auf einen kalten Stein gegossen, zu einer dichten Gallerte erstarren.

d) Wenn nach einem 5 bis 8stündigen Kochen der Seifenleim die obigen Eigenschaften noch nicht angenommen hat, so wird, unter fortwährendem Sieden, nach und nach Abrichtelauge hinzu gegossen, bis die verlangte Konsistenz des Seifenleims gebildet ist.

e) Um das Aussalzen zu verrichten, wird der Masse des Seifenleims ohngefähr 2 Berl. Scheffel (= 120 Pfd.) Küchensalz zugesetzt (das auch vorher in Wasser gelöst seyn kann), man erhält die Masse nun, unter stetem Umrühren, im Sieden, bis man beym Herausnehmen einer Probe mit dem Spaten bemerkt, daß sie die Gestalt des gekochten Grieses angenommen hat, und sich bald eine klare Feuchtigkeit daraus absondert. Ist dieser Zustand heran gekommen, so wird die Masse noch eine Stunde lang gekocht, dann das Feuer gemildert, und, ohne die Masse umzurühren, das Sieden abermals eine Stunde lang fortgesetzt (wobey man das Uebersteigen durch zugegossene Abrichtelauge verhindert), worauf man nun das Feuer unter dem Kessel hinweg nimmt.

f) Jetzt wird nun die Masse durchgeseihet, nämlich: man gießt sie durch einen Sack von grober Leinwand, oder durch ein feines Drathsieb, um sie von den inhärirenden Unreinigkeiten zu befreyen, läßt sie in einen Seihebottich laufen, und so lange darin stehen, bis sich die Lauge von der Seife getrennt hat.

g) Um das zweyte Aussalzen zu verrichten, wird der vorher gereinigte Siedekessel mit 8 Eimer (= 58 Quart) Abrichtelauge angefüllet, die Seifenmasse im Seihebottich von der darunter stehenden Lauge befreyet, die Seife selbst mit einer Kelle in den Siedekessel geschöpft, mit der Abrichtelauge wohl unter einander gerührt, zum Sieden erhitzt, solches 4 bis 5 Stunden lang fortgesetzt, und während dieser Zeit, nach und nach, noch 44 Quart Abrichtelauge zugegeben, wobey die Seife ihre gallertartige Beschaffenheit wieder annimmt und ihre Konsistenz vermehrt wird. Nun schreitet man zum zweyten Aussalzen, nämlich: man setzt der Masse noch 60 Pfd. Küchensalz zu, und siedet sie fortwährend so lange, bis die Masse beym Herausziehen des Spatens eine feste Beschaffenheit erkennen läßt, in der Kälte leicht erstarret, eine weiße Farbe annimmt und eine klare Lauge von sich läßt. Ist die Seife recht gut ausgesalzt, so muß sie beym Herausziehen des Spatens schnell und zusammenhängend davon abfließen und eine weiße Farbe besitzen.

h) Um das Gahrsieben der zum zweytenmal ausgesalzten Seifmasse zu veranstalten, setzt man nun das Sieden derselben noch 2 bis 3 Stunden, oder überhaupt so lange fort, bis auf der Oberfläche sich große zähe glänzende Blasen bilden, und eine mit dem Spaten herausgenommene Probe der Seife sich, beym Drücken mit dem Daumen, nicht mehr daran hängt, sondern in dünne Blätter zerspringt und beym Drücken keine Feuchtigkeit von sich läßt.

i) Die Seife wird nun geformt. Man läßt zu dem Behuf das Feuer unter dem Siedekessel ausgehen, bringt die Seife in ein Faß zum Abkühlen (oder man läßt sie auch im Kessel abkühlen), ziehet alsdann die Unterlauge mittelst einem Hahn davon ab, schöpft nun die noch flüssige Seife, mittelst einer Kelle, in die Form (die Lade), nachdem man ihren durchlöcherten Boden mit Leinwand bedeckt hat, damit die noch dabey befindliche Lauge abfließen kann.

k) Um der Seife ein geflammtes Ansehen zu geben, rührt man sie in der Form mit einem eisernen Stabe, nach verschiedenen Richtungen, einigemal um, worauf sie bis zum völligen Erstarren in der Form bleibt.

l) Die Form wird nun auseinander genommen, die fertige Seife mittelst einem Lineal abgetheilt und mit dem aus Drath verfertigten Seifenschneider in Tafeln oder Riegel zerschnitten, die zum völligen Austrocknen auf einem luftigen Boden ausgesetzt werden. Hundert Pfund Talg liefern 200 Pfund frische Seife, die bis auf 130 bis 140 Pfund eintrocknet.

m) Der Siedekessel oder Seifenkessel ist von Kupfer oder auch von gegossenem Eisen. Er besitzt die Gestalt eines abgekürzten Kegels, dessen Spitze nach unten zu gerichtet ist, und hat einen flachen Boden; oben ist er mit einem breiten Rande versehen. Um das Uebersteigen der Seife beym Sieden zu verhüten, wird auf dem Rande des Kessels ein konisch geformtes bodenloses Faß befestiget, das 4 bis 5 Fuß hoch ist, und an der obern Mündung einen Durchmesser von 7 bis 8 Fuß besitzt. Es wird der Sturz genannt. Dieser Sturz ist mit dem Seifenkessel durch einen Kitt verbunden, der aus Gips und Hammerschlag verfertiget ist, mit welchem Kitt der Sturz auch inwendig so weit überzogen ist, als die Seife steigen kann.

n) Die Seifenform (die Lade) bestehet in einem viereckigen Kasten, der solchergestalt zusammengesetzt ist, daß man alle Theile desselben auseinander nehmen kann. Auf einem durchlöcherten Boden stehen nämlich 2 lange Seitenbretter und 2 schmal'e Seitenbretter, die sämmtlich, neben jedem schmalen Seitenbrette, durch Riegel oder Stirnbretter verbunden sind. Die Form kann mit einem Deckel verschlossen werden.

o) Wird die Seife, statt mit Holz- oder Pottaschenlauge, mit Sodalauge gesotten, so gebraucht man weit weniger Salz zum Aussalzen, und gewinnt eine weit festere Seife, die auch weniger eintrocknet.

(Hartwich's Handwerke und Künste ꝛc. 13. B. S. 374 ꝛc. Evempiri's wohlerfahrner Seifensieder, und Kerzen- oder Lichtzieher ꝛc., Langensalze 1759. 8. Du Hamel du Monceau, l'Art du savonnier, Paris 1774. Fol. Anweisung zum Seifensieden, Lichtziehen ꝛc. Berlin 1790. 8. Darcet, Lélievre und Pellétier Entdeckung über das Seifensieden ꝛc., Leipzig 1800. 8. J. G. Kögel's gründliche Anweisung zum Seifensieden, Quedlinburg 1800. 8. Hermbstädt's chemische Grundsätze der Kunst Seife zu sieden ꝛc. S. 155 bis 170. 2. Auflage. 1824. S. 167 ꝛc. Die Kunst des Seifensieders und Lichtziehers ꝛc. Sondershausen und Nordhausen 1822.)

Theorie der Weißseifensiederey.

§. 497.

Gehen wir auf die Ursachen und die davon abhängenden Wirkungen beym Sieden der festen Talgseife zurück, so ergiebt sich daraus Folgendes. Die gemeine Talgseife ist ein Product der chemischen Mischung aus talgsaurem und ölsaurem Natron und aus Kristallwasser. Der wirksame alkalische Bestandtheil, welcher in der Holzasche oder in der Pottasche vorhanden liegt, ist Kali. Dasselbe ist darin mit Kohlensäure verbunden, die dessen auflösende Kraft gegen die Fettigkeiten vernichtet. Der gebrannte Kalk entziehet dem Kali die Kohlensäure und macht solches ätzend: so bildet sich beym Auslaugen die Feuerlauge, die auch Meisterlauge genannt zu werden pflegt.

§. 498.

Das Aetzkali der Seifensiederlauge löset beym Kochen mit dem Talg dieses auf, hierbey wird aber das Talg in Talgsäure und Oelsäure ungewandelt, die mit dem Kali eine Kaliseife erzeugen, die immer weich und schmierig bleibt, und nie eine feste Beschaffenheit annimmt. Kommt aber das Küchensalz hinzu, dessen bildende Bestandtheile in Chlor und Natrium bestehen, so erfolgt ein Spiel der wechselseitigen Zerlegung. Das Kali giebt seinen Sauerstoff an das Natrium und wandelt solches in Natron um, verbindet sich mit der Chlorsäure im Küchensalz, und erzeugt Chlor-Kalium. Das Natron verbindet sich dagegen mit den Fettsäuren, und erzeugt Natronseife, die fest wird, und sich von der darunter befindlichen Lauge ausscheidet, die daher auch Unterlauge genannt wird.

a) Wenn daher die Seife mit Sodalauge gesotten wird, deren wirksamer Bestandtheil in Natron bestehet, so bildet sich gleich eine feste Seife. Das beym Aussalzen derselben angewandte Küchensalz wird also hier nicht zerlegt, sondern dienet bloß dazu, sich mit der Wäßrigkeit zu vereinigen, und die Seife daraus zu trennen.

b) Die Lauge, welche nach dem Aussalzen der mit Kaliätzlauge bereiteten Seife übrig bleibt, ist eine mit vielen Unreinigkeiten vermengte Lösung von Chlor-Kalium in Wasser, welche Unterlauge auch wohl Seifenmutterlauge genannt wird.

c) Man benutzt gedachte Unterlauge einestheils zum

Walken blaugefärbter Tücher, anderntheils wird solche zur Trockne versotten, und der trockene Rückstand geschmolzen. Die geschmolzene Salzmasse wird Fluß auch Seifenfluß genannt, und in den Alaun-Siedereyen gebraucht.

d) Das Einsieden der Unterlauge wird entweder von den Seifensiedern oder auch von eigenen Flußsiedern verrichtet.

e) Der Rückstand, welcher nach dem Auslaugen der mit Kalk und Holzasche oder auch mit Kalk und Pottasche, so wie mit Kalk und Soda bereiteten Seifensiederlauge, in dem Aescher zurück bleibt, wird Seifenasche genannt, und entweder an die grünen Glashütten verhandelt, oder auch als Düngungsmittel in Anwendung gesetzt.

(Hempel, über die Seife aus Soda. In H. Weber's Zeitblatt für Gewerbetreibende. 1. B. S. 414 rc.)

Zweyte Abtheilung.

Die Fabrikation der weichen Seife.

(Die Schwarz- Grün- oder Oelseifensiederey.)

§. 499.

Wenn die fetten Oele, besonders Hanföl, Leinöl und Rüböl, oder auch Thran, mit reiner ätzender Kalilauge zur Seife gekocht werden, so zeichnet dieselbe sich durch eine weiche gallertartige Beschaffenheit aus, und wird in diesem Zustande, nach ihrer Konsistenz, weiche oder Schmierseife, nach ihrer Farbe hingegen grüne, braune, oder schwarze Seife genannt; auch endlich nach der Natur der Fettigkeit, in Oelseife und in Thranseife unterschieden.

§. 500.

Die Materialien zur Zubereitung der grünen oder schwarzen Seife bestehen: 1) in den oben genannten fetten Oelen, besonders Leinöl und Hanföl, (seltener Rüböl) oder auch in Thran; 2) in aus Pottasche und Kalk bereiteter reiner ätzender Kalilauge, welche, ohne Zusatz von Küchensalz, zu Seife gesotten werden.

a) Um die Lauge zu bereiten, bedient man sich für jeden Centner guter reiner Pottasche, ein und ein Viertel Centner gebrannten Kalks. Der Kalk wird mit so viel Wasser benetzt, daß er in Pulver zerfällt, dann mit der durchgesiebten Pottasche wohl unter einander gemengt, und das Gemenge zum Auslaugen in die Aescher gebracht.

b) Das Auslaugen geschiehet eben so wie bey dem Aescher (§. 495. b.) zur weißen Seife angegeben worden ist. Man trägt übrigens dafür Sorge, daß überhaupt zwey Arten der Lauge, nämlich Feuerlauge und schwache Lauge von gegebenem Gehalt gewonnen werden: und zwar eine Feuerlauge von 20 Procent, und eine schwache Lauge von 10 Procent Kaligehalt.

c) Um das Sieden der weichen Seife zu veranstalten, bringt man das dazu bestimmte Oel, bestehend aus einem Gemenge von zwey Drittheilen Leinöl (oder auch Rüböl) und einem Drittheil Hanföl, in den Siedekessel, setzt eine gehörige Portion der schwachen Lauge hinzu, rührt alles mit einem Rührscheid recht wohl unter einander, und fängt nun, unter stetem Umrühren des Gemenges, das Kochen desselben an.

d) Wenn man wahrnimmt, daß die öligen Theile mit der Lauge sich verbunden haben, und die Masse zu steigen beginnt, so setzt man nach und nach die Feuerlauge hinzu.

e) Anfangs nimmt das Ganze die Beschaffenheit einer milchartigen Flüssigkeit an, wenn sie aber zu steigen beginnt, und mehr Lauge bekommt, so wird sie bräunlich.

f) Während dem Sieden muß man Acht haben, daß die Masse stets den gehörigen Grad der Flüssigkeit behält, und nie zu dick wird. Die rechte Dichtigkeit besitzt sie, wenn sie sich in breiten Streifen von dem Spaten absondert. Hat die Masse eine zu große Dichtigkeit angenommen, so muß das Feuer vermindert und mehr Lauge zugegossen werden, bis die vorige Konsistenz wieder hervor gekommen ist.

g) Wenn bey der so fortgesetzten Arbeit die Masse im Kessel nicht mehr schäumet, und eine herausgenommene Probe, auf Glas gegossen, durchsichtig erscheint, blendend weiße Strahlen von sich wirft, und sich vom Glase gut löset, so sagt man: die Seife ist klar.

h) Wenn jene Kennzeichen sich anfangen (welches nach einem Zeitraum von 8 Stunden der Fall zu seyn pflegt), so wird nun keine Lauge weiter zugesetzt, dagegen das Feuer verstärkt, man läßt die Seife heran kommen, verhütet aber das Uebersteigen derselben, indem man dieselbe mit dem Rührscheibe peitschet.

i) Die Seife fällt, nachdem sie 6 — 8 Minuten gestiegen und das Feuer vermindert worden ist, wieder nieder. Sie scheint jetzt gahr zu seyn; sie hält aber noch eine kleine Masse Wäßrigkeit bey sich, von der sie, durch das Abdunsten, getrennt werden muß. Man setzt daher das Sieden sehr gelinde fort, bis eine heraus genommene Probe nach dem Erkalten die Beschaffenheit einer guten weichen Seife angenommen hat.

k) Man läßt nun das Feuer erlöschen und die Seife bis zum andern Morgen im Kessel stehen, worauf sie bunt gemacht, abgewogen, in Tonnen oder Vierteltonnen gefüllet und in den Keller gebracht wird.

l) Das Buntmachen der weichen Seife verrichtet man auf eine verschiedene Weise. Einige setzen derselben kleine Würfel von weißer Seife zu, andere Würfel von Talg, noch andere Stärkekleister, mit welchen Theilen sie unter einander gerührt wird, bis weiße Punkte oder Strahlen darin entstehen. Billig sollten diese nur allein durch weiße Seife gebildet werden.

m) Um die weiche Seife bunt zu machen, d. i. ihr Korn zu geben, bedient man sich jetzt, in neuern Schwarzseifensiedereyen, gleich beym Anfange, eines Zusatzes von Hammeltalg, welches den achten Theil, des in Anwendung gesetzten Oels beträgt.

*) Eine gut bereitete weiche Seife muß sich durch folgende Eigenschaften auszeichnen: sie muß 1) klar und durchscheinend seyn, kein blindes Ansehen besitzen, sich, ohne Wäßrigkeit zu hinterlassen, vom Probeglase trennen, einen milden, keinesweges scharfen Geschmack besitzen; und weiße Punkte (das Korn genannt) wahrnehmen lassen.

(S. F. Hermbstädt's chemische Grundsätze der Kunst Seife zu sieden. 2. Auflage. Berlin 1824. S. 194 ꝛc. C. A. Tancre, Handbuch der Schwarzseifensiederey ꝛc. Mit einer Vorrede von Hermbstädt. Berlin 1830. 8. S...in, Bereitung der weichen Seife ꝛc. Im Magazin der neuesten Erfindungen. Neue Folge 2. B 2. St. Leipzig 1822. Bl. 25 ꝛc. Beschreibung einer brabandtschen Fabrik von weicher oder grüner Seife. In Hermbstädt's Bülletin des Neuesten und Wissenswürdigsten ꝛc. 6. B. S. 371 ꝛc.)

Dritte Abtheilung.

Fabrikation der französischen und venetianischen Oel-Seife.

§. 501.

Die französische, marseiller oder venetianische Oelseife, welche außer ihrer Anwendung als Gegenstand der Arzneikunst, so wie zum Waschen der Hände, zu Fußbädern ꝛc., ganz vorzüglich zum Entschälen oder Degummiren der Seide (§. 255.) gebraucht wird, fabricirt man in Frankreich und in Italien, aus Olivenöl und ätzender Natronlauge. Sie gehört daher zu den festen Seifen. Man unterscheidet davon zweyerley Arten: die weiße und die marmorirte; wovon die letztere nur allein zum Waschen und zum Baden angewendet wird.

Fabrikation der weißen und der marmorirten festen Baumölseife.

§. 502.

Die Fabrikation der oben gedachten Arten der Baumölseife wird auf eine ziemlich gleichförmige Weise veranstaltet. Die dazu erforderlichen Operationen zerfallen: 1) in die Anfertigung der ätzenden Soda oder Natronlauge; 2) das Sieden der Seife mit derselben; 3) das Aussalzen der Seife, und 4) das Formen und Trocknen derselben.

a) Die Anfertigung der ätzenden Soda oder Natronlauge wird eben so aus Soda oder auch aus reinem Natron und Kalk angefertiget, wie bey der ätzenden Kalilauge zur weichen Seife (§. 495.) gelehrt worden ist. Man bedient sich auch dabey zweyerley Arten der Lauge, nämlich starker oder Feuerlauge, und schwacher oder Abrichtelauge; die erstere von 12 Procent, und die letztere von 4 bis 5 Procent Natrongehalt.

b) Um die Seife zu sieden, füllet man circa 200 Pfd. schwache Lauge in den Siedekessel, setzt 100 Pfd. Olivenöl hinzu, rührt alles bis zu einem milchartigen Magma untereinander, und erhitzt nun, unter stetem Umrühren, die Flüssigkeit zum Sieden, wobey, so wie die Flüssigkeit allmälig verdunstet, nach und nach starke oder Feuerlauge zugesetzt wird.

c) Wenn die siedende Masse, nach dem Zeitraume von 4 bis 5 Stunden, anfängt die Beschaffenheit des Leims anzunehmen, so fährt man mit dem Zusatz der Feuerlauge so lange fort, bis die Seife immer konsistenter wird und sich von der Lauge zu sondern strebt. In diesem Zustande setzt man der Flüssigkeit eine geringe Portion Küchensalz zu, um die Seife aus der Lauge vollkommen zu trennen, und unterhält das Sieden noch ein paar Stunden ruhig fort, worauf das ganze Fluidum durchgeseihet wird.

d) Nachdem der Kessel gereinigt worden, giebt man etwa 100 Pfund Abrichtelauge hinein, ziehet die Unterlauge von der Seifenmasse ab, bringt die Seife zur Abrichtelauge in den Kessel, und setzt nun das Sieden abermals so lange fort, bis die Seife die Gahre erreicht hat. Man erkennt dieses, wenn eine Portion der aus dem Kessel genommenen Seife, die man auf einen glatten Stein bringt, schnell erhärtet, und beym Druck mit den Fingern, nicht daran haftet.

e) Man setzt nun das Sieden der Seife noch so lange fort, bis große durchsichtige Blasen sich darin bilden, worauf sie von der Unterlauge abgezogen, in die Form gegossen, darin bis zur Gleichförmigkeit herum gerührt, und nach dem völligen Erstarren, in vollkommene Quadrate oder auch in vierseitige Säulen oder Riegel zerschnitten wird, die man an der Luft austrocknen läßt.

f) Soll die Seife bunt, nämlich marmorirt, erscheinen, so ertheilt man ihr diese Beschaffenheit dadurch, daß eine Portion derselben in Abrichtelauge aufgelöset, die Auflösung mit aufgelöstem Eisenvitriol versetzt, damit unter einander gerührt, und nun diese gefärbte Seife mit der übrigen so durchgearbeitet wird, daß eine marmorirte Masse daraus entstehet. Das Formen, das Schneiden und das Trocknen der marmorirten Seife, wird eben so veranstaltet als bey der weißen.

(Hermbstädt's chemische Grundsätze die Kunst Seife zu sieden. 2. Auflage. Berlin 1824. S. 183 ꝛc.)

§. 503.

Außer den oben genannten drey Hauptarten der Seife, kann man noch an festen Seifenarten unterscheiden: 1) die medizinische Seife; 2) die Mandelölseife; 3) die Mohnölseife; 4) die Nußölseife; 5) die Buchekkerölseife; 6) die Hanfölseife; 7) die Leinölseife; 8) die Rübölseife; 9) die Kohlsaatölseife;

10) die Seife aus Schweineschmalz; 11) die Büttenseife; 12) die Seife aus Thran; 13) die Wachsseife; 14) die Kakaoseife; 15) die Wollseife; 16) die Harzseife; 17) die Seife aus Fischen.

a) Die medizinische Seife (Sapo medicatus) wird aus 2 Gewichtstheilen Oliven- oder Provenceröl und 1 Theil reiner ätzender Natronlauge von 25 Procent Natrongehalt, durchs bloße Zusammenreiben in der Kälte, bereitet. Sie erscheint sehr weiß von Farbe, hart und spröde, und von einem milden mandelartigen Geschmack.

b) Die Mandelölseife wird auf eine gleiche Weise zubereitet, nur daß man statt des Olivenöls das Mandelöl in Anwendung setzt. Man kann sie aber auch durch das Kochen, nach Art der weißen Marseiller Seife (§. 502. b.) verfertigen.

c) Eine gleiche Verfahrungsart beobachtet man auch bey der Zubereitung der übrigen (3 bis 12) genannten Seifenarten.

d) Die Wachsseife, welche auch punisches, enkaustisches, calauisches und eleoborisches Wachs genannt und als Gegenstand der Wachsmalerey angewendet wird, wird aus reinem talg- und harzfreyen weißen Wachs, mit Natronätzlauge, durch Hülfe des Kochens bereitet; und eben so auch die Kakaoseife, aus Kakaobutter und Natronätzlauge.

e) Die Wollseife, deren Zubereitung Chaptal zuerst gelehrt hat, bereitet man, indem Scheerwolle (§. 137. b.) mit ätzender Kali- oder Natronlauge so lange gekocht wird, bis die Lauge keine Wolle mehr auflösen will, worauf man die Auflösung zur Mußkonsistenz eindickt. Sie kann höchstens zum Walken ganz schlechter Zeuge angewendet werden.

f) Auf eine gleiche Weise wird aus Aetzlauge und Pech, oder auch aus Aetzlauge mit Pech und Talg, zu gleichen Theilen angewendet, durchs Kochen eine Harzseife verfertiget.

g) Die Fischseife lehrt Robert Jameson zu Leith in Schottland, aus Heringen, mit einem Zusatz von Talg und Harz, durch das Kochen mit Aetzlauge, verfertigen.

(Darcet, Lélievre und Pelletier neueste Entdeckung über das Seifesieden ꝛc. Leipzig 1800. 2. Aufl 1804. Hermbstädt's chemische Grundsätze der Kunst Seife zu sieden ꝛc. Berlin 1824. S. 238—253.)

Wohlriechende Seifen.

§. 504.

Außerdem kommen im Handel noch verschiedene wohlriechende Seifen vor, wozu auch die Seifenkugeln, die Seifenessenzen ꝛc. gehören, bey denen immer eine gute reine Talg- oder auch Baumölseife die Grundlage ausmacht, die darin mit mehr oder weniger andern Materien, besonders wohlriechenden Oelen verbunden ist, wie z. B. Mandelseife, Schaumseife. Savonettes du Serail; Savonettes à la Franchipane etc., die von den Parfümeurs zubereitet werden.

(Hermbstädt's chem. Grundsätze der Kunst Seife zu sieden. 2. Aufl. 1824. S. 264 — 279. Verfahren um durchscheinende Seife zu verfertigen. In dem Archiv de découvertes et Inventions nouvelles etc., und im Repertory of Patent Inventions. No. 2. August 1825. pag. 108. auch Dingler's polytechn. Journal. 17. B. 1825. S. 504 ꝛc.)

Zwanzigster Abschnitt.

Das Weißbleichen des Wachses.

(Die Wachsbleicherey.)

§. 505.

Die Wachsbleicherey beschäftiget sich damit, die natürliche gelbe Farbe des Wachses durch Einwirkung der Luft, der Feuchtigkeit und der Sonne zu zerstöhren, solches in einem möglichst blendend = weißen Zustande darzustellen, und so seinen Gebrauch zu mannigfachem Behuf, wie z. B. den Wachsmasken, Altarkerzen, der Wachsabdrücke, den Figuren und den Wachslichten zu begünstigen.

a) Wachs (Cera) nennt man eine ganz eigene Substanz, die bey aller Aehnlichkeit mit einigen andern Materien, doch mit keiner ganz verwechselt werden darf.

b) Man unterscheidet Bienenwachs und Pflanzenwachs. Das Bienenwachs, von welchem hier ganz besonders die Rede ist, ist ein Erzeugniß der Honigbienen, das sie aus dem ihnen zur Nahrung dienenden Zuckerstoff der Vegetabilien produciren; keinesweges ein Produkt aus dem Blumenstaub der Vegetabilien, wie man früher geglaubt hat.

c) Das Pflanzenwachs ist eine natürliche Aussonderung, die man besonders an den Fruchtbeeren des nordamerikanischen Wachsbaums (Myrica cerifera), so wie denen des afrikanischen Wachsbaums (Myrica cordifolia) vorfindet, denen es zur äußern Hülle dienet, und durchs Auskochen mit Wasser davon getrennt wird.

d) Das Bienenwachs und das Pflanzenwachs kommen indessen in ihren Haupteigenschaften fast ganz mit einander überein, nur daß das Pflanzenwachs mehr spröde ist und mit einer reinen bläulichen Flamme brennt, die einen balsamischen Geruch verbreitet.

e) Beyde Arten des Wachses haben darin mit dem Talg, so wie mit den Harzen viel Aehnlichkeit, daß sie sich durch die ätzenden Alkalien auflösen und in Seifen verwandeln lassen.

f) Durch die Extraktion mit Alkohol läßt sich das Wachs in zwey verschiedene Stoffe zergliedern, nämlich in Cerin und in Myricin.

(Hermbstädt, über den Unterschied zwischen Bienenwachs und Pflanzenwachs: in dessen Archiv der Agrikulturchemie rc. 2. B. S. 223. Remer, über das afrikanische und das nordamerikanische Pflanzenwachs. Im Königsberger Archiv für Naturwissenschaft und Mathematik rc. 2. Jahrgang. 2. St. 1811. S. 173; desgleichen in Hermbstädt's Bületin rc. 2. B. S. 117 rc. Ueber die Fabrikation der Wachs-Masken. In der allgemeinen Handelszeitung. August 1820. 168. St. S. 673 rc.)

§. 506.

Das Weißbleichen des Wachses hat zum Zweck, ihm seine natürliche gelbe Farbe zu entziehen und eine weißere an deren Stelle zu setzen. Die natürliche Farbe des Wachses ist ohnstreitig eine Folge der färbenden Theile des Zuckerstoffes aus den Nektarien der Blumen, welchen die Bienen genießen, und das Wachs und Honig daraus erzeugen. Um die Farbe zu zerstöhren, ist es daher nothwendig, die Einwirkung der Luft, des Wassers und des Sonnenlichts auf das Wachs zu begünstigen, um durch den Sauerstoff des Dunstkreises eine allmählig erfolgende Verbrennung der farbigen Theile zu veranstalten, und die dem Wachs von Natur zukommende weiße Farbe herzustellen.

a) Das geschickteste Wachs, um gebleicht zu werden, ist dasjenige, welches nicht verfälscht, nicht fettig, nicht schmierig, beym Ausschmelzen nicht angebrannt ist, und sich durch eine schöne eiergelbe Farbe auszeichnet.

§. 507.

Die beym Bleichen des Wachses vorkommenden Operationen bestehen: 1) im ersten Bändern; 2) im Aussetzen des gebänderten Wachses auf den Bleichplan; 3) im zweyten Bändern desselben; 4) im zweyten Bleichen, und 5) im Formen desselben.

a) Jenes ist das gewöhnliche Verfahren zum Bleichen des Wachses. Einige andere Vorschläge, von denen weiterhin geredet werden soll, nämlich das Bleichen des Wachses mit Chlor, so wie mit Wasser, das in kochendes Wachs gegossen wird, sind noch nicht in praktische Ausführung gesetzt worden.

Das Bändern des Wachses.

§. 508.

Das Bändern des Wachses wird veranstaltet, um selbiges in möglichst dünne Scheiben oder Bänder auszudehnen, seine Oberfläche dadurch zu vergrößern, und die Einwirkung des Sauerstoffs auf seine innersten Massentheile zu begünstigen.

a) Das Bändern oder Körnen des Wachses wird mit der Körn- oder Bändermaschine veranstaltet. Diese Maschine bestehet in einem 16 bis 20 Fuß langen, 4 bis 5 Fuß breiten und 4 Fuß hohen Troge. In demselben befindet sich eine hölzerne Walze von 6 Zoll Durchmesser, die an der Achse mit einer Kurbel bewegt werden kann. Unmittelbar über der Walze, in einem kleinen Abstande von derselben, auf einem Lager des Troges, ruhet ein Kasten von verzinnetem Eisenblech oder Kupfer, von der Gestalt eines dreyseitigen Prisma, welcher bloß an der einen Seitenfläche offen ist. Dieser Kasten stehet mit einer Kante über der Walze, und neben der Kante befinden sich auf beyden Seiten eine Reihe Löcher, wie in einem Durchschlage, angebracht. In jenem dreykantigen Kasten stehet wieder ein vierkantiger von verzinntem Blech, dessen Boden abermals durchlöchert ist. In diesem letztern Kasten stehet endlich ein verzinntes Blech, das nach der gedachten Wanne schräg zu gerichtet ist, und dazu dienet zu verhindern, daß, wenn das schmelzende Wachs aus der Wanne in jene beyden Kasten abgezapft wird, solches vorbey fließen kann.

b) Um das Bändern des Wachses zu veranstalten, wird dasselbe in einem zinnernen oder stark verzinnten eisernen Kessel, dessen unterer Raum mit Wasser ausgefüllet ist, geschmolzen, und wenn solches hinreichend flüssig ist, wird dasselbe nebst der Wäßrigkeit, mittelst eines am Kessel befindlichen Hahns, in eine in der Nähe stehende Wanne abgezapft, die auf zweyen Seiten mit Hähnen versehen ist. In jener Wanne bleibt das geschmolzene Wachs etwa 2 Stunden lang stehen, und wird, damit selbiges nicht zu früh erstarret, sondern die damit gemengte Unreinigkeiten sich zu Boden setzen können, mit einer dicken Decke zugedeckt. Das Wasser, mit welchem das Wachs geschmolzen worden war, sinkt nun in der Wanne zu Boden und nimmt die Unreinigkeiten des letztern mit sich.

c) Um nun das Wachs zu bändern, wird mittelst dem niedrig stehenden Hahn so viel Wasser aus der Wanne unter dem Wachs abgezapft, bis das Wasser nur noch über dem obern Hahn stehet, damit, wenn der vordere Zapfen geöffnet wird, gleich Wachs zum Vorschein komme. Der Trog wird nun durch eine Pumpe, die außerhalb des Schmelzhauses ist, neben dem Troge, der deshalb mit der Wanne und dem Kessel dicht an der Mauer stehet, mit reinem Wasser angefüllet, und durch einen Hahn am Boden des Troges kann nun bey dem Bändern des Wachses das Wasser, welches durch das zufließende Wachs erwärmt wird, beständig abgezapft werden. Nun werden nur noch die beyden Kasten erwärmt, damit das zufließende Wachs darinnen nicht erkalte. Alsdann wird der Zapfen, mehr oder weniger, nachdem das Wachs stark fließen soll, mit einem Stabe nach dem Innern der Wanne zurück gestoßen, und nun fließt solches in die beyden Kasten, und in den Löchern des dreykantigen Kastens bildet es sich zu langen Streifen.

d) Jene Streifen fallen jetzt auf die oben gedachte Walze, und während diese durch einen Arbeiter umgedrehet wird und nur halb im Wasser liegt, so werden die Wachsstreifen auf der Walze platt gedrückt, sie nehmen eine Bandform an. Die gebildeten Bänder wickeln sich oben wieder von der ersten Walze ab und schwimmen nach dem andern Ende des Troges, wo sie durch eine Harke hinweg genommen und in Körbe gelegt werden.

(Sprengel's Handwerke in Tabellen, XIII. Theil. S. 401 rc. Taf. XII. Fig. 1. Schauplatz der Künste und Manufakturen, 2. B. Taf. I. Fig. 9.)

Das Bleichen des Wachses.

§. 509.

Um das gebänderte Wachs zu bleichen, wird selbiges nun auf die dazu bestimmten Bleichplane (Tafeln oder Carrés) gebracht, von Zeit zu Zeit umgewendet, oft mit Wasser begossen, und bey stürmischer Witterung mit Leinwand zugedeckt.

a) Der Bleichplan oder das Carré bestehet in einem Gerüste, auf welchem das Wachs gebleicht wird. Man denke sich einen Rahmen von mäßig dicken Brettern, etwa 100 Fuß lang, aber nicht über 8 Fuß breit, der auf 3 bis 4 Fuß hohen Pfählen horizontal befestiget ist. Man denke sich ferner mehrere solcher Gerüste neben einander, so daß zwischen zweyen und zweyen allemal ein schmaler Gang bleibt.

b) Jedes Carré hat wieder verschiedene Abtheilungen, die durch Querbalken, 6 bis 10 Fuß von einander abstehend, gebildet sind. In jeder solcher Abtheilung wird ein Plan (ein Stück Leinwand) ausgespannet, das so groß als der innere Raum einer Abtheilung ist, und um den ganzen Umfang des Plans herum, ist ein 4 bis 6 Zoll hoher Kranz von Leinwand befindlich, den man aufrichtet und an dem Rahmen befestiget, damit die Wachsbänder nicht leicht vom Winde weggeführt werden können.

c) An der einen Seite der Rahmstücke jeder Abtheilung sind, etwa in einem Abstande von 1 bis 2 Zoll, kleine eiserne Häkchen, wie am Rahmen der Tuchscherer, angebracht, in welche die Plane an ihrem ganzen Umfange eingehakt und in der Abtheilung des Carrés befestiget werden.

d) Auf der obern Seite der Rahmstücke einer jeden Abtheilung befinden sich rund umher, in dem Abstande von einigen Fußen, eingebohrte Löcher. In jedes Loch steckt man einen Kranzstock, an welchem gleichfalls ein eisernes Häkchen befestigt ist. Diese Häkchen der sämmtlichen Kranzstöcke sind dazu bestimmt, den Kranz darin aufzurichten und einzuhaken.

e) In einigen Wachsbleichen sind die Gerüste, unter dem Plan von Leinwand, mit Horden von geflochtenem spanischen Rohr überzogen, auch sind die Plane mit einem geflochtenen Netz von solchem Rohr bedeckt.

f) In Frankreich bedient man sich aus Steinen aufgemauerter Bänke oder Plane, welche treppenförmig angelegt sind. Jede Bank ist 9 Fuß breit, nach vorn zu etwas geneigt und am inwendigen Rande mit einem kleinen unterirdischen Kanal versehen, durch den das Wasser, welches über das Wachs verbreitet wird, abläuft. Um die Bänder gegen den Wind zu schützen, wird das bleichende Wachs mit Netzen bedeckt. Jene gemauerten Bänke sind gewöhnlich 60 Fuß lang, 7 bis 9 Fuß breit und $2\frac{1}{2}$ Fuß hoch. Oben sind sie mit einem 4 Zoll hohen Rande versehen, damit das Wachs nicht herunter fallen kann. Nach der einen Seite zu sind sie etwas abhängig, damit das Regenwasser durch die an den Seiten angebrachten Löcher gleich abfließen kann. Die steinernen Bänke sind mit Leinwand bedeckt, auf der das zu bleichende Wachs ruhet.

g) Das auf dem Bleichplan ausgelegte Wachs wird an sehr heißen Tagen nur dann mit Wasser begossen, wenn man fürchten muß, daß solches außerdem schmelzen würde.

h) Weil das gebänderte Wachs eigentlich nur auf derjenigen

Seite bleicht, welche nach oben zu gerichtet ist, so müssen die Bänder öfters umgewendet werden.

i) Das erste Bleichen des Wachses erfolgt gemeiniglich in einem Zeitraume von 4 bis 6 Wochen. Hierauf wird das einmal gebleichte Wachs einige Wochen lang in den Magazinen aufbewahrt, dann wieder geschmolzen, gebändert, und zum zweytenmal gebleicht, bis es durchaus ganz weiß gebleicht ist.

§. 510.

Das fertig gebleichte Wachs heißt nun weißes Wachs. Dasselbe wird hierauf vorsichtig geschmolzen, in wenig benetzten hölzernen Kasten, oder auch in halbkugelige oder scheibenartige Formen ausgegossen, nach dem Erkalten in blaues Papier eingepackt und zum Gebrauch aufbewahrt, oder so in den Handel gebracht.

a) Das im Handel vorkommende weiße Wachs ist gemeiniglich mit mehr oder weniger Talg auch wohl Terpenthin versetzt, welches besonders bey den Wachslichten der Fall zu seyn pflegt: eine Verfälschung, die solches zur Fabrikation der Masken, der Wachsfiguren rc. unbrauchbar macht.

b) Die Kunst das Wachs zu bleichen, war schon den Phöniciern und den alten Griechen bekannt. Ohnstreitig ward sie von den Venetianern zuerst nach Europa gebracht, daher sie gewöhnlich als ihre Erfindung angesehen wird. Plinius nennt das gebleichte Wachs Ceram punicam.

c) Zu der Zeit des Dioscorides zertheilte man das Wachs dadurch, daß man den Boden eines Topfes erst in kaltes Wasser, hierauf aber in das gereinigte geschmolzene Wachs eintauchte, und mit dieser Arbeit so lange fortfuhr, bis alles Wachs in dünne Scheiben umgewandelt war. Noch im vorigen Säcula bediente man sich dieser Methode, nur daß man statt des Topfes eine Kugel oder einen Teller dazu gebrauchte. Die erhaltenen Scheiben wurden dann aufgereihet, der Sonne ausgehängt und oft mit Wasser begossen.

d) Plinius gedenkt schon der frühmen zum Bleichen des Wachses. Die jetzt allgemein bekannte Körn- oder Bänder-maschine, ist dagegen eine ganz neue Erfindung.

(Joh Beckmann's Anleitung zur Technologie ꝛc. 6. Aufl. Göttingen 1809. S. 272 ꝛc. Beckmanni Experimenta ceram de albandi: in den Nov. Comment. Soc. Götting. Tom. V. pag. 91 etc. Bequeme Art Wachs zu bleichen. In den Berliner Sammlungen, 7. Bd. S. 44 ꝛc. Von der Wachsbleicherey. In den neuen gesellschaftlichen Erzählungen, 1. Th. S. 209 u. S. 225.)

§. 511.

Außer der früher beschriebenen Methode das Wachs zu bleichen, sind in neuern Zeiten mancherley andere Vorschläge zu dem Behuf gemacht worden, von denen aber noch kein einziger in praktische Ausübung gesetzt worden ist. Dahin gehört 1) das Bleichen des Wachses mittelst Chlor (der sogenannten oxydirten Salzsäure); 2) das Bleichen desselben mittelst des in Dampf ausgedehnten Wassers.

a) Um das Bleichen des Wachses mit dem Chlor oder der oxydirten Salzsäure zu veranstalten, wird selbiges, wie gewöhnlich, geschmolzen, gereinigt und gebändert, dann aber das gebänderte Wachs in mit Chlorgas gesättigtes Wasser so lange eingelegt, bis solches weiß geworden ist; hierauf wird dasselbe aufs neue geschmolzen, gebändert und gebleicht, bis die verlangte Weiße hervor gekommen ist.

b) Das Chlorwasser bereitet man zu dem Behuf aus einem Gemenge von 4 Pfund Küchensalz, 2½ Pfund Braunstein, 3 Pfund koncentrirter Schwefelsäure (Vitriol) und 4 Pfund Wasser, das aus einer pneumatisch-chemischen Geräthschaft übergehende Chlorgas, wird mit 200 Quart Wasser absorbirt.

c) Nach einer andern Angabe soll das Bleichen des Wachses mittelst Chlor sehr gut erfolgen, wenn das Wachs in einem bleyernen Kessel geschmolzen und hierauf mit seinem gleichen Gewicht einer Lösung von 1 Theil Chlorkalk in 8 Theilen Wasser in Wechselwirkung gesetzt wird, nachdem man für jedes Pfund Wachs berechnet, 1 bis 2 Loth Schwefelsäure zugegeben hat. Die Wirkung kann durch Wärme unterstützt werden. Wenn das Wachs gebleicht ist, wird solches mit Wasser gewaschen, dann geformt.

d) Die Kunst, das Wachs mit Wasserdunst zu bleichen, ist von dem französischen Chemiker Paysse angegeben worden. Man schmelzt zu dem Behuf z. B. 10 Pfund gelbes Wachs in einer geräumigen Pfanne von verzinnetem Eisenblech, erhitzt das Wachs bis zum anfangenden Verdunsten, und setzt ihm dann sein doppeltes Gewicht siedendheißes Wasser zu. Ist die Vermengung unter Prasseln und Aufwallen erfolgt, so erhält man das Ganze einige Stunden lang im Sieden, rührt alles ununterbrochen um, und läßt dann die Masse erkalten. Jene Operation muß mit demselben Wachs zu wiederholten malen veranstaltet werden, bis selbiges völlig weiß geworden ist.

(Neueste Methode das Wachs zu bleichen. In Hermbstädt's Bülletin des Neuesten ꝛc. 2. B. S. 281 ꝛc. Repertory of Patent inventions etc. Nov. 1826. S. Strating über die Bereitung, die Verbindung und die Anwendung des Chlors ꝛc. Ilmenau 1829. S. 338. §. 8. Dingler's polytechn. Journal ꝛc. 23. B. S. 523, und 24. B. S. 279 ꝛc.)

Einundzwanzigster Abschnitt.

Die Fabrikation der Wachs- und Talglichte.

(Die Lichtgießerey. Die Lichtzieherey.)

§. 512.

Die Kunst Lichte zu verfertigen, zerfällt in zwey Hauptabtheilungen, nämlich: 1) in die Fabrikation der Wachslichte, und 2) in die der Talglichte. Sie machen beyde keine eigene zünftige Gewerbe aus, sondern die Fabrikation der Wachslichte wird mit der Wachsbleicherey, und die der Talglichte mit der Seifensiederey verbunden; obgleich die letztere auch von einigen Handwerkern, die sich Lichtzieher nennen, besonders betrieben wird.

Erste Abtheilung.

Fabrikation der Wachslichte.

(Die Wachslichtgießerey.)

§. 513.

Die Fabrikation der Wachslichte oder Wachskerzen, denen sich die Verfertigung der Altarkerzen, so wie die des Wachsstockes und der Wachsfackeln anschließt, zerfällt in drey verschiedene Operationen, nämlich: 1) die Anfertigung der dazu bestimmten Dochte; 2) das Gießen der Wachslichte, und 3) das Zurichten derselben.

Die Anfertigung der Dochte.

§. 514.

Die Dochte, Dachte oder Tochte zu den Wachslichtern, werden aus reinem durchaus gleichartig gesponnenen, nicht knotigen Baumwollengarn verfertiget, auf dem Dochtschneider zugeschnitten, und vor dem Begießen, in glühender Asche wohl ausgetrocknet.

a) Der Dochtschneider bestehet in einer aus zwey Theilen zusammengesetzten starken Tafel von Holz. Zwischen beyden

Theilen ist, in Gestalt einer Fuge, eine Oeffnung befindlich, in der ein starker viereckiger hölzerner Zapfen liegt, der in dem ganzen Raume der Fuge, so wie der Stock in einer Drechselbank, verschoben werden, und den man, mittelst einer unter der Tafel angebrachten Schraube, da wo man will, befestigen kann. An dem einen Ende befindet sich ein beweglicher Theil an der Fuge über der Tafel angebracht. Diesen schiebt man, mit Hülfe einer an der Seite der Tafel befindlichen Schraube, an einem willkührlichen Orte fest. Am Ende der Tafel, oder des beweglichen Theils, stehet eine dünne eiserne Stange, und auf der andern, eine senkrecht angebrachte Messerklinge, welche beweglich ist. Die Entfernung der festen Stange und der beweglichen Messerklinge, bestimmt die Länge der Dochte, so daß man, wenn Dochte von 1, 2, 4 und 6 Fuß gemacht werden sollen, die Entfernung der festen Stange und der beweglichen Messerklinge danach einrichtet, und letztere durch Hülfe der Schraube befestiget. Das Anfertigen der Dochte selbst geschiehet eben so, wie weiter hin (bey den Talglichten) gelehrt werden soll.

(Schauplatz der Künste und Handwerke ꝛc. 2. Th. Taf. V. und Taf. VI. Fig. 1. ꝛc.)

Das Gießen der Wachslichte.

§. 515.

Das Gießen der Wachslichte zerfällt in den Vorguß und den Nachguß. Um solches zu veranstalten, wird das Wachs in dem dazu bestimmten Kessel, mit einem kleinen Zusatze von Terpenthin oder auch weißem Talg, geschmolzen, darin eine halbe Stunde ruhig stehen gelassen, damit die unreinen Theile sich zu Boden senken; und nun werden die an der Scheibe im Wagebalken aufgehangenen Dochte, mit dem geschmolzenen Wachs begossen, und während dem Gießen die Scheibe immer langsam umgewendet, worauf die gegoßnen Lichte getrödelt werden. Zuletzt werden sie nochmals getrödelt, gerollet und gebleicht.

a) Um das Wachs zu schmelzen, bedient man sich eines Kessels, der entweder ganz von Zinn oder von stark verzinntem Eisenblech, und so eingemauert ist, daß man ein gelindes Kohlenfeuer darunter unterhalten kann. Um den Rand des Kessels ist eine ziemlich breite Vertäfelung von Holz herumgeführt, auf welche das beym Gießen abtröpfelnde Wachs fallen kann.

b) Der Wagebalken bestehet in einem gewöhnlichen Wagebalken, welcher am Boden der Werkstätte, über der Schmelzpfanne des Werktisches stehet, und mittelst einer Kette auf und nieder gezogen werden kann, je nachdem die Länge der Lichter solches erfordert. Um den Wagebalken bequem drehen zu können, ist er mit einem Wirbel an der Kette befestiget.

c) An jeder Spitze des Wagebalkens hängt eine eiserne Stange senkrecht hinab, die gleichfalls mittelst eines Wirbels befestigt ist, damit man sie an dem Wagebalken umdrehen kann. Jede dieser Stangen trägt, mittelst vier eiserner Biegel, eine starke hölzerne Scheibe, die zugleich mit ihrer eisernen Stange umgedrehet werden kann. Jede solche Scheibe ist 3 bis 4 Zoll dick und hat 3 Fuß im Durchmesser. Um die ganze Stirn der Scheibe herum sind eiserne Nägel eingeschlagen, so daß sie etwas hervorragen und anderthalb Zoll von einander entfernt stehen. Wenn man den Wagebalken dergestalt hin drehet, daß eine Scheibe über dem Kessel schwebt, so deckt die halbe Scheibe die Hälfte des Kessels. Neben dem Kessel stehet eine senkrechte eiserne Stange, welche am obersten Ende eine starke Gabel trägt, zwischen deren Zinken man eine oder die andere Spitze des Wagebalkens schiebt, und so den Wagebalken mit der Scheibe befestiget, die man beym Gießen der Wachslichte über dem Kessel gedrehet hat. Die Befestigung des Wagebalkens geschiehet mit einer Schraube oder mit einem Zapfen in der Gabel.

d) Um das Gießen der Lichte zu veranstalten, wird auf jeden Nagel der Scheibe ein Lichtbocht aufgehängt, und nun dem Wagebalken, mittelst der daran befindlichen Kette. ein solcher Abstand vom Kessel gegeben, daß die untersten Enden der Dochte etwa einen Zoll vom Rande des Kessels abstehen. Man befestiget die Spitze des Wagebalkens in der Gabel, und die Scheibe hängt nun zur Hälfte unbeweglich über dem Kessel, kann jedoch, mittelst d s Wirbels des Wagebalkens, im Kreise herum gedre werden.

e) Nun schöpft man mit dem Gießtiegel Wachs in den Kessel und begießt jedes Docht einzeln damit, so, daß das Wachs von dem Henkel an dem Docht hinabfließt, und drehet en Docht langsam um, damit er von allen Seiten mit Wachs bedeckt wird.

f) So wird nun ein Docht nach dem andern begossen, und während des Gießens die Scheibe immer langsam umgedrehet. Während man die übrigen Dochte begießt, erkalten die ersten; und so fängt man das Gießen wieder von vorn an, und setzt es so lange fort, bis die Lichte ihre halbe Dicke erhalten haben, welches man den Vorguß nennt. Die Lichte werden nun getrödelt.

g) Um das Trödeln zu veranstalten, werden die halbgegossenen Lichte, die unten gewöhnlich dicker als oben neben dem Henkel sind, während dem Begießen mittelst der Scheibe schnell herum gedrehet, so daß sämmtliche Lichte sich beständig im Kreise drehen, wobey der Wachsgießer das Wachs, mittelst des Gießtiegels, bloß an den obern Theil der Lichter spritzet, wodurch das Licht nun auch oben die verlangte Dicke erhält. Diese Operation wird einigemal oder so oft wiederholt, bis das Licht die erforderliche Dicke erhalten hat.

h) Nach dem Trödeln werden die Lichte gerollet. Zu dem Behuf werden die getrödelten Lichte von der Scheibe abgenommen, mit einem leinenen Tuch umwickelt, und um sie vor dem schnellen Erkalten zu schützen, in ein Federbett eingelegt, worauf sie auf einem polirten Tisch von hartem Holz, besser von Stein, der etwas befeuchtet ist, mit dem nassen Rollholz gerollet werden, um ihnen eine verhältnißmäßige Rundung und Glätte zu ertheilen; zuletzt werden sie gebleicht, um die während dem Bearbeiten angenommene gelbliche Farbe des Wachses zu zerstöhren.

i) Um das Bleichen zu verrichten, wird der Vorguß (halbfertige Lichte) mit dem Henkel auf einen Lichtspieß gereihet und auf einem Carré der Wachsbleiche ausgesetzt, bis sie die erforderliche Weiße erhalten haben.

k) Nun erhalten die Lichte den Nachguß; nämlich sie werden wie das Erstemal mit Wachs begossen, bis sie die erforderliche Dicke erhalten haben, dann wieder getrödelt, gerollet und gebleicht.

(Sprengels Handwerke in Tabellen ꝛc. 13. Theil. S. 415 ꝛc. Jacobsons technologisches Wörterbuch ꝛc. 4. Th. S. 565 ꝛc.)

Das Zurichten der Wachslichte.

§. 516.

Um die fertiggegoßnen Wachslichte zuzurichten, nämlich solche zu appretiren, werden sie von den höckrigen Theilen befreyet, dann nach dem Maaße ausgeglichen, hierauf geglättet und zuletzt in Papier verpackt.

a) Zuerst wird das Hökrige an den Henkeln eines jeden Lichts mit einem Messer abgeschnitten, dann so viel Lichte, als von jeder Art auf ein Pfund gehen, dergestalt auf einen hölzernen Tisch gelegt, daß die sämmtlichen Spitzen oder Henkel in gerader Linie neben einander liegen.

b) Neben das vorderste Licht wird nun, ein hölzerner Maaßstab gelegt, der die Länge derjenigen Art Lichte, die auf dem Tische neben einander liegen, genau andeutet.

c) Nach Anleitung dieses Maaßes wird nun am dicken Ende der sämmtlichen Lichte, mit einem scharfen Span, ein Zeichen gemacht, dann das Ueberflüssige weggeschnitten.

d) Das beschnittene Ende der sämmtlichen Lichter eines Pfundes legt man hierauf an eine metallene Platte und rollet die Lichter auf dem Tisch aus, wodurch das beschnittene

Ende derselben sich glatt reibt. Sie werden nun Pfundweise in blaues Papier eingepackt.

e) Dicke Wachslichter, mit sehr dünnen festgedrehten Dochten, welche sehr sparsam brennen und zu Nachtlichten gebraucht werden, werden Wachslampen genannt.

(Du Hamel du Monçeau Kunst des Lichtziehens: im Schauplatz der Künste und Handwerke ꝛc. 1. Bd. S. 46 ꝛc. G. Heilberg's Maschine zum Walzen und Rollen der Wachskerzen. In Dingler's polytechn. Journal. 30. B S. 408 ꝛc.)

Die Verfertigung der Altarkerzen.

§. 517.

Altarkerzen oder Kirchenlichter, nennt man eine Art sehr großer und dicker Wachslichter, so wie solche in den Kirchen, auf dem Altar zu brennen, gebraucht werden. Sie werden nicht gegossen, sondern die Dochte werden mit in heißem Wasser erweichtem Wachs bedeckt, worauf sie gerollet und geglättet werden.

Fabrikation des Wachsstockes.

§. 518.

Wachsstöcke werden lange dünne mit Wachs überzogene Dochte oder Fäden genannt, die in Rollen, nach einem Zickzack aufgewickelt, oder auch auf einer Wachsstockscheere geflochten werden. Die Fabrikation des Wachsstockes zerfällt: 1) in die Anfertigung der Dochte; 2) in das Ziehen des Wachsstockes; 3) in das Glätten desselben. Die Werkzeuge, die man dazu bedarf, bestehen im Werktisch, in der Ziehscheibe, im Steg, und in den Trommeln.

a) Der Werktisch ist von Latten zusammengesetzt, etwa 6 Fuß lang, 4 Fuß hoch und 4 Fuß breit. In der Mitte des gedachten Gestelles befindet sich ein Boden, auf dem Sand oder Asche liegt, auf die man beym Ziehen des Wachsstockes eine Pfanne mit glühenden Kohlen setzt. Im obern Blatt des Werktisches befindet sich ein ovales Loch, in welchem ein ovales zinnernes oder doch stark verzinntes Becken ruhet, das 18 Zoll lang und 9 Zoll breit ist. An jeder Seite dieses Beckens werden, mit ein Paar Gabeln oder Klauen, die Ziehscheiben befestiget.

b) Die Ziehscheibe bestehet in einer aus Messing verfertigten Scheibe, die 6 bis 9 Zoll Durchmesser hat, und in ihrem Mittelpunkte an einer eisernen Stange dergestalt befestiget ist, daß man sie umdrehen kann. In verschiedenen Parallelzirkeln besitzt dieselbe eine ziemliche Anzahl Ziehlöcher, so daß die kleinsten neben dem Mittelpunkt, die größten aber neben dem Umkreis angebracht sind. Ein Loch ist immer größer als das benachbarte, und alle nehmen in gleichem Verhältniß an Größe zu. Das kleinste Loch ist so weit, daß der Docht des feinsten und dünnesten Wachsstockes durchgehen kann; das größte ist so weit, daß der dickste Wachsstock zuletzt durch selbiges hindurch gezogen werden kann. Jedes dieser Löcher ist kreisförmig gebohrt. Der Wachsstock tritt beym Ziehen in die weiteste Oeffnung des Loches ein, damit das Wachs sich beym Eintreten nicht abstreife.

c) Der Steg ist von Holz angefertiget, er liegt quer über der Pfanne, gerade in ihrer Mitte. In seiner Mitte befindet sich ein Loch, in welchem ein hölzerner Schieber senkrecht stehet. Der Schieber hat an seiner untern Spitze, welche die Pfanne berührt, einen Einschnitt, in welchem der Docht beym Ziehen liegt.

d) Die Trommel bestehet in einem Werkzeug, auf welchem die Fäden der Dochte zum Wachsstock vereinigt aufgewickelt werden. Sie bestehet in einer Winde von der Gestalt einer Trommel, oder vielmehr in einer hölzernen Walze, die an beyden Enden einen Rand hat. Sie ruhet auf einem Bock oder Gestell, und wird mittelst einer daran angebrachten Kurbel in selbigem umgedrehet. Eine solche Trommel ist 4 Fuß lang und 18 Zoll im Durchmesser. Sie wird gewöhnlich zum Aufziehen der Dochte, oder auch zum Ziehen des Wachsstockes gebraucht.

(Sprengel's Handwerke ꝛc. 13. Th. Taf. XII. Fig. 11. b. c. Fig. 14. Fig. 13. Fig. 14. l. m. Fig. 14. p. q.)

Die Dochte zu den Wachsstöcken.

§. 519.

Die Dochte für Wachsstöcke werden entweder aus reinem baumwollenen Garn, oder auch aus einem Gemenge von leinen- und baumwollenen Garn angefertiget. Zu den stärksten Dochten werden höchstens 18 Faden, zu den dünnesten nur 3 Fäden genommen.

a) Um die Dochte anzufertigen, windet der Arbeiter die erforderlichen Fäden von allen Knauls zugleich auf eine Trommel. Er zählet hierbey nun wie viel mal er die Trommel umdrehet, und wenn er die Länge des Umkreises der Trommel kennt, so weiß er nun auch gleich wie lang der Docht ist.

b) Einige Wachslichtzieher bedienen sich auch einer gewöhnlichen Scheerlatte der Wollenweber (§. 100. b.) wickeln auf jede Spule einen einzelnen Faden, wickeln dann alle die Fäden zusammen auf eine Winde, und bestimmen zu jedem Wachsstock die Länge des Dochtes besonders.

Das Ziehen der Wachsstöcke.

§. 520.

Um das Ziehen der Wachsstöcke zu veranstalten, wird das Wachs, um solches zähe zu machen, mit etwas Terpenthin versetzt, dann geschmolzen, wenn es sich geklärt hat in das Becken des Werktisches gegossen, zwey Trommeln auf die zwey entgegengesetzten Seiten des Werktisches, in der Entfernung von einigen Fußen placirt, und nun das Ziehen des Wachsstockes vorgenommen.

a) Man windet nun den Docht von der einen Trommel ab, legt ihn in die Kerbe des Steges ein und ziehet ihn durch ein Loch der Ziehscheibe, das nicht weiter seyn darf, als der Docht dick ist, bis an die gegenüber stehende Trommel, woran man ihn befestigt.

b) Auf diese Weise wird der ganze Docht von der Trommel abgewickelt und durch das fließende Wachs hindurch gezogen, wobey solches durch den Schieber in dem Wachs eingetaucht wird, das sich an den Docht ansetzt und durch das Loch der Ziehscheibe abgerundet wird; so wie, wenn der Docht mit Wachs überzogen ist, derselbe auf die gegenüber stehende Trommel gewickelt wird.

c) Ist der ganze Durchzug vollendet, also der Wachsstockdocht auf die eine Trommel gewickelt, so setzt man die Ziehscheibe auf die andere Seite, gegen die leere Trommel zu, und nun wird der Docht durch das nächste größere Loch der Scheibe gezogen.

d) So wird nun der Wachsstock von einer Trommel über die andere, immer durch ein zunächst befindliches größeres Loch gezogen, bis er die verlangte Dicke erreicht hat.

e) Um den Wachsstock zu glätten, läßt man ihn beym letzten Durchzug durch einen nassen Schwamm laufen, wodurch er zugleich abgekühlt wird.

f) Soll der Wachsstock nicht cylindrisch, sondern geschweift erscheinen, so giebt man dem Loche der Ziehscheibe einen ausgeschweiften Rand.

g) Der fertige Wachsstock wird nun von der Trommel abgenommen, in viertel, in halbe und in ganze Pfunde getheilt, und zierlich aufgewickelt.

(Jacobson's technologisches Wörterbuch rc. 4. Theil. S. 567 rc.)

Fabrikation der Wachsfackeln.

§. 521.

Von den Wachsfackeln unterscheidet man zweyerley Arten: nämlich die Dochtfackeln und die Stockfackeln. Man verfertigt sie beyde aus Pech, dessen Oberfläche bloß mit Wachs begossen wird.

a) Zu den Wachsfackeln bedient man sich eines Dochts aus gesponnenem Werg, das erst in geschmolzenes Pech eingetaucht, und dann, indem man es durch eine Ziehscheibe ziehet, die nur ein Loch hat, abgerundet wird. Ist das Pech erstarret, so wird die Fackel mit Kreide bestrichen, die mit Leimwasser abgerieben ist, worauf sie mit Wachs begossen wird.

b) Zu den Stockfackeln nimmt man, statt des Dochtes, einen Stab von Fichtenholz, der mit Werg überzogen wird. Man taucht ihn nun erst in geschmolzenes Pech, worauf die Fackel mit Kreide geweißet und mit geschmolzenem Wachs begossen wird.

Zweyte Abtheilung.

Fabrikation der Talglichte.

(Der Talglichtzieher.)

§. 522.

Die Fabrikation der Talglichte (die Lichtzieherey) wird aus gutem reinen Talg (Rindernierentalg, oder Hammeltalg, oder auch beyde zu gleichen Theilen gemengt) veranstaltet; und nach der bessern oder schlechtern Beschaffenheit der Lichte, werden solche entweder mittelst Formen gegossen, oder durch das

Eintauchen der Dochte in geschmolzenen Talg gezogen.

§. 523.

Die Fabrikation der Talglichte zerfällt in drey Operationen, nämlich: 1) das Ausschmelzen des Talgs; 2) die Anfertigung der Dochte mittelst der Dochtbank; 3) das Gießen oder das Ziehen der Lichte.

a) Um den Talg auszuschmelzen, werden die Talgliesen in kleine Würfel zerschnitten, dann aber in einem eisernen, besser verzinnten, Kessel unter Zusatz von wenigem Wasser, so lange geschmolzen, bis die häutigen Theile zu Grieven erhärtet sind und der geschmolzene Talg durchaus als ein klares Fluidum erscheint, das, auf eine glühende Kohle getröpfelt, sich schnell flammend entzündet, ohne zu zischen oder zu prasseln.

b) Um das Talg zu bleichen, bedient man sich desselben Verfahrens, wie solches zum Bleichen des Wachses (§. 509. c) vorgeschrieben ist. Zu 112 Pfund Talg werden 2 bis 3 Pfund Chlorkalk erfordert. Die Bearbeitung geschieht in einem Kessel von Bley.

c) Um dem Talg mehr Härte zu geben und solches dem Wachs näher zu bringen, wird solches in härnen oder leinenen Beuteln ausgepresset. Hier scheidet sich der Oelstoff in flüssiger Form aus, dagegen der davon befreyete Talgstoff im verhärteten Zustande zurück bleibt. Ein wiederholtes Auspressen begünstigt das Resultat. Das Flüssige kann zur Seife verarbeitet werden.

d) Die Anfertigung der Dochte zu den Talglichtern geschiehet, wie die zu Wachslichtern, aus reinem gleichartig gesponnenen baumwollenen Garn, mittelst der Dochtbank.

e) Die Dochtbank bestehet in einer hölzernen Bank von beliebiger Größe, welche, neben jeder langen Seite eine eiserne Dochtstange, und in einer geraden Linie mit derselben, ein Dochtmesser besitzt.

f) Die Dochtstange bestehet in einer ohngefähr drey Linien dicken eisernen Stange, die am Ende des Dochtbrettes senkrecht auf der Dochtbank eingesetzt und dazu bestimmt ist, die Dochte darauf zu machen.

g) Das Dochtmesser bestehet in einer senkrechten zweyschneidigen Klinge von Stahl, die an einem Zapfen im Einschnitt der Dochtbank sich dergestalt hin und her schieben läßt, daß man das Dochtmesser der Dochtstange nähern und solches davon entfernen kann; wobey die Einrichtung statt findet, daß wenn das Messer an den bestimmten Ort geschoben ist, solches mit einer Schraubenmutter, welche auf einer Schraubenspindel des oben gedachten Zapfens, unter der Bank sitzt, befestiget werden kann.

h) Um die Dochte zu fabriciren, schiebt der Lichtzieher das Dochtmesser in den Einschnitt der Dochtbank, in einer solchen Entfernung von der Dochtstange, als der Docht lang werden soll. Ist die Länge bestimmt und das Messer befestiget, so nimmt der Arbeiter so viel Knäuel dreydräthigen baumwollnen Garns aus dem unter der Bank angebrachten Kasten, als der Docht zusammengelegte dreydräthige Fäden enthalten soll. Er legt nun die Fäden der sämmtlichen Knäule um die Dochtstange, ziehet die Enden der Fäden bis an das Dochtmesser, legt die sämmtlichen Fäden hinter der Dochtklinge an den Theil der Fäden vor der Klinge, verdoppelt hierdurch den ganzen Docht, und schneidet ihn am Dochtmesser ab.

i) Der abgeschnittene Docht wird nun etwas zusammengedrehet, und, damit die Fäden sich nicht wieder aufwickeln, auf einem mit Wachs bestrichnen leinenen Lappen stark gerieben. Der Docht muß aber weder zu fest noch zu locker gedrehet werden: im erstern Falle würde sich der Talg beym Brennen nicht schnell genug hinein ziehen, folglich das Licht nur dunkel brennen; im zweyten Fall ziehet der Talg sich zu schnell in den Docht, und das Licht läuft.

k) Die Dochtbank ist allemal so eingerichtet, daß zwey Personen zugleich Dochte machen können, weshalb auch zwey

Dochtstangen und zwey Dochtmesser auf jeder Seite angebracht sind.

l) Die Dochtstange bildet beym Dochtmachen den sogenannten Henkel, oder diejenige Oese, welche durch die Dochtstange entstehet, und, weil beym Ziehen in solcher die Dochtspieße stecken, vor dem Talg nach dem Ziehen hervorspringt.

m) Der Dochtspieß oder Lichtspieß bestehet in einem langen dünnen runden recht glatten Stabe von Holz, auf welchen die Dochte in einiger Entfernung von einander, mit ihren Oesen aufgestreift werden.

n) Statt der Docht- oder Lichtspieße gebrauchen einige Lichtzieher auch die Lichtbretter. Sie bestehen aus dünnen, runden, überall mit Löchern und mit zwey Griffen oder Handhaben versehenen Brettern. Die Dochte werden an dem einen Ende auf Speiler geschoben und mittelst derselben auf die Bretter, nachdem ein jeder Docht in ein Loch gezogen worden, eingehänget, damit man viele Lichter mit einmal ziehen kann. Damit die Lichter sich nicht berühren können, müssen die Löcher sich in gehöriger Entfernung von einander befinden.

(Boumatin's Reinigung des Talgs und Verbesserung der Talglichte: in Hermbstädt's Bülletin des Neuesten und Wissenswürdigsten rc. 4. B. S. 126 rc. Die Abbildung der Dochtbank s. in Sprengel's Handwerken rc. 13. Th. Taf. XII. Fig. 2.)

Das Gießen oder Ziehen der Talglichte.

§. 524.

Die Talglichte werden entweder mittelst der dazu bestimmten Formen gegossen, oder sie werden bloß gezogen. Jene behaupten allemal den Vorzug vor diesen, die niemals so schön und gleichartig ausfallen, auch gemeiniglich aus schlechterm Talg gezogen werden.

A. Das Gießen der Talglichte.

§. 525.

Um das Gießen der Talglichte zu veranstalten, werden die Formen mit den darin ausgespannten Dochten in die Löcher des Lichttisches gesteckt, so daß ihre vorspringenden Köpfe vom Tische getragen werden. Der geschmolzene und vorher abgekühlte Talg wird nun mittelst einer kleinen Gießkanne in die Forme gefüllet, und wenn solcher erkaltet ist, das Licht aus der Form heraus genommen.

a) Die Lichtformen sind aus Glas, aus Zinn, aus verzinntem Kupfer oder auch aus verzinntem Eisenblech angefertiget, und bestimmen die Größe, die das darin gegossene Licht erhalten soll. Unten sind sie mit einem zugespitzten durchbohrten Ende versehen, in welchem das unterste Ende des Dochts mit einem kurzen Stöpsel von Holz befestigt wird. Oben ist hingegen die Form mit einem runden oder auch mit einem vierkantigen breiten Rande versehen, über welchen der wohl ausgespannte Docht auf seinem Stäbchen hängt.

b) Die Dochte werden an einem Drathe auf dem Kopfe und in die Form genau in ihrer Achse ausgespannt, und sind, an der untern Oeffnung der Form, entweder mit einem Drathe oder mit einem Stöpsel befestigt, so daß sie steif ausgespannt darin hängen.

c) Der zum Gießen bestimmte Talg wird mit einem geringen Zusatz von Wasser geschmolzen, dann in einen Kasten gegossen, und wenn er am Rande desselben anfängt zu gerinnen, das Gießen der Lichte mit der Gießkanne verrichtet.

d) Wenn der Talg in der Form erstarrt ist, wird die untere Befestigung der Dochte losgemacht, die fertigen Lichte werden aus den Formen heraus gezogen, und selbige in Bunde zusammen gebunden.

B. Das Ziehen der Talglichte.

§. 526.

Um die gezogenen Lichte zu verfertigen, werden die dazu bestimmten Dochte auf einen Lichtspieß oder ein Lichtbrett (§. 523. n.) aufgereihet, und dann damit in den geschmolzenen Talg zu wiederholten malen eingetaucht, dann über einem Gerüste von Lotten zum Erkalten aufgehängt.

a) Das Schmelzen des Talgs zu den gezogenen Lichten wird eben so veranstaltet, wie zu den gegossenen. Derselbe wird dann in die Lichtform (den Talgtopf) übergefüllet, in welchem die Lichte gezogen werden.

b) Der Talgtopf (die Lichtform) bestehet in einem aus Holz, aus Zinn oder aus verzinntem Kupfer angefertigten langen, schmalen, ohngefähr zwey Fuß tiefen Gefäße.

c) Um das Ziehen zu veranstalten, fasset der Lichtzieher das Lichtbrett oder den Lichtspieß mit beyden Händen und taucht eine Reihe Dochte zuerst in heißen Talg, damit solcher sich in die Dochte einziehen kann. Die einmal eingetauchten Dochte werden nun über den Lattengerüsten zum Erkalten aufgehängt.

d) Die folgende Eintauchung wird erst dann gemacht, wenn der geschmolzene Talg bis zum anfangenden Gerinnen abgekühlt ist, und so oft wiederholt, bis das Licht seine erforderliche Dicke erhalten hat.

(Halle's Werkstätte der heutigen Künste ꝛc. 4. B. 1765. du Hamel's Lichtzieher: in v. Justi's Schauplatz der Künste und Handwerke ꝛc. 1. Bd. Alexei Hloschei von der Verfertigung der Wologodzkischen Lichter: in der Auswahl der Abhandlungen der Petersburger Gesellschaft ꝛc. 2. B. S. 33 ꝛc. Anweisung zum Seifesieden und Lichtziehen. 2. Aufl. Berlin 1790. 8. Die Kunst des Seifesiedens und Lichtziehens, für Männer von Profession. Ilmenau bey Vogt. 1822. S. 135 ꝛc.)

Die Stearin- und Margarinlichte.

§. 527.

Eine wesentliche Verbesserung der Talglichte erfolgt, wenn das Talg erst durch Aetzlauge in Seife umgewandelt, diese hierauf durch Schwefelsäure zersetzt, dann der aus Stearinsäure, Margarinsäure und Oelsäure gebildete Niederschlag ausgewaschen, hierauf aber ausgepresset wird. Hier scheidet sich die Oelsäure in liquider Form aus; dagegen die Stearin- und Margarinsäure in fester Form zurück bleibt. Die aus dieser Masse gegossenen Lichte, kommen den Wachslichten sehr nahe.

a) Talglichte nach dieser Art fabricirt, werden in Frankreich unter den Namen Bougie stearique, Bougie margarique auch Bougies scleraphthite (d. i. hart und unverderblich) genannt.

(Bereitung des Talgs zu Lichten. In Geiger's Magazin für Pharmacie. August 1828. Appert Neue Methode das Talg in verschlossenen Gefäßen zu schmelzen. In Dingler's polytechn. Journal. 31. B. S. 454 ꝛc. Verbesserung der Talglichte. In H. Weber's Zeitblatt für Gewerbetreibende ꝛc. 1, B. S. 65 ꝛc.)

§. 528.

Außer den aus reinem Wachs oder Talg verfertigten Lichten, werden solche auch noch aus Wallrath gegossen, so wie man die drey eben gedachten Materien zusammen gemengt anwendet, um Lichter daraus zu fabriciren. In neuern Zeiten hat man auch vorgeschlagen, die Lichter mit bandförmigen oder auch mit hohlen cylinderförmigen Dochten anzufertigen, sie sind aber noch nicht in wirklichen Gebrauch genommen.

(Hermbstädt's Versuche und Beobachtungen über verschiedene Sorten Lichte aus Wachs, Talg, Wallrath, so wie solche, die aus der Vermengung dieser drey Substanzen bekannt sind 2c.: in Scherers allgemeinem Journal der Chemie 2c. 3. B. 1800. S. 40 2c. und dessen Bülletin 2c. 14. B. 4. H. S. 368 2c. Desormeaux Verbesserung der Lichte; in Hermbstädt's Bülletin des Neuesten und Wissenswürdigsten 2c. 4. B. S. 87 2c.)

Zweyundzwanzigster Abschnitt.

Die Fabrikation des Biers.

(Die Bierbrauerey.)

§. 529.

Bier (Cerevisia), in der allgemeinern Bedeutung des Wortes, nennt man ein aus gemalztem Getreide mit Wasser extrahirtes, mit Hopfen versetztes, und der geistigen Gährung unterworfenes trinkbares Fluidum, das mehr oder weniger kohlenstoffsaures Gas eingemengt enthält. Die Kunst, ein solches Getränk zu verfertigen, wird die Bierbrauerey genannt.

a) Bier und Wein unterscheiden sich dadurch von einander, daß jener den gegohrnen Saft der Weinbeeren oder auch den Saft der Obst- und Beerenfrüchte ausmacht, das Bier hingegen allemal ein Produkt der Extraktion und der Fermentation des gemalzten Getreides ist.

b) Die Erfindung des Biers ist ohnstreitig viel jünger als die des Weins, und wahrscheinlich erst aus jener hervorgegangen. Wie Diodor, Herodot und Eusebius versichern, verstanden schon die alten Aegypter die Kunst aus Weizen und Gerste Bier zu brauen. Sie schrieben die Erfindung des Biers dem Osiris zu. Die alten Griechen sollen die Kunst Bier zu brauen von einem Bacchus erlernt haben. Homer kannte indessen das Bier nicht; aber Aeschylus und Sophocles gedenken des Gerstenbiers; auch war solches (nach Tacitus) den alten Deutschen und den Galliern bekannt.

c) Der lateinische Name Cerevisia scheint aus den Wörtern Ceres (Göttin des Getreides) und Vis (Kraft) gebildet zu seyn. Der deutsche Name Bier stammt wahrscheinlich vom lateinischen Worte bibere ab.

d) Die Bierbrauerey ist ein freyes Gewerbe, das jeder ausüben kann, der die erforderlichen Kenntnisse darin besitzt, und von Seiten der Polizeybehörde oder durch Erbrecht dazu berechtigt ist; doch bilden die Bierbrauer in einigen Städten eine eigene Brauergilde, Brauerinnung oder Brauerschaft.

e) Diejenigen, welche die Bierbrauerey für ihre eigene Rechnung ausüben lassen, werden Brauherren, Braueigene, auch Brauerben und Biereigene genannt. Die, welche die Kunst des Bierbrauens verrichten, werden Braumeister, und die, welche dabey Hülfe leisten, werden Brauknechte genannt.

(Joh. Beckmann's Anleitung zur Technologie 2c. 6. Ausgabe. Götting. 1809. S. 178 2c. Poppe's Geschichte der Technologie 2c. 3. B. 1811. S. 225 2c. S. F. Hermbstädt's chemische Grundsätze der Kunst Bier zu brauen 2c. 3. Auflage mit Kupfern. Berlin 1826. 8. 1. Abtheilung. S. 3—6.)

§. 530.

Die Materialien, welche zur Bierbrauerey erfordert und angewendet werden, bestehen: 1) im Weizen; 2) in der Gerste; 3) im Hafer; 4) im Hopfen; 5) im Wasser; sie müssen sämmtlich von ausnehmend guter Beschaffenheit seyn.

a) Die gute Beschaffenheit der zur Bierbrauerey anwendbaren Getreidearten ergiebt sich daraus, daß die Körner gleichartig, rein, völlig reif, nicht verlegen, nicht mit mulstrigem Geruch oder Geschmack begabt sind; daß sie mehlicht sind und ihren Kern unter einer dünnen Hülse eingeschlossen halten.

b) Der Hopfen, worunter die weiblichen nicht befruchteten Aehren der Hopfenpflanze (Humulus Lupulus) verstanden werden, wächst durch ganz Europa, wird aber auch Behufs der Barbarey besonders gebauet.

c) Nach dem Unterschiede seines Standortes wird der Hopfen in wilden, in zahmen, in Busch-, in Brach- und in Wiesenhopfen unterschieden. Nach den Ländern, in welchen derselbe gebauet wird, unterscheidet man ihn in Englischen, in Böhmischen und in Deutschen.

d) Die Eigenschaften eines vollkommen guten unverdorbenen Hopfens ergeben sich: 1) aus seiner glänzenden bräunlich-gelben Farbe; 2) einem starken angenehmen balsamischen Geruch und Geschmack; 3) einer klebrigen Beschaffenheit, und der Reichhaltigkeit eines im Innern der Blätter eingeschlossenen gelben balsamisch-schmeckenden und riechenden Saamenstaubes. Ein vollkommen guter Hopfen, muß gegen 8 Loth Saamenstaub (Lupulis) enthalten.

e) Als der Gesundheit unschädliche Stellvertreter des Hopfens, die aber dessen Stelle nie ganz ersetzen können, sind empfohlen worden: 1) die Wurzel vom rothen Entzian (Gentiana lutea); 2) die Blätter vom Butterklee (Menyanthes trifoliata); 3) die Blätter der Schaafgarbe (Achillea Millefolium); 4) das Tausendguldenkraut (Erythraea Centaurium); 5) das Kardobenediktenkraut (Centaurea benedicta); 6) das Quassienholz von den unächten Quassia (Quassia excelsa); die Blätter der Wermuths (Artemisia Absinthium); das blühende Kraut nebst den Wurzeln der bittern Kreuzblume (Polygala amara Lin. et Polygala amarella Reichenb.); die sämmtlich dazu dienen, dem Biere Bitterkeit zu geben.

f) Einige anderweitige der Gesundheit unschädliche Zusätze, die zur Darstellung einiger besondern Biere angewendet werden, bestehen: 1) in dem spanischen Hopfen (Origanum creticum); 2) der Süßholzwurzel (Glycirrhiza glabra); 3) dem Lakritzensaft (Succus Liquiritiae); 4) den Paradieskörnern (Amomum granum paradisi); 5) dem Koriandersaamen (Coriandrum sativum).

g) Die der Gesundheit schädlichen Zusätze, welche durch Betrügerey und Unwissenheit herbeygeführt sind, bestehen: 1) in der Ignatiusbohne, Bitterbohne, Fiebernuß (Ignatia amara); 2) dem Post, Porst, Kienpost oder wilden Roßmarin (Ledum palustre); 3) den Fischkörnern oder Kokkelskörnern (Menispermum cocculus); 4) der weißen Nießwurzel (Veratrum album), die sämmtlich als Gifte wirken.

(Hermbstädt's chemische Grundsätze der Kunst Bier zu brauen ꝛc. 3. Auflage. 1826. 1. Abtheilung. S. 178 — 216. 2. Abtheilung. S. 6 — 15.)

§. 531.

Die einzelnen Operationen in der Bierbrauerey zerfallen: 1) in das Malzen der dazu bestimmten Getreidearten; 2) das Trocknen und Darren des Malzes; 3) das Fegen und Schroten desselben; 4) das Anmaischen desselben und die Abziehung der Würze; 5) das Hopfen der Würze; 6) das Abkühlen und Stellen der gehopften Würze mit Hefe, und das Gähren derselben zu Bier.

a) Der Raum, in welchem alle Operationen der Bierbrauerey verrichtet werden, wird das Brauhaus genannt.

b) Ein gut eingerichtetes Brauhaus bestehet: 1) in dem Malzkeller (der Malztenne); 2) dem Maischraume; 3) dem Kühlschiff; 4) dem Gährungsraume; 5) den Malzböden; 6) der Malzdarre; 7) den Kellern für Sommer- und Winterbier.

(S. F. Hermbstädt's chemische Grundsätze der Kunst Bier zu brauen ꝛc. 3. Auflage. Berlin 1826. 2. Abtheilung. S. 56 — 74.)

Das Malzen des Getreides.

§. 532.

Das Malzen des Getreides ist dazu bestimmt, seine wesentliche Grundmischung zu verändern, seine kleberartigen Theile auszuscheiden, und seine mehlartigen Theile in Schleimzucker und Gummi umzuwandeln. Dasselbe zerfällt: 1) in das Einquellen, und 2) in das Wachsen des Getreides.

a) Die natürlichen Gemengtheile der Getreidearten bestehen, außer der Hülse, 1) in Kraftmehl (Amylon); 2) in Kleber oder Kolla (Triticin); 3) in Schleimzucker; 4) in Gummi. Bey dem veranstalteten Malzen desselben wird der Kleber mit der Wurzelfaser ausgeschieden, dagegen das Kraftmehl in Schleimzucker und in Gummi umgewandelt wird.

b) Das Quellen des Getreides wird unternommen, um solches mit Wasser zu durchbringen, den Keim desselben dadurch zu beleben und zur nachmaligen Auswachsung vorzubereiten. Das Quellen wird veranstaltet, indem das Getreide in hölzernen oder in steinernen Quellbottichen (Malzbütten, Quellstöcken), die am Boden mit einem Zapfen versehen sind, erst mit klarem Wasser so oft abgespühlt wird, bis solches klar abfließet, worauf das Getreide so lange eingeweicht bleibt, bis dessen Spitzen beym Druck zwischen den Fingern leicht spalten; welches in einem Zeitraume von 40 bis 48 Stunden erfolgt.

c) Um das gequellete Getreide zu malzen, wird solches von dem darüber stehendem Wasser befreyet; nochmals gut gewaschen, dann im Malzkeller auf dem Wachsplatze in einem 1 bis $1\frac{1}{2}$ Fuß hohen Haufen gleichförmig aufgeschüttet, in welchem Zustande solches so lange liegen bleibt, bis es sich erwärmt (lebendig wird), welches gemeiniglich in einem Zeitraume von 12 Stunden der Fall ist.

d) Wenn ein in den Malzhaufen gestecktes Thermometer eine Temperatur von 20—25 Grad Reaumür wahrnehmen läßt, so muß der Haufen umgewendet werden, damit der untere Theil nach oben kommt; und dieses Umwenden muß so oft veranstaltet werden, als eine neue Temperaturerhöhung statt findet.

e) Während jener Operation beginnet das malzende Getreide an dem einen Ende seiner Spitze zwey zarte Wurzeln auszuschlagen (es wächst aus), und wenn man bemerkt, daß die Wurzelfasern 4 bis 5 Linien Länge erreicht haben, so wird der Prozeß des Auswachsens beendiget. Die Erzeugung des Graß- oder Halmkeims muß dabey sorgfältig vermieden werden, weil selbige sonst zum säuern des Biers Anlaß giebt.

f) Nach beendigtem Malzen hat das Getreide seine mehlartige Beschaffenheit verloren, und dagegen einen süßen, zuckerartigen Geschmack angenommen.

(S. F. Hermbstädt's chemische Grundsätze der Kunst Bier zu brauen rc. 3. Aufl. 2. Abtheil. mit Kupfern. Berlin 1826. S. 31—43. J. P. C. Muntz das Bierbrauen in allen seinen Zweigen, als: Malzen, Gähren, Schroten, Hopfen rc. Neustadt a. d. Orla. Bey Wegner 1827. 8. Mit Kupfern.)

Das Trocknen, Welken, und Darren des Malzes. (Luftmalz. Welkmalz. Darrmalz.)

§. 533.

Wenn das Malzen (das Auswachsen der Wurzelfasern) beendigt ist, so muß der fernere Fortgang desselben vermieden werden. Zu dem Behuf ist es erforderlich, die Vegetation des Getreides schnell zu unterbrechen, welches durch das Austrocknen veranlasset wird. Man verrichtet das Austrocknen des gemalzten Getreides erst an der freyen Luft, alsdann mittelst der Malzdarre.

a) Um das Malz an der Luft zu trocknen, wird selbiges auf luftigen Böden dünne ausgebreitet, und so lange darauf erhalten, bis die Wurzelfasern zusammen schrumpfen und die Körner erhärten. Das so getrocknete Malz wird Luftmalz genannt.

b) In Ermangelung des erforderlichen Bodenraums, oder auch, um eine stärkere Austrocknung herbey zu führen, als solches an der warmen Luft möglich ist, wird das Austrocknen des Malzes, nachdem es erst vorläufig auf dem Malzboden gewelkt worden ist, nun ferner auf der Malzbarre verrichtet; und das so getrocknete Malz wird nun, nach dem verschiedenen Grade der Temperatur, wobey solches ausgetrocknet wurde, entweder Welkmalz oder Darrmalz genannt.

c) Die Stärke der Austrocknung, welche das Malz auf der Darre erleidet, richtet sich nach dem Grade der Temperatur, bey der solches behandelt wird. Bey 39° R. bleibt selbiges weiß, ist dem Luftmalz gleich, und wird Welkmalz genannt. Bey 41° fällt dasselbe ins gelbliche; bey 44° wird solches hellgelb; bey $45\frac{1}{3}$° nimmt dasselbe eine Bernsteinfarbe an; bey 48° gehet solches ins bräunliche über rc. Der Grad der Röstung, den man dem Malze giebt, richtet sich nach der Art des Biers, das daraus bereitet werden soll.

d) Die Malzbarre bestehet in einem feuerfesten Gewölbe, das geheizt werden kann, dessen Hitze durch steinerne oder eiserne Platten hindurch ströhmt, die mit eisernen Drathgittern bedeckt sind, auf welchen das Malz ruhet. Die Konstruktion der Malzbarren ist sehr mannigfaltig.

(Der Kunsterfahrne Malzer und Brauer rc. Sorau 1771. 8. G Rupprecht's gründliche und praktische Abhandlung von der Malz- Brau- und Gährungskunst. Freyberg 1791. 8. Beschreibung der Brabantischen Malz- und Darrhäuser. In Huth's Magazin der Bergbaukunst rc. 5. Bd. 2. Th. 1790 Christ's genaue und deutliche Beschreibung der vorzüglichsten Darröfen. Frankfurt 1790. G. A. Hoffmann's Beschreibung der feuerfesten Malzdarre. In den ökonomischen Nachrichten rc. 10. Bd. S. 264 rc. Benno Schaal's Beschreibung der Bierbrauerey rc. Mit 4 lithogr. Tafeln. München 1814. Die Kunst der engl.

Malzbrennerey und Bierbrauerey. In Kastner's deutschem Gewerbefreund. Halle 1820. 4. B. 7. H. S. 201 ꝛc. 8. H. u. 9. H. 1821. Thom. Salmon's verbesserte Malzdarre. In Dingler's polytechn. Journal. 34. B. 1829. S. 282 ꝛc. Joseph Kirchberger's Beschreibung und Zeichnung, der von ihm erfundenen Verbesserungen der Luft- und Feuerdörre und des Heizofens. Mit Kupfern. Prag 1829.)

Das Schroten des Malzes.

§. 534.

Das fertige Malz, es sey Luftmalz, Welkmalz, oder Darrmalz, wird nun gefeget, d. i. von den anhängenden Wurzelfasern befreyet und dann geschrotet, um selbiges zur Extraktion vorzubereiten.

a) Um das Malz zu fegen, wird selbiges, im völlig trocknen Zustande, auf einen Boden ausgeschüttet, dann mit den Füßen getreten (die am besten mit hölzernen Schuhen bekleidet sind), hierauf mit hölzernen Schaufeln geworfen, wodurch sich die zarten Wurzelfasern von den Körnern trennen, die nun geschroten werden können.

b) Um das gefegte Malz zu schroten, wird es 24 Stunden vorher mit Wasser angefeuchtet, indem man dasselbe für jede 100 Pfund mit 5 Pfund Wasser besprengt und gut durch einander arbeitet; worauf solches nun in die Mühle kommt, deren Steine so gestellt seyn müssen, daß jedes einzelne Korn nur höchstens in 2 bis 3 Theile zerfället wird.

Das Einmeischen oder die Erzeugung der Würze.

§. 535.

Um das Malzschrot einzumeischen, und die auflöslichen Bestandtheile desselben in Gestalt der Würze darzustellen, wird solches mit der erforderlichen Menge weichem, reinem Wassers eingeteigt, dann eingemeischt und darauf die Würze gezogen, wobey die extrahirten Hülsen in Form der Trebern (der Seihe) zurück bleiben.

a) Eine Hauptbedingung für jede Bierbrauerey ist ein gutes, reines, weiches Wasser, das weder zu vielen Kalk, noch Gyps, noch Eisentheile enthält, auch keinen widrigen faulen Geruch besitzt.

b) Das Einteigen so wie das Einmeischen wird im Meischbottich, einem kreisrunden oder auch ovalen hölzernen Bottich, veranstaltet, der gleich neben der Braupfanne stehet, indem die erforderliche Masse Wasser, bey einer angegebenen Temperatur, auf das Schrot geleitet und durch die Brauerknechte, mittelst Rührscheiben, herum gearbeitet wird; worauf, wenn die Masse eine breiartige Beschaffenheit angenommen hat, nun dieselbe mit der anderweitigen Portion Wasser, von höherer Temperatur, angemeischt wird.

c) Das Wort Meischen (Möschen, oder Maitschen), stammt eigentlich von Mischen her. Einige Brauer verrichten das Einteichen mit kaltem Wasser, und meischen dann mit siedendem nach. Andere ziehen den gebildeten Extrakt ab und meischen den Rückstand zum zweytenmal mit siedendem Wasser nach. Noch andere ziehen die Meische vom Bottich ab, bringen dieselbe auf die Braupfanne, lassen sie eine halbe Stunde kochen, und gießen solche wieder auf die Treber im Bottich zurück. In einigen Brauereyen bedient man sich besonderer Meisch- und besonderer Seigerbottiche, welche letztere mit doppeltem Boden versehen sind, wovon der obere durchlöchert ist.

d) Damit das Schrot im Meischbottich locker liegen bleibt, sich nicht zu fest an den Boden ansetzt, und vom Meischwasser besser durchdrungen werden kann, setzen einige Brauer dem Malz noch Hafer, oder dem Schrot noch Hechsel zu, auch wohl Weizenspreu.

e) Wenn das Schrot hinreichend gemeischt hat, d. i. wenn die Meische einen süßen Geschmack und eine klebrige Beschaffenheit angenommen hat, wird das klare Fluidum am Boden des Meischbottichs abgezogen. Das abgezogene wird nun Würze oder Werl genannt.

f) Die rückständigen Trebern werden endlich mit Wasser nachgemeischt, und die schwache Würze zu Koventbier oder Convent verarbeitet. Jene Namen stammen aus den Zeiten des Mönchthums her, wo man starkes Bier für die Patres, und schwaches oder Nachbier für den Convent brauete. Was nach der letzten Extraktian übrig bleibt, wird Treber oder Seihe genannt, und als Viehfutter verbraucht.

g) Nach dem Abziehen der Würze vom Klärbottich wird sie gekocht. Solches geschiehet, um den etwa noch darin enthaltenen Eiweißstoff gerinnend zu machen, und ihn abzusondern, um ein so mehr klares und haltbares Bier daraus hervorgehen zu lassen.

(Hermbstädt's chemische Grundsätze der Kunst Bier zu brauen 2c. 3. Auflage. 2. Abtheilung. 1826. S. 124 — 134 und 218.)

Das Abkühlen und Hopfen der Würze.

§. 536.

Die Würze ist ein Produkt der mit Wasser gemachten Lösung des Schleimzuckers und der gummiartigen Theile des Malzes. Um sie vor dem Säuern zu schützen, muß sie mit Hopfen versetzt und dann auf dem Kühlschiffe, oder einem andern schicklichen Kühlapparate, möglichst schnell abgekühlt werden.

a) Einige Brauer kochen den Hopfen mit der Würze; andere infundiren ihn bloß mit selbiger; noch andere digeriren ihn in einem besondern Gefäße mit reinem Wasser, und setzen dann den Extrakt der Würze zu. Die Menge des Hopfens, welche man anwendet, richtet sich nach der Bitterkeit die das Bier annehmen soll.

b) Das Kühlschiff (der Kühlstock), ein Geräth, welches zum schnellen Abkühlen der gehopften Würze bestimmt ist, bestehet entweder in einem aus Eichenholzbohlen zusammengefügten flachen hölzernen Kasten, der kaum einen Fuß tief, und im obern Raum des Brauhauses, an einem kühlen Orte, oder auch frey im Hofraume, jedoch unter einem bedeckenden Schuppen, placirt ist.

c) Um das Abkühlen der gehopften Würze nach Möglichkeit zu beschleunigen, darf diese nie mehr als 4 bis 6 Zoll hoch im Kühlschiffe stehen.

d) Die Würze bleibt so lange im Kühlschiffe, bis solche auf die Temperatur von 10 Grad Reaumür im Sommer, oder 16 Grad im Winter, herab gekommen ist.

(Hermbstädt's chemische Grundsätze der Kunst Bier zu brauen 2c. 3. Auflage. 1. Abtheilung. 1826. S. 230 bis 235. u. 2. Abtheilung. S. 135 2c. Verbesserte Methode zum Abkühlen der Würze in Dingler's polytechn. Journal. 24. B. S. 39 2c. Mil. Barby's Anti-Evaporations-Abkühler der Bierwürze. In Dingler's polytechn. Journal 2c. 16. B. S. 432 2c. Salmon und Werrely's Abkühlungsvorrichtung für Würze. Ebendaselbst. 2. B. Taf. 12. Fig. 2 2c. Neues Kühlapparat für Würze. Im Baierschen Kunst- und Gewerbeblatt 2c. 16. Jahrg. 1824. 2. B. S. 171 2c. D. P. Deurbroucq's Vorrichtung zum Abkühlen der Würze. In Dingler's polytechn. Journal. 18. Band. S. 279. Taf. VI. 2c.)

Das Stellen der Würze mit Hefe und die Fermentation derselben zu Bier.

§. 537.

Um die gehopfte und abgekühlte Würze in Fermentation zu setzen, und ihren Uebergang in Bier herbey zu führen, wird solche in den Stellbottich (den Gährbottich) gebracht, dann mit der Hefe gemengt; und wenn die obere Hefe sich zu setzen beginnet, nun das Bier von der Unterhefe abgezogen, auf Fässer gefüllt und auf selbigen zum Ausstoßen und zur Ausgährung gebracht.

a) Der Stellbottich (die Stellbütte, der Gährbottich) bestehet in einem aus Eichenholz angefertigten kreisrunden Fasse, welches in dem kühlern Gährungsraume des Brauhauses placirt ist.

b) Die Hefe oder Bärme, welche sich bey jeder neuen Gährung des Biers aufs neue erzeugt, wird in Oberhefe (Kopfhefe, Spundhefe), und in Unterhefe (Faßhefe, Bodenhefe) unterschieden. Die erste ist die, welche sich im Gährbottich auf der Oberfläche der fermentirenden Masse erzeugt, und beym Gähren auf dem Fasse, aus dem Spunde ausgestoßen wird. Die Letztere ist die, welche auf dem Boden des Gährungsbottichs liegen bleibt, oder nach dem Abziehen des Biers auf dem Fasse zurück bleibt.

c) Nur allein die Oberhefe kann zum Stellen der Würze gebraucht werden. Die Unterhefe dienet nur allein zur Branntweinbrennerey.

d) Die Hefe selbst ist eine, mit vieler Kohlenstoffsäure vereinigte, Verbindung von Kleber, von Schleimzucker, von Gummi und von mehligen Theilen.

e) Zu einer Masse von 800 Berl. Quart Würze, wird nicht mehr als 20 Quart Hefe erfordert.

f) Die Menge der Hefe, welche die Würze erfordert, um gehörig zu fermentiren, richtet sich nach dem Gehalt der Würze an extraktiven Theilen, so wie nach der Temperatur des Gährungsraumes.

g) Beym Stellen der Würze mit der Hefe kommen in specielle Betrachtung: 1) die Temperatur der Atmosphäre; 2) die specifische Dichtigkeit der Würze; je nachdem ein leichtes, mittleres oder ein schweres Bier daraus hervorgehen soll. Folgende Regeln sind daher zu beobachten. Zur Beurtheilung der Dichtigkeit der Würze, bedient man sich der Sacharometers.

Ist die Temperatur der Atmosphäre des Gährungsraums	So muß die Temperatur der leichten Würze seyn	Die Temperatur der mittelmäßig starken	Die Temperatur der schweren
Grad Reaum.	Grad Reaum.	Grad Reaum.	Grad Reaum.
— 3	+ 20	+ 12	+ 10,5
— 1	+ 17	+ $10\frac{2}{3}$	+ $9\frac{1}{2}$
+ 1	+ $14\frac{1}{4}$	+ $9\frac{1}{2}$	+ $9\frac{1}{4}$
+ $3\frac{1}{2}$	+ $12\frac{1}{2}$	+ 9	+ 8
+ 6	+ $11\frac{1}{4}$	+ $8\frac{1}{2}$	+ 8
+ $8\frac{1}{2}$	+ 10	+ 10	+ 10
+ 10	+ 10	+ 10	+ 10

(Hermbstädt's chemische Grundsätze der Kunst Bier zu brauen rc. 3. Auflage. 1826. 2. Abtheilung. S. 84 — 119, und S. 138 rc.)

Die Fermentation oder Gährung des Biers.

§. 538.

Die Fermentation oder Gährung beginnt schon ein Paar Stunden nachher, wenn die Würze mit der Hefe gestellet worden ist. Sie ist allemal mit einer Erhöhung der Temperatur der fermentirenden Masse begleitet, und beendigt sich im Zeitraume von 30 bis zuweilen 70 Stunden.

a) Der Anfang der Fermentation beginnt mit einer weißen Haut, die sich am Rande des Gährbottichs ansetzt: Die Hefe setzt an.

b) Späterhin breiten sich Luftbläschen über der ganzen Oberfläche der gährenden Würze aus, und es wird eine dem Rahm ähnliche Haut gebildet: Die Würze sahnet, die Würze rahmet.

c) Von nun an vermehren sich die Luftblasen, es bildet sich eine dünne Rinde, die Haut wird vom Rande des Gährbottichs abwärts getrieben: die Würze tritt ab.

d) Die Oberfläche der gährenden Flüssigkeiten wird nun uneben, die Hefe erhebt sich auf der Oberfläche und fängt an auszutrocknen: die Würze erhöhet sich.

e) Hat die Oberhefe die größte Höhe erreicht, dann fängt sie an zu sinken, sie vertieft sich in der Mitte, wird dichter und nimmt eine dunkelgelbe oder braune Farbe an; und nun ist das Bier geschickt zum Fassen.

f) Die Gährung überhaupt zerfällt: 1) in die Bottichgährung; 2) in die Faßgährung. Sie ist entweder eine kräftige gesunde, oder eine wilde, oder eine stockende. Sie wird ferner unterschieden, in die Obergahre und in die Untergahre.

(Hermbstädt's Grundsätze rc. 3. Auflage. 1826. 1. Th. B 249. 254 rc 2. Th. S. 84—114.)

Theorie der Gährung.

§. 539.

Die Erfolge, welche den Anfang der Fermentatian andeuten und ihren Fortgang begleiten, bestehen: 1) in der Temperaturerhöhung der gährenden Masse; 2) in der Erzeugung von Kohlenstoffsäure und der Entwicklung von kohlenstoffsaurem Gas; 3) in der Erzeugung des Alkohols; 4) in der Erzeugung von Aepfelsäure; 5) in der Erzeugung von neuer Hefe des Biers.

a) Die Hefe, welche der Würze als Fermentation erzeugendes Mittel zugegeben wird, wirkt wie ein Funke der in Zunder geworfen wird: sie veranlasset ein Spiel der chemischen Wechselwirkung zwischen den gemengten Theilen. Das Wasser fängt an sich zu entmischen. Sein Sauerstoff verbindet sich mit dem Kohlenstoff des in der Würze gelösten Schleimzuckers: wodurch Kohlenstoffsäure erzeugt wird, mit deren Erzeugung die Fermentation beginnet. Der Wärmestoff, welcher hierbey aus dem Wasser in Freyheit gesetzt wird, theilt sich in zwey Theile; der eine geht mit der erzeugten Kohlenstoffsäure in Mischung und dehnt sie zum kohlenstoffsauren Gas aus; der zweyte verbreitet sich durch die ganze Flüssigkeit und erhebt ihre Temperatur. Die Kohlenstoffsäure entwickelt sich nun gasförmig in stechendriechenden Dünsten, mit Brausen, reißet einige feste Theile mit sich fort, und so beginnt die erste Bildung der Hefe.

b) Der Wasserstoff des entmischten Wassers, tritt nun mit dem entkohlten Schleimzucker in Mischung, und bildet den Alkohol.

c) Der nicht entkohlte Theil des Schleimzuckers, bleibt, mit dem von Natur darin enthalten gewesenen Antheile des Sauerstoffs, in der Flüssigkeit als Aepfelsäure zurück.

d) Während die Produktion der Kohlenstoffsäure, des Alkohols und der Aepfelsäure im Bier vor sich gehet, und der Gummi in der Würze unverändert zurück bleibt, werden die der Würze noch beigemengten Theile von Kleber, oder Eiweißstoff und Schleim ausgesondert; sie senken sich zum Theil zu Boden, zum Theil werden sie mit der Kohlenstoffsäure gemengt auf die Oberfläche geführt, und so wird die Ober- und Unterhefe gebildet.

(Hermbstädt's chem. Grundsätze der Kunst Bier zu brauen ꝛc. 3. Auflage. 1826. 1. Theil. S. 258 — 273. August Kölle, über das Wesen und die Erscheinung des Galvanismus, oder Theorie des Galvanismus und der geistigen Getränke. Stuttgard und Tübingen. 1825. 8. S. 121 ꝛc.)

§. 540.

Die mannigfaltigen gebräuchlichen Biere werden in weiße und in braune Biere unterschieden, die unter sehr verschiedenen Namen bekannt sind, welche theils von ihrem Erfinder, theils von ihren Eigenschaften, theils von den Ländern, wo sie verfertigt werden, entlehnet sind.

a) Von den in England gebräuchlichen Bieren gehören hierher: 1) das Porter; 2) das Brownstout; 3) das Readingbier; 4) das Amberbier; 5) das Londoner Ehl; 6) das Windsor-Ehl; 7) das Walliser Ehl; 8) das Hock; 9) das Tafelbier.

b) Von den in Deutschland gebraueten Bieren gehören hierher: 1) das Köstritzer Doppelbier; 2) die Braunschweiger Mumme; 3) das Kufenbier; 4) das Fredersdorfer Bier; 5) das Mannheimer Bier; 6) das Merseburger Bier; 7) das Erfurther Bier; 8) der Broyhohn; 9) das Kottbusser Bier; 10) die Gose; 11) das Berl. Weißbier; 12) das Stettiner Bier; 13) das Alt-Haldensleber Ehl; 14) das Alt-Haldensleber Porterbier; 15) das Ducksteiner Bier; 16) das Danziger Joppenbier.

c) Einige absurde Namen hat man folgenden Bieren gegeben: 1) dem Boitzenburger Bier (Biet dem Kerl); 2) dem Breslauer Bier (Breslauer Schöps); 3) dem Colberger Bier (Colberger Black); 4) dem Creutz-Klosterschen Bier (Tibi solis); 5) dem Delitzscher Bier (Delitzscher Kuhschwanz); 6) dem Eckvorder Bier (Caca Bulle); 7) dem Gardeleger Bier (Gardeleger Garley); 8) dem Halberstädter Bier (Halberstädter Muff); 9) dem Helmstädter Bier (Helmstädter Clapit); 10) dem Herforther Bier (Herforther Ramna); 11) dem Kieler Bier (Kieler Witter); 12) dem Kottbusser Bier (Krabbel an der Wand); 13) dem Kyritzer Bier (Kyritzer Mord und Todschlag); 14) dem Magdeburger Bier (Magdeburger Filz); 15) dem Erfurther Bier (Erfurther Schlunz); 16) dem Leipziger Bier (Leipziger Rostrum); 17) dem Niemayer Bier (Niemayscher Moll); 18) dem Osnabrücker Bier (Osnabrücker Buße); 19) das Ratzeburger Bier (Ratzeburger Rummelbunst); 20) dem Ribbaghauser Bier (Ribbaghauser Schübbe Kappe); 21) dem Wittenberger Bier (Wittenberger Kuckuk); 22) dem Stadeschen Bier (Stadescher Kater); 23) dem Gustrauer Bier (Gustrauer Ginsenak); Woher diese absurden Benennungen entstanden sind, ist nicht einzusehen.

d) Die Kräuterbiere, als: 1) das englische Löffelkraut-Ehl; 2) das China-Ehl; 3) das Purl; 4) das Hollunder-Bier ꝛc.

(Hermbstädt's chem. Grundsätze der Kunst Bier zu brauen ꝛc. 2. Abth. 1826. S. 144—149.)

§. 541.

Ein gutes Bier muß klar und durchsichtig, von einem geistig stechenden Geruch, einem angenehmen geistigen weinartigen Geschmack seyn, und beym Ausgießen, gleich dem Champagnerwein, brausen. Dasselbe darf nach dem Genuß keine Unbequemlichkeit im Magen veranlassen, dabey nährend seyn, und durch die Destillation eine gute Portion Branntwein aus sich scheiden lassen. Schwere Lagerbiere sind manchen Zufällen unterworfen, daher sie einer besondern Pflege bedürfen. Eine vollständige Uebersicht aller derjenigen Regeln, welche dabey beobachtet werden müssen, findet sich in unten angezeigten Schriften.

(On the preparation, preservation and restauration of Malt-Liquors. London 1773. 8. Richardson's Vorschläge zu neuen Vortheilen beym Bierbrauen. Aus dem Engl. von Crell. Berl. 1786. 8. J. W. Wäser's gründliche Anweisung zum Bierbrauen, zur Beförderung richtiger Grundsätze der vorzüglichsten Bereitung des Braun- Weiß- und Englischen Biers. Berl. 1793. 8. Alexander Morrice A treatise on brewing wherein is exhibitet the whole art and mysterie of brewing the various sorts of Malt-Liquor, with the practical examples upon each species together with the manner of using the thermometer and saccharometer elucidated by examples and rendered easy to anx capacity in brewing London-porter, Brownstout, Reading-beer, Amber, Hock, London-Ale, Souwy grasi-ale, Table-beer and Schipping-beer. London 1802. F. W. Heun, Versuch der Kunst alle Arten Biere nach englischen Grundsätzen zu brauen. Leipzig 1777. 8. J. C. Jordan Anweisung zum kunstmäßigen Brauen des Weißbiers. Hannov. 1790. 8. S. F. Hermbstädt's Sammlung praktischer Erfahrungen und Beobachtungen für Bierbrauer rc. 1. B. Berl. 1804. 8. 2. B. 1. Heft. 1807. Desselben chem. Grundsätze der Kunst Bier zu brauen rc., mit Kupf. Berl. 3. Aufl. 1826. in 2. Abtheilungen. Voit, über das Brauwesen in Augsburg in Beziehung auf die vortheilhafteste Einrichtung des Brauwesens im Allgemeinen. In Dingler's polytechn. Journal. 3. B. 1820. S. 229 rc. Taf. XXX. F. Accum's Abhandlung über die Kunst zu brauen rc. Mit Kupfern. Hanau 1821. 8.)

Dreyundzwanzigster Abschnitt.

Die Fabrikation des Branntweins.

(Die Branntweinbrennerey.)

§. 542.

Wenn Wein oder Bier, oder ein anderes Fluidum, das die weinige Fermentation ausgestanden hat, der Destillation unterworfen wird, so gewinnt man in der Vorlage ein geistigschmeckendes und dabey entzündliches Destillat, welches Branntwein genannt wird; so wie man jene Destillation selbst das Brennen, und die dazu erforderlichen Geräthschaften das Brennzeug zu nennen pflegt.

a) Die Kunst, Branntwein zu verfertigen, ist ohnstreitig eine Erfindung der Araber, die ihn zuerst aus Wein destillirten, und ihn dann gebrannten Wein (Vinum ustum) nannten.

b) Die arabischen Aerzte gebrauchten den Branntwein schon als Arzneymittel, und durch ihre Schriften scheint er in Europa bekannt geworden zu seyn. Seine Zubereitung war noch ums Jahr 1333 sehr umständlich und schwierig: wie solches aus den Schriften des Theophrastus Paracelsus, des Raymundus Lullius, des Arnoldus de villa nova, welchen Letztern viele ganz fälschlich für den Erfinder der Kunst Branntwein zu brennen halten, sehr deutlich hervorgehet.

c) Anfangs destillirte man den Branntwein bloß aus jungen oder schlechten Weinen, aus Weinhefe oder auch aus Bierhefe. Erst seit der Mitte des sechszehnten Jahrhunderts fing man an aus Weizen, aus Roggen, aus Gerste, aus Dinkel, aus Buchweizen &c. Branntwein zu brennen.

(Beckmann's Geschichte der Erfindungen &c. 1. St. S. 41, 2. St. S. 277 &c. Hermbstädt's Beytrag zur Geschichte des Branntweins. In den Verhandlungen des Vereins zur Beförderung des Gewerbefleißes in Preußen. 7. Jahrgang. Berlin 1828. S. 134 &c.)

§. 543.

Die Materialien, aus denen man Branntwein produciren kann, sind sehr mannigfaltig; und eben so verschieden sind die Benennungen, unter welchen der daraus producirte Branntwein in den Handel kommt. Im Grunde ist jeder Branntwein ein Produkt der Mengung aus Alkohol und Wasser, als seinen wesentlichen Gemengtheilen. Der Unterschied im Geruch und Geschmack, der verschiedenen im Handel vorkommenden Arten des Branntweins, hängt dagegen von außerwesentlichen Beymengungen ab. Die bekanntesten Arten des Branntweins und die Materialien aus denen er bereitet wird, sind:

a) Der Rack oder Arrack, welcher in Indien aus dem Safte der Kokusnüsse, in Vermengung mit Reis; nach andern, aus den Saamen der Areca Catechu, durch die Fermentation und Destillation, bereitet wird.

b) Der Taffia, welcher in Ost- und Westindien, theils

aus dem frischen gegohrnen Zuckerrohrsafte, durch die Destillation bereitet wird.

c) Der Rum, welcher in Ost- und Westindien, aus der Melasse, d. i. dem schwarzen Syrup, der nach der Scheidung des Zuckers aus dem Safte des Zuckerrohrs zurück bleibt, durch Fermentation und Destillation bereitet wird.

d) Der Franzbranntwein, der im südlichen Frankreich durch die Destillation des Weins, auch der Weinhefe und der Weintrebern gewonnen wird; er wird nach den Provinzen, aus welchen der Wein herstammte, benannt, wie z. B. Coignac, Roussillon, Cette rc.

e) Der Zuckerbranntwein, welcher aus den bey den Zuckerraffinerien sich ergebenden Abfällen, durch deren Fermentation und Destillation bereitet wird.

f) Der Getreide- oder Kornbranntwein, welcher, besonders in nördlichen Ländern, aus Weizen, aus Roggen, aus Gerste, aus Hafer, aus Spelz oder Dinkel, aus Buchweizen rc. producirt wird.

g) Der Kartoffelbranntwein, den man aus Kartoffeln bereitet.

h) Der Rübenbranntwein, der aus Runkelrüben, aus Morrüben rc. gemacht wird.

i) Der aus süßen Früchten und Beeren bereitete Branntwein, wie Kirschbranntwein, Pflaumenbranntwein (der Sliwowitz), Aepfelbranntwein, Ebereschenbranntwein rc.

§. 544.

Jede Substanz, welche Mehl oder Zuckerstoff, oder beyde zugleich, unter ihren Bestandtheilen enthält, ist vermögend, unter den dazu erforderlichen Bedingungen, Branntwein zu produciren: daher läßt sich auch die Zahl der Branntweinmaterialien, außer den bekannten, noch außerordentlich vervielfältigen; und man würde vielleicht alles Getreide, das jetzt zum Bierbrauen verarbeitet wird, dazu ent-

entbehren können, wenn nur auf obigen Ausspruch gehörige Rücksicht genommen würde.

a) So bereiten die Tartaren und Kalmucken den Branntwein aus Milch.

b) Daß man auch aus Roßkastanien und aus Eicheln, so wie aus mancherley andern süßlicht schleimigen und mehligen wildwachsenden Wurzeln Branntwein bereiten kann, habe ich ebenfalls gezeigt.

§. 545.

Im nördlichen Europa, wo der Wein selten und nicht reichhaltig an geistigen Theilen ist, und der Zucker wegen seines theuern Preises nicht zu Branntwein benutzt werden kann, bedient man sich zu seiner Produktion entweder des Getreides, oder der Kartoffeln, oder der Runkelrüben, doch der ersten beyden Materialien am meisten. Die Art der Behandlung der gedachten Materialien ist wenig verschieden, sie soll bey jedem Einzelnen näher erörtert werden; nachdem zuerst von den dazu erforderlichen Geräthschaften das Nöthige gelehrt worden ist.

Von den Geräthschaften zum Branntweinbrennen.

§. 546.

Die zur Einrichtung einer vollständigen Branntweinbrennerey erforderlichen Geräthschaften bestehen: 1) in dem Meischbottich; 2) der Lutterblase; 3) der Weinblase; 4) der Kühlgeräthschaft, deren Konstruktion in der letztern Zeit mannigfache Verbesserungen erhalten hat.

a) Die Meischbottiche (Maischbütten, Maischtienen), welche dazu bestimmt sind, das geschrotene Getreide darin anzumeischen und in Gährung zu setzen, sind von Eichenholzstäben angefertiget. Sie besitzen entweder die Gestalt eines $\frac{4}{5}$ von der Basis abgeschnittenen Kegels, oder die eines Ovals. Sie sind mehr weit als tief, und ihr kubischer Gehalt ist der Masse des Getreides angemessen, das mit einemmal darin eingemeischt werden soll.

b) Die Lutterblase (Läuterblase), welche dazu bestimmt ist, die gegohrne Meische darauf abzuziehn (zu luttern oder zu läutern), ist entweder aus geschlagenem Kupfer oder aus gegossenem Eisen angefertiget. Sie bestehet aus zwey Haupttheilen: dem Blasenkessel und dem Helm (dem Kopf oder Destillirhut).

c) Um dem Blasenkessel eine solche Form zu geben, daß die Destillation mit der möglichsten Schnelligkeit und Ersparung an Brennmaterial betrieben werden kann, werden die Verhältnisse von 1 Fuß Tiefe bis an die Haube, und 4 Zoll Tiefe der Haube bis inclusive des Blasenhalses beobachtet. Der Durchmesser richtet sich nach der Masse der Meische, die mit einemmal darin abgetrieben werden soll. Für eine Blase, worin die Meische von 2 Scheffel Getreide (der Scheffel zu 2759 Pariser Kubikzoll) abgetrieben werden soll, ist es hinreichend, wenn die Tiefe der Blase bis zur Haube 1 Fuß; von der Haube bis zum Hals $2\frac{1}{2}$ Zoll, vom Anfang des Halses bis zum Ende desselben, $1\frac{1}{2}$ Zoll; der Totaldurchmesser aber 4 Fuß 3 Zoll; und der der Halsmündung 1 Fuß 5 Zoll beträgt.

d) Der Helm (der Hut, der Kopf), welcher bloß zur Dunstableitung bestimmt ist, muß mit seinem unten offenen Theile gerade in die Halsmündung der Blase einpassen. Derselbe verengt sich nach oben zu stumpfkegelförmig zu einer Höhe von 24 Zoll, und ist oben mit einem 5 Zoll weiten cylindrischen Leitungsrohr verbunden.

e) Die Weinblase (die Klärblase) ist ganz nach derselben Art konstruirt, wie die Lutterblase, nur daß sie kleiner als die Lutterblase ist. Sie ist zur nochmaligen Abziehung des Lutters (zur Weinung oder Klärung desselben) bestimmt.

f) Die Kühlgeräthschaft (das Refrigeratorium) welche

zur Abkühlung der destillirten Flüssigkeit bestimmt ist, bestehet in einem mit Wasser gefülleten Kühlfasse, in dessem Innern eine aus Kupferblech angefertigte Vorrichtung placirt und die dazu bestimmt ist, die übergehenden Dünste aufzunehmen solche zu verdichten, und vor ihrem Eintritt in die Vorlage, vollends abzukühlen.

g) Die Kühlgeräthschaft bestehet entweder: 1) in einem Fasse mit dem Schlangenrohr; oder auch in dem verbesserten Refrigerator. In der Mitte reicht ein hohler hölzerner oder kupferner Cylinder (der Wolf) hinab, der dazu bestimmt ist, so oft es erfordert wird, kaltes Wasser auf den Boden des Kühlfasses zu leiten; da hingegen an der obern Mündung des Kühlfasses das in demselben erhitzte Wasser durch ein anderes Rohr abgeführt wird.

h) Besonders gut eingerichtete Branntweinbrennereyen sind noch mit einem besondern Meischwärmer versehen, der zwischen dem Helmrohr der Blase und dem Eingangsrohr des Refrigerators placirt ist.

i) Der Meischwärmer bestehet in einem abgekürzten oder abgeschnittenen inwendig hohlen doppelten Kegel mit zwey offenen Röhren, von der die obere mit dem Schnabel des Blasenhelms, die untere hingegen mit dem Eingangsrohr zum Refrigerator in Verbindung stehet. Er ist dazu bestimmt, die für eine künftige Destillation erforderliche Meische, durch die Wärme der destillirenden Dünste, zu erhitzen, bevor selbige in die Blase kommt.

k) Der empfehlenswürdigste Apparat zur Branntweinbrennerey im Großen, bleibt immer der von Pistorius erfundene. Mittelst demselbigen ziehet man gleich aus der Meische, ohne Nachlauf, nach Willkühr, einen Spiritus von 80 bis 95 Prozent Alkohol; welches durch die verhältnißmäßige Abkühlung mittelst dem Rektifikator bewirkt wird.

(S. F. Hermbstädt's Revision der wichtigsten Gegenstände der Branntweinbrennerey ꝛc. In dessen Archiv der Agrikulturchemie ꝛc., 2. B. S. 64 ꝛc. A. S. Duportal's Anleitung zur Kenntniß des gegenwärtigen Zustandes der Branntweinbrennereyen in Frankreich ꝛc. Aus dem Franz.

übersetzt, so wie mit Anmerkungen und Zusätzen, die deutschen Branntweinbrennereyen betreffend, begleitet; von S. F. Hermbstädt. Berl. 1812. 8. Hermbstädts chemische Grundsätze der Kunst Branntwein zu brennen rc. 1. Theil. 2. Aufl. Berlin 1822. Taf. I. III. IV. u. 2. Th. Taf. I. u. II.)

Erste Abtheilung.

Branntwein aus Getreide.

§. 547.

Die Branntweinbrennerey aus Getreide: nämlich aus Weizen, Roggen und Gerste, ist die gewöhnlichste. Sie zerfällt: 1) in das Schroten des Getreides; 2) das Einmeischen und Stellen der Meische; der Meische; 4) das Abtreiben der gegohrnen Meische 3) das Gähren auf der Lutterblase; 5) das Weinen oder Klären des Lutters auf der Weinblase.

a) Um das Getreide Behufs des Branntweins zu schroten, wird solches so zart als möglich gemahlen, damit es einen pulverartigen Zustand annimmt.

b) Wer Gelegenheit dazu hat, läßt dasselbe, besonders Weizen und Gerste, vorher malzen, und versetzt das ungemalzte Getreideschrot, wenigstens zum Theil, mit Malzschrot; das aber nicht geröstet, sondern bloß gewelkt seyn muß.

c) Wer Gelegenheit hat, 2 oder 3 verschiedene Getreidearten unter einander gemengt zu verarbeiten, gewinnt eine größere Ausbeute an Branntwein.

d) Das Einmeischen des Schrotes zerfällt gemeiniglich in drey Perioden, nämlich: 1) das Einteigen; 2) das Einmeischen; und 3) das Stellen. In den meisten Fällen wird das Einmeischen aber gleich mit Wasser von 60 Grad Reaumür veranstaltet, und nach einem dreystündigen Meischen, die Meische mit kaltem Wasser von 12 bis 15 Grad Reaumür gestellt.

e) Um im Sommer wie im Winter, also das ganze Jahr hindurch, mit Erfolg brennen zu können, müssen beym Kaltstellen der Meische mit Wasser, folgende Regeln beobachtet werden.

Wenn die Temperatur des kalten Wassers beträgt Grad Reaumür.	So muß die Temperatur der Meische betragen Grad Reaumür.
+ 1	+ 44,9
+ 2	+ 43,7
+ 3	+ 42,5
+ 4	+ 41,3
+ 5	+ 40,1
+ 6	+ 38,9
+ 7	+ 37,7
+ 8	+ 36,5
+ 9	+ 35,3
+ 10	+ 34,1
+ 11	+ 32,9
+ 12	+ 31,7
+ 13	+ 30,5
+ 14	+ 29,3

f) Während dem Einteichen oder Einmeischen des Schrotes, wird die Masse mit einem Rührscheid oder der Rührharke beständig herum gearbeitet, damit sich keine Klumpen bilden, sondern ein gleichförmiger dünner Brey entstehet.

g) Wenn die Masse einige Stunden lang gemeischt hat, so wird sie, nach der (e) gegebenen Vorschrift, mit kaltem Wasser gestellet, wohl damit unter einander gerührt, und wenn das ganze Fluidum bis zur gehörigen Temperatur abgekühlt ist, die Hefe zugesetzt um die Fermentation zu veranlassen.

h) Um die Meische mit Hefe zu stellen, müssen folgende Regeln beobachtet werden.

Beträgt die Temperatur des Gährungs-Raums Grad Reaumür.	So muß die Temperatur der Meische betragen Grad Reaumür.
+ 3	+ 27
+ 8	+ 22
+ 12	+ 20
+ 14	+ 18
+ 16	+ 16

i) Bey dieser ganzen Operation wird am besten auf einen Theil Schrot (dem Gewicht nach) acht Theile Wäßrigkeit, und 8 Procent vom Schrot an Hefe gerechnet. So bekommen z. B. 100 Pfd. Schrot, zum Einteigen 200 Pfd. Wasser van 38 Gr. Reaumür; dann zum Anmeischen 300 Pfd. von 80 Gr. Reaumür, und zum Stellen der Meische 300 Pfd. von 14 Gr. R., nebst 8 Pfund guter Oberhefe; welches also, mit Ausnahme der Hefe, für einen Theil Schrot, acht Theile Wäßrigkeit beträgt.

k) Die mit der Hefe versetzte Meische wird nun im Meischbottich zugedeckt. Die Temperatur des Gährungsraums darf billig nicht höher wie + 14° Reaum., und nicht niedriger wie + 3° Reaum. seyn. Die Fermentation beginnt schon nach ein Paar Stunden, und ist in 24 bis 30 Stunden vollkommen beendiget.

l) Während der Fermentation entwickelt sich fortwährend, unter zischendem Geräusche, kohlenstoffsaures Gas, das die Nase stechend-sauer reizet. Die Hülsen des Getreides heben sich auf die Oberfläche empor; ein über die gährende Masse gehaltenes Licht erlöscht augenblicklich, und die gährende Masse zeigt eine höhere Temperatur, als die der äußeren umgebenden Luft. Wenn die Temperatur derselben der der äußern Luft gleich wird, der stechende Geruch der Masse nachläßt, die Hülsen zu Boden fallen, und das Fluidum eine klare Beschaffenheit und einen weinsäuerlichen Geschmack angenommen hat, so ist die Fermentation beendigt

m) Jetzt wird nun das gegohrne Gut auf die Lutterblase geworfen, bis zur Temperatur von 65 Grad Reaum. unter stetem Umrühren erhitzt, dann der Blasenhelm aufgesetzt, mit der Kühlgeräthschaft in Verbindung gebracht, alle Fugen verklebt, und nun die Destillation begonnen, und nach und nach so lange fortgesetzt, bis das Uebergehende bloß in Wasser besteht.

n) Das Destillat wird in diesem Zustande Lutter oder Läuter genannt, und ist seiner Natur nach ein sehr schwacher mit essigartiger Säure und vielen stinkenden Oeltheilen des Getreides gemengter Branntwein; der im Durchschnitt höchstens 12 bis 15 Procent Alkohol enthält.

o) Der Lutter oder Läuter wird nun geweinet, d. i. auf der kleinen Weinblase oder Klärblase zum zweytenmal der Destillation unterworfen. Es gehet jetzt ein Branntwein über, der anfangs bis 60 Proc. Alkohol enthält, und Vorsprung genannt wird; der aber immer mehr in der Stärke abnimmt, bis zuletzt reines Wasser in der Vorlage erscheint. Man läßt indessen gewöhnlich zusammen genommen, nur so viel in die Vorlage übergehen, daß das Gemenge einen Alkoholgehalt von 30 Procent nach dem Richterschen, oder 43 Procent nach dem Trallesschen Alkoholimeter erkennen läßt. In diesem Zustande wird das Destillat Schankbranntwein genannt und in den Handel gebracht.

p) Durch ein wiederholtes Abziehen des gedachten Schankbranntweins, wobey jedesmal der geistigere Theil zuerst in die Vorlage übergehet, kann sein Alkoholgehalt vermehrt werden: so daß bey einem Gehalt von 60 Procent Alkohol, derselbe als Spiritus oder Weingeist, bey einem Gehalt von 80 Procent als doppelt rectificirter Weingeist, und bey einem Gehalt von 100 Procent, als absoluter Alkohol erscheint.

q) Viele Branntweinbrenner verarbeiten kein einfaches, sondern immer gemengtes Getreide, nämlich zwey Theile Roggen und einen Theil Weizen, oder einen Theil Weizen und zwey Theile Gerste, oder gleiche Theile Roggen und Gerste, und erhalten beym gemengten Getreide immer eine größere Ausbeute an Branntwein.

*) Als Durchschnittssatz kann man, als Minimum, annehmen, daß von 1 Berl. Scheffel Weizen 18 bis 20 Berl. Quart (à $2\frac{1}{2}$ Pfund Wasser), von 1 Berl. Scheffel Roggen 14 bis 16 Quart, und von 1 Berl. Scheffel Gerste 12 bis 14 Quart Branntwein, zu 43 Procent Alkoholgehalt, nach Tralles gewonnen wird, wenn solches einfach verarbeitet worden; welches also im Durchschnitt für jede 100 Pfd. dieser Getreidearten, eines wie des andern, 20 Berl. Quart Branntwein von oben gedachtem Gehalt, beträgt.

(S. F. Hermbstädt's Bemerkungen über die Versteurung der Branntweinbrennereyen durch den Blasenzins. In dessen Büllletin des Neuesten rc. 7. Bd. S. 161 rc. Von Loos, über den kubischen Gehalt der Branntweinblasen im Verhältniß zur Meische; Ebendaselbst S. 253 rc. J. F. Dorn's Anleitung zur Kenntniß und Beurtheilung der wichtigsten Operationen in der Branntweinbrennerey, mit einem Vorbericht von Hermbstädt. Berlin 1811. 8. S. F. Hermbstädt's chem. Grundsätze der Kunst Branntwein zu brennen rc. 2. Aufl. 1. u. 2. Th. Berlin 1823. J. H. L. Pistorius praktische Anleitung zum Branntweinbrennen rc. Berlin bey dem Verfasser. 1821. 8.)

Zweyte Abtheilung.

Branntwein aus Kartoffeln.

§. 548.

Die Kartoffeln oder Erdtoffeln, d. i. die Wurzelknollen der Kartoffelstaude (Solanum tuberosum Lin.) sind, nach dem Getreide, am qualificirtesten um Branntwein daraus zu verfertigen, wenn solche der dazu erforderlichen zweckmäßigen Bearbeitung unterworfen werden.

a) Die nähern Bestandtheile der Kartoffeln bestehen in Kraftmehl, in Pflanzenschleim, in Pflanzeneiweiß, in Pflanzenfaser, in Phosphorsäure, in Weinsteinsäure, und in vieler Wäßrigkeit.

b) Hundert Pfund frische Kartoffeln lassen, wenn solche völlig ausgetrocknet werden, zwischen 22 bis 30 Procent an trockner Substanz zurück; man kann also das mittlere Verhältniß der trocknen Substanz in denselben auf 25 Procent setzen.

c) Der Berliner Scheffel Kartoffeln wiegt im Durchschnitt 100 Pfund; er enthält 25 Procent trockne Substanz und 75 Procent Wäßrigkeit. Da nun der Scheffel Weizen 90 Pfund, der Scheffel Roggen 80 Pfund, und der Scheffel Gerste 70 Pfd. im Durchschnitt wiegt, so können, in Hinsicht der trocknen Basis, 1 Scheffel Weizen mit $3\frac{3}{5}$ Scheffel, 1 Scheffel Roggen mit $3\frac{1}{5}$ Scheffel, und 1 Scheffel Gerste mit $2\frac{4}{5}$ Scheffel Kartoffeln gleich geschätzt werden.

d) Im Durchschnitt liefert 1 Scheffel Kartoffeln mindestens 6 Berl. Quart Branntwein von 43 Procent Tralles Dem gemäß sind, in Hinsicht der Ausbeute an Branntwein, 1 Scheffel Weizen gleich 3 Scheffel, 1 Scheffel Roggen $2\frac{1}{3}$, und 1 Scheffel Gerste 2 Scheffel Kartoffeln gleich, wenn Branntwein von gleichem Alkoholgehalt daraus producirt wird.

§. 549.

Die Arbeiten zur Darstellung des Branntweins aus Kartoffeln zerfallen: 1) in das Kochen derselben; 2) das Zerquetschen; 3) das Einteigen; 4) das Einmeischen; 5) das Stellen der Meische mit Hefe; 6) das Fermentiren derselben; 7) das Abluttern der gegohrnen Meische; 8) das Weinen oder Klären des davon gezogenen Lutters zu Branntwein.

a) Um das Kochen der Kartoffeln zu veranstalten, werden solche vorher im Wasser rein gewaschen, und dann mit Wasserdämpfen gahr gekocht. Man verrichtet dieses entweder, indem man auf den Boden eines kupfernen oder eisernen Kessels, einen von selbigem einen Fuß hoch entfernten hölzernen Rost legt, den Kessel bis an die Oeffnung des Rostes mit Wasser anfüllet, dann die Kartoffeln hinein bringt, den Kessel leicht zudeckt, und nun das Wasser zum Kochen erhitzt und so lange darin erhält, bis die Kartoffeln gahr gekocht sind; wobey das Gahrkochen der Kartoffeln durch die Dämpfe des siedenden Wassers bewirkt wird.

b) In großen Branntweinbrennereyen bedient man sich eines oben offenen Fasses, dessen Boden mit einem Loch durchbohrt ist. In dieses Loch placirt man den durch eine Röhre verlängerten Schnabel des Blasenhelms, füllt das Faß mit Kartoffeln an, und läßt nun, wenn der Lutter abgetrieben ist, den übrigen wäßrigen Dunst in die Kartoffeln treten, bis sie gahr gekocht sind.

c) Um die gekochten Kartoffeln zu zerquetschen, bedient man sich einer eigenen Quetschmaschine. Sie bestehet aus zwey mit Kurbeln versehenen und durch selbige sich gegen einander bewegenden hölzernen Walzen, die über einem Kasten ruhen, der das Zerquetschte aufnimmt. Sie ist oben mit einer Art Mühlentrichter bedeckt, in den man die Kartoffeln thut.

d) Um die zerquetschten Kartoffeln einzuteigen, werden sie im Meischbottich, für jeden Scheffel zu 100 Pfd., mit 43 Pfund (= 17 Berl. Quart) Wasser von 45° Reaumür Temperatur angerührt, so lange, bis alles in einen dünnen Brey verwandelt ist.

e) Um den Teig nun einzumeischen, wird demselben noch 68 Pfund (= 27½ Quart) siedendheißes Wasser zu 80° Reaum. zugesetzt, alsdann abermals unter einander gerührt, und 4⅛ Pfund Gerstenmalzschrot zugegeben; nach völligem Vermengen aber die Masse drey Stunden lang ruhig stehen gelassen.

f) Um die Meische zu stellen, werden noch 68 Pfund (= 27½ Quart) kaltes Wasser zugegeben, womit sie nun so lange stehen bleibt, bis sie sich auf 20 Grad Reaumür abgekühlt hat.

g) In diesem Zustande wird nun der Meische, für jeden Scheffel Kartoffeln berechnet, ½ Quart gute Hefe zugegeben, und alles wohl damit unter einander gerührt. Die Fermentation beginnt schon in ein Paar Stunden, und ist in 30 Stunden völlig beendigt.

h) Das Abziehen der Meische auf der Lutterblase zu Lutter, so wie das Weinen des Lutters auf der Weinblase, geschiehet eben so wie beym Getreidebranntwein.

i) Wenn das Zerquetschen der gahr gekochten Kartoffeln schnell genug geschiehet, so daß sie sich vorher nicht zu sehr abkühlen können, dann kann das Einmeischen ganz mit kaltem Wasser geschehen. Nur muß dann das Malz besonders eingemeischt werden. Man giebt der Malzmeische (nach dem Stellen mit kaltem Wasser) die Hefe, und setzt nun das Ganze der kalt gebildeten Kartoffelmeische zu.

k) Wird Kartoffelstärke, oder auch bloß Kartoffeln, in Versetzung mit 2 bis 3 Procent Schwefelsäure und Wasser, 10 bis 12 Stunden gekocht, die Säure durch Kreide oder gepülverte Austerschale abgestumpft, und die übrig bleibende süße Flüssigkeit bey gehöriger Verdünnung mit Wasser, durch Zusatz von Hefe in Gährung gesetzt, und dann destillirt, so gewinnt man, ohne weitere Reinigung, einen Branntwein, der dem französischen aus Wein gezogenen ähnlich ist.

(Hermbstädt's Erfahrungen über die Branntweinbrennerey aus Kartoffeln rc. In Dessem Archiv der Agrikulturchemie für denkende Landwirthe rc. 4. B. S. 372 rc.; auch in Dessem Bülletin rc. 5. B. S. 118 rc. Derselbe: Ueber die Verfertigung einer künstlichen Hefe für die Branntweinbrennereyen. Ebendas. S. 130 rc. und in Dessem Bülletin rc. 7. B. S. 251 rc. Dessen chem. Grundsätze der Kunst Branntwein zu brennen. 2. Aufl. 1823. 1. Th. Taf. VII. Fig. 1. 2. 3. u. 6.)

Dritte Abtheilung.

Reinigung und Veredlung des Branntweins.

§. 550.

Der Branntwein aus Getreide, und nicht weniger der aus Kartoffeln, ist gemeiniglich mit einem widrigen stinkenden Geruch und Geschmack, dem sogenannten

Fuselgeschmack, begabt, der von einem eigenthümlichen in der Kälte butterartig gerinnbarem Oele abhängig ist, das den nicht gemalzten Getreidearten von Natur beiwohnet, und durch die Behandlung des Branntweins mit Kohle, so wie auf andere Weise, daraus hinweg genommen werden kann.

a) Um den Branntwein zu reinigen, d. i. von seinem Fuselgeruch und Geschmack zu befreyen, versetzt man denselben für jedes Berliner Quart mit 4 Loth gut ausgeglüheter gepülverter Kohle, am besten von Lindenholz, rührt ihn auf einem Fasse wohl damit um, läßt ihn 48 Stunden lang damit liegen, ziehet ihn dann von der gelagerten Kohle ab und unterwirft ihn einer neuen Destillation, da solcher dann rein erscheint. Die stinkenden Oeltheile hingegen bleiben mit der Kohle gemengt zurück.

b) Noch reiner erscheint das Destillat, wenn man dem mit der Kohle gereinigten Branntwein, bevor solcher zum zweytenmal über destillirt wird, für jedes Quart berechnet, mit 1 Quentchen geschmolznen Aetzkali, oder auch bloß gebranntem Kalk, zusetzt.

c) Durch eine Versetzung mit 1 Quart gutem Essig, für 20 Qrt. Branntwein, und nochmalige Destillation, erhält das Destillat einen dem Franzbranntwein ähnlichen Geruch und Geschmack.

(Hermbstädt, über die Reinigung des Branntweins und dessen Veredlung zu Coignac. In Dessen Bülletin des Neuesten rc. 2. B. S. 44 rc. Düportal's Anleitung zur Kenntniß des gegenwärtigen Zustandes der Branntweinbrennereyen in Frankreich rc. Mit Anmerkungen von Hermbstädt. Berl. 1812. 8. Franz Körte, über das Oel der Getreidearten: In Hermbstädt's Bülletin rc. 8. B. S. 193 rc. Hermbstädt's chemische Grundsätze der Kunst Branntwein zu brennen rc. 2. Aufl. 1822. S. 511 — 524.)

Weingeist. Alkohol.

§. 551.

Der gemeine Branntwein ist ein Produkt der Mengung aus ohngefähr 30 Procent Alkohol und 70 Procent Wasser, nebst einigen essigartigen Theilen. Durch eine wiederholte Destillation desselben kann das Wasser daraus geschieden, selbiger verstärkt, entwässert und zuletzt in Alkohol umgewandelt werden; wobey die wäßrigen Theile als Phlegma zurück bleiben.

a) Alkohol nennt man den reinen völlig wasserfreyen Antheil eines jeden Branntweins. Man bestimmt seinen Gehalt in irgend einem, jedoch nicht mit versüßenden Materien gemengten, Branntwein, mittelst dem Alkoholimeter. Der absolute Alkohol ist ein Produkt der chemischen Mischung aus 2 Atomen Kohlenstoff (= 12), 6 Atomen Wasserstoff (= 6), und 1 Atomen Sauerstoff (= 8); also ist das Gewicht eines Atoms Alkohol (= 26).

b) Nach Th. v. Saussure, sind jene Elemente des Alkohols in einem solchen Verhältniß vereinigt, daß man denselben als aus 100 Theilen ölbildendem Gas und 63,5 Wasser zusammengesetzt, betrachten kann. Solches würde für 100 Theilen desselben betragen: 61,16 ölbildendes Gas und 38,84 Wasser. Nach Gay-Lussac verhalten sich die genannten Gewichte, wie die specifischen Gewichte jener Materie in Gasform; woraus also hervorgehen wird, daß der Alkohol aus gleichen Volumen ölbildendem Gas und Wasser zusammen gesetzt sey; welches auch durch andere bestätigt ist. Hiernach enthält also 1 Volumen Alkoholgas: 1 Volumen Sauerstoffgas, 2 Volumen Kohlengas und 6 Volumen Wasserstoffgas. Die Formul für seine Grundmischung wird also seyn $H + 2 C H$. Die specifische Dichtigkeit des absoluten Alkohols ist 0,791.

c) Der Alkoholimeter (ein aus Glas oder auch aus Metall verfertigtes Aräometer), giebt bey seinem Eintauchen in irgend einen Branntwein, bey mittlerer Temperatur des Dunstkreises, seinen Gehalt an Alkohol nach Procenten an, jedoch nur eines Alkohols, dessen specifische Dichtigkeit = 0,800 ist.

d) Man bedient sich zweyerley Instrumente dieser Art, nämlich: 1) das Richtersche und 2) das Trallessche Alkoholimeter. Jenes zeigt den Alkoholgehalt im Branntwein nach dem Gewicht; das Letztere zeigt ihn nach dem Umfange oder dem Maaß an.

e) Da das Wasser bey einer Temperatur von 80 Grad Reaum., absoluter Alkohol aber schon bey einer Temperatur von $59\frac{4}{9}$ Grad Reaum. in Dünste ausgedehnt und verflüchtigt wird, so kann der Branntwein durch eine wiederholte Destillation, wobey die geistigen Theile immer zuerst entweichen, nach und nach verstärkt und entwässert werden. Man nennt dieses die Rektifikation desselben.

f) Hundert Theile Branntwein von 30 Procent Alkoholgehalt, geben 50 Theile einmal rektificirten, von 60 Procent Alkoholgehalt, der in diesem Zustande Weingeist (Spiritus Vini rectificatus) genannt wird; und hundert Theile einmal rektificirter Branntwein, geben durch eine nochmalige Destillation 50 Theile zweymal rektificirten Branntwein, von 80 bis 85 Procent Alkoholgehalt, der in diesem Zustande doppelt rektificirter Weingeist (Spiritus Vini rectificatissimus) genannt wird; und hundert Theile von diesem geben, wenn sie über ein gleiches Gewicht völlig trockne Pottasche, bis zur Hälfte, abgezogen werden, 50 Theile absoluten Alkohol, in welchem das Alkoholimeter sich bis auf Null einsenkt.

(S. F. Hermbstädt's Grundriß der allgemeinen Experimental-Chemie rc. 2. Bd. 3. Aufl. Berl. 1813. S. 182 rc. Das Alkoholimeter und sein Gebrauch, zur Bestimmung der Güte des Branntweins. In Hermbstädt's Bülletin rc. 4. B. S. 284. C. Hoyer, über den Nutzen des Alkoholimeters nach Procenten. In Hermbstädt's Bülletin rc. 7. B. S. 278 rc. Meißner's Nachricht über die von ihm verfertigten Alkoholometer. Ebendaselbst 10. B. S. 160 rc. S. F. Hermbstädt's chem. Grundsätze der Kunst Branntwein zu brennen rc. 2. Auflage. 1. Theil. Berl. 1823. S. 258 — 287.)

Vierte Abtheilung.

Die Branntweinbrennerey mittelst Dämpfen.

§. 552.

In neuern Zeiten hat man sich bemüht die Branntweinbrennereyen durch Dämpfe zu betreiben, um dadurch das sonst leicht erfolgende Anbrennen der Meische in der Lutterblase zu vermeiden, das beym Heizen derselben unmittelbar, leicht herbey geführt werden kann. Die dazu gehörigen Vorschläge sind mannigfaltig. Man muß erwarten, ob die Folge ihre Nützlichkeit begründen wird.

a) Die einzelnen Vorrichtungen zur Branntweinbrennerey durch Dämpfe, sind: 1) die von Eduard Adam; 2) die von Düportal; 3) die von Isaak Berard; 4) die des Doktor von Lampertis; 5) die von Seruiere; 6) die des Grafen v. Subow; 7) die des ꝛc. Nathusius; 8) die des ꝛc. Kölle; 9) die von Gall ꝛc.

(A. S. Duportal's Anleitung zur Kenntniß des gegenwärtigen Zustandes der Branntweinbrennerey in Frankreich, so wie der Mittel, die Branntweinbrennerey in allen Ländern zu vervollkommnen. Aus dem Französischen übersetzt; mit erläuternden Anmerkungen und Zusätzen, die deutsche Branntweinbrennerey betreffend, begleitet, vom Geh. Rath Hermbstädt, mit 5 Kupfertafeln. Berlin 1812. 8. Auch in Hermbstädt's Bülletin ꝛc. 8. B. S. 112 ꝛc. von Lamperti, Nachricht von einer sehr vortheilhaften Branntweinbrennerey mittelst Dämpfen, im hölzernen Brennkessel: In Hermbstädt's Bülletin ꝛc. 6. B. S. 214 ꝛc. Seruiere, Nachricht von seiner großen Branntweinbrennerey zu Billwärder bey Hamburg: Ebendas. 6. B. S. 332 ꝛc. Von Lamperti, der Dampf-Destillir-Apparat für Branntweinbrennereyen: Ebendas. 9. B. S. 49, und 10. B. S. 218 ꝛc. Hermbstädt's chemische Grundsätze der Kunst Branntwein zu brennen ꝛc. 2. Auflage. Berlin 1823. 2. Theil. S. 34—247, und S. 307 ꝛc. A. Kölle, die Branntweinbrennerey mittelst Wasserdämpfen ꝛc. Berlin 1829. 8. Hermbstädt über Galles Dampfapparat. In H. Weber's Zeitschrift für Gewerbetreibende. 2. B. 1830. S. 565 ꝛc.)

Fünfte Abtheilung.

Fabrikation der Liqueure.

§. 553.

Wenn man einen guten, reinen, nicht fuseligen Branntwein über verschiedene aromatische Substanzen abdestillirt, so nimmt derselbe ihre gewürzhaften Theile in sich, und erhält den ihnen eigenthümlichen Geruch und Geschmack. So entstehen daraus die riechbaren oder gewürzhaften Spiritus. Werden dieselben hingegen gehörig mit Wasser verdünnt, und mit in Wasser gelöstem und klar gekochtem Zucker versüßt, so entstehen daraus die Liqueure, welche, nach ihrer individuellen Beschaffenheit, 1) in doppelte Branntweine; 2) in L'Houils; 3) in Cremes, und 4) in Ratafia's unterschieden zu werden pflegen. Sie sind bald gefärbt, bald farbenlos; welches Sache des Geschmacks ist.

a) Die doppelten Branntweine sind gemeiniglich solche, die über verschiedene aromatische Substanzen, wie Kümmel, Pommeranzen, Anies, Wacholder ꝛc. abgezogen sind, einen Gehalt von 35 bis 36 Procent Alkohol besitzen und mit wenig Zucker versüßt sind.

b) L'Houils nennt man geistreiche Liqueure, die aus der Verbindung des reinsten Weingeistes mit ätherischen Oelen zusammengesetzt, und stark mit Zucker versüßt sind.

c) Creme's werden die feinen farbenlosen Liqueure genannt, die man bis zur Dickflüssigkeit mit dem feinsten Zucker versetzt hat.

d) Ratafia's nennt man Verbindungen der Säfte frisch gepreßter Obst- oder Beerenfrüchte, wie Kirschsaft, Himbeersaft, Quittensaft ꝛc. mit Weingeist und einigen Gewürzen, die zugleich mit Zucker versüßt sind.

(Demachy's und Duboisson's Liqueurfabrikant. Aus dem Französischen von Struve und Hahnemann. Leipzig

zig 1785. 8. Friedr. Altenhof, der wohlerfahrne Destillateur und Liqueurist. Altona 1793. 8. G. B. K., aufrichtige Anweisung zum Destilliren der Breslauer und Danziger Liqueure ꝛc. Berl. (ohne Jahrzahl). Duportal a. (§. 547.) a. O. S. F. Hermbstädt's chem. Grundsätze der Destillirkunst und Liqueurfabrikation ꝛc. Berlin 1819. Fr. Lüdersdorff, das Wesen der Destillirkunst ꝛc. Berlin 1827. 8. L. Walther, Neueste Anleitung zur praktischen Destillirkunst ꝛc. Berlin 1829. 8.)

§. 554.

Die Branntweinbrennerey ist zwar in den letztern zehn Jahren auf einen ziemlich hohen Grad der Vollkommenheit emporgehoben worden, sie hat wesentliche Verbesserungen erhalten, deren sie sich vorher nicht rühmen durfte. Sie läßt aber auch noch manches zu wünschen übrig, das fernern Bearbeitungen über dieselbe vorbehalten werden muß.

Vierundzwanzigster Abschnitt.

Die Fabrikation des Essigs.

(Die Essigbrauerey. Die Essigsiederey.)

§. 555.

Wenn Wein oder Bier, oder auch bloß ein Gemenge von gemeinem Branntwein und Wasser, versetzt mit etwas Essig oder mit Sauerteig, in einem nur leicht bedeckten Gefäße, bey einer Temperatur von 18, 20 bis 22 Grad Reaumür, einige Wochen lang unterhalten werden, so gehen jene Flüssigkeiten in eine sauere Beschaffenheit über, und das daraus gebildete Produkt wird in diesem Zustande

Essig (Acetum) genannt. Wendet man jene Erfahrung an, um die Fabrikation des Essigs im Großen darauf zu gründen, so erwächst hieraus ein eigenes Kunstgewerbe, das Essigbrauerey, auch Essigsiederey genannt wird.

a) Um welche Zeit die Kunst Essig zu verfertigen erfunden worden ist, läßt sich nicht angeben. Daß sie aber sehr alt sey, beweisen die Kenntnisse und der Gebrauch desselben bey den alten Römern. Schon Plinius gedenkt des Essigs zum Einmachen des Obstes und anderer Gartenfrüchte, so wie zur Zubereitung der Speisen und zum Balsamiren der Leichen. Die alten Römer gaben ihn, mit Wasser gemengt, ihren Legionen zum Getränk, und nannten dieses durch Essig gesäuerte Wasser, Oxycrat. Ein ähnliches saures Getränk gebrauchten auch die alten Aegyptier unter dem Namen Sabiva, das wahrscheinlich nichts anders als schwacher Essig war.

b) Der leichte Uebergang des Weins in die Beschaffenheit des Essigs, wenn solcher in schlecht verwahrten Gefäßen an einem warmen Orte aufbewahrt wird, gab ohnstreitig Gelegenheit zur zufälligen Erfindung des Essigs; und so läßt sich auch mit Zuversicht annehmen, daß der erste Essig, den man kannte, kein anderer als Weinessig war.

(S. F. Hermbstädt's Anleitung zur gemeinnützigen Kenntniß der Natur, Fabrikation und Nutzanwendung des Essigs, so wie der verschiedenen Arten desselben, für Essigfabrikanten, Landwirthe und bürgerliche Haushaltungen etc. Berl. 1807. 8.)

§. 556.

Die Hauptbedingungen zur Erzeugung des Essigs bestehen: 1) in dem Daseyn einer Flüssigkeit, die die Weingährung überstanden hat; 2) in der hinreichenden Berührung derselben mit atmosphärischer Luft, und 3) in der Unterhaltung derselben, bey einer Temperatur, die 18, 20 bis 22 Grad Reaum. nicht übersteigt. Da die Natur der weingahren Flüssigkeiten sehr verschieden seyn kann, wie

Wein, Cider, Bier, Meth ꝛc., so gehen auch eben so verschiedene Arten des Essigs daraus hervor, die, in Rücksicht der darin enthaltenen Säure, mit einander überein kommen, und nur durch mancherley außerwesentliche Beimengungen von einander verschieden sind: wie Weinessig, Cider- oder Obstessig, Zuckeressig, Honigessig und Bier- oder Malzessig ꝛc. Wir werden die Fabrikation jeder eigenthümlichen Art hier näher vortragen.

Erste Abtheilung.

Die ächte Weinessigbrauerey.

§. 557.

Weinessig (Acetum Vini) wird jeder in eine vollkommene sauere Gährung übergegangene Wein genannt. Die Bedingungen, welche seinen Uebergang in die sauere Gährung begünstigen, sind: 1) Zusatz eines sauern Ferments; 2) Einwirkung des Sauerstoffs aus dem Dunstkreise; 3) Einwirkung einer Temperatur von 18 bis 22 Grad Reaumür.

a) Der Wein bestehet in einem die geistige Fermentation überstandenem Weinmost. Seine nähern Bestandtheile sind: 1) Alkohol; 2) Aepfelsäure; 3) Weinsteinsäure; 4) Weinstein; 5) Wasser, die sich in einem innigen Zustande der Verbindung befinden.

b) Alle individuelle Arten des Weins kommen, in Hinsicht der Grundmischung, mit einander überein, in Hinsicht der quantitativen Verhältnisse der Bestandtheile sind sie aber von einander verschieden. Je südlicher die Länder gelegen waren, in welchen die Trauben kultivirt wurden, um so geistreicher sind die daraus gewonnenen Weine; und je geistreicher diese waren, je stärker oder säurereicher fallen die daraus bereiteten Essige aus.

c) Der Uebergang des Weins in Weinessig ist auf die Umwandlung seines Geistes (des Alkohols), in Essigsäure gegründet.

d) Geistarme Weine, so wie solche in nördlichen Ländern gewonnen werden, können durch den Zusatz von starkem Branntwein verbessert und zur Fabrikation des Essigs dadurch geschickter gemacht werden.

e) Das vorzüglichste Bedingungsmittel, zum Uebergang des Weins in Essig, ist der Sauerstoff der Atmosphäre.

(S. F. Hermbstädt's Anleitung zur Kenntniß und Fabrikation des Essigs ꝛc. J. A. Chaptal's Chemie in ihrer Anwendung auf Künste und Handwerke. Aus dem Französischen übersetzt von S. F. Hermbstädt, 2. Bd. Berlin 1808. S. 82 ꝛc. 8.)

§. 558.

Um die Weinessigbrauerey mit Erfolg betreiben zu können, werden der dazu nöthige Raum und die dazu nöthigen Geräthschaften erfordert.

a) Der zu einer Weinessigbrauerey erforderliche Raum zerfällt: 1) in die heizbare Essigstube oder Säuerungsstube; 2) in die erforderlichen Keller zum Aufbewahren des fertigen Essigs.

b) Die Geräthschaften bestehen: 1) in den Säuerungs- oder Mutterfässern; 2) in den Klärfässern, und 3) in den Lagerfässern. Zu den Nebengeräthschaften gehören: 1) Thermometer; 2) Trichter; 3) Heber; 4) Eimer aus Eichenholz.

c) Die Essigstube oder Säuerungsstube bestehet in einem am besten gewölbten Zimmer, das, um von Zeit zu Zeit frische Luft hinein zu lassen, mit ein Paar Fenstern versehen ist und in dem sich ein Kachelofen placirt befindet, der von Außen geheizt werden kann. Der innere Raum ist mit hölzernen Lagern versehen, auf welchen die Mutterfässer ruhen, in denen die Essiggährung vor sich gehen soll. In der Mitte des Zimmers ist ein Thermometer aufgehängt, das die Temperatur seiner Atmosphäre andeutet.

d) Die Säuerungs- oder Mutterfässer, deren räumlicher Inhalt willkührlich ist, sind aus Eichenholzstäben verfertiget. Sie haben die gewöhnliche Form eines Weinfasses, nur daß ihre Spundöffnung viereckig etwas weit ausgeschnitten ist, und daß sie an der vordern Seite, etwa 6 Zoll von der Spundöffnung, nach dem Tiefendurchmesser des Fasses zugerechnet, mit einer zweyten Oeffnung versehen sind; die dazu bestimmt ist: 1) das Ein- und Ausstreichen der Luft, so wie ihre Berührung mit der sauern Flüssigkeit zu unterhalten; 2) um von Zeit zu Zeit mit einem Heber kleine Portionen heraus nehmen zu können. Wenn jene Fässer neu sind, so müssen sie vor ihrem Gebrauche mit kochendem Essig zu wiederholten Malen gut getränkt werden, um alle Zwischenräume des Holzes mit Essigsäure zu penetriren.

e) Die Klärfässer, welche in der kühlen Klärstube gelagert sind, sind dazu bestimmt, den fertigen Essig darauf sich klären zu lassen. Jedes Faß ist dazu gleichgültig.

f) Die Lagerfässer, welche dazu bestimmt sind, den fertigen klaren Essig aufzunehmen, sind gewöhnliche Weinfässer, die in dem dazu bestimmten Kellerraum auf ihren Lagern ruhen.

g) Alle übrige Hülfswerkzeuge müssen entweder von Holz, oder von Zinn, von Glas oder von Steingut angefertigt seyn; kupferne, so wie eiserne Geräthe oder mit Bleyglätte glasirte irdene Geräthe müssen durchaus vermieden werden.

(S. F. Hermbstädt a. (§. 555.) a. O.)

Fabrikation des ächten Weinessigs.

§. 559.

Um die Fabrikation des ächten Weinessigs zu veranstalten, wird der dazu bestimmte Wein (etwa 40 Quart) mit dem dritten Theil seines Umfanges, in einem zinnernen Kessel bis zum Sieden erhitzten, fertigem Weinessig versetzt, auf das in der geheizten Sauerstube befindliche

Mutterfaß geworfen, und nun von 14 Tagen zu 14 Tagen, wieder eben so viel Wein zugegeben, bis endlich das Faß, bis an die Seitenöffnung, gefüllet ist; dann aber so lange im geheizten Zimmer liegen gelassen, bis alles in Essig übergegangen ist; worauf der Essig in kleinen Portionen etwa zu 30 Berliner Quart (= den Volum auf 75 Pfund Wasser) abgezogen, und dieser durch eben so viel neuen Wein ersetzt wird.

a) Der Wein wird dazu schon fertig gebildet angekauft, und, wenn er nicht geistreich genug ist, mit dem zwölften Theile seines Umfanges oder auch mehr von gutem Branntwein versetzt.

b) Der zugesetzte Essig wirkt hiebey als saures Ferment, das dazu bestimmt ist, den Uebergang des Weins in Essig zu befördern.

c) Wenn das erforderliche Gemenge von 2 Theilen Wein und 1 Theil Essig auf das Faß gebracht ist und das Gährungszimmer beständig auf 18 bis 22 Grad R. erhalten wird, so findet sich das Gemenge nach einem Zeitraume von 14 Tagen völlig in Essig umgewandelt.

d) Es ist nun hinreichend, von 14 Tagen zu 14 Tagen 15 Qrt. reinen Wein zuzusetzen, bis das Faß voll und alles in Essig übergegangen ist.

e) Statt des Essigs können, als saures Ferment, auch Weinkämme, so wie Weinblätter und Rosinenstiele angewendet werden.

f) Der von Zeit zu Zeit fertig gewordene Essig wird auf die Klärfässer gefüllet, auf welchen er so lange liegen bleibt, bis er völlig klar geworden ist; worauf er von diesen auf die Lagerfässer abgezogen wird. Das Klären des Essigs auf jenen Fässern, wird durch einen Zusatz von Rosinenstielen gar sehr befördert.

g) Soll aus Cider- oder Obstwein ein Essig bereitet werden, so bedient man sich dazu ganz der Methode wie beym Weinessig. Der Cideressig ist frey von Weinstein und von Weinsteinsäure.

Zweyte Abtheilung.

Fabrikation des Zucker- oder Honigessigs.

(Künstlicher Weinessig.)

§. 560.

Die nördlich belegenen Länder, welche arm an Weinbau sind, oder nur schwachen geistarmen Wein produciren, aus dem, ohne Zusatz von zuckerreichen Materien und Branntwein, kein vorzüglicher Weinessig producirt werden kann, fabriciren einen dem ächten Weinessig ganz nahe kommenden so genannten künstlichen Weinessig, aus Zucker oder Honig, der auch mit dem Namen Zuckeressig oder Honigessig bezeichnet wird.

a) Um eine Zucker- oder Honigessigfabrik zu etabliren, werden ganz dieselben Anstalten, wie zur Fabrikation des ächten Weinessigs, erfordert.

b) Um z. B. eine Masse von 200 Berliner Quart sehr starken Zuckeressig anzustellen, werden an Materialien erfordert: 28 Pfund Rohzucker, 2 Quart Bierhefe, 2 Pfund roher Weinstein, 12 Berl. Quart guter Getreidebranntwein, von wenigstens 36 Procent Alkoholgehalt, 12 Berliner Quart fertiger Essig, und 175 Quart reines Fluß- oder noch besser Regenwasser.

c) Um Honigessig zu fabriciren, wird statt des Zuckers 32 Pfund guter Honig angewendet, alle übrigen Materien werden eben so gebraucht, wie zum Zuckeressig.

d) Um die Zusammensetzung zu veranstalten, wird das Wasser in einem zinnernen oder doch verzinnten kupfernen Kessel erhitzt, dann der Zucker oder Honig darin gelöset, das Ganze durch Flanell geseihet und in ein hölzernes Faß gebracht, worauf das Fluidum bis zur Abkühlung auf 20 Gr.

Reaumür stehen bleibt. Nun wird die Hefe zugegeben, alles wohl unter einander gerührt, und sodann die Weingährung abgewartet. Ist diese beendigt, so wird das weingahre Fluidum, von der Ober- und Unterhefe klar abgezogen, und in das Mutterfaß gebracht.

e) Der Essig wird in einem zinnernen Kessel zum Sieden erhitzt, der gepülverte reine Weinstein (Weinsteinkrystall) hinzugegeben, bis zur Auflösung des Weinsteins damit gekocht, dann die sauere Brühe zu dem vorigen Fluidum gegossen, und nun noch der Branntwein zugegeben.

f) In den Fabriken von künstlichem Weinessig, füllet man jenes gemengte säuerlich-süße Fluidum gewöhnlich auf kleine Fässer, noch besser auf irdene Kruken von grauem Steingut, von 15, 20 bis 30 Berl. Quart, die nur so weit damit angefüllet werden, daß immer der achte Theil des Raums leer bleibt, und welche nun, mit geöffnetem oder bloß mit Flor bedeckter Mündung, in die Säuerungsstube gelegt werden: da denn bey einer Temperatur von 18 bis 22 Grad Reaumür, jenes Fluidum, während einem Zeitraume von 8 bis 10 Wochen, in einen sehr geistigen und starken Essig übergeht; der dann auf die Klärfässer gebracht und von selbigen auf die Magazinfässer oder Lagerfässer abgezogen wird.

g) Einige jener Fabriken von künstlichem Weinessig bedienen sich, statt des Zuckers oder des Honigs, auch der Rosinen, und zwar an der Stelle von einem Pfunde Zucker oder anderthalb Pfd. Honig, 2½ Pfd. Rosinen, die im zerquetschten Zustande mit dem mäßig warmen Wasser abgerieben werden, wobey der Weinstein gänzlich weggelassen wird. Man gewinnt so einen Rosinenessig, der dem ächten Weinessig in allen Stücken gleich kommt.

h) Nur bey der ersten Anstellung eines Essiggebräudes hat man den Zusatz des Essigs, als säuerndes Ferment, nöthig. Bey der folgenden Anstellung dient der Rückstand in den Sauerfässern als saueres Ferment.

(S. F. Hermbstädt's Anleitung zur gemeinnützigen Kenntniß der Natur und Fabrikation des Essigs 2c. Berlin

1807. Dessen Büllètin des Neuesten 2c. 1. B. S. 283 2c. J. Fontenelle, theoret. prakt. Handbuch der Essig- und Senfbereitung. Ilmenau 1828. 8.)

Dritte Abtheilung.

Fabrikation des Malz-, Getreide-, Frucht- oder Bieressigs.

(Die Bieressig- oder Malzessigbrauerey. Die Fruchtessigsiederey.)

§. 561.

Die Malz-, Getreide- oder Bieressigbrauerey gebraucht, zur Produktion eines guten starken Essigs, weder Wein, noch Zucker, noch Honig, sondern gemalzten Weizen oder gemalzte Gerste, gewöhnlich aber beyde unter einander gemengt; daher wird der daraus bereitete Essig auch Malzessig oder Getreideessig genannt. Das Bier selbst wird nur in dem Falle der Essiggährung unterworfen, wenn solches in sich selbst schon sauer zu werden beginnt, und nicht mehr als Bier getrunken werden kann.

§. 562.

Die Einrichtung einer Malzessigbrauerey erfordert fast dieselben Theile wie die Bierbrauerey, nämlich: 1) die erforderlichen Malzkeller; 2) die Malzboden; 3) die Malzdarre; 4) die Braupfanne; 5) den Meischbottich; 6) den Stell- oder Gährbottich; außerdem aber noch 7) die Sauerstube, und 8) die Lagerkeller.

a) Das Malzen des Getreides wird in der Essigbrauerey eben so verrichtet wie in der Bierbrauerey; nur läßt man die Wurzelfasern der Körner etwas länger auswachsen. Das Malz muß entweder bloß an der Luft getrocknet, oder höchstens auf der Darre gewelkt werden, ohne daß selbiges gebräunet wird.

b) Das Malz muß eben so wie zur Bierbrauerey gefeget und geschrotet werden.

c) Der Meischbottich ist dem in der Bierbrauerey gleich. Er ist mit einem doppelten Boden versehen, von welchen der obere durchlöchert ist. Man bedeckt diesen mit Stroh, und überdies noch mit einem wollenen Tuch, um die Hülsen von dem Durchgehen abzuhalten.

d) Der Stell- oder Gährbottich ist dem in der Bierbrauerey gleich, und dienet dazu, die von dem Malz gezogene Würze darin mit Hefe zu stellen und in Fermentation zu setzen.

e) Die Sauerstube ist der bey den Weinessigfabriken gebräuchlichen gleich, nur daß man die gegohrne Würze darin in offenen senkrecht stehenden Fässern der Säuerung aussetzt.

f) Die Lagerfässer finden sich in einem kühlen Keller auf ihren Lagern placirt.

(C. Jahn, die Malzessigbrauerey ꝛc. Eisenach 1818.)

Zubereitung des Malzessigs.

§. 563.

Die Zubereitung des Malzessigs wird aus einem Gemenge von 2 Theilen Gersten-Luftmalz und einem Theil Weizen-Luftmalz veranstaltet. Sie zerfällt: 1) in das Schroten des Malzes; 2) das Einmeischen; 3) das Seigern der Würze; 4) das Stellen der Würze mit Hefe und das Gähren derselben; 5) das Behandeln der gegohrnen Würze in der Sauerstube zu Essig.

a) Um ein Gebräude Malzessig von 12 Eimer (zu 64 Berl. Quart) zu veranstalten, werden 100 Pfd. Gerstenmalzschrot und 50 Pfd. Weizenmalzschrot mit einander gemengt.

b) Man bringt nun 3 Eimer (= 192 Quart) gutes reines weiches Flußwasser, das auf 40 Grad Reaumür erhitzt worden ist, in den nahe der Braupfanne befindlichen Meischbottich, rührt hierauf das Schrot mit demselben so vollkommen zusammen, daß ein gleichförmiger dünner Brey daraus gebildet wird, worauf man noch 9 Eimer siedendheißes Wasser nachgießt, und solches gleichfalls mit dem Gute zusammen rührt; worauf zuletzt alles im bedeckten Bottich 2 bis 3 Stunden lang stehen bleibt.

c) Man seigert nun die gebildete Würze vom Meischbottich ab, bringt selbige in die Braupfanne zurück, läßt sie darin 10 Minuten lang gelinde sieden, und leitet sie zum zweytenmal auf die rückständigen Trebern im Meischbottich, worauf sie nach einer halben Stunde abermals abgeseigert wird.

d) Die abgeseigerte Würze kommt nun auf den Stellbottich, wird darin auf 16 Grad Reaumür abgekühlt, dann mit 5 Quart Hefe versetzt und der Fermentation überlassen, welche sehr bald beginnt; worauf, wenn solche beendigt ist, die obere Hefe abgenommen, die gegohrne Würze von der Unterhefe möglichst klar abgezogen und nun in die Sauerfässer der Sauerstube geleitet wird.

e) Sind die Sauerfässer bereits im Gebrauch gewesen, so bedarf die Würze keines Zusatzes von einem saueren Ferment: denn die mit Essig durchdrungenen Fässer leisten schon hinreichend ihre Dienste. Sind hingegen die Fässer neu, so müssen solche eben so vorbereitet werden, wie die zur Weinessigfabrikation; auch muß der Würze ein Zusatz von mit kochendem Essig getränktem Brod, als saueres Ferment, gegeben werden.

f) Während die Temperatur der Sauerstube fortwährend auf 18 bis 22 Grad Reaum. erhalten wird, scheidet sich, während der Bildung des Essigs, ein zähes klebriges Wesen aus der Flüssigkeit ab, welches ihre Oberfläche bedeckt; und seiner Natur nach in ausgeschiedenem Kleber bestehet, der durch die Einwirkung des Essigs wesentlich verändert ist. Der Uebergang der säuernden Würze in Essig, erfolgt gemeiniglich in einem Zeitraume von 14 Tagen bis 3 Wochen.

g) Der fertige Essig wird dann auf die Klärfässer, und von diesen auf die Lagerfässer abgezogen, und ist nun Handelsprodukt.

(J. J. Rosenstengel's erneuerter Essigkrug, oder die Kunst Essig zu brauen. Sorau 1774. 8. Der wohl unterrichtete Essigbrauer. Frankf. 1784. 8. C. John, die von allen Fehlern gereinigte Essigbrauerey, nach alter Art, und dabey nach der neuesten und vortheilhaftesten Erfindung, nebst sicherer Anweisung Hefe zu machen rc., neue Aufl. Eisenach 1793. 4. Die rheinische Fruchtessigsiederey, nach theoretischen und praktischen Grundsätzen beschrieben. Heilbron u. Rothenburg bey Claß. 3 Auflage. 1826. 8. Wagner's deutsche Fruchtessigsiederey. Berlin 1800. 8. D. Staab, praktische Anleitung zu der bewährtesten und vortheilhaftesten Verfertigung, Verbesserung, Aufbewahrung und Wartung des Essigs. Frankf. a. M. 1803. 8. S. F. Hermbstädt's Anleitung zur gemeinnützigen Kenntniß der Natur, Fabrikation und Verfertigung des Essigs rc. Berlin 1807. 8. C. W. Schmidt, die auf funfzehnjährige Erfahrung gegründete Frucht- und künstliche Weinessigbrauerey rc. Posen und Leipzig 1810.)

Bereitung des Essigs aus Branntwein und Wasser.

§. 564.

Wenn Weingeist von 80 Procent Alkoholgehalt (nach der Tralles'schen Alkoholimeter-Skale), mit dem zehnfachen Volum weichem Wasser und dem vierten Theile des Volums eines fertigen Essigs gemengt, in nur leicht bedeckten Gefäßen, in einer Temperatur von 18 bis 22 Grad Reaumür erhalten wird, so geht das Fluidum nach und nach in guten Essig über.

a) Hierauf gründet sich das Verfahren, den Nachlauf in der Branntweinbrennerey, der nur ein Gemenge von Weingeist,

Wasser und Essigsäure ist, in Essig umzuwandeln, wenn die Flüssigkeit in leicht bedeckten Gefäßen, in der Wärme erhalten wird.

b) Wird ein Gemenge von 1 Theil Weingeist, von 80 Procent Alkoholgehalt, 10 Theilen Wasser und 4 Theilen fertigem Essig vereiniget, das Gemenge bis auf 25 Grad Reaumür erwärmt, und nun in einer geheizten Sauerstube dergestalt behandelt, daß die einzelnen Tropfen desselben, stets mit der Luft in Berührung stehen; so geht die Flüssigkeit in wenigen Tagen in guten Essig über.

c) Um den letzten Zweck schnell zu erreichen, placirt man drey senkrecht stehende Fässer über einander. Das Unterfaß ist am Boden mit einem Hahn versehen, oben ist es offen. In seine Oeffnung passet die Oeffnung eines zweyten Fasses, das auf allen Seiten mit gegen einander überstehenden kleinen Löchern durchbohrt ist, um der Luft einen Durchzug zu gestatten. In dessen obere Oeffnung passet der mit kleinen Löchern durchbohrte Boden eines dritten Fasses, das mit Rosinenstielen oder mit ausgelaugten und mit Essig penetrirten Hobelspänen angefüllet ist.

d) Wird nun das warme Gemenge (b) in das obere Faß gebracht, so seihet sich solches in einzelnen Tropfen in das darunter befindliche durchlöcherte Faß. Während dem Abtröpfeln saugt die Flüssigkeit Sauerstoff aus dem Dunstkreise ein, wodurch der Weingeist in Essigsäure übergeführt wird. So wie die Flüssigkeit in das unterste Faß abgetröpfelt ist, wird sie wieder in das oberste geleitet, und diese Arbeit so oft wiederholt, bis alles in Essig übergegangen ist; welches schon in Zeit von 3 bis 4 höchstens 6 Tagen erfolgt, wenn nur die Sauerstube stets in gleicher Wärme erhalten wird.

e) Ein langsames Verbrennen des Weingeistdunstes, durch Platinschwamm veranlasset, befördert dessen Uebergang in Essigsäure sehr schnell."

(Bereitung des Essigs aus Branntwein. In Buchner's Repertorium für Pharmacie. 23. B. 1822. S. 62 ꝛc.)

Theorie der Essiggährung.

§. 565.

Der Essig mag aus Wein, aus Cyder, aus Zucker, aus Honig, aus Rosinen oder aus Getreide bereitet worden seyn, so entstehet er doch immer auf dieselbe Weise. Die Hauptbedingungen zur Bildung des Essigs sind: Daseyn einer weingahren Flüssigkeit, eine Temperatur von 18 bis 22 Grad Reaumür, ein saueres Ferment und unbehinderter Einfluß der atmosphärischen Luft. Sind diese Bedingungen gegenwärtig, so erfolgt auch die Essigbildung ganz unfehlbar. Der geistige Antheil der weingahren Flüssigkeit zerlegt hierbey das Sauerstoffgas in der atmosphärischen Luft, saugt den Sauerstoff daraus ein und gehet damit in die Beschaffenheit der Essigsäure über; die nun mit den übrigen Theilen, welche die weingahre Flüssigkeit enthielt, gemengt bleibt und dann den Essig bildet. Die hohe Temperatur, so wie der Zusatz des sauern Ferments, dienen bloß dazu, die Zersetzung des Sauerstoffgases, so wie die dadurch bewirkte Säuerung des Alkohols in der weingahren Flüssigkeit zu befördern. Nach Döbereiner treten bey der Essiggährung gleiche Volumine Alkoholdampf und Sauerstoffgas (= 1 Atom), Alkohol (= 46), und 4 Atom Sauerstoff (= 32) in Mischung, um 1 Atom Essigsäure (= 78), und 3 Atome Wasser (= 27) zu erzeugen.

(S. F. Hermbstädt's systematischer Grundriß der allgemeinen Experimentalchemie ꝛc., 3. Auflage. 2. B. Basel und Leipzig 1813. 8. S. 502 ꝛc. Döbereiner's Grundriß der Chemie. 3. Aufl. 1826. S. 149 ꝛc.)

§. 566.

Der Essig mag aus einer oder der andern Substanz zubereitet worden seyn, so macht er doch immer ein Produkt der Mengung aus der eigenthümlichen Essigsäure, vielem Wasser und mannigfaltigen andern Gemengtheilen aus. Essig (Acetum) und Essigsäure (Acidum aceticum) unterscheiden sich daher wesentlich von einander. Essigsäure ist das Wesen des Essigs, dem er seine specifischen Eigenschaften verdankt. Essig ist ein Produkt der Mengung der gedachten Essigsäure mit andern Substanzen und vielem Wasser, die nach der Natur der Substanzen, aus denen der Essig verfertigt wurde, eben so verschieden sind; und auf diesen Unterschied gründen sich auch die Benennungen, unter welchen der Essig im Handel vorkommt.

a) Der Essig wird in demjenigen Zustande, wie solcher gewonnen ist, roher Essig (Acetum crudum) genannt. Seine Stärke hängt von der größern oder geringern Masse der darin befindlichen wahren Essigsäure ab. Man erfährt den Gehalt der wahren Essigsäure im rohen Essig durch die Quantität des trocknen milden Kali, welches zum Neutralisiren einer gegebenen Quantität des Essigs erfordert wird. 2 Loth guter ächter oder auch künstlicher Weinessig, müssen 40 bis 45 Gran, der von mittlerer Güte 30 Gran Kali sättigen. 2 Loth Getreideessig müssen wenigstens 25 Gran Kali zur Sättigung erfordern.

b) Wenn der rohe Essig einer Destillation in gläsernen Geräthschaften unterworfen, und bis auf den sechzehnten Theil seines Umfanges übergezogen wird, so gewinnt man in der Vorlage ein wasserklares saures Fluidum, welches in diesem Zustande destillirter Essig genannt wird. Dieser ist eine Verbindung der reinen Essigsäure mit dem wäßrigen Theile. Was nach der Destillation im Destillirgeräthe zurück bleibt, enthält die fremdartigen Theile des rohen Essigs.

c) Der rohe Weinessig ist ein Produkt der Mengung aus Essigsäure, aus Weinstein, aus Aepfelsäure und aus Wasser.

d) Der rohe Getreideessig oder Bieressig ist ein Produkt der Mengung aus Essigsäure, aus Phosphorsäure, aus Gummitheilen und aus Wasser.

§. 567.

Betrügerische Essigfabrikanten pflegen dem Essig mancherley verfälschende Zusätze zu geben, um ihn scheinbar dadurch zu verstärken. Diese bestehen entweder in beygemengten ätzenden Vegetabilien, oder in fremden wohlfeilen Mineralsäuren. Es ist Gegenstand der Gesundheits-Policey, den Essig zu prüfen und darauf zu wachen, daß dergleichen der Gesundheit nachtheilige Beymischungen durchaus nicht statt finden.

a) Zu den ätzenden vegetabilischen Beymischungen, die Betrüger dem Essig geben, gehören: 1) spanischer Pfeffer; 2) Bertramswurzel; 3) Seidelbastrinde. Man findet ihr Daseyn, wenn man etwas von dem Essig mit Kali neutralisirt, das neutrale Fluidum bis auf den vierten Theil abdunstet, und dann kostet: da denn, falls eine Verfälschung statt fand, solche auf der Zunge ein Brennen veranlasset.

b) Zu der Verfälschung mit fremden Säuren gehören, vorzüglich die Schwefelsäure (Vitriolöl). Um den Essig auf ihr Daseyn zu prüfen, gießt man etwas von selbigem in ein Weinglas, und tröpfelt 30 Tropfen in Wasser gelösten Bleyzucker hinzu. Es bildet sich eine Trübung. Nun tröpfelt man etwas reine Salpetersäure hinzu. Wenn die Trübung verschwindet und alles wieder klar wird, so war der Essig rein und unverfälscht. Wenn hingegen, nach dem Zusatz der Salpetersäure, die Trübung nicht verschwindet, so war der Essig sicher durch Schwefelsäure verfälscht.

§. 568.

Der Essig ist ein eben so wichtiger als allgemein gebrauchter Gegenstand. Seine Anwendung als diätetisches Mit-

Mittel, zur Zubereitung vieler Speisen, zum Einmachen verschiedener Früchte; seine Anwendung als äußeres und inneres Arzneymittel; seine Anwendung in den Kattundruckereyen, den Seidenfärbereyen, den Bleyweiß- und Bleyzuckerfabriken, zum Reinigen des zu verzinnenden Eisenblechs, zum Blanksieden der messingenen und tombaknen Metallarbeiten, geben ihm einen sehr ausgedehnnten Gebrauch.

Fünfundzwanzigster Abschnitt.

Fabrikation der Stärke.

(Die Stärkemacherey.)

§. 569.

Stärke, Kraftmehl, Ammelmehl, Amedam, Amidon, Amylon und Amylum, sind Namen, womit man eine und eben dieselbe Substanz, nämlich den reinsten mehlartigen Bestandtheil der Getreidearten, besonders des Weizens, in seinem ausgeschiedenen Zustande, zu bezeichnen pflegt. Sie unterscheidet sich also wesentlich vom gewöhnlichen Mehl des Weizens, in welchem sie nur einen Gemengtheil ausmacht, der darin mit mannigfachen anders gearteten Materien verbunden liegt.

a) Das ganze Mehl der Getreidearten, welches in dem von der Hülse befreyeten und zermahlnen Korn bestehet, ist ein Produkt der Mengung aus Amylon, aus Kleber, aus Schleimzucker, aus Eiweiß und aus Gummi. Es darf daher mit der Stärke, die nur einen einzelnen Gemengtheil darin ausmacht, nicht verwechselt werden. Ein

Pfund Weizenmehl enthält als Gemengtheile, ohngefähr 22 Loth Stärke, 8 Loth Kleber, 6 Quentchen Gummi und Eiweiß, und 2 Quentchen Schleimzucker.

b) Die Kunst Stärke zu fabriciren, soll (nach Plinius) von den Bewohnern der Insel Scio (Chios) erfunden worden seyn. Sie ließen den Weizen mit Wasser einweichen, bis sich die Hülse vom Kern lösete, kneteten ihn dann mit Wasser an, und wuschen so die Stärke aus, ohne daß das Gemenge in Gährung gehen durfte. Daher entstand der Name ἄμυλον (d. i. non molitum). Dioscorides sagt: ἄμυλον ὠνόμασαι διὰτὸ χωρὶς μύλον κατασκευὰ ζεσαι. Im Gegensatz von ἄμυλον nennt Homer das gemeine Mehl: μυλήψατου. Plinius sagt: Amylum appellatum ab eo, quod sine mola fiat.

c) Daß man sich besonders des Weizens, nicht aber auch des Dinkels, des Roggens und der Gerste zur Bereitung der Stärke bedient, hängt allein davon ab, daß sie aus dem Weizen geschieden, am feinsten und weißesten ausfällt.

d) Der deutsche Name Stärke stammt ohnstreitig daher, daß sie schon zu den Zeiten der alten Griechen und Römer zum Steifmachen der leinenen so wie der baumwollenen Zeuge gebraucht wurde. Die älteste Stärkefabrik in Deutschland war ohnstreitig die zu Halle im Salkreise, woselbst diese Fabrikation auch noch jetzt sehr im Flor ist.

(J. Beckmann's Anleitung zur Technologie ꝛc. sechste Aufl. Götting. 1809. 8. S. 236 ꝛc. J. H. M. Poppe's Geschichte der Technologie ꝛc. 3. B. Götting. 1811. 8. S. 193 ꝛc.)

I. Scheidung der Stärke aus dem Weizen.

(Nach gewöhnlicher Art.)

§. 570.

Am gewöhnlichsten wendet man den Weizen an, um die Stärke daraus zu scheiden. Die Methode, deren man sich in den Stärkefabriken dazu bedient, ist zwiefach: einige lassen den Weizen dazu gewöhnlich grob schroten, andere wenden ihn im nichtgeschrotenen Zustande an. Man mag nun die eine oder die andere Methode befolgen, so zerfallen die anderweitigen Arbeiten: 1) in das Einquellen; 2) die Gährung des Eingequelleten; 3) das Austreten der gegohrnen Masse mittelst dem Tretesack im Tretefasse; 4) das Absüßen der ausgetretenen Stärke mit Wasser in dem Absüßbottich; 5) das Trocknen der Stärke, und 6) das Putzen oder Abschaben der trocknen Stärke.

a) Man wählt zur Fabrikation der Stärke am liebsten einen Weizen mit sehr dünner Hülse und sehr weißem Kern.

b) Die erste Arbeit, welche man damit vornimmt, bestehet im Schlämmen und im Waschen des Weizens, um ihn dadurch von allen tauben, so wie von den beygemengten fremden Saamenkörnern zu trennen, auch Staub und andere Unreinigkeiten daraus hinweg zu schaffen. Man verrichtet diese Arbeit, indem man den Weizen erst in einem Bottich mit Wasser übergießt, die oben schwimmenden Theile hinweg nimmt, und die zu Boden sinkenden Körner so oft mit Wasser abwäscht, bis solches vollkommen klar davon abfließt; worauf die Körner getrocknet und alsdann geschrotet werden.

c) Um das Einquellen (Einmeischen) des Schrotes zu veranstalten, wird solches in mehrere Quellbottiche vertheilt, in die man vorher etwas kaltes Wasser gegossen hat, um das Anhängen des Schrotes am Boden der Gefäße zu vermeiden. Ist der Bottich zum dritten Theil mit Schrot gefüllet, und solches mit dem darin befindlichen Wasser recht wohl unter einander gemengt, dann wird noch so viel kaltes Wasser nachgefüllt, bis solches, wenn das Schrot niedergedrückt wird, über demselben stehet, worauf alles, bis zur Entstehung eines dünnen Breyes, recht gut unter einander gearbeitet wird. Nach dieser ersten Vorbereitung wird nun ein zweytes Drittheil, und zuletzt ein drittes Drittheil des Schrotes auf gleiche Weise in den Quellbottich gebracht, mit der gehörigen Masse Wasser unter einander gearbeitet und dann der Bottich zugedeckt. Das beste Verhältniß des Wassers zum Schrot hat man getroffen, wenn nach einem 24stündigen Quellen, von einem in die Masse getauchten Rührscheid, beym Herausziehen die Masse leicht von selbigem abfließt.

d) Von nun an wird das eingeteigte Weizenschrot sich selbst überlassen, um in Gährung überzugehen, die anfangs eine weinige ist, endlich aber in eine sauere übergehet. Sie erfolgt und beendigt sich, nach Verhältniß der Temperatur des Dunstkreises, in dem Zeitraume von 8, 12, 15 bis 20 Tagen. Ihre völlige Beendigung erkennt man daraus: 1) daß die sich anfangs emporhebende Schrotmasse zu Boden sinkt und ein gelbes säuerlichschmeckendes Wasser über derselben stehen bleibt; 2) daß, wenn man eine Handvoll des gesenkten Gutes dreymal nach einander, jedesmal in einer frischen Portion Wasser, ausdrückt, das Wasser beym dritten Ausdrücken nicht mehr milchigt wird.

e) Die gegohrne Masse ist nun zum Austreten vorbereitet. Um solches zu veranstalten, wird ein Theil derselben in einen Sack von Leinwand (den Tretsack) gefüllet, solcher zugebunden, und nachdem er in ein hölzernes Faß (das Tretfaß) gelegt worden ist, mit Füßen getreten. Hiebey quillt ein mit Stärketheilen beladenes milchartiges Fluidum aus den Poren des Sackes heraus, das durch den am Boden des Fasses befindlichen Zapfen ab, und in ein anderes Gefäß übergeleitet wird. Um die mit fortgerissenen Theile der Hülsen zurück zu halten, wird das Fluidum durch ein über dem letztern Fasse stehendes Haarsieb geleitet. Wenn das erste Austreten vollendet ist, so wird frisches Wasser auf den Sack geleitet, und das Treten so oft wiederholt, und so lange fortgesetzt, bis das Wasser nicht mehr getrübt wird.

f) Das milchigte Fluidum enthält nun die Stärke mit Wasser und Säure gemengt. Um die Stärke von der letztern zu trennen, wird sie abgesüßt. Man bringt daher das Ganze auf den Absüßbottich (ein mehr hohes als weites Faß, daß von 12 Zoll zu 12 Zoll auf der Außenseite mit Zapfen versehen ist). Man wartet ab, bis die Stärke sich gelagert hat, und ziehet nun nach und nach das darüber stehende sauere Wasser durch die Zapfen ab. Man giebt der gelagerten Stärke hierauf neues Wasser, rührt sie damit auf, ziehet dieses nach dem Lagern der Stärke davon ab, und wiederholt dieses Absüßen drey bis viermal, oder überhaupt so oft, bis das Wasser völlig klar bleibt, und die Stärke allen säuerlichen Geschmack verloren hat.

g) Wenn nach dem letzten Absüßen die Stärke sich wieder gelagert hat, so wird die obere, gemeiniglich grau aussehende, Schichte so weit abgenommen, bis die darunter befindliche blendend weiß erscheint. Die untere reinere wird nun wieder mit reinem Wasser aufgerührt, die Flüssigkeit durch ein feines Haarsieb geleitet und auf einen andern Absüßbottich gebracht, der mehr weit als tief ist, und der inwendig mit Leinwand ausgelegt ist. Hat sich auch hierin die Stärke gelagert, so wird das Wasser zum letztenmal davon abgezogen, und nun die gelagerte Stärke zu wiederholten Malen mit trockner Leinwand gedrückt, oder auch wohl in Leinwand eingeschlagen, und ausgepresset, um die inhärirende Wäßrigkeit möglichst daraus abzusondern.

h) Die Stärke ist nun zum Austrocknen vorbereitet Um dieses zu veranstalten, wird dieselbe aus dem Absüßbottich heraus genommen, in mäßig große Stücke zerschnitten, und diese auf dem Trockenboden, auf den dazu bestimmten Horden, mit ihrer breiten Fläche auf leinene Tücher ausgelegt. Wenn die Stücke halb trocken sind, werden solche auf die hohe Kante gestellt, und, indem man sie oft umwendet, im Schatten vollends so weit ausgetrocknet, bis sich auf ihrer Oberfläche eine mit dem Messer lösbare Schale erzeugt.

i) Die so weit getrocknete Stärke wird nun abgeschabt, und dann, entweder an der freyen Luft, oder auch im geheizten Zimmer, vollends ausgetrocknet, worauf sie nochmals geschabt wird, um sie von der äußern weißgelblichen Decke zu befreyen. Die in geheizten Zimmern stark ausgetrocknete oder gebackene Stärke wird Amydam genannt.

k) Die Hülsen, welche nach dem Austreten des gegohrnen Schrotes im Tretsacke zurück bleiben, werden zur Mastung der Schweine verbraucht.

(Du Hamel du Monceau, Fabrique de l'amidon,

Paris 1772. Fol. B. G. Reyher, praktisch-ökonomische Abhandlung von der Zubereitung der weißen Stärke und Anlegung einer sehr vortheilhaften Stärkefabrik. Erfurt 1785. 3te verbesserte Aufl. 1802. 8. J. C. G. Weise, ökonomische Technologie, oder vollständige Anweisung zur Anlegung und Betreibung derjenigen Gewerbe, welche mit der Landwirthschaft verbunden werden können. Erster Theil, mit Kupfern. Erfurt 1803. 8. S. 216 ꝛc., und 2. Theil. S. 10 ꝛc.)

II. Scheidung der Stärke aus Weizen.

(Nach verbesserter Art.)

§. 571.

Außer der vorher beschriebenen gewöhnlichen Verfahrungsart, zur Fabrikation der Stärke aus Weizen, bedient man sich gegenwärtig in vielen Stärkefabriken einer verbesserten Methode, wobey das Schroten des Weizens, und das Gähren des Schrotes entbehret wird.

§. 572.

Die verbessertere Verfahrungsart zur Fabrikation der Stärke, zerfällt: 1) in das Schlämmen und Waschen des Weizens; 2) das Einquellen der nicht geschroteten Körner mit Wasser; 3) das Zerquetschen der geweichten Körner mittelst einem Quetschwalzenwerkzeug, oder sie werden in dazu bestimmten Trittmühlen ausgetreten; 4) das Ausdrücken der einmal zerquetschten Masse, und das zweyte Zerquetschen derselben; 5) das Durchgießen des mit Stärke gemengten Wassers durch ein Haarsieb; 6) das Absüßen und Auspressen der gelagerten Stärke; 7) das Trocknen und Schaben derselben.

a) Das Waschen und Schlämmen des Weizens wird, wie vorher beschrieben, verrichtet. Das Einquellen der geschlämmten Körner mit reinem Flußwasser verrichtet man in einem Quellbottich, und zwar so lange, bis die Körner sich zwischen den Fingern, mit Aussonderung einer milchigten Substanz, zerdrücken lassen; wobey alle Tage frisches Wasser gegeben und das Getreide zuweilen umgerührt wird.

b) Das Quetschwalzenwerkzeug bestehet entweder in zwey hölzernen Walzen, die in einen Rahmen eingefasset sind, und von zwey Arbeitern nach entgegengesetzter Richtung umgedrehet werden können, während der gequellete Weizen, nachdem man vorher das im Quellbottich darüber stehende Wasser abgelassen hat, aus einem über der Mitte der Walze gestelleten Trichter oder Rumpf auf jene fällt. Das ganze Walzenwerk stehet über einer hölzernen Wanne, welche das Zerquetschte aufnimmt.

c) Man hat auch Quetschwalzenwerke von Messing, die durch ein Pferd in Bewegung gesetzt werden, und folgende Einrichtung besitzen: Ein vertikaler Treibebaum an welchen das Pferd gespannet wird, enthält ein Kammrad mit unterwärts gehenden Zähnen, die in ein liegendes Getriebe eingreifen, dessen Welle bis in die Stube reicht, welcher die Walzen liegen. Ein Stirnrad jener Welle greift unter sich in ein an der Achse der einen Walze sitzendes Getriebe, und dieses Getriebe greift wieder in ein kleines Stirnrad an der Achse der andern Walze. Drehet nun das Pferd den Treibebaum um, so kommen alle Räder und Getriebe, folglich auch die Quetschwalzen, in Bewegung.

d) Die zerquetschten Körner werden nun mit einem Siebe aus der Flüssigkeit heraus geschöpft, mit den Händen ausgedrückt, und die daraus übrig bleibenden Ballen, in Vermengung mit Wasser, zum zweytenmal durch das Walzenwerk geleitet.

e) Man pflegt auch wohl die gequellten Körner in einem Fasse (dem Tretfasse), mit hölzernen Schuhen oder mit Stampfen zu zertreten, und zwar erst für sich, worauf sie in Säcke gefüllet, mit weichem Wasser getränkt werden, um das mehlartige auszuwaschen, das nun aus den Zapfenlöchern des Tretfasses abläuft.

f) Die auf die eine oder die andere Weise ausgesonderte, mit

Stärke beladene Flüssigkeit, wird nun durch ein feines Haarsieb geleitet, um die gewöhnlichen Mehl- oder Kleyentheile zurück zu halten, worauf sie ausgesüßt wird.

g) Nachdem die abgesüßte Stärke sich in dem letzten Absüßfasse gelagert hat, wird sie in einen Sack gefüllet, solcher unter einer Presse ausgepresset, und nach dem Auspressen noch 24 Stunden darunter gelassen.

h) Die ausgepressete Stärke wird nun in Stücke zerschnitten, diese getrocknet, geschabt ꝛc.

(K. F. W. Jägerschmidt, Abhandlung über die verbesserte Bereitungsart der weißen Stärke und des Puders. Manheim 1797. 8.)

III. Scheidung der Stärke aus Kartoffeln.

§. 573.

Außer den Getreidearten, enthalten auch mehrere andere Erzeugnisse des Pflanzenreichs das Kraftmehl oder die Stärke unter ihren wesentlichen Gemengtheilen. Dahin gehört: 1) die Mahinot oder Manjokwurzel (Jatropha Mahinot), aus welcher die Amerikaner eine Stärke bereiten, die sie Cassova nennen; 2) die Aronwurzel (Arum maculatum); 3) die Gichtrübe (Bryonia officinalis); 4) die Roßkastanien; 5) der Türkische Weizen; 6) die Kartoffeln, welche, außer dem Weizen, unter allen anderweitigen Mitteln, am geschicktesten zu deren Darstellung sind.

a) Um aus den fünf erst genannten Substanzen die Stärke zu verfertigen, ist es hinreichend, solche zu verkleinern, dann in Wasser eingeweicht, sie in einen Beutel von Leinwand einzuschließen, und hierauf unter Wasser auszukneten, da dann die Stärke sich auswäscht, die anderweitigen Theile aber im Beutel zurück gehalten werden. Die ausgewaschene Stärke wird endlich abgesüßt und getrocknet.

§. 574.

Um die Stärke aus Kartoffeln zu scheiden, werden solche 1) zerrieben; 2) der Brey in einem Siebe mit Wasser ausgeknetet; 3) die aus der Flüssigkeit sich absetzende Stärke mit Wasser abgesüßt; 4) getrocknet, und nach dem Trocknen geschabt. Die Ausbeute an fertiger Stärke, richtet sich nach der Beschaffenheit der Kartoffeln, so wie nach der Zeit, in welcher sie ausgesondert wird, und differirt zwischen 10 und 15 Procent gegen die Kartoffeln.

a) Man kann die rohen Kartoffeln entweder auf einem gewöhnlichen Reibeeisen, oder auch mittelst eines besonders dazu eingerichteten Reibeapparates verkleinern, der demjenigen ähnlich ist, welcher bey der Fabrikation des Zuckers aus Runkelrüben näher erörtert werden soll.

b) Um das Auskneten der zerriebenen Kartoffeln zu veranstalten, werden sie in ein Sieb gethan, das über einer Wanne stehet, und, indem man fortwährend reines kaltes Wasser darauf leitet, der Brey so lange mit den Händen im Wasser geknetet, bis sich keine mehlartigen Theile mehr auswaschen, da dann die von der Stärke befreyeten faserigen Theile im Siebe zurück bleiben. Man kann den Brey auch eben so gut, wie bey der Weizenstärke, mittelst einem Tretfasse, in einem Tretsacke eingeschlossen, austreten.

c) Das Absüßen der ausgetrockneten Kartoffelstärke wird eben so veranstaltet, wie das der Weizenstärke.

d) Nach dem letzten Absüßen wird die mit Wasser verdünnete Kartoffelstärke nochmals durch ein feines Haarsieb geleitet, um alle faserige Theile davon zu sondern.

e) Nachdem die Stärke sich abgesetzt hat, wird das Ausschneiden, das Trocknen und das Schaben eben so verrichtet, wie bey der gewöhnlichen Stärke.

f) Die faserigen Theile, die nach dem Ausneten zurück bleiben, werden als Futter für das Mastvieh gebraucht. Sie machen ein Gemenge von Eiweißstoff, von Pflanzenfasern und von mehlartigen Theilen aus.

(Die Bereitung der Kartoffelstärke: In Hermbstädt's Bülletin rc. 12. Bd. S. 274 rc. Sinclair's Erdäpfel-Mehlmaschine, zur Benutzung des Erdäpfelmehls. In Dingler's polytechn. Journal rc. 28. B. S. 127 rc. Taf. III. Fig. 28. u. 29. Lorenz, die neueste und vortheilhafteste Bereitung des Kartoffelmehls, aus guten, wie auch aus verdorbenen und erfrornen Kartoffeln. Quedlinburg. 1826. 8.)

Theorie der Stärkefabrikation.

§. 575.

Der Weizen ist ein Produkt der natürlichen Mengung aus Hülse, aus Kraftmehl, aus Kleber, aus Schleimzucker und aus Gummi, welchen Gemengtheilen noch eine Portion übersäuerter phosphorsaurer Kalk beygemengt ist. Von gedachten Gemengtheilen ist die Stärke oder das Kraftmehl allein derjenige Theil, der bey der Stärkefabrikation geschieden werden soll.

§. 576.

Wenn der Weizen, nach gehöriger Reinigung, mit Wasser eingequellet wird, er sey im geschrotenen oder im nichtgeschrotenen Zustande, so löset sich der Schleimzucker auf, und gehet erst in eine geistige, von da aber in eine sauere Gährung über; der Kleber trennet sich nun von dem Kraftmehl, das nicht lösbar im kalten Wasser ist, und ziehet sich zusammen; der übersäuerte phosphorsaure Kalk löset sich im Wasser auf, und nun ist die Masse zum Austreten des Kraftmehls vorbereitet. Sie findet sich in diesem Zustande in einem Anfange der saueren Gährung, und gehet bald in eine nachtheilige faulende über, wenn das Ausscheiden der Stärke nicht bald vorgenommen wird.

§. 577.

Beym Austreten der Masse trennet sich die Stärke von den Hülsen und dem Kleber; die saueren Theile treten mit dem Wasser in Verbindung, und können durch das Absüßen vollends von der Stärke getrennet werden, die nun, als eine im Wasser nicht lösbare Substanz, zu Boden sinkt.

a) Die Ausbeute an trockener Stärke aus Weizen kann auf 60 bis 70 Procent berechnet werden, nach der Beschaffenheit des Weizens, und wenn regelmäßig gearbeitet wird. 100 Pfund frische Kartoffeln liefern im Durchschnitt $12\frac{1}{2}$ Pfund Stärke.

b) Die nach dem Austreten übrig bleibenden Getreidehülsen, in Vermengung mit dem Kleber, dienen zur Mastung der Ochsen und der Schweine.

c) Das erste Absüßwasser, welches gleich nach dem ersten Austreten der Stärke gewonnen wird, gehet, mit dem zwanzigsten Theil Branntwein versetzt, an der warmen Luft in einen ziemlich starken Essig über, der für Bleyweißfabriken, so wie für Messing- und Eisenblechhämmer, brauchbar ist.

§. 578.

Bey der Zubereitung der Kartoffelstärke ist keine Fermentation erforderlich. Die Kartoffeln halten ihr Kraftmehl bloß mit Eiweißstoff, mit Pflanzenfaser, mit Pflanzenschleim und mit einem Gemenge von Phosphorsäure und von Weinsteinsäure verbunden. Die beyden Säuren, nebst dem Schleim, lösen sich beym Auskneten der zerkleinerten Kartoffeln im Wasser auf, die Pflanzenfasern nebst dem Eiweißstoff bleiben gemengt zurück. Die Stärke kann sich also viel leichter aussondern.

§. 579.

Die Stärke aus Weizen und die aus Kartoffeln sind sich nicht völlig gleich, jene ist leichter und mehr zusammenhängend, die letztere ist schwerer und mehr körnig und zerfallbar.

a) Gute weiße Stärke aus Weizen, muß billig sich durch eine blendend weiße Farbe auszeichnen, beym Zerbrechen ein Geräusch veranlassen, und auf dem Bruche von beyden Seiten längliche Streifen bilden; sie muß völlig trocken seyn, und weder Geruch noch vorwaltenden Geschmack besitzen, und sich im kalten Wasser leicht zertheilen, im siedenden aber zu einem klaren Kleister auflösen.

b) Die Stärke aus Weizen, scheint sich bloß dadurch von der aus Kartoffeln zu unterscheiden, daß sie noch einen ganzen Theil unzersetztes Mehl enthält.

c) Wenn die Stärke gelblich erscheint, kann solche gebleicht und blendend weiß gemacht werden. Zu dem Behuf wird sie mit flüssigem Chlorkalk zusammen gerührt, und dann kalt mit Salzsäure behandelt, welche der Kalk in sich aufnimmt. Sie wird dann vollkommen ausgesüßt und getrocknet.

Anhang.

Die Fabrikation des Puders oder Haarpuders.

§. 580.

Während der feinste Theil des aus dem Weizen geschiedenen Kraftmehls als Stärke verwendet, und zu verschiedenem Backwerk, wie Bisquit, Torten, zu Mehlspeisen rc., so wie zur Zubereitung der Oblaten gebraucht wird, wendet man die äußere weißgraue Rinde der getrockneten Stärke, die durch das Abschaben davon getrennt wird, dazu an, um Haarpuder daraus zu verfertigen.

a) Der Name Puder (Poudre, Pulver) zeigt schon an, daß er aus dem Französischen herstammt. Zwar kannten schon die Alten die Methode, das ächte oder auch falsche Haar mit gepulverten Materien zu bestreuen, wie denn die Perücke des Kaysers Commodus mit wohlriechenden Salben beschmiert und mit Goldstaub bestreuet wurde. Der eigentliche Haarpuder aus Stärke, kam aber zuerst unter der Regierung Ludwigs des Vierzehnten in Gebrauch, und war auch damals noch nicht allgemein gebräuchlich.

(Friedrich Nicolai, über den Gebrauch der falschen Haare und Perücken. Berl. 1801. 8.)

§. 581.

Um den Haarpuder zu verfertigen, gebraucht man nur denjenigen Theil der Stärke, der als Abschabsel abfällt; welcher zu dem Behuf gepulvert und gebeutelt wird.

a) Um die Schabestärke zu mahlen und in Puder zu verwandeln, kann an dem Treibebaum des (§. 572. c.) beschriebenen Quetschwalzenwerks, über dem Kammrade ein Stirnrad angebracht seyn, das in ein stehendes Getriebe eingreift. Die Welle des stehenden Getriebes kann mittelst des Mühleisens den Laufer halten, der die Stärke zu Puder zermalmt und zugleich das Beuteln desselben veranlasset.

b) Um zu bewirken, daß der Puder nicht leicht zerstäubt, wird solcher mit Weingeist angefeuchtet und dann langsam getrocknet, wodurch derselbe das starke Knirschen beym Zerdrücken annimmt. Auch soll dieses Kennzeichen erfolgen, wenn der Puder bey einer Temperatur zwischen 25 und 62 Grad Reaumür ausgetrocknet wird.

c) Ein starker Grad der Hitze ertheilt dem Puder eine gelbliche Farbe, er wird nun in blonden Puder verwandelt.

d) Durch das Vermengen mit gestoßener Veilchenwurzel und mit allerhand wohlriechenden Oelen, wie Lavenbelöl oder Bergamotöl, auch Moschus, bereiten die Parfümeurs den wohlriechenden Puder.

(C. F. Reuß, medizinisch=ökonomische Untersuchung der Eigenschaften und Wirkungen des Puders, sammt seinen Zubereitungsarten. Tübingen 1781. 8.)

Sechsundzwanzigster Abschnitt.

Fabrikation der Oblaten.

(Die Oblatenbäckerey.)

§. 582.

Oblaten, nennt man einen aus feinem Weizenmehl, oder auch aus Stärke, mit Wasser bereiteten, in dünnen Platten ausgearbeiteten und ausgebackenen Teig, der unter mancherley Formen ausgearbeitet, und außer zum Versiegeln der Briefe, auch zu mannigfachem andern Behuf angewendet wird.

a) Wer die Oblaten erfunden hat, und wenn sie erfunden worden sind, darüber ist keine Gewißheit vorhanden. Die ältesten Oblatensiegel finden sich aus der letzten Hälfte des sechszehnten Jahrhunderts. Erst im siebenzehnten Jahrhundert wurde das Siegeln mit Oblaten gebräuchlicher. Sie sind wahrscheinlich zuerst in den Niederlanden erfunden worden.

b) Man unterscheidet mehrere Arten der Oblaten: als 1) Tafeloblaten (deren sich die Conditor zum Unterlegen verschiedener Konfekturen bedienen); 2) Kirchenoblaten oder Hostien, und 3) Siegeloblaten oder Briefoblaten, theils farbenlose, theils mit verschiedenen Farben gefärbte.

c) Die Oblatenbäcker bilden ein nichtzünftiges Gewerk.

§. 583.

Die Fabrikation der Oblaten zerfällt in vier verschiedene Operationen, nämlich: 1) die Zubereitung des Teiges; 2) das Formen des Teiges zu Oblaten; 3) das Backen derselben; 4) das Ausstechen der gebackenen Oblaten.

a) Um den Grundteig zu den Oblaten zu verfertigen, wird feines Weizenmehl, oder auch Stärke mit Wasser zu einem lockern und liquiden Teige angerührt.

b) Um den Teig zu formen, bedient man sich der Oblatenform. Sie bestehet aus zwey messingnen Platten, von denen jede 1 Fuß lang und 6 Zoll breit ist. Sie liegen über einander und können durch eine Zange, an welcher sie hinten befestiget sind, aufgemacht und zugeschlossen werden. Der Uebereif ist so beschaffen, daß, wenn man ihn auf den Griff schiebt, er die Zange fest zusammen hält.

c) Die Form zu den glatten Oblaten ist inwendig polirt. Die zu den figurirten Oblaten ist inwendig gravirt; ihre innere Fläche besitzt gewöhnlich 24 vertiefte in bestimmter Entfernung von einander abstehende Kreise, und in jedem einzelnen Kreise ist eine beliebige Figur vertieft eingegraben.

d) Um das Formen des Oblatenteigs zu veranstalten, wird die Form inwendig mit wenigem Fett bestrichen, dann der Teig in selbiger ausgebreitet, da dann, beym Zusammendrücken der beyden Platten, das Ueberflüssige an den Kanten heraus bringt.

e) Um den Oblatenteig zu backen, wird die damit gefüllete Form gegen das Feuer gehalten und oft umgewendet, bis man glaubt, daß das Backen vollendet ist. Der herausgequollene Teig wird dann mit einem Messer abgeschabt, die darin befindlichen Oblaten gelüftet und dann mit einem Messer heraus genommen. Sie erscheinen nun als Tafeloblaten und werden ganz verkauft.

f) Die Siegeloblaten werden, mittelst dem Stecheisen, aus den Tafeloblaten ausgestochen. Das Stecheisen bestehet in einer gestählten eisernen Röhre, die, nach der Größe, welche die Oblaten erhalten sollen, einen eben so verschiedenen Kreisdurchmesser besitzt, und oben mit einem hölzernen Handgriffe versehen ist.

g) Um das Ausstechen zu verrichten, werden die Tafeloblaten auf einen ebenen Tisch gelegt, und mit dem Steicheisen ein Stück nach dem andern herausgestochen.

h) Sollen die Siegeloblaten gefärbt erscheinen, so wird der Teig vorher mit Zinnober, mit Berlinerblau, mit Kurkumeabkochung, mit Kienruß ꝛc. gefärbt.

(Sprengel's Handwerke in Tabellen, fortgesetzt von Hartwig, XII. Theil. S. 147 ꝛc. Taf. V. Fig. 13. und Fig. 14. Halle's Werkstätte der heutigen Künste, oder die neue Kunsthistorie ꝛc. 6. Bd. S. 57 ꝛc. Cunradin, Anleitung zum Studium der Technologie. Leipzig 1785. Der französische Bisquit- und Oblatenmacher. Sorau 1769.)

Siebenundzwanzigster Abschnitt.

Die Brodbäckerey.

(Das Bäcker-Handwerk.)

§. 584.

Brod, in der ausgedehntern Bedeutung des Wortes, nennt man das dem Menschen allgemein bekannte und unentbehrliche Nahrungsmittel, welches aus Getreidemehl, aus Wasser und aus einem schicklichen Ferment, zum Teige ausgeknetet und in dem Backofen ausgebacken wird.

a) Derjenige Handwerker, welcher das Brodbacken nach erlernten Regeln für eigene Rechnung ausübt, wird ein Bäcker (ein Backherr) genannt. Seine Gehülfen oder

Gesellen werden Bäckerburschen oder auch Bäckerknechte genannt.

b) Die Bäcker haben ein zünftiges aber geschenktes Gewerk; die Ausübung ihres Nahrungszweiges wird das Bäckerhandwerk genannt. Die Lehrlinge erlernen das Gewerk in 3 Jahren. Die Gesellen (Bursche oder Knechte) müssen 3 Jahre wandern, bevor sie das Meisterrecht erwerben können, oder diese Wanderschaft mit 15 bis 30 Thaler loskaufen.

c) Wenn der Geselle Meister werden will, so muß solcher das vorgeschriebene Meisterstück anfertigen; zu welchem Behuf derselbe 3 Scheffel Weizenmehl und auch 3 Scheffel Roggenmehl verarbeiten und backen muß.

d) Von dem Weizenmehl muß derselbe Semmeln, Stollen, Semmelpaare und Trägelsemmeln (ofenlange Semmeln, die in der Reihe ein Ganzes ausmachen), backen: Jedes Stück muß nach dem Backen das bestimmte Gewicht haben, das der Jungmeister nach dem Augenmaaße treffen muß, ohne daß es ihm gestattet ist, sich einer Wageschaale dabey bedienen zu dürfen. Ferner werden von dem Weizenmehl gebacken: Milchbrod, geraspeltes Brod, Herrenbrod, halb von Weizen- und halb von Roggenmehl, mit einem Aufschnitt; endlich auch Napf- und Butterkuchen.

e) Von dem Roggenmehl werden gebacken: 1) lange Brodreihen von vier, acht und zwölf Kügelchen; 2) Sechspfennigsbrod; 3) Kümmelbrod; 4) Groschen- und Zweygroschenbrod. Bey jeder Art, die der Jungmeister vorzeigt, wird untersucht, ob das Brod seine gehörige Hefe oder Säure und Farbe habe, ob es sein bestimmtes Gewicht besitzt, und ob es gut ausgebacken ist.

f) Die Bäcker unterscheiden sich gemeiniglich, nach der Art des Brodes welches sie backen, in Weißbäcker und in Schwarzbäcker. Die ersten, welche loses oder lockeres Brod backen, nennen sich auch Los- oder Lockerbäcker, zum Unterschiede von den Letzteren, welche Fast-

oder Festbäcker genannt werden, weil sie festeres Brod backen.

g) Im Königl. Preuß. Staate ist der Unterschied zwischen Weiß- und Schwarzbäckern, als dem Nahrungsstande nachtheilig, bereits seit dem Jahre 1752 gänzlich aufgehoben, so daß jeder Bäcker alle Arten weißes und schwarzes Brod backen darf.

h) Außerdem unterscheiden sich in Deutschland noch die französischen Bäcker: die nicht nur weißes Brod, ganz von Weizenmehl, sondern auch halbweißes Brod, aus Weizen- und Roggenmehl gemengt, nach französischer Art, backen. Sie bilden ein eigenes Gewerk unter sich, und halten sich nicht zu dem deutschen Bäckergewerk.

i) Wie alt die Kunst Brod zu backen sey, läßt sich schwerlich angeben; sie scheint sich aber in das graueste Alterthum zu verlieren. Ohnstreitig kam die Kunst Brod zu backen aus Afrika über Aegypten nach Asien. Von Asien holten sie die Griechen, von den Griechen kam sie an die Römer, und von diesen an die Deutschen. Im römischen Staate wurde die Kunst Brod zu backen (nach Heyne) erst 400 Jahre vor Christi Geburt bekannt; bis dahin wurde von den Römern das Getreide mit Wasser gekocht, wie bey uns der Reis, und so genossen. Späterhin rösteten sie dasselbe, stampften solches zu Grütze, und aßen diese wie Brey. Erst 150 Jahre vor Christus, ließen die Römer Bäcker aus Griechenland kommen, woselbst das in Athen gebackene Brod als sehr gut bekannt war. Die Bäcker wurden in eine Innung vereinigt, und zur Zeit des Augustus existirten allein in der Stadt Rom schon 300 Bäcker, die ihre eigenen Mühlen hatten.

k) Späterhin ist die Kunst Brod zu backen (nach Beckmann und Schlözer) in Italien sehr gesunken, so daß, mit Ausnahme von Rom, in Deutschland früher ein besseres Brod als in Italien gebacken wurde. Und selbst noch jetzt wird in Rom das beste Brod nur von deutschen Bäckern gebacken, so wie auch das Brod, welches in Venedig in den öffentlichen Backöfen gebacken wird, von deutschen Bäkkern verfertigt ist, die zu dem Behuf besonders nach Venebig verschrieben werden, und eine eigene Brüderschaft bilden, die im Besitz einer schönen Kirche ist.

(J. C. G. Jacobson's technologisches Wörterbuch 2c. Erster Theil. 1781. 4. S. 117 2c. Heyne, de origines Panificii, frugumque inventarum initia, 1767 und 1768; auch in dessen Opusculis academicis, Vol. I. Götting. 1773. Joh. Beckmann's physikalisch-ökonomische Bibliothek, 4. Bd. S. 365, und 5. Bd. S. 45 2c. Desselben Beyträge zur Geschichte der Erfindungen, 2. Bd. S. 50 2c. Schlözer's Staatsanzeigen 2c. 1. Bd. 2. Heft. S. 219 2c.)

§. 585.

Die Kunst, Brod zu backen, zerfällt in fünf verschiedene Operationen; dahin gehören: 1) die Vorbereitung und das Mahlen des dazu bestimmten Getreides zu Mehl; 2) das Anfrischen desselben; 3) das Säuern; 4) das Teigmachen; 5) das Ausbacken des Teiges im Backofen zu Brod.

a) Um das Getreide, es sey Weizen, Roggen oder Gerste vorzubereiten, wird solches mittelst einer Fege vom anklebenden Staub, so wie von beygemengten fremden Sämereyen des Unkrautes gereiniget, worauf dasselbe mit Wasser mäßig benetzt wird, um die trockene Hülse zu erweichen, damit solche beym Mahlen als Kleye abfalle und nicht in das Mehl mit übergehe.

b) Der Müller liefert dem Bäcker in der Regel dreyerley Arten Mehl, nämlich feines, mittleres und grobes; wovon nur allein das feinere zu Feinbrod, das mittlere und grobe aber zu grobem Brode verbraucht wird.

c) Das Anfrischen bestehet darin, daß der Bäcker eine Portion des von einem vorhergegangenen Gebäcke übrig behaltenen Teigs, mit dem der nächstfolgende Teig angefrischet werden soll, des Morgens mit lauwarmem Wasser verdünnet, neues Mehl zusetzt, um ihn zum Teig zu machen, und diesen dann mit Mehl bestreuet. Sechs Stunden nach dem ersten Anfrischen wird derselbe Teig zum zweyten Mal angefrischet.

d) Das Säuern bestehet in dem Versetzen des Mehlteiges

mit Sauerteig, damit der erstere dadurch in eine säuerliche Fermentation übergehe, und ein so viel mehr lockeres Brod darbiete. Der Sauerteig wird bereitet, indem eine Portion des in die saure Gährung übergegangenen Teigs mit Mehl und Wasser angeknetet, und das Gemenge bis zur sauren Gährung aufbewahrt wird. Man setzt auch wohl etwas Essig hinzu. Das Säuern oder Einsäuern des Teigs geschiehet in der Beute (einem 5 bis 10 Fuß langen, und $2\frac{1}{2}$ Fuß breiten Backtroge).

e) Um das Teigmachen zu veranstalten, siebt der Bäcker das dazu bestimmte Mehl in die Beute, welche in der erwärmten Backstube befindlich ist, rührt solches mit dem erforderlichen Sauerteig und Wasser an, und arbeitet die Masse mit den Händen durch, bis der Teig daraus geknetet werden kann, der nun zum Brode abgewogen (i), und, zum Gehen oder Aufgehen, auf Backbretter geschoben, in die Backstube hingestellet wird.

f) Um das Ausbacken des gesäuerten Teigs zu veranstalten, werden die Brode, erst die kleinern, dann die größern, durch den Werkmeister, in den vorher geheizten und gehörig gereinigten Backofen, mit dem Schlagschieber, reihenweise nach einander, eingeschoben, nachdem vorher jedes Brod, mittelst einer Streiche, mit Wasser bestrichen worden ist. Beym Einschieben wird das Mundloch des Ofens so viel wie möglich versperret gehalten, so wie auch alle Zuglöcher verschlossen sind, damit die Dünste des Brodes sich über demselben sammeln und den Glanz seiner Rinde veranlassen können; dagegen, wenn dieses erreicht ist, nun (gemeiniglich schon nach einigen Minuten) ein Zugloch nach dem andern geöffnet wird. Die kleinern Brode haben gemeiniglich schon nach 30 Minuten die Gahre erreicht; sie werden nun heraus gezogen, und die größern mit dem Vorrückschieber verrückt, damit sie der Hitze mehr ausgesetzt sind. Groschenbrode sind in einer, Zweygroschenbrode in anderthalb Stunden gahr gebacken. Wenn das Brod aus dem Ofen kommt, wird solches oberwärts mit Wasser bestrichen. Man erkennt die Gahre, wenn die Unterrinde (der Herd) klinget, und das Brod beym Abwiegen anzeigt, daß solches den gehörigen Gewichtsverlust erlitten hat.

g) Der Backofen ist von Mauersteinen und Lehm aufgebauet. Der Ofen stehet auf einem festen Fundament an einer Brandmauer des Rauchfanges. Ueber dem Fundament wird das Gewölbe von Mauersteinen und Lehm aufgeführt. Auf dem Fundament liegt ein dreyfacher Herd. Der erste ist von Feldsteinen gemauert, der zweyte aus Lehm, der dritte gleichfalls aus gutbereitetem Lehm verfertiget oder vielmehr geschlagen. Der größte Abstand des Gewölbes vom Herde beträgt 14 bis 16 Zoll. Die innere Länge des Ofens beträgt 9 bis 10 Fuß; seine Weite beträgt 7 bis 8 Fuß. Vorn, wo das Mundloch ist, stößt der Ofen an eine Brandmauer, wodurch im Ofen zwey Winkel entstehen, welche Haken genannt werden. Der Herd, gleich vor dem Mundloche, wird die Brust; die Oeffnungen über dem Mundloche, werden Rauch- oder Zugröhren genannt. Die nächste Oeffnung am Mundloche heißt die Leuchtröhre, weil durch sie der Ofen, mittelst eines Kienbrandes, erleuchtet wird; das Mundloch ist 18 Zoll weit und 9 Zoll hoch.

h) Um den Ofen zu heizen setzt der Werkmeister, während der Kneter den Teig macht, trocknes gespaltenes hellbrennendes Holz, mit dem Schieber, im hintern Theile des Backofens kreutzweise auf, zündet den Holzstoß an, und wirft, wenn dieser niedergebrannt ist, dünne lange Backsprießen von demselben Holze nach. Ist auch dieses niedergebrannt, so ziehet man mit der Krücke die Kohlen nach der Mitte zu, wirft Backsprießen nach, und wenn die Flamme vergeht und der Ofen heiß genug ist, so werden nun die Kohlen nach der Mündung des Ofens hingezogen, und auch hier noch einige Backsprießen nachgeworfen, die man ausbrennen läßt, bis der Herd und die Wölbung hinreichend erhitzt sind und die Wölbung ein weißliches Ansehen angenommen hat. Der geheizte Ofen wird nun mit der Krücke von den Kohlen, und mittelst der Lösche von der Asche gereiniget, und nun die zuerst ausgewirkten Brode auf dem Backbrette herbey gebracht und eingeschoben. Die Hitze eines gut geheizten Backofens kann ohngefähr 448 Grad Fahrenheit (= 154$\frac{5}{9}$ Gr. Reaumür) gleich geschätzt werden. Hiebey nimmt das auf den Boden des Ofens gestreuete Mehl sehr bald eine schwarze Farbe an, ohne sich jedoch zu entzünden.

i) Beym Ankneten des Mehls zu Teig, werden ohngefähr 2 Theile Wasser gegen einen Theil Mehl in Anwendung gesetzt, doch bleibt dieses Verhältniß sich nicht immer gleich. Die Quantität des Brodes, das man aus einer bestimmten Quantität Mehl gewinnt, verhält sich zu diesem, wie 4 zu 3, so daß im Durchschnitt 3 Pfd. Mehl 4 Pfd. Brod liefern.

k) Hat man das Brod vor dem Einschieben in den Backofen gewogen, so findet man selbiges nach dem Herausnehmen um $\frac{1}{5}$ leichter, ein Verlust der sich aber nicht immer gleich bleibt, sondern nach dem größern oder kleinern Umfange des Brodes, mehr oder weniger beträgt, so daß der Gewichtsverlust oft zuweilen auf $\frac{1}{12}$ bis $\frac{1}{13}$ herabsinkt.

l) Zu Semmeln und anderm weißen Brode aus Weizenmehl, kommt kein Sauerteig, sondern Hefe, und dem Teig wird beym Ankneten etwas Küchensalz zugegeben.

(Jacobson's technologisches Wörterbuch ꝛc. 1. Theil. S. 117, 119 u. 303. S. F Hermbstädt's Grundsätze der experimentalen Kameralchemie. 2. Auflage. Berlin 1817. 8. S. 501 ꝛc.)

§. 586.

Der Uebergang des Mehls in Brod ist mit einer totalen Veränderung der Grundmischung des Erstern begleitet. Der Sauerteig beym gesäuerten, so wie die Hefe beym nicht gesäuerten Brode, veranlassen eine Fermentation in der Teigmasse, wodurch Kohlenstoffsäure und Essigsäure beym gesäuerten, so wie Kohlenstoffsäure allein beym nicht gesäuerten Brode erzeugt wird. Die Kohlenstoffsäure ist es, welche sich gasförmig entwickelt, und so das Aufschwellen des Teigs veranlasset; die Essigsäure ist es, welche beym gesäuerten Brode eine Auflösung des Klebers im Mehl und seine innige Mischung mit dem Kraftmehl veranlasset. Daher können auch die Bestandtheile des Mehls im Brode nicht mehr ausgemittelt werden.

a) Der angenehme geistige Geruch, welchen der gährende Teig verbreitet, deutet sehr deutlich auf den Vorgang einer Weingährung in demselben.

b) Der kräftige Geruch, welchen das frische Brod ausdünstet, so wie solches aus dem Backofen kommt, ist ohnstreitig die Folge eines durch die Einwirkung der Hitze erzeugten balsamischen Oels, wie z. B. beym Brennen des Kaffee's ein ähnliches producirt wird.

(Hermbstädt's Grundsätze der experimentalen Kameralchemie rc. 2. Auflage. 1817. S. 505 rc. Joannes Jacobus Cannegieter, Dissertat. chemico-medica inauguralis de Farina et Pane. Groningae 1809. 8. Hermbstädt über die Veränderung des Getreidemehls, wenn solches zu Brod verbacken wird. In dessem Bülletin rc. 4. B. S. 1 rc. Der vollkommene Bäcker, oder über das Ganze der Bäckerey, als ein faßlicher Unterricht zur besondern Bereitung der verschiedenen Brodarten und andern Backwerks, mit 2 Kupf. Leipzig (ohne Jahrzahl) 4. Der Kunstbäcker von Europa rc. 2. Aufl. Leipzig bey Knobloch, 1824. 8. Hugo Colqui-Houn, Untersuchungen über die Kunst des Brodbackens rc. In Dingler's polytechn. Journal rc. 23. B. S 314 rc.)

Verbesserungen in der Brodbäckerey. (Teig-Knetmaschine.)

§. 587.

Die Unreinlichkeit, welche das Kneten des Teiges mit den Händen (ja sogar oft mit den Füßen) mit sich führt, das Eckelhafte bey der Sache, hat es veranlaßt, diese Arbeit mit Maschinen zu verrichten. Diese Maschinen sind zwar noch nicht zur Vollkommenheit gekommen, leisten aber schon sehr viel gutes, und ihre Vervollkommnung ist zu wünschen.

(H. Weber's Zeitblatt für Gewerbetreibende. 1. B. 1828 S. 411 rc.)

Achtundzwanzigster Abschnitt.

Die Fabrikation der Pottasche.

(Die Pottaschensiederey.)

§. 588.

Wenn die verschiedenen Holzarten, so wie auch viele andere Pflanzen, wie Strauch- und selbst Staudengewächse, im trocknen Zustande bis zur Asche verbrannt werden, so zeichnet sich diese durch einen scharfen alkalischen Geschmack aus. Wird die Asche mit Wasser extrahirt, so gewinnt man eine scharf- und ätzendschmeckende Flüssigkeit, welche Lauge genannt wird; diese läßt, wenn solche bis zur Trockene abgedunstet wird, eine braune salzige Substanz zurück, die nach dem Ausglühen eine farbenlose Beschaffenheit annimmt, und in diesem Zustande Pottasche genannt wird.

a) Wer die Kunst, Pottasche zu verfertigen, erfunden hat, und wie alt sie sey, ist nicht bekannt. Schon die Araber scheinen die Kunst verstanden zu haben, durch das Verbrennen der Vegetabilien eine scharfe Asche zu bereiten; die Darstellung der Pottasche aus derselben war ihnen aber wohl schwerlich bekannt.

b) Der deutsche Name Pottasche scheint von dem altdeutschen Worte Pott oder Topf herzustammen. Vermuthlich wurde zuerst die zum Trocknen eingedickte Lauge in Töpfe gefüllet, und in selbigen kalzinirt.

c) Die Pottasche ist, ihrer Natur und Grundmischung nach, ein Produkt der Mengung von kohlensaurem Kali, von schwefelsaurem Kali, von Chlorkalium, von erdigen Theilen und von einigen Metalloxyden. Ihre Güte richtet sich nach ihrem größeren Kaligehalt.

d) Die Kunst, Pottasche zu fabriciren, wird die Pottaschensiederey genannt. Die Fabrikanstalt, in welcher solches verrichtet wird, nennt man die Hütte.

§. 589.

Die gesammte Kunst der Pottaschensiederey zerfällt in vier Hauptoperationen, diese sind: 1) das Aschebrennen; 2) das Auslaugen der Asche; 3) das Versieden der Lauge zu roher Pottasche; 4) das Ausglühen der rohen Pottasche zur kalzinirten Pottasche.

a) Manche Pottaschensieder kaufen die Holzasche auf, um sie auf Pottasche zu verarbeiten. Andere kaufen dazu ganze Waldungen, wenn diese zu entfernt von schiffbaren Ströhmen liegen, um das Holz zum Gebrauch als Brennmaterial, hinreichend wohlfeil transportiren zu können.

Das Aschebrennen.

§. 590.

Jede Art Holz giebt zwar nach dem Verbrennen Asche, und aus dieser kann (durch die Auslaugung Pottasche) gewonnen werden; aber nicht jedes Holz giebt eine gleiche kalireiche Asche; daher auch die Auswahl der Holzarten, aus denen Pottasche fabririrt werden soll, nicht gleichgültig ist.

a) Im Allgemeinen kann festgesetzt werden: 1) daß die Holzarten um so mehr Kali in ihrer Asche liefern, je größer ihre specifische Dichtigkeit ist; 2) daß frisch gefällete Hölzer mehr Pottasche liefern, als alte und zum Theil verfaulte; 3) daß die dünnern Zweige der Bäume mehr Pottasche liefern, als das dickere Holz vom Stamme; 4) daß Strauchgewächse mehr Pottasche liefern, als

Bäume, und 5) daß alle Pflanzen im reifen Zustande mehr Pottasche liefern, als im unreifen.

§. 591.

Um das Aschebrennen zu veranstalten, werden Gruben in die Erde gegraben, von Holzkloben ein Rost in denselben gebildet, und nun das dazu bestimmte gefällete Holz, so wie auch die aus der Erde gegrabenen Wurzelstubben, in den Gruben angezündet, und nach und nach so weit verbrannt, bis die ganze Grube mit glühender Asche gefüllet ist, die man, unter Zuströhmung der atmosphärischen Luft, langsam verglimmen läßt, bis alle Kohlentheile möglichst vollkommen zerstöhrt sind.

a) So lange das Holz noch nicht verbrannt ist, enthält dasselbe als Bestandtheile: 1) essigsaures Kali; 2) schwefelsaures Kali; 3) phosphorsaures Kali; 4) Chlorkalium, Kieselsäure, Kalkerde, Talkerde, Mangan, Eisen und freye Essigsäure. Während dem Verbrennen desselben bis zur Asche, wird die Essigsäure, so wie der Kohlenstoff des Holzes zerstört, das schwefelsaure Kali, so wie das Chlorkalium, bleiben hingegen im ungestörten Zustande übrig.

b) Während dem Einäschern verbindet sich der Sauerstoff aus dem Dunstkreise mit dem Kohlenstoff des Holzes, und erzeugt Kohlensäure, die zum Theil von dem abgeschiedenen Kali gebunden wird, und solches in mildes (halbkohlensaures) Kali umändert, das nun, mit den andern Salzen, den erdigen Theilen und den Metalloxyden gemengt, die Asche darstellt.

c) Nach ohngefähren Erfahrungen von R. Kirwan und andern kann man annehmen, daß 1000 Pfund von folgenden trocknen Holzarten, so wie Strauchgewächsen und andere Vegetabilien an Asche, und aus derselben an Pottasche, liefern.

1000 Pfund	Liefern an Asche		1000 Pfund dieser Asche liefern	
Büchenholz	5,8	Pfund	219	Pfund
Eichenholz	13,5	—	112	—
Eschenholz	12,2	—	61	—
Rüsterholz	23,5	—	166	—
Weidenholz	28,0	—	102	—
Tannenholz	3,4	—	132	—
Tabaksstengel . .	220,0	—	84	—
Wermuthkraut . .	97,44	—	748	—
Erdrauch	219,0	—	360	—
Farrenkraut	36,46	—	116	—
Maisstengel	88,6	—	198	—
Sonnenblumenstengel .	57,2	—	349	—
Weinreben	34,0	—	162,6	—
Heidekraut	36,0	—	115,0	—
Fuchsschwanz	Nicht bekannt.		300,0	—
Schöllkraut	—		236,4	—
Nachtschatten	—		245,5	—
Stinkende Melde . .	—		372,7	—
Kalmuswurzel . .	—		409,0	—
Roßkastanien	—		401,6	—
Die Fruchtkapseln derselben	—		378,8	—
Die Früchte vom Flieder	—		523,4	—
Berufkraut (Eugeron canad.)	—		780,0	—

Diese so wie viele andere Angaben, verdienen aber noch mehr geprüft zu werden.

Anmerkung. Nach meinen eignen Erfahrungen gewinnt man von der Fläche eines Magdeburger Morgens (= 18,000 Quadratfuß) der mit Wermuth bepflanzt ist, in einem Sommer, durch einen dreimaligen Schnitt, 20,000 Pfund trocknes Kraut und Stängel. Diese geben nach dem Verbrennen 2364 Pfund Asche. Hieraus werden gezogen 1172 Pfund rohe Pottasche; und hieraus werden gewonnen, nach der Kalcination, an kalzinirter Pottasche 936, 6 Pfund oder $8\frac{1}{2}$ Centner. Der Anbau des Wermuths, zur Fabrikation der Pottasche, zumal die Pflanze perennirend ist, mit sterilem Boden vorlieb nimmt und wenig Düngung bedarf, verdient daher, in landwirthschaftlicher Hinsicht, sehr beachtet zu werden.

(Wildenheyn's Abhandlung vom Pottaschensieden, und Bestimmung des wahren Gehalts verschiedener Pflanzen zur Pottasche. Dresden 1771. 8. Derselbe, Beschreibung von allerley Versuchen zur Bestimmung des wahren Gehaltes verschiedener Bäume und holzartigen Pflanzen ꝛc. an Pottasche. In den Schriften der Leipziger ökonomischen Societät, 1. Bd. S. 211 ꝛc. Die Kunst, rohe und kalzinirte Pottasche zu machen, aus dem Franz. übersetzt, von C. F. Kausler. Stuttgardt 1780. 8. R. Kirwan's, physisch chemische Schriften. 4. Bd. S. 88 ꝛc.)

§. 592.

Außer dem Raume, welchen eine Pottaschensiederey erfordert, gehören dazu noch an Gebäuden, Geräthschaften und Werkzeugen: 1) das Magazin zum Aufbewahren der Asche; 2) Wagen; 3) Schüsseln; 4) Gemäße; 5) Areometer; 6) Siebe; 7) Schaufeln; 8) Schubkarren; 9) Aescher; 10) Sümpfe; 11) Siedepfannen; 12) Kessel; 13) der Kalzinirofen, und mehrere andere Geräthschaften.

Das Auslaugen der Asche.

§. 593.

Um das Auslaugen der Asche zu veranstalten, wird selbige in die dazu bestimmten Aescher gebracht, und dann die Arbeit erst mit kaltem, zuletzt aber mit siedendheißem Wasser begonnen; wobey man Sorge tragen muß, die erhaltene Lauge aus den Sümpfen nicht eher zu versieden, bevor solche nicht so reich mit alkalischen Theilen geschwängert ist, daß das Areometer darin einen Gehalt von 20 bis 25 Procent zu erkennen giebt.

a) Die Aescher bestehen aus hölzernen Fässern, von der Gestalt eines umgekehrten abgeschnittenen Kegels, der mit einem doppelten Boden versehen ist, wovon der obere, der in einer Entfernung von 6 Zoll von dem untern wahren Boden abstehet, und durch ein Kreutz davon getrennt ist, durchlöchert seyn muß. Die Aescher ruhen neben einander auf einem Gerüste, jeder ist am untern Theile mit einem Zapfen versehen, um die Lauge abführen zu können.

b) Unter jedem Aescher befindet sich ein zum Theil in die Erde gegrabenes Faß (ein Sumpf), zum Aufnehmen der Lauge, welche aus dem Aescher abfließt.

c) Um den Aescher zu beschicken, wird die Asche vorher mit Wasser benetzt, dann mit Schaufeln durcheinander gearbeitet, und, nachdem der Boden des Aeschers etwas mit Stroh bedeckt worden, der Aescher damit angefüllet und in allen Theilen festgedrückt, damit keine leeren Zwischenräume übrig bleiben.

d) Nachdem die obere Fläche geebnet ist, wird nun gutes, weiches, kaltes Wasser so lange darauf getragen, bis dieses sich nicht mehr einsauget, und die Lauge am Zapfenloche des Aeschers auszufließen beginnt. Die zuerst abfließende Lauge ist gemeiniglich so stark, daß der Aräometer darin einen Gehalt von 30 Proc. andeutet. Wenn sie beginnt so schwach zu werden, daß der Gehalt nur noch 10 Procent beträgt, so wird nun das Auslaugen mit heißem Wasser fortgesetzt, und zwar so oft der Aescher mit reinem Wasser nachgefüllet, bis die abfließende Lauge sich dem bloßen Wasser gleich verhält.

e) Man thut wohl, wenn man die zuerst abfließende Lauge von einem Gehalt von 20 bis 25 Procent, allein aufbewahrt, und die schwächere hingegen dadurch verstärkt, daß man sie nochmals durch einen neuen Aescher gehen läßt, um nicht unnöthig zu viel Wassertheile beym Einsieden verdunsten zu müssen.

f) So oft ein Aescher völlig ausgelaugt ist, wird solcher entleert und aufs neue beschicket. Die ausgelaugte Asche hingegen dienet nun für die grünen Glashütten, oder auch als Düngungsmittel zum Gebrauch, zu welchem Behuf sie unter einem mit Stroh bedeckten Schuppen aufbewahrt wird.

g) Um die Asche vor dem Auslaugen aufzubewahren, und sie

vor dem Einflusse des Regens zu schützen, bedient man sich dazu eines aus Mauer- oder Lehmwänden aufgeführten Gebäudes, das mit Stroh bedeckt seyn kann; es wird das Aschenmagazin genannt.

Das Versieden der Lauge zur rohen Pottasche.

§. 594.

Wenn man eine fertige Quantität siedewürdiger Lauge (von 25 bis 30 Procent) vorräthig hat, so beginnt man das Versieden derselben in den dazu bestimmten, am besten eisernen, Pfannen oder Kesseln so weit, bis eine herausgenommene Probe in der Kälte erstarret, worauf sie in kleinere Kessel ausgefüllet und in solchen vollends zur Trockne gebracht wird. Die trockne schwarzbraune Salzmasse wird in diesem Zustande rohe oder schwarze Pottasche genannt.

a) Man bedient sich am vortheilhaftesten zweyerley Pfannen, nämlich der Wärmpfannen und der Siedepfannen. Jene sind näher am Schornstein angebracht, und liegen höher als die Siedepfannen. Sie werden durch die Hitze geheizet, die sonst unbenutzt entweichen würde. Die darunter placirten Siedepfannen, unter welchen unmittelbar Feuer gemacht wird, empfangen, nach dem Maaße, daß daraus die Lauge verdunstet, aus den Wärmpfannen einen neuen Zufluß derselben, bis zuletzt die ganze Siedepfanne mit gahrer Lauge angefüllet ist. Sonst erhält auch die Siedepfanne ihren Zufluß von schwacher Lauge, aus einer über derselben placirten Treufelbütte.

b) Die rohe oder schwarze Pottasche, auch Fluß genannt, welche auf diesem Wege gewonnen wird, verdankt ihre schwarzbraune Farbe den noch inhärirenden Ruß- und Kohlentheilen, die aus der Asche mit ausgezogen worden sind.

Das Kalziniren der rohen Pottasche. (Kalzinirte Pottasche.)

§. 595.

Um die rohe oder schwarze Pottasche von ihren fremdartigen Beymischungen zu befreyen, wird solche der Kalzination im dazu bestimmten Kalzinirofen unterworfen, und zwar so lange, bis solche von Innen und von Außen völlig rein, bläulichweiß, fest und klingend erscheint. In diesem Zustande wird sie kalzinirte Pottasche genannt, und ist nun Kaufmannsgut.

a) Beym Auslaugen der Asche löset das Alkali allemal eine bedeutende Masse kohliger und rußiger Theile mit auf, denen nachher die rohe Pottasche ihre braune oder schwarze Farbe verdankt.

b) Wird die rohe Pottasche hingegen im Kalzinirofen bearbeitet, so verbrennen jene kohligen und rußigen Theile während dem Glühen, durch die Einwirkung des Sauerstoffgases aus dem Dunstkreise, die noch rückständigen Wassertheile werden verdunstet, und die Pottasche bleibt nun im entfärbten Zustande zurück. Ihre bläuliche Farbe verdankt sie dem Manganoxyd, das einen Bestandtheil in den meisten Pflanzenaschen ausmacht.

Der Kalzinirofen.

§. 596.

Der Kalzinirofen ist von feuerfesten Mauersteinen aufgeführt, hat 6 Fuß im Quadrat; sein Gewölbe hat die Gestalt einer abgeplatteten Walze, und ist in der Mitte nur 12 Zoll hoch. Um ihn vor Regen zu schützen, muß er unter einem Schuppen aufgeführt seyn.

a) Der Kalzinirofen unterscheidet sich in drey besondere Theile oder Kammern: nämlich den Kalzinirheerd und zwey Feuerkammern.

b) Die Ofenkammer (der Kalzinirheerd) ist 3 Fuß 6 Zoll breit. Jeder Feuerheerd ist dagegen nur einen Fuß breit. Die Feuerheerde sind vom Kalzinirofen durch ein Stück gegoßnes Eisen, von 3 Zoll Dicke und 7 Zoll Höhe, getrennt. Zwischen dieser Scheibe und dem obern Theile des Gewölbes, ist ein Raum von 4 bis 5 Zoll.

c) Jeder Eingang ist mit einer Thüre versehen. Die Thüre zum Kalzinirheerde hat 2 Fuß, die zu jedem Feuerheerde nur 1 Fuß im Quadrat.

(Die Kunst, rohe und kalzinirte Pottasche zu verfertigen. Aus dem Französischen von C. F. Kausler. Stuttgardt 1780. 8. S. 88. Taf. IV. Fig. 1. bis 12. C. G. Weise, Oekonom. Technologie ꝛc. Erster Theil. Frankf. 1803. 8. S. 131. Taf. III. Fig. 63 bis 67.)

Kalzination der Pottasche.

§. 597.

Um die Kalzination der Pottasche zu veranstalten, wird der Ofen vorher geheizt, dann die rohe Pottasche auf dem Kalzinirheerde ausgebreitet, und endlich die Kalzination derselben bis zur Beendigung veranstaltet.

a) Um den Ofen zu heizen, legt man erst Holz in die Kalzinirkammer und auf den Feuerheerd, und unterhält das Feuer etwa 60 Stunden lang, oder so lange, bis das Gewölbe des Ofens keine schwarzen Flecke mehr zeigt.

b) Nun wird der Ofen gereinigt, und die rohe Pottasche, etwa 3 bis 400 Pfund mit einem Mal, auf den Kalzinirheerd gebracht, und darauf nach der ganzen Breite, hingegen nur $\frac{2}{3}$ der Länge nach, von hinten an gerechnet, ausgebreitet.

c) Das Feuer wird nun verstärkt. Der Luftzug durch die Thüren jedes Feuerheerdes, treibt zuerst die Flamme nach hinten und an das Gewölbe der Kalzinirkammer, und zwingt sie dessen Krümmung zu folgen, um durch den Eingang

gang der **Kalzinirkammer** zu entwischen, wenn das Feuer beträchtlich ist.

d) Hiedurch wird die Flamme mit der **Pottasche** in Berührung gesetzt, die kohligen Theile **verbrennen**, die rückständigen **Wassertheile** werden verdunstet, und die **Pottasche** bleibt in einem entfärbten zusammen gesinterten Zustande zurück.

e) Wenn die **rohe Pottasche** recht **trocken** in den **Kalzinirofen** kommt, so geht die Operation sehr leicht von statten. Im Gegentheil schmilzt sie in ihrem **Kristallisationswasser**, und man hat mit vieler Schwierigkeit zu kämpfen.

f) Wenn die auf dem **Kalzinirheerde** befindliche **Pottasche** anfängt auszutrocknen, so nimmt sie die Beschaffenheit eines Kuchens an, dessen untere Kruste sich an den Boden des Ofens anhängt. Der obere Theil wird dann mit einer eisernen 18 Zoll langen und 10 Zoll breiten, an beyden Seiten des Randes einen halben Zoll erhabenen, **Schaufel** aufgehoben und auf den andern Theil geworfen, um die am Boden des Ofens klebende Substanz mit der Flamme in Berührung zu setzen, wodurch sich solche aufblähet und von selbst ablöset, worauf der zuerst abgenommene Theil auf seinen vorigen Ort gebracht wird, um nun auch die Kruste auf der andern Seite auf gleiche Weise zu lösen.

g) Hat die **Pottasche** ohngefähr eine Stunde lang im Kalzinirofen beharret, so hat sie ihr inhärirendes Wasser verlohren; sie fängt nun Flamme, die färbenden Theile verzehren sich, und die Oberfläche wird weißglänzend. Sie wird nun mit der **Schaufel** umgewendet, der vordere Theil in den Hintergrund des Ofens gebracht, und der hintere Theil nach dem vordern Raume hin geleitet.

h) Von nun an unterhält man in jeder **Feuerkammer** nur ein einziges Scheid Holz im Brennen, und rührt die kalzinirende Pottasche nur alle halbe Stunden einmal um. Wenn die Flamme derselben nachläßt und alles dunkelroth glühet, so ist die Kalzination beendiget. Man läßt nun alles Feuer vollkommen ausbrennen, damit kein Rauch und keine Kohle übrig bleibt, welche die **Pottasche** verunreinigen könnten. Die **kalzinirte Pottasche** wird nun aus dem Ofen mit Haken und Schaufeln heraus gezogen, an einem trocknen reinlichen Orte ausgebreitet, und nach dem Erkalten sogleich in die dazu bestimmten Fässer verpackt.

i) Um 1000 Pfund rohe Pottasche zu kalziniren, werden ohngefähr 60 Kloben leichtes trocknes Holz erfordert; und die rohe Pottasche erleidet dabey einen Abgang von 15 bis 20 Procent.

Eigenschaften und Kennzeichen einer guten Pottasche.

§. 598.

Die gut kalzinirte Pottasche zeigt, nachdem sie aus dem Kalzinirofen kommt, eine leichte poröse Beschaffenheit, eine bläuliche oder auch eine perlgraue Farbe, ist hellklingend, wenn mit einem harten Körper daran geschlagen wird, besitzt einen scharfen alkalischen Geschmack, und löst sich, bis auf eine Kleinigkeit, in zwey Theilen kaltem Regenwasser auf.

a) Wenn ein Stück kalzinirte Pottasche aus einander geschlagen wird, so muß sie inwendig eben so rein seyn als auswendig, sonst ist sie nicht durchaus kalzinirt. Die bläuliche Farbe ist eine Folge des darin gelösten Manganoxyds aus der Holzasche.

b) Die Pottasche ist ein Produkt der Mengung aus kohlenstoffsaurem Kali, aus ätzendem Kali, aus schwefelsaurem Kali, aus Chlorkalium, aus Manganoxyd, und aus einigen erdigen Theilen. Die quantitativen Verhältnisse dieser Gemengtheile in der Pottasche sind nicht in jeder Art gleich, sondern verhalten sich, nach der Beschaffenheit der Holzarten oder der Pflanzen überhaupt, aus denen die zur Pottasche bestimmte Asche gebrannt wurde, so wie nachdem die Asche mit kaltem oder mit heißem Wasser ausgelaugt worden war, sehr verschieden.

c) Man unterscheidet die im Handel vorkommende Pottasche gemeiniglich nach den Ländern, in welchen sie fabricirt worden ist: 1) in Amerikanische Pottasche; 2) in Rufsische Pottasche; 3) in Ungarische Pottasche; 4) in Deutsche Pottasche; 5) in Danziger oder pohlnische Pottasche.

d) Den darüber angestellten Untersuchungen gemäß kann man annehmen daß, falls keine absichtliche, betrügerische Verfälschung der Pottasche statt gefunden hat, und die Pottasche gehörig trocken, nicht etwa zum Theil an der Luft zerflossen war, die qnantitativen Verhältnisse der Gemeng- und Bestandtheile, in Centnern zu 110 Pfund, der gedachten Pottaschenarten sich folgendermaßen verhalten:

Namen der Pottasche	reines Kali	schwefelsauers Kali	Chlor-kium	erdige Theile	Kohlenstoffsäure
Amerikanische	81,479	14,406	1,524	1,382	11,209
Russische	73,412	6,119	0,275	1,323	24,146
Ungarische	71,574	7,368	0,220	1,602	29,236
Deutsche	68,432	15,434	4,116	3,016	19,002
Danziger od. pohln.	57,333	14,296	1,094	8,161	20,016

e) Nicht selten ist aber die Pottasche auf den Pottaschensiedereyen absichtlich, besonders mit Sand oder Kieselerde, verfälscht, die der rohen Pottasche während der Kalzination zugesetzt und damit kalzinirt worden ist; nicht selten wird sie auch mit Küchensalz, noch mehr aber mit Chlor-Kalium verfälscht, welches durch das Versieben der Unterlaugen gewonnen wird, die bey den Seifensiedereyen (§. 498. c. und d.) abfallen. Daher ist es nothwendig, die Pottasche nicht nach dem äußeren Ansehen zu beurtheilen, sondern sie auf ihren Gehalt an wahrem Kali chemisch zu prüfen: eine Operation, die leicht veranstaltet wird, wenn man untersucht, wie viel eine gegebene Quantität irgend einer beliebigen Säure von solcher Pottasche erfordert, um neutralisirt zu werden; und damit vergleicht, wie viel dieselbe Quantität der Säure, von reinem, milden, gut ausgeglüheten Kali, oder einer erprobten guten Pottasche, zur Neutralität erfordert.

(Hermbstädt, über die Pottasche und deren Verfälfälschung ꝛc. In Dessem Bülletin des Neuesten ꝛc. 2. Bd. S. 126 ꝛc.)

§. 599.

Der Name Pottasche wird in der lateinischen Benennung durch Cinis clavellatus, von Clavicula (Weinrebe) abgeleitet, gegeben; auch kommt sie hin und wieder wohl unter dem Namen Weinrebenasche, so wie Drusen- oder Perlasche, auch Weed- oder Waidasche, und Ochras oder Okras vor; alles Benennungen, welche bloß eine besondere Beschaffenheit, einen mehr oder weniger reinen Zustand, der Pottasche, andeuten.

a) In frühern Zeiten erhielt Deutschland die beste Pottasche aus Frankreich, woselbst sie aus der Asche der verbrannten Weinreben, der Weinhefe und der Weintrestern bereitet wurde. Man verbrannte in Deutschland die mit Pottasche durchdrungenen Stäbe der Fässer, worin die Pottasche ankam, um auch aus dieser Asche eine vorzüglich gute Pottasche zu gewinnen, daher die Namen Weinhefenasche (Cineres faecinus und Cineres clavellati), womit jene Pottasche bezeichnet wurde. Drusenasche, auch Färberasche (Cineres infectorii) wurde sie genannt: einmal, wegen ihrer perlgrauen Farbe, zweytens wegen ihrer Anwendung in den Färbereyen, worin man einer besonders reinen Pottasche benöthigt ist.

b) Der Name Weedasche, oder vielmehr Waidasche, womit man in einigen Gegenden, besonders in Preussen, die Pottasche zu belegen pflegt, stammet keinesweges daher, weil sie sonst etwa aus Waid bereitet worden sey; sondern weil die Waidfärber, vormals wie noch jetzt, einer sehr guten Pottasche bedurften, daher der Spekulationsgeist der Kaufleute den Namen Waidasche noch jetzt benutzt, um unter demselben eine sehr schlechte Art der Pottasche, mit einem glänzenden Namen, an den Mann zu bringen.

c) Ochras oder Okras nennt man ein im Handel vorkommendes Produkt, das ein Mittelding zwischen Pottasche und

Holzasche ausmacht. Man bereitet die Ochras vorzüglich in Preußen und im Danziger Gebiete, indem man gut gesiebte Holzasche mit Holzaschenlauge tränkt, das Gemenge trocknet und dann scharf kalzinirt.

(S. F. Hermbstädt's Grundriß der allgemeinen Experimentalchemie rc. 3. Aufl. 2. Bd. Berl. 1813. 8 S. 8 rc. Lampe, von der Waidasche überhaupt, und besonders von der Danziger Waidasche oder Caschubasche: In den Schriften der Berliner Gesellschaft naturf. Freunde rc. 1. Bd. Berl. 1795. 4. S. 70 rc. C. L. Rösling's neue Fabrikenschule, 1. Thl. Erlang. 1806. 8.)

Neunundzwanzigster Abschnitt.

Die Fabrikation der Soda und des Natrons.

§. 600.

Mit dem Namen Soda (Soda, Soude, Bariglia), bezeichnet man eine stark zusammen gesinterte Asche, welche in Aegypten, in Spanien, in Frankreich und in England rc., an den Küstenländern, durch das Verbrennen der sogenannten Salzkräuter erhalten wird, die am Ufer des Meeres, im Meere selbst, oder sonst auf einem mit Kochsalz durchdrungenen Boden gewachsen sind, oder die zu dem Behuf besonders angebaut werden.

a) Die zur Sodafabrikation bestimmten Pflanzen werden, gleich dem Heu, getrocknet, hierauf in länglich viereckigen in die Erde gemachten Gruben nach und nach verbrannt, bis alles in eine weißgraue, stark zusammengesinterte, poröse und steinharte Salzmasse übergegangen ist, welche in Stücke zerschlagen, und nun unter dem Namen Soda, in den Handel gebracht wird.

§. 601.

Die im Handel vorkommenden Sodasorten werden unterschieden: 1) in die orientalische, ägyptische oder alexandrinische; 2) die spanische, alikantische und carthagenische; 3) die französische; 4) die schottische und engländische.

a) Die orientalische Soda, welche unter dem Namen der ägyptischen über Alexandrien in den deutschen Handel kommt, ist unter allen Arten die vorzüglichste. Die Pflanzen, welche dazu verwendet werden, sind: 1) das Salzkraut (Salsola Kali); 2) das Glasschmelzkraut (Salicornia arabica); 3) der schuppige Wegerich (Plantago squarrosa); 4) die Nachts blühende afrikanische Feige (Mesembryanthemum noctiflorum). Sie wird besonders in Aegypten, in Tripolis, in Syrien, selbst in Astrakan fabricirt, die erstern Sorten über Alexandrien nach Venedig gebracht, und in Konstantinopel mit dem Namen Laya-Tachi bezeichnet.

b) Die alikantinische oder spanische Soda, wird in zwei Sorten unterschieden: 1) die wahre alikantinische oder Berilla (Soude de Barilla; la Bariglia), bey den Franzosen Caillotis genannt; 2) die carthagenische (Soda carthaginensis), welche schlechter als die vorige ist. Die Pflanzen, welche man in Spanien zur Fabrikation der Soda anwendet, sind: 1) das krautartige Glasschmelzkraut (Salicornia herbacea); 2) das strauchartige Glasschmelzkraut (Salicornia fruticosa); 3) der Meer-Gänsefuß (Genopodium maritimum).

c) Die französische Soda, welche schlechter als die spanische ist, wird: 1) aus dem gemeinen Salzkraut (Salsola Kali); 2) dem Soersalzkraut (Salsola Soda); 3) dem stachlichen Salzkraute (Salsola Tragus); 4) dem spanischen Salzkraut (Salsola sativa), welche letzte Pflanze die reinste und beste Soda darbietet, bereitet. Schlechter ist die sogenannte Tangsoda (Soude de Bourdine; Soude de Varech), welche in Frankreich zu Bourde und Cherbourg, aus dem blasigen Tang oder der Meer-Eiche (Fucus vesiculosus), bereitet wird.

d) Mit der letztern ziemlich übereinstimmend, ist die Kelp-Soda, auch schlechtweg Kelp genannt, welche in England, auch auf einigen schottischen und den Scilly-Inseln, aus mehreren Arten Seegras (Fucus natans) bereitet wird.

§. 602.

Als Kennzeichen einer guten Soda unterscheidet man folgende: 1) daß sie zusammengebacken; 2) sehr hart; 3) sehr dicht; 4) beim Anschlagen klingend: 5) poröse; 6) grauweiß von Farbe; 7) rein alkalisch, nicht sehr nach Schwefel schmeckend seyn; daß sie 8) beym Uebergießen mit Essigsäure keinen Geruch nach faulen Eyern verbreiten muß.

a) Die chemische Zergliederung der verschiedenen Sodasorten lehrt, daß sie, außer dem kohlensauren Natron auch unverbrannte Kohle, Schwefelnatrium, schwefelsaures Natron, Chlornatrium, schwefelsaures und kohlensaures Kali, so wie Chlorkalium, nebst Erden und Metaloxyden enthält.

b) Auch die beste Soda enthält selten mehr als 30 bis 40 Procent krystallinisches kohlensaures Natron, welches gegen 60 Procent Krystall- und Hydratwasser enthält.

c) Durch Zerkleinern, Auslaugen mit Wasser, und Verdunsten der Lauge zur Krystallisation, bereitet man daraus die gereinigte Soda oder das Sodasalz, von den Italiänern Rocchetta genannt.

Fabrikation der künstlichen Soda.

§. 603.

Der theure Preis, so wie die schlechte Beschaffenheit der verschiedenen Sodaarten, hat es veranlasset; daß man eine weit bessere Soda jetzt auf künstlichem

Wege bereitet, indem man das Natron, als den wesentlichsten Gemengtheil derselben, aus dem Kochsalze und dem Glaubersalze auf eine schickliche Weise abscheidet.

a) Wem wohlfeile Holzasche zu Gebote stehet, die man sich sich leicht durch den Anbau des Wermuths und dessen Einäscherung (§. 591. Anm.) verschaffen kann, kann dieselbe anwenden, und das Kochsalz oder Steinsalz dadurch zu zerlegen, und das Natron daraus, an Kohlensäure gebunden, zu scheiden. Es genügt zu dem Behufe, wenn man in der Lauge der Wermuthasche eben so viel Küchensalz oder Steinsalz auflöset, als trocknes Kali darin enthalten ist, sie dann zur Krystallhaut abdunstet, dann die Krystallisation abwartet. Was sich zuerst ausscheidet, ist Chlorkalium; aus der übrigen Flüssigkeit schießt nun einfach-kohlensaures Natron in großen Krystallen an.

b) Hundert Pfund Koch- oder Steinsalz, auf solche Weise bearbeitet, liefern gegen 125 Pfund krystallinisches Natron und 100 Pfund Chlornatrium, welches Letztere, als Präzipitationsmittel der Alaunlaugen (§. 616. b.), an die Alaunhütten abgesetzt werden kann.

c) Zu Schönebeck bey Magdeburg wird (in der dortigen chemischen Fabrik) die Fabrikation der Soda aus Glaubersalz veranstaltet. Zu dem Behufe werden 4 Gewichtstheile krystallinisches Glaubersalz, $1\frac{1}{2}$ Gewichtstheilen Holzkohle, zusammen geschmolzen; wenn alles im ruhigen Fluß ist, wird noch $\frac{1}{2}$ Theil Kohlen nebst $\frac{1}{2}$ Theil gepulverte Kreide zugegeben, endlich noch $\frac{1}{2}$ Th. Braunstein. Wenn abermals alles ruhig fließt, wird die Masse abgelassen, nach dem Erstarren in Brocken zerschlagen, und dann vier Wochen lang der Luft ausgesetzt. Diese Soda siehet schwarzbraun aus, und liefert im Centner gegen 90 Pfd. krystallinisches Natron.

d) In Frankreich bereitet man eine künstliche Soda, indem 1000 Gewichtstheile kristallinisches Glaubersalz, mit 550 Th. Kohle und 1000 Theilen Kreide zusammengeschmolzen werden; oder, indem 100 Theile kalzinirtes Glaubersalz, mit 40 Theilen Kohlenpulver zusammengeschmolzen, und der fließenden Masse noch 40 Theile altes Eisen zugegeben worden, und alles so lange geschmolzen wird, bis kein Schwefelwasserstoff sich mehr entwickelt.

e) Der Ofen, dessen man sich bedient, ist ein Reverberirofen, eben so wie solcher zur Kalzination der Pottasche (§. 597.) gebraucht wird.

f) Eine sehr reine Soda gewinnt man endlich noch, wenn Holzsäure mit gebranntem Kalk neutralisirt, die neutrale Flüssigkeit mit Glaubersalz zersetzt, der Niederschlag (welcher Gyps ist) ausgelaugt, die Lauge zur Trockne abgedunstet und die trockne Masse kalzinirt wird. Diese Soda ist hellgrau, und liefert aus einem Centner über 2 Centner krystallinisches Natron.

Das reine Natron.

§. 604.

Das reine Natron scheidet man aus den verschiedenen Sorten der rohen Soda oder dem sonstigen unreinen Natron, durch wiederholtes Lösen in Wasser und Krystallisiren. Dasselbe verliert, wenn solches der warmen Luft ausgesetzt, oder über dem Feuer behandelt wird, 60 Procent Krystallwasser, und stellt nun das kalzinirte Natron dar, in Form einer weißen alkalisch schmeckenden Salzmasse. Solches dient in den weißen Glashütten, in den Weiß-Seifensiederenen, in den Färberenen, den Bleicherenen ꝛc. als ein vorzüglicher Stellvertreter der Pottasche.

Anmerkung. In Persien und Aegypten, Syrien und Ostindien findet sich ein natürlich gebildetes Natron aus der Erde hervorwitternd, Trona genannt. In Griechenland findet es sich in mehreren Seen gelöst. Auch in Ober-Ungarn in den Marschländern von mergelartiger Beschaffenheit und in Seen, aus derem Wasser es durch Abdunsten in Krystallisation geschieden werden kann.

Dreyßigster Abschnitt.

Die Fabrikation des Alauns.

(Die Alaunsiederey.)

§. 605.

Alaun (Alumen) nennt man ein Salz mit erdiger Basis, das sich durch einen süßlicht zusammenziehenden Geschmack, octaedrische Kristallisation und farbenlose Beschaffenheit auszeichnet, und, als Gegenstand der Künste und technischen Gewerbe, eine sehr ausgedehnte Anwendung findet. Seine bildenden Bestandtheile sind: Thonerde, Schwefelsäure, Kali (zuweilen auch Ammoniak), und Krystallisationswasser.

§. 606.

Der Alaun findet sich, theils fertig gebildet, als Erzeugniß des Mineralreichs, in der Natur; größtentheils wird derselbe aber aus seinen Erzen, durch Mitwirkung der Kunst, dargestellt. Die Fabrikanstalten, in welchen der Alaun producirt wird, werden Alaunwerke, auch Alaunhütten und Alaunsiedereyen genannt.

a) Ob und in wiefern die ältern Griechen und Römer unsern jetzigen Alaun gekannt haben, ist nicht mit Gewißheit zu bestimmen. Was bey den Griechen unter dem Namen σύπτηρια vorkommt, von dem Dioscorides τριχίτες genannt und für Alaun gehalten wird, und eben so das, was die Römer Alumen nannten, scheint wohl nichts anders als ein aus verwittertem Schwefelkies gebildeter Vitriol, vielleicht auch ein mit schwefelsaurer Thonerde versetzter

Vitriol; keinesweges aber derjenige reine Alaun gewesen zu seyn, den wir jetzt mit diesem Namen belegen.

b) Die ältesten Alaunwerke scheinen im Orient existirt zu haben. Das älteste bekannte Alaunwerk findet sich zu Rocca (jetzt Odessa) in Syrien, daher auch der daselbst bereitete Alaun unter dem Namen Alumen Roccae im Handel vorkommt.

c) Die Europäer scheinen den Alaun und seine Zubereitung, erst seit dem funfzehnten Jahrhundert, von den Morgenländern kennen gelernt zu haben.

(Joh. Beckmann's Beyträge zur Geschichte der Erfindungen, 2. Bd. Leipz. 1788. 8. S. 92 zc.)

Alaunminern. Alaunerze.

§. 607.

Alaunminern oder Alaunerze werden diejenigen Fossilien genannt, in welchen der Alaun entweder schon fertig gebildet, nur mit fremdartigen Materien gemengt, vorhanden liegt; oder in denen doch wenigstens die nothwendigen Bedingungen zur Bildung des Alauns natürlich gegeben sind. Zu den vorzüglichen Alaunerzen, aus welchen in verschiedenen Ländern Alaun fabricirt wird, gehören: 1) der natürliche Alaun; 2) der Alaunstein; 3) der Alaunschiefer; und 4) die Alaunerde. Das Vorkommen solcher Alaunminern unter der Erde wird gemeiniglich durch das Vorkommen der Stechpalme (Ilex aquifolium) über derselben, angedeutet.

a) Der natürliche fertig gebildete Alaun findet sich auf der Insel Milo in einigen Höhlen, in 9 bis 10 Linien dicken Lagen ausgewittert; und eben so auch in der Alaungrotte zu Capo-Miseno. Erst vor Kurzem ist ein solcher auch in Böhmen entdeckt worden.

b) Der Alaunstein enthält den Alaun gleichfalls fertig gebildet, nur mit mannigfaltigen fremdartigen Substanzen gemengt. Jenes Fossil wurde durch Johannes de Castro zu Tolfa, unweit Civita Vecchia, im Kirchenstaate, entdeckt. Der Alaunstein von Tolfa hat die Gestalt eines verhärteten Thons. Er ist bald hell- bald dunkelgrau von Farbe, derb, mattglänzend, von splitterreichem Bruch, an den Kanten durchscheinend, hart, schwer und nicht an die Zunge haftend. Hundert Theile dieses Fossils sind zusammen gesetzt: aus 19 Theilen Thonerde, 56,5 Kieselerde, 16,5 Schwefelsäure, 4 Kali und 4 Wasser. Dem Alaunstein von Tolfa sehr ähnliche Fossilien finden sich auch in der Gegend von Puzzuolo zu Solfatara, als vulkanische Steine, aus denen daselbst Alaun bereitet wird.

c) Der Alaunschiefer, welcher in gemeinen und in glänzenden unterschieden zu werden pflegt, kommt theils in Ganggebirgen, theils in Flözgebirgen, oft mit Abdrücken von Pflanzen und Thieren gezeichnet, vor. Derselbe findet sich in sehr vielen Ländern. Er bricht theils derb, theils scheibenförmig, theils gerade, theils krummblättrig, theils kugelförmig. Seine Farbe ist bald grau, bald braunschwarz, bald braungelb. Sein Bruch ist theils matt, theils glänzend. Er ist weich und leicht zersprengbar. Seine specifische Dichtigkeit verhält sich, gegen destillirtes Wasser, wie 2,021 zu 1000. Er ist sehr häufig mit eingesprengtem Schwefelkies gemengt.

d) Der Alaunschiefer enthält keinen fertig gebildeten Alaun, sondern macht ein Produkt der innigsten Verbindung von Schwefel, von Kohle, von Thonerde, von Kieselerde (oder vielmehr von Thon, der aus der Mischung von Beyden gebildet ist), von schwarzem Eisenoxydul, von Manganoxyd, von Gyps, von Talkerde, von schwefelsaurem Kali, und von Wasser aus. In ihm erzeugt sich also das alaunartige Salz erst durch die weiterhin zu erörternde Bearbeitung desselben.

e) Die Alaunerde ist bloß ein zerfallener Alaunschiefer, und mit jenem auch in der Grundmischung nicht verschieden. Von solcher Beschaffenheit ist dasjenige Alaunerz, aus welchem in dem Alaunwerk bey Freyenwalde der Alaun fabricirt wird.

Alaunwerke.

§. 608.

Zu den Alaunwerken, welche nach der Bekanntwerdung des Alauns bis jetzt in Europa in Gang gesetzt worden sind und noch betrieben werden, gehören: 1) die Alaunsiedereyen in Italien, unter welchen die päbstliche Alaunsiederey bey Tolfa, unweit Civita-Vecchia, und die zu Solfatara bey Puzzuolo im Königreich Neapel, die bedeutendsten sind; 2) die in Spanien; 3) die in England, namentlich in den Grafschaften York und Lancaster; 4) die in Schweden; 5) die in Dännemark. In Frankreich sind bekannt 6) die Alaunwerke zu Vivarais und die im Departement Aeyron; 7) In Nieder-Ungarn, zu Thajóba; 8) in Deutschland zeichnen sich vorzüglich folgende Alaunwerke aus: a) in der Mark Brandenburg: 1) das Alaunwerk bey Freyenwalde, welches Königlich ist; 2) das zu Gleißen, ohnweit Zilenzig, dem Kaufmann Henoch zugehörig; b) Im Kurfürstenthum Hessen: 1) das zu Oberkaufungen, und 2) das zu Großalmeroda. c) Im Herzogthum Sachsen: 1) das zu Muskau an der Lösch, dem Fürsten Pickler gehörig, und 2) das zu Eckartsberge. d) Im Königreich Sachsen: 1) das zu Schwemsal; 2) das zu Belgern; 3) das zu Salfeld; desgleichen finden sich noch Alaunwerke: e) in Oestreich, 1) zu Krems und 2) zu Thalern; f) in Böhmen, zu Komotau; g) in Franken; h) in Zweybrücken; i) in Kyrburg; k) in Lüttich u. s. w. In neuern Zeiten hat man auch angefangen, einen künstlichen Alaun mit Vortheil zu produciren.

(J. J. Ferber's Briefe aus Welschland über natürliche Merkwürdigkeiten dieses Landes. Prag 1773, 8. 15. Brief.

S. 238 ꝛc. und 340 ꝛc. Scip. Breislac Saggio di osservazioni mineralogiche sulla Tolfa, Oriolo e Latera. Rom 1786. 8. Targioni Tozzetti Relazioni d'alcuni viaggi fatte in diverse parti della Toscana, per osservar le produzioni naturali. Tom. IV. Firenza 1770. 8. Zimmermann's Bemerkungen über die Bereitung des Alauns zu Solfatara ꝛc. in Crell's chemischen Annalen, 1788. 1. Bd. S. 516 ꝛc. Bowles, Introduction à l'histoire naturelle et à la géographie physique de l'Espagne, traduite de l'original espagnol. Paris 1776 8. W. Camden, Brittania on a chorographical description of Great-Britain. London 1753. Tom. II. Pol. pag. 510 etc. D. Collwall account of the english alumworks. In den Philosophical Transactions, Vol. XII. No. 142. pag. 1052 etc. Malmström, Physiographiska Sällskapets te Lund Handlingar, Vol. I. Tob. Bergmann, de Confectione aluminis. In dessen Opuscul. physic. et chemic. Holm 1779. Vol. I. pag. 286 etc. Joh. Beckmann's Beyträge, 2. B. S. 144 ꝛc. T. P. von der Hagen, Beschreibung der Stadt Freyenwalde, des dasigen Gesundbrunnens und Alaunwerks, aus Urkunden und glaubhaften Nachrichten zusammen getragen. Berlin 1784. 4. Winkelmann, Beschreibung von Hessen, 1. B. S. 39 ꝛc. J. P. Ries, prakt. Abhandlung von den Eigenschaften und der Zubereitung des Alauns ꝛc. Marburg 1785. 8. B. Charpentier, mineralogische Geographie der chursächs. Lande. Leipzig 1778. 4. S. 6, 10, 324 ꝛc. J. J. Ferber's Beyträge zur Mineralgeschichte verschiedener Länder. Mitau 1778. 1. B. S. 314 ꝛc. v. Stütz, Abhandlungen der böhmischen Gesellschaft ꝛc. 3. Bd. S. 335. Physikalische Arbeiten der einträchtigen Freunde zu Wien, 4. B. S. 89 ꝛc. J. J. Ferber's Beyträge zur Mineralgeschichte von Böhmen. Berl. 1774. 8. S. 17, 19, 46 ꝛc. v. Heinitz, Abhandlung über die Produkte des Mineralreichs in den Königl. Preuß. Staaten ꝛc. Berlin 1786. 8. J. J. Ferber, bergmännische Nachrichten von den merkwürdigsten mineralischen Gegenden der Herzoglich-Zweybrückschen, Churpfälzischen, Wild- und Rheingräflichen und Nassauischen Länder. Mitau 1776. 8. S. 47 ꝛc. Derselbe, Ebendas. S. 73 ꝛc. Monnet, Traité de la vitriolisation et de l'alunation, ou l'art de fabriquer les vitriols et l'alun. Amsterdam 1769. 8. pag. 131.)

Gewinnung des Alauns aus seinen Erzen.

§. 609.

Die Gewinnung des Alauns geschiehet nicht immer auf dieselbe Weise. Die dazu erforderliche Verfahrungsart richtet sich vielmehr nach der Natur der Erze, aus denen derselbe gezogen werden soll, ob diese Alaunsteine oder Alaunschiefer sind.

a) Zu Tolfa, unweit Civita-Vecchia, woselbst der sogenannte römische Alaun fabricirt wird, bedienet man sich als Erz des Alaunsteins. Derselbe wird zuerst in großen Röstöfen (unsern Kalköfen ähnlich) zweymal geröstet, um ihn mürbe zu machen, worauf der geröstete Stein in großen länglichten gemauerten Bühnen, die mit gemauerten Graben umgeben sind, in mäßig hohen Haufen aufgeschüttet und 40 Tage nach einander mit Wasser begossen wird. Hierdurch zerfällt der Alaunstein in einen Brey von blaßröthlicher Farbe, der nun mit heißem Wasser ausgelaugt wird, worauf die klare Lauge, ohne weitern Zusatz, zum Kristallisationspunkte versotten und dann der Kälte ausgesetzt wird, da dann der Alaun in kleinen Kristallen daraus anschießt.

b) Zu Solfatara, unweit Puzzuolo im Königreich Neapel, woselbst der sogenannte neapolitanische Alaun fabricirt wird, bedient man sich eines ähnlichen Verfahrens. Dort bringen aus dem vulkanischen Boden, dessen natürliche Temperatur fast beständig 37 bis 38 Gr. beträgt, fortwährend schweflichte und auch schwefelsaure Dünste durch die kleinen Oeffnungen des Erdreichs hervor, von welchen die letztern die Stücke der verwitternden thonartigen Lava durchdringen, mit der Thonerde und dem Kali, das die Lava enthält, sich vereinigen, und so den Alaun generiren. Auch werden die dort vorkommenden festeren Steine die dem Alaunstein von Tolfa sehr ähnlich sind, ganz auf dieselbe Weise, wie zu Tolfa, auf Alaun verarbeitet.

c) Was hingegen die übrigen Alaunerze, nämlich die Alaunschiefer und die Alaunerde betrifft, in denen der Alaun nicht fertig gebildet vorhanden liegt, sondern erst erzeugt werden muß, so wie man sie in den meisten Alaunwerken vorfindet, so erfordern diese eine weit komplicirtere Bearbeitung, um mit Nutzen Alaun daraus zu produciren.

Fabrikation des Alauns aus dem Alaunschiefer und der Alaunerde.

§. 610.

Die Gewinnung des Alauns aus dem Alaunschiefer und der mit selbigem gleichkommenden Alaunerde, zerfällt in acht verschiedene Operationen; dahin gehören: 1) die Förderung der Erze; 2) das Rösten derselben in aufgeschütteten Erzhalden; 3) das Auslaugen der gerösteten Erze; 4) das Versieden der schwachen Lauge zur koncentrirten; 5) die Sedimentirung der gahren Lauge auf den Sedimentirkästen; 6) die Präzipitation der sedimentirten Lauge mit Kali, mit Ammonium (oder mit der Lösung eines Salzes, das diese Alkalien zur Basis hat), zum Alaunmehl; 7) das Waschen des Alaunmehls auf der Waschbank; 8) die Raffination oder das Wachsmachen des gewaschenen Alaunmehls zum verkaufbaren kristallinischen Alaun: Operationen, von denen jede Einzelne ihre Wichtigkeit hat, und die nun einzeln näher erklärt werden sollen.

I. Die

I. Die Erzförderung.

§. 611.

Die Art und Weise die Alaunerze zu Tage auszufördern, richtet sich nach der natürlichen Lage derselben, nämlich: ob sie höher oder tiefer stehen, so wie nach den Streichen ihrer Lager, ob diese horizontal oder senkrecht gehen.

a) Alaunerze, die horizontal streichend zu Tage ausgehen, und nur unter einer dünnen Lage von Abraumerde verdeckt liegen (wie z. B. die zu Gleißen bey Zilenzig), bedürfen keiner weitläuftigen bergmännischen Bearbeitung, um gefördert zu werden. Es ist hinreichend, den Abraum hinweg zu nehmen und dann das darunter stehende Erz mit Hacken und Schaufeln loszuarbeiten, um solches der Röstung in den Erzhalden zu übergeben.

b) Erze, welche senkrecht streichen, also tiefer in das Innere der Erde hinein gehen, auch wohl von fester Beschaffenheit und mit steinartigen Substanzen (z. B. bituminösen Gypsspat) durchsetzt sind, wie der Alaunschiefer, müssen durch Schächte und Stollen bergmännisch gefördert werden, und machen den Betrieb eines solchen Werks um so kostbarer.

(J. P. Ries, praktische Abhandlung von den Eigenschaften und der Zubereitung des Alauns. Marburg 1785. 8.)

II. Das Rösten der Erze in Erzhalden.

§. 612.

Um das Rösten der Alaunerze zu veranstalten, werden solche in Haufen (Halden) aufgestürzt, die entweder im Freyen, oder auch unter einem niedrigen von Balken erbaueten, an den Seiten offenen, oben aber mit Stroh oder Rohr bedeckten, Schuppen errichtet werden, und nun, ohne angebrachte Hitze, sich selbst überlassen bleiben, bis die Röstung vollendet ist.

a) Zur Errichtung der Erzhalden muß in der Nähe der Gruben, wo sie gefördert worden sind, ein fester, trockner, nicht Ueberschwemmungen ausgesetzter, Raum ausgesucht werden. Hier werden die Halden, entweder frey oder unter bedeckten Schuppen, errichtet.

b) Die aufgestürzten Erzhalden bestehen in mehr flachen als hohen länglicht-viereckigen Haufen, jeder etwa zu 300 Kubikfuß Erz; die so neben einander placirt werden, daß man bequem zwischen ihnen hindurch, und auch um sie herum fahren kann.

c) Die so aufgestürzten Erzhaufen beginnen, nach dem Zeitraume von ein Paar Wochen, sich von selbst zu erhitzen, und zuweilen in der Temperatur bis zum Glühen zuzunehmen, auch sich wohl flammend zu entzünden; in welchem Falle solche außerhalb mit Rasen bedeckt werden müssen, um den Zutritt der Luft abzuhalten.

d) Sind die Erze sehr trocken, so ist es rathsam, selbige gleich beym Aufstürzen mit Wasser zu begießen, um sie anzufeuchten, wodurch das Rösten beschleuniget wird.

e) Wenn die Erzhaufen erkaltet sind, so bleiben solche nun, geschützt vor dem Regen, aber mit der Luft in Berührung, liegen, bis die Röstung vollkommen vollendet ist, welches gewöhnlich im Zeitraume von 6 bis 8, zuweilen auch erst von 12 bis 18 Monaten, der Fall zu seyn pflegt.

f) Die vollkommene Beendigung der Röstung wird daran erkannt, daß das Erz sich blättert, und einen süßlicht-zusammenziehenden Geschmack erkennen läßt; auch solches auf der Außenfläche ein weißes Salz (Haarsalz, Alaunblüthe) effloreseirt, und daß selbst im Innern des Erzhaufens keine Wärme mehr wahrgenommen wird. Das Erz ist nun geschickt, um ausgelaugt zu werden.

III. Das Auslaugen der gerösteten Erze.

§. 613.

Die fertiggerösteten Erze enthalten jetzt eine Vermengung von schwefelsaurem Eisen (Eisenvitriol) und schwefelsaurer Thonerde. Um diese im Wasser lösbaren Substanzen daraus abzusondern, werden sie mit Wasser ausgelaugt, welches in den dazu bestimmten Laugkästen (dem Waschwerk) veranstaltet wird.

a) Die Laugkästen bestehen in langlicht-viereckigen in die Erde gemachten Gruben, wovon jede etwa 8 Fuß im Quadrat hat, und auch eben so tief ist. Sie sind entweder mit Steinen wasserdicht ausgemauert, oder auch mit Brettern ausgelegt, und die Fugen mit Moos und Hanf wasserdicht verstopft. Solcher Gruben stehen mehrere neben einander in einer Linie. Jede einzelne hat, ohngefähr einen Fuß über dem Boden, eine Oeffnung, durch welche man die gebildete Lauge in mittlere, kleinere, tiefer gelegene Gruben ableitet, die durch einen Kanal unter sich verbunden sind.

b) Sind die Laugkästen mit den gerösteten Erzen angefüllt, so wird nun so viel Wasser darauf geleitet, daß die Kästen völlig damit angefüllet werden, dann das Erz mit starken Stangen (Zuberstangen) täglich vier- bis sechsmal umgerührt, bis das Fluidum nach einigen Tagen einen starken styptischen Geschmack und eine schwarze Farbe angenommen hat; worauf selbiges nun in die kleinern Kasten abgeleitet wird.

c) Das rückständige einmal ausgelaugte Erz in den Laugkästen wird nun aufs neue mit Wasser ausgelaugt, und diese Operation so oft wiederholt, als das Wasser sich noch mit alaunartigen Theilen schwängert.

d) Die kleinern Kästen liegen etwas tiefer als die großen. Die dahinein abgeleitete Lauge bleibt nun so lange darin stehen, bis sich die gröbern Unreinigkeiten zu Boden geschlagen haben, worauf aus diesen die geklärte Lauge durch einen mit Steinen ausgemauerten, 8 Zoll breiten und eben so tiefen Kanal, in einen vor dem Siedehause befindlichen bedeckten Behälter (ein Reservoir), oder auch in das Siedehaus selbst, geführet wird. Die so gewonnene Lauge wird nun schwache Lauge genannt, sie enthält etwa 8 Procent Salztheile gelöst, und ist zum Versieden vorbereitet.

IV. Das Versieden der schwachen Lauge zur gahren.

§. 614.

Das Versieden der schwachen Lauge geschiehet in den dazu bestimmten, aus gegossenem oder auch geschlagenem Bley verfertigten, Alaunpfannen, und zwar so weit, bis sich die specifische Dichtigkeit derselben zum reinen Wasser verhält, wie 1,330 : 1,000, d. i. bis sie in 100 Theilen, 33 Theile feste Substanz und 67 Theile Wässrigkeit enthält.

a) Die Alaunpfannnen werden auf den Alaunwerken selbst angefertiget. Sie sind entweder aus Bley gegossen, oder aus geschlagenen, $1\frac{1}{2}$ bis 2 Linien dicken Bleyplatten zusammen gelöthet. Der Pfannenboden muß billig 3 bis 4 Linien dick seyn. Jede Pfanne ist gewöhnlich 6 Fuß lang, 4 Fuß breit und 3 Fuß tief, so, daß ihr kubischer Inhalt 72 Kubikfuß beträgt.

b) Von solchen Pfannen sind mehrere neben einander in der Hütte placirt. Sie ruhen auf eisernen Unterlagen, um das Senken der Böden zu vermeiden. Jede ist für sich in ihren Ofen eingemauert, und von der daran stoßenden so weit entfernt, daß man bequem um selbige herum gehen kann. Das Heizen derselben geschieht mit Holz, mit Torf, oder auch mit andern Brennmaterialien. Ob das Versieden der Alaunlauge nicht auch in eisernen Pfannen verrichtet werden kann, verdient doch noch näher untersucht zu werden.

c) Ueber der ganzen Reihe der Pfannen hinweg, läuft eine hölzerne Rinne, in welche die schwache Lauge aus dem Reservoir, mittelst einer Pumpe, gehoben wird, um damit die Pfannen nachzufüllen.

d) Die Pfannen werden anfängs ganz voll gefüllet, so wie aber die Flüssigkeit während dem Sieden sich vermindert, wird durch das Gerinne frische Lauge nachgeleitet, bis eine herausgenommene Probe die verlangte Dichtigkeit zu erkennen giebt d. i. bis sie gahr ist.

V. Das Sedimentiren der gahren Lauge.

§. 615.

Während dem Versieden der Lauge entmischt sich ein Theil des darin gelösten Eisenvitriols, es schlägt sich Eisenoxyd nieder, und es wird Schwefelsäure frey. Die Lauge nimmt daher eine rothgelbe schlammige Beschaffenheit an, und muß geklärt werden. Dieses geschiehet durch das Sedimentiren, auf den Sedimentir- oder Schlammkästen.

a) Die Sedimentir- oder Schlammkästen bestehen in länglicht-viereckigen, aus hölzernen Bohlen zusammengefügten, Kästen, deren Fugen wasserdicht verkittet sind. Sie finden sich in einiger Entfernung unter den Siedepfannen piacirt, und sind dazu bestimmt, die gahre Lauge aufzunehmen, die, sammt dem Schlamme, gleich aus den Pfannen hineih geleitet.

b) Wenn in den Sedimentirkasten der Schlamm zu Boden gefallen ist und die Lauge sich geklärt hat, so wird sie von dem darunter liegenden Schlamm in die Präzipitirkästen (Rüttelkästen) übergeleitet, um in selbigen präzipitirt zu werden.

VI. Das Präzipitiren der klaren Lauge.

§. 616.

Die klare Lauge ist jetzt eine Verbindung von nicht krystallisirbarer schwefelsaurer Thonerde und von rothem schwefelsauren Eisenoxyd. Um die schwefelsaure Thonerde in krystallisirbaren Alaun umzuwandeln, erfordert sie einen Zusatz von Kali oder von Ammoniak; um jenes Salz mit doppelter Basis zu erzeugen, das nun in kleinen körnigen Krystallen, als Alaunmehl, sich ausscheidet. Dieses geschiehet durch die Präzipitation der gahren Lauge, mit einem dazu schicklichen Mittel, in den dazu bestimmten Präzipitirkästen.

a) Die Präzipitirkästen (Rüttelkästen) bestehen, gleich den Schlammkästen, in 6 bis 8 Fuß langen, 4 Fuß breiten und 3 Fuß tiefen, aus Bohlen zusammengefügten, Kästen, die in einer Reihe neben einander dergestalt placirt sind, daß sie tiefer liegen als die Sedimentirkästen, damit die klare Lauge aus diesen in sie durch Rinnen übergeleitet werden kann.

b) Als Präzipitationsmittel bedient man sich entweder: 1) der Holzaschenlauge, oder 2) des gefaulten menschlichen Urins, oder 3) des in Wasser gelösten salzsauren Kali's (Chlorkaliums), oder 4) des in Wasser gelösten schwefelsauren Kali's. Das Chlorkalium erhält man aus den Seifensiedereyen unter dem Namen Fluß (§. 498. e.), jedoch in einem sehr unreinen Zustande; das schwefelsaure Kali erhält man aus den weißen Glashütten, unter dem Namen Glasgalle; auch bekommt man solches aus den Scheidewasserbrennereyen unter dem Namen Caput mortuum, als Rückstand, der nach dem Austreiben der Salpetersäure aus dem Salpeter, durch Schwefelsäure, in den Retorten zurück bleibt.

c) Nachdem die eine oder die andere der zuletzt gedachten Materien in der hinreichenden Masse kaltem Wassers gelöst worden ist, wird sie nun zu der Lauge in den Präzipitirkasten geleitet, während zwey Arbeiter mit großen hölzernen Krücken die Flüssigkeit fortwährend wohl unter einander arbeiten, und diese Arbeit wenigstens eine Stunde lang fortsetzen.

d) Während jener Arbeit verdickt sich die Lauge, und es fällt Alaun in kleinen körnigen Krystallen daraus nieder, die sich am Boden als ein dicker Satz lagern, welcher in diesem Zustande Alaunmehl genannt wird; dagegen über demselben eine schwache grünlichgelbe Lauge stehen bleibt, welche nur wenig Alaun, desto mehr aber salzsaures Eisen (Chloreisen) gelöst enthält, welches durch die Wechselwirkung zwischen den Bestandtheilen des Präzipitationsmittels und des schwefelsauren Eisens in der Alaunlauge, gebildet worden ist.

VII. Das Waschen des Alaunmehls.

§. 617.

Wenn nach einem Zeitraume von 24 bis 30 Stunden sich alles Alaunmehl so vollkommen wie möglich aus der präzipitirten Lauge abgesetzt hat, wird die darüber stehende Mutterlauge abgeschöpft, das Mehl heraus genommen, und, um solches von den noch anklebenden Unreinigkeiten zu freyen, auf der Waschbank gewaschen, und, nach dem Abfließen der Wässrigkeit, aufbewahr.

a) Die Waschbank bestehet in einem aus etwa 4 Fuß breiten Bohlen verfertigten Planum inclinatum, das sich unter einem Winkel von ohngefähr 15 Grad gegen den Horizont neiget. Dasselbe ruhet mit seiner Grundfläche über einem Sumpfe, der zur Aufnahme des davon abfließendeu Waschwassers bestimmt ist. Die beyden Längenseiten sind mit einer 6 bis 8 Zoll hohen Kante von Bohlen umgeben. Am obern Theile ist die Querseite geschlossen, und in der Entfernung von etwa 3 Fuß von derselben, befindet sich eine zweyte Schlußbohle, so daß durch dieselbe ein Kasten gebildet wird der zur Aufnahme des zu waschenden Mehls bestimmt ist. Jene kastenförmige Abtheilung der Waschbank ruhet unter dem Hahne einer Wasserleitung, durch den bey seiner Eröffnung das zum Waschen des Mehls erforderliche Wasser herbey geführt wird. Der untere Theil der Waschbank ist offen, um das Waschwasser in den darunter befindlichen Sumpf abfließen zu lassen.

b) Wenn das Waschen des Alaunmehls verrichtet werden soll, so schüttet ein Arbeiter einen Dubben von unreinem Alaunmehl, so wie solches aus dem Präzipitirkasten kommt, in den Kasten der Waschbank, und, während durch die Eröffnung des Hahnes Wasser hinzu geleitet wird, rührt ein anderer Arbeiter das Mehl mit einer hölzernen Krücke beständig um. Hiedurch wird solches mit dem Wasser aufgeschwämmt, und aus dem Kasten heraus, auf die schiefe Ebene der Waschbank geworfen, auf der sich das reine Mehl zu Boden schlägt, während die unreinen Theile durch das Wasser hinweg gespület und in den Sumpf abgeführt werden; und so wird mit der Operation so lange fortgefahren, bis der ganze Plan der Waschbank mit gewaschenem Mehl angefüllet ist.

c) Das vorher gemeiniglich graugrün aussehende rohe Alaunmehl erscheint nun weiß, sein vitriolartiger Geschmack ist verschwunden und hat dem reinern alaunartigen Platz gemacht. Man läßt es 10 bis 12 Stundeu auf dem Plane liegen, um hinreichend das Wasser von sich zu lassen; worauf solches zum Aufbewahren in ein Magazin gebracht wird.

d) Das Waschwasser, welches in den Sumpf abgeflossen ist, und außer dem mit dem rohen Alaunmehl verbunden gewesenen salzsauren Eisen, auch eine gute Portion Alaun gelöst hält, wird mit neuer Alaunlauge versotten, um den noch darin rückständigen Alaun nicht zu verlieren.

VIII. Das Raffiniren oder Krystallisiren des Alaunmehls.

§. 618.

Das gewaschene Alaunmehl ist nun vorbereitet, um in krystallinischen Alaun umgewandelt zu werden; zu welchem Behuf dasselbe in eine besonders dazu bestimmten Pfanne (der Wachspfanne), mit 40 Procent seines Gewichts reinen Flußwassers in der Siedhitze aufgelöset, und die Lösung in die Wachsfässer gefüllet wird, um sie darin krystallisiren zu lassen, worauf der krystallinische Alaun von der nicht krystallisirten Lauge befreyet, dann der schwarze Alaun von dem weißen gesondert, der letztere in Stücke zerschlagen, auf der Waschbank nochmals gewaschen, zum Abtropfen auf Horden gebracht, und dann in Fässer verpackt wird.

a) Die Wachspfanne ist gleichfalls aus Bley angefertiget und stehet abgesondert von den übrigen Siedepfannen. Man füllet die erforderliche Masse Wasser hinein, erhitzt dieses zum Sieden, löset nun das dazu bestimmte Alaunmehl darin auf, und bringt die siedendheiße Lösung sogleich, durch Leitungsrinnen, in die dazu bestimmten Wachsfässer.

b) Die Wachsfässer, die sich in der Krystallisir- oder Wachskammer placirt befinden, bestehen in gewöhnlichen, aus hölzernen Dauben verfertigten, Fässern, von denen jedes etwa 250 Berl. Quart fasset und unten mit einem Boden versehen ist. Die Krystallisation des Alauns in denselben erfolgt sehr bald, und ist, nach Verhältniß der Temperatur des Dunstkreises, in Zeit von 8 bis 12 Tagen völlig beendiget.

c) Nach beendigter Krystallisation findet sich nur in der Mitte des Fasses noch eine geringe Quantität flüssiger Lauge, dagegen der übrige Raum sich fast ganz mit krystallinischem Alaun angefüllet befindet. Das Faß wird nun umgelegt, um die noch fließende Lauge abfließen zu lassen.

d) Die Reife werden jetzt abgeschlagen, die Faßstäbe gelöst, und nun hat der krystallisirte Alaun die Form des Fasses selbst angenommen. Etwa Dreyviertheil der Höhe von oben herab gerechnet, ist der Alaun gewöhnlich weiß; von da aber bis nach dem Boden zu, wird er grau, und endlich fast schwarz. Man trennt daher den obern Theil und nennt ihn weißen Alaun, der nun ferner zu Gute gemacht wird. Der untere Theil wird dagegen schwarzer Alaun genannt und bleibt einer künftigen Reinigung vorbehalten. Er enthält alle die Schmutztheile, die noch im Mehl enthalten waren, und sich in der Lauge früher zu Boden setzen konnten.

e) Der reinere, in kleinere Stücke zerschlagene, Alaun wird nun ebenfalls auf die Waschbank gebracht, und auf selbiger so oft mit Wasser gewaschen, bis solches völlig klar abfließt, worauf derselbe auf geneigte Horden ausgelegt und nach dem Trocknen in Fässer verpackt wird. Er ist nun Kaufmannsgut.

f) Man nennt die Krystallisation des Alauns das Wachsmachen desselben, und die reinen Krystalle werden nun

Wachskrystalle genannt. Jene Benennung gründet sich auf die Bildung oder das Wachsen der Krystalle.

Theorie der Alaunbereitung.

§. 619.

Wenn wir auf die sehr complicirte Bearbeitung einen Blick werfen, welche erfordert wird, um aus dem Alaunschiefer und den Alaunerden Alaun zu fabriciren, so bieten sich mannigfaltige Erscheinungen dar. Das rohe Erz, welches (§. 607. c. d. e.) ein Produkt der natürlichen Mengung von so mannigfaltigen Stoffen ausmacht, erleidet, wenn solches in Halden aufgestürzt, mit der Luft und dem Wasser in Berührung gesetzt wird, folgende Veränderung: der Schwefel, der darin an Kohle und Eisen gebunden ist, vereiniget sich inniger mit dem Eisen und erzeugt so einfachgeschwefeltes Eisen. Dieses beginnt nun das darauf wirkende Wasser zu zerlegen; es ziehet den Sauerstoff daraus in sich, und gehet dadurch in die Beschaffenheit des schwefelsauren Eisenoxyduls (des Eisenvitriols) über. Der Wärmestoff, der vorher dem Wasser cohärirte, wird nun in Freyheit gesetzt und erhebt die Temperatur des Erzes. Der aus dem Wasser sich entwickelnde Wasserstoff dehnt sich zu Wasserstoffgas aus, und wird als solches entwickelt, auch wohl oft entzündet; daher die Hitze, ja die oft erfolgende flammende Entzündung des Erzhaufens, wenn die Masse zum Glühen kommt.

§. 620.

Ist die erste Veränderung vorgegangen, dann enthält das Erz, wie man sich durch das Auslaugen von einer Portion desselben überzeugen kann, größtentheils schwefelsaures Eisen, dagegen nur äußerst wenig schwefelsaure Thonerde. Wenn hingegen nun das Erz noch mehrere Monate lang mit der Luft in Berührung stehet, so zerlegt das darin vorhandene schwefelsaure Eisenoxydul auch diese. Das Eisen, welches darin als schwarzes Eisenoxydul mit der Schwefelsäure verbunden war, saugt eine immer größere Masse Sauerstoff aus der Luft ein, und ändert sich dadurch in rothes Eisenoxyd um, das sich nun von einem Theil der Säure trennt. Die dadurch frey gewordene Schwefelsäure verbindet sich hingegen nun mit der Thonerde, die dadurch in schwefelsaure Thonerde umgewandelt wird. Jetzt erhält das Erz einen alaunartigen Geschmack, und es effloreſcirt schwefelsaure Thonerde (Alaunblüthe) an der Außenfläche desselben.

§. 621.

Die schwefelsaure Thonerde ist aber noch kein Alaun. Soll sie in diesen umgewandelt werden, so erfordert sie noch einen Zusatz von schwefelsaurem Kali oder schwefelsaurem Ammoniak. Den ersten Zusatz giebt man ihr, wenn die Lauge mit in Wasser gelöstem Seifenfluß (Chlorkalium, salzsaurem Kali) versetzt wird. Das mit der schwefelsauren Thonerde gemengte schwefelsaure Eisen wird dadurch zersetzt; die Schwefelsäure mischt sich mit dem Kali und erzeugt schwefelsaures Kali; das Eisenoxyd tritt dagegen mit dem Chlor (der Salzsäure) in Mischung, und bleibt als Chlor-Eisen gelöst zurück. Der so erzeugte Alaun, der nur in 18 Theilen seines Gewichts Wasser, in der mittleren Temperatur, lösbar ist, kann sich nun in der koncentrirten Lauge nicht mehr gelöst erhalten, er scheidet sich daher aus, und wird von dem Chlor-Eisen getrennt.

§. 622.

Damit er aber (der gebildete Alaun) nicht Gelegenheit finde, große Krystalle zu bilden, die ohnfehlbar einen Theil des Chlor-Eisens eingeschlossen zurück halten würden, so so muß während der Präzipitation der Alaunlauge mit dem Präzipitationsmittel, und auch nachher, die Flüssigkeit fortwährend gerührt werden, wodurch sich sehr kleine pulverförmige Krystalle bilden, die nun als Alaunmehl zu Boden fallen.

a) Wird die Präzipitation der Alaunlauge mit Kali (mit Holzaschenlauge oder in Wasser gelöster Pottasche) verrichtet, so verbindet sich jenes mit der freyen in der Lauge vorhandenen Schwefelsäure zum schwefelsauren Kali, das nun mit der schwefelsauren Thonerde in Mischung tritt und damit als Alaunmehl zu Boden fällt. Hier bleibt also schwefelsaures Eisen in der Lauge gelöst zurück, weil solches leichter im Wasser lösbar ist, als der Alaun.

b) Verrichtet man die Präzipitation mit schwefelsaurem Kali (mit Glasgalle, oder mit dem Rückstande, der nach dem Austreiben der Salpetersäure übrig bleibt), so tritt das hier fertig gebildete schwefelsaure Kali sogleich mit der schwefelsauren Thonerde in Mischung und ändert sie in Alaun um.

c) Geschiehet die Präzipitation mit Urin, so ist es das kohlensaure, das salzsaure und das phosphorsaure Ammoniak in demselben, wodurch hier die Fällung des Alaunmehls bewirkt wird. Das Ammoniak verbindet sich mit der Schwefelsäure des schwefelsauren Eisens in der Lauge, und erzeugt schwefelsaures Ammoniak, das nun mit der schwefelsauren Thonerde verbunden, als Alaunmehl, zu Boden fällt; dagegen das Eisen, als Chlor- und phosphorsaures Eisen, gelöst zurück bleibt.

Künstlicher Alaun.

§. 623.

Der Umstand, daß nicht in allen Ländern die Natur zur Bildung des **Alauns** die Basis gelegt hat, oder daß man wenigstens nicht immer so viel **Alaun** in denselben produciren kann, als der Verbrauch erfordert, hat Veranlassung gegeben, die Fabrikation eines **künstlichen Alauns** zu versuchen, und zwar mit sehr glücklichem Erfolg; indem auf einem der Natur nachgeahmten Wege, **Thonerde**, **Schwefelsäure** und **Kali**, in einem angemessenen Verhältniß, in Verbindung gesetzt werden. Man verdankt diese Erfindung ganz besonders den Herren **Chaptal** und **Curaudau**, und sie gewähret in der That einen sehr guten Erfolg.

a) Nach **Chaptal's** Angabe brennet man reinen möglichst eisenfreyen **Thon** hart, schlägt ihn in kleine Stücke und breitet diese auf dem Boden einer mit gewalztem **Bley** ausgeschlagenen **Kammer** aus. In jener Kammer verbrennt man nun ein Gemenge von **Schwefel** und **Salpeter**, nach und nach bey kleinen Portionen. Hiedurch wird der **Schwefel** in **Schwefelsäure** umgewandelt, die sich in den **gebrannten Thon** hinein ziehet, der davon ganz **weiß** beschlägt, und nun mit Wasser ausgelaugt werden kann. Wenn die Lauge gehörig zur Gahre versotten ist wird sie mit **salzsaurem** oder **schwefelsaurem Kali** präzipitirt, und nun das **Alaunmehl** gewaschen und krystallisirt.

b) Nach **Curaudau's** Angabe kann der **künstliche Alaun** folgendermaßen verfertigt werden: 10 Pfund **weißer eisenfreyer Thon**, im trockenen Zustande, werden mit 16 Loth in hinreichendem Wasser gelöstem, **Küchensalz** angeknetet, und Kugeln, wie Hühnereier groß, daraus geformt; solche an der warmen Luft getrocknet, und dann eine Stunde lang im Feuer wohl durchgeglühet. Die **geglüheten Kugeln** werden hierauf gepulvert, das Pulver mit $2\frac{1}{2}$ Pfund **koncentrirter Schwefelsäure** (**Vitriolöl**) zusammengerührt, und, wenn sich keine Dämpfe mehr entwickeln, noch 3 Pfund

Wasser hinzu gegossen, dann die ganze Masse recht wohl unter einander gearbeitet. Die Masse erhitzt sich, schwillt nach einiger Zeit stark auf und nimmt einen alaunartigen Geschmack an. Jetzt gießt man noch 7 Pfund Wasser hinzu, rührt alles wohl auf und läßt nun die Flüssigkeit sich klären, worauf das Klare abgezapft wird. Die erhaltene Lauge wird nun in einer bleyernen Pfanne, bis auf den Umfang von 4 Berliner Quart abgedunstet, und, nachdem sie erkaltet ist, ihr 1 Pfd. schwefelsaures Kali zugesetzt, das vorher in 4 Pfd. siedendheißem Wasser gelöst worden war. Man rührt das gemengte Fluidum nun so lange, bis solches völlig erkaltet ist, da dann der gebildete Alaun als Alaunmehl zu Boden fällt. Dieser wird hierauf gewaschen, im dritten Theil seines Gewichts siedendem Wasser gelöst und krystallisirt, und stellt alsdann einen überaus schönen Alaun dar.

(Chaptal, über die Bildung des krystallinischen Alauns: in dessen Anfangsgründen der Chemie, übersetzt von F. Wolf. Königsberg 1792. 8. 2. Theil. S. 70 ꝛc. Curaudau, in den Annales de Chimie etc. Tom. XLVI. pag. 218 etc. Auch in Gehlen's neuem allgemeinem Journal der Chemie ꝛc. 3. Bd. S. 435 ꝛc.)

Verschiedene Sorten des im Ho' vorkommenden Alauns.

§. 624.

Aller Alaun, falls solcher vollkommen rein ist, ist sich auch in seiner Grundmischung ziemlich gleich, nur unterscheidet er sich nach der Wahl des Präzipitationsmittels dadurch, daß er entweder schwefelsaures Kali oder schwefelsaures Ammoniak zur krystallisirbaren Basis enthält. Nach Vauquelin, bestehen 100 Theile des gewöhnlichen guten Alauns, im luftrockenen Zustande, aus 10,50 Thonerde; 30 Schwefelsäure; 10,40 Kali und 40,10 Krystallwasser. Der Ammoniakalaun ist zusammengesetzt, aus 12,34 Thonerde; 38,58 Schwefelsäure; 4,12 Ammoniak und 44,96 Krystallwasser. Als besondere Sorten des im Handel vorkommenden Alauns un=

terscheiden wir: 1) den Alaun von Rocca; 2) den levantischen Alaun; 3) den römischen Alaun; 4) den englischen Alaun; 5) den schwedischen Alaun; 6) den deutschen Alaun.

a) Der Alaun von Rocca, in Syrien, kommt in großen durchsichtigen unförmlichen Stücken vor, die einen glasartigen Bruch erkennen lassen Er scheint ein in seinem eigenen Krystallwasser geschmolzener Alaun zu seyn.

b) Der levantische Alaun kommt in Stücken einer Mandel groß vor, und ist mit einem rosenrothen Beschlag überzogen.

c) Der römische Alaun, dem auch der neapolitanische gleich kommt, erscheint in kleinen unförmlichen Krystallen, die mit einem rothen Beschlag bedeckt sind, der beym Lösen desselben in Wasser, ungelöst zurück bleibt.

d) Der englische Alaun erscheint in großen unförmlichen Krystallen, die fettig im Bruch sind. Mit ihm ist auch der schwedische Alaun ziemlich übereinstimmend.

e) Der deutsche Alaun erscheint gemeiniglich in octaedrischen Krystallen von verschiedener Größe, die weiß und durchscheinend, und auf der Oberfläche mit einem mehlartigen weißen Pulver bedeckt sind. Er enthält bald schwefelsaures Kali, bald schwefelsaures Ammoniak, bald beydes zugleich, eingemischt.

f) Noch kannte man vormals im Handel den braunschweigischen oder Gravenhorstischen Alaun, der in Octaedern von mäßiger Größe krystallisirt vorkommt, die rosenroth und durchsichtig sind, ohne einen Beschlag zu enthalten. Es ist ein Kunstprodukt, das seine röthliche Farbe einem beygemengten Kobalt- oder auch vielleicht Manganoxyd verdankt.

Prüfung des Alauns.

§. 625.

Die ausgedehnte Anwendung, welche der Alaun 1) in allen Zweigen der Färberey; 2) der Papierfabrikation; 3) der Weißgerberey; 4) zur Zubereitung der Mahlerfarben, und 5) in der Arzneykunst findet, macht es nothwendig, daß er völlig rein, und nicht mit schwefelsaurem Eisen verunreinigt sey: dasselbe würde sonst bey seiner Anwendung mannigfaltige Nachtheile in den Resultaten herbey führen.

a) Guter völlig reiner Alaun muß: 1) farbenlose durchsichtige Krystalle besitzen, die keine gelben Flecke eingeschlossen halten; 2) er muß in 19 bis 20 Theilen kalten destillirtem Wasser vollkommen lösbar seyn, ohne einen Bodensatz fallen zu lassen; 3) hinzu getröpfelte Galläpfeltinktur darf keine violette oder schwarze Farbe in dessen Auflösung veranlassen; 4) in Wasser gelöstes bernsteinsaures Ammoniak darf in seiner Auflösung keine Trübung veranlassen; im Ueberschuß zu seiner Lösung gesetzte Kali-Aetzlauge muß ihn ohne Rückstand von Eisenoxyd auflösen: sonst enthält er Eisen gelöst, und ist nachtheilig für den weitern Gebrauch.

Einunddreißigster Abschnitt.

Die Fabrikation der Vitriole.

(Die Vitriolsiederey.)

§. 626.

Vitriol (Vitriolum), in der allgemeinern Bedeutung des Wortes, nennt man jedes Salz, das aus Schwefelsäure (Vitriolsäure) und irgend einem Oxyd eines Erzmetalls zusammengesetzt ist. In der speciellern Bedeutung werden damit aber nur diejenigen Salze bezeichnet, welche aus der Verbindung der Schwefelsäure mit dem Eisenoxyd, dem Kupferoxyd und dem Zinkoxyd gebildet sind, und, nach der verschiedenartigen specifischen

Natur

Natur ihrer salzfähigen Basis, in Eisenvitriol, in Kupfervitriol und in Zinkvitriol unterschieden; von deren zweckmäßigen Gewinnung hier also auch nur allein gehandelt werden soll.

Erste Abtheilung.

Fabrikation des Eisenvitriols.

§. 627.

Der gemeine Eisenvitriol, welcher wegen seiner Farbe auch grüner Vitriol, und im gemeinen Sprachgebrauch auch Kupferwasser genannt wird, ist ein Produkt der Verbindung von 25,43 Procent Eisenoxydul, von 29,01 Procent Schwefelsäure und von 45,56 Procent Krystallisationswasser. Er wird theils fertig gebildet, als natürlicher oder gediegener Vitriol in der Natur gefunden, theils wird er aus den Eisenkiesen (den Vitriolkiesen), durch Mitwirkung der Kunst, producirt.

a) In seinem völlig reinen krystallisirten nicht verwitterten Zustande, und bey einer regelmäßigen Krystallisation, erscheint der Eisenvitriol in rhomboidalischen Krystallen, von hellgrüner Farbe, und zusammenziehenden etwas säuerlichem Geschmack; gegen das Licht gehalten sind die Krystalle durchscheinend, bey der mittlern Temperatur erfordern sie 6 Theile, bey der Siedhitze aber nur ¾ ihres Gewichts an reinem Wasser zur Lösung; an der warmen trocknen Luft verlieren sie ihr Krystallwasser und werden mit einem weißen Pulver beschlagen; zuletzt saugen sie aber Sauerstoff aus dem Dunstkreise ein, bis sie endlich in eine rostgelbe zerreibliche Masse zerfallen, und nun nicht vollkommen mehr im reinen Wasser lösbar sind. In der Hitze schmelzt der Vitriol erst in seinem eigenen Krystallisationswasser, dann gehet selbiger in eine weiße unförmliche Substanz über (weißkalzinirter Vitriol), endlich in eine rothgelbe (rothkalzinirten Vitriol), zuletzt läßt er auch die Schwefelsäure von sich, und es bleibt bloß rothbraunes Eisenoxyd zurück.

§. 628.

Die Fabrikation des Eisenvitriols aus den Eisen-, Schwefel- oder Vitriolkiesen zerfällt in sechs verschiedene Operationen. Dahin gehören: 1) das Rösten der Kiese; 2) das Verwittern derselben; 3) das Auslaugen der verwitterten Kiese; 4) das Läutern der Lauge; 5) das Versieden und 6) das Krystallisiren derselben.

a) Eisenkiese, auch Schwefelkiese oder Vitriolkiese nennt mau diejenigen natürlichen Eisenerze, die au metallischem Eisen und Schwefel zusammengesetzt sind.

b) Das Eisen kommt unter einer dreyfachen Verbindung mit dem Schwefel vor: 1) Als Doppel-Schwefeleisen (Schwefelkies) aus 45,74 Eisen und 54,26 Schwefel zusammengesetzt, von würflicher Krystallisation, messinggelber Farbe und großer Härte. 2) Als Einfach-Schwefeleisen (Vitriolkies), aus 62,77 Eisen und 37,23 Schwefel zusammengesetzt; in unförmlichen Massen, wenig metallisch glänzend, an der feuchten Luft leicht verwitternd, in schwefelsaures Eisen (Vitriol) übergehend. 3) Als Magnetkies (eine Verbindung Schwefelkies und Vitriolkies), aus 57,25 Eisen und 56,75 Schwefel zusammengesetzt.

c) Die Schwefelkiese kommen entweder in einzelnen Lagern vor, z. B. im Rammelsberge am Harz, oder sie finden sich in den Steinkohlen in mehr oder minder bedeutenden Massen eingesprengt. Häufig kommen sie als Vitriolkiese schon im halbverwitterten Zustande vor (wie der Bergjöckel im Rammelsberge); auch finden sich manche Torfmoore, stellenweise, reichlich damit durchsetzt.

d) Nicht immer bestehen die Schwefelkiese bloß aus Eisen

und Schwefel, oft enthalten sie auch Schwefelkupfer, und nicht selten auch Zink eingemengt.

Das Rösten der Schwefelkiese.

§. 629.

Wenn die Schwefel= oder Eisenkiese schon zum Theil verwittert sind (wie der Bergzöckel), dann bedürfen sie keiner weitern besondern Röstung. Sind sie dieses aber noch nicht, so müssen sie geröstet werden, um ihnen einen Theil ihres Schwefelgehaltes zu entziehen und das nachmalige Verwittern derselben dadurch zu begünstigen. Um das Rösten der Schwefelkiese zu veranstalten und den daraus entweichenden Antheil des Schwefels zu gewinnen, bedient man sich einer verschiedenen Methode.

a) Mittelst dem Schwefeltreibofen. In diesem befinden sich Röhren von gebranntem Thon oder auch von Gußeisen, neben einander gelagert. An der einen Oeffnung sind sie mit Stöpseln verschlossen, hier werden sie mit den Kiesen angefüllet. Die entgegengesetzte Oeffnung verengert sich, um die Vorlage für den sich verflüchtigenden Schwefel aufzunehmen. Sind die Röhren mit Kiesen anangefüllet, und alle Oeffnungen geschlossen, so wird der Ofen geheizt, da sich dann die Hälfte des Schwefels aus den Kiesen verflüchtigt und in die Vorlagen übergehet.

b) Mittelst dem Röstheerde. Hierbey werden die Kiese zu einer abgestutzten Pyramide über einander gelagert, diese von außen mit Lehm verschlossen und oben mit einer Decke von Lehm und Kohlengruß bedeckt, in welcher halbkugelige Vertiefungen gemacht sind. Indem die Heizung nun von unten geschiehet, und wird Schwefel verflüchtigt, der sich in den obern Vertiefungen ansammlet, daselbst schmilzt, und nun so oft ausgeschöpft wird, als die Vertiefung voll ist.

c) In Schweden schichtet man die Kiese in einen dazu bestimmten Ofen, der mit einem schief gehenden langen Rauchfange verbunden ist. Hier treiben die entzündeten Kiese den

Schwefel aus den darüber liegenden aus, der sich nun im Rauchfange sublimirt und so in Pulverform gefunden wird.

d) Durch nochmaliges Schmelzen, oder auch Destilliren, scheidet man den reinen Schwefel von den fremdartigen Beymengungen. Was zurück bleibt, wird Roßschwefel genannt.

(J. J. Berzelius, Lehrbuch der Chemie. 1. Bd. 1. Abth. 1825. S. 210 ꝛc.)

Das Verwittern oder Vitriolisiren der Kiese.

§. 630.

Um in den natürlichen Vitriolkiesen oder gerösteten Schwefelkiesen die Erzeugung des Vitriols zu veranlassen (sie zu vitriolisiren), werden solche, in Halden aufgestürzt, dem Verwittern übergeben, und, um dieses zu begünstigen, von Zeit zu Zeit mit Wasser besprengt, und so lange sich selbst überlassen, bis die anfangs erfolgende Erhitzung nachläßt, und die Kiese, selbst im Innern der Halden, ein weißes Salz ausgewittert haben.

a) Man bildet die Halden etwa 3 bis 4 Fuß hoch, und in der Grundfläche 6 Fuß, an der obern Fläche hingegen 4 Fuß im Quadrat.

b) Das Besprengen der Halden mit Wasser muß von Zeit zu Zeit wiederholt und so lange fortgesetzt werden, bis nach dem Besprengen keine Erwärmung mehr veranlasset wird.

c) Das Wasser wird hier durch das Erz zersetzt. Sein Sauerstoff vereinigt sich mit dem Eisen zu Eisenoxydul, und mit dem Schwefel zur Schwefelsäure; der Wasserstoff entweicht als Wasserstoffgas, und der aus dem entmischten Wasser entwichene Wärmestoff erregt die hohe Temperatur. So wird nun schwefelsaures Eisenoxyd erzeugt, das Feuchtigkeit aus dem Dunstkreise einsaugt und auswittert. Die ausgewitterten Kiese sind nun zum Auslaugen des Vitriols vorbereitet.

Das Auslaugen der verwitterten Kiese.

§. 631.

Um den in den verwitterten Kiesen gebildeten Vitriol auszulaugen, bedient man sich nicht überall einerley Methode. In den meisten deutschen Vitriolwerken bedient man sich der Laugkästen; in England, in Italien und in Zweybrücken bedient man sich einer andern Verfahrungsart. In beyden Fällen wird doch der gebildete Vitriol im Wasser gelöst, von den nicht lösbaren Theilen des Erzes getrennt, und zum Versieden vorbereitet.

a) In den meisten deutschen Vitriolwerken bringt man die verwitterten Kiese in viereckige, treppenförmig über einander stehende, inwendig mit Holz ausgeschlagene, Gruben, oder auch hölzerne Kasten (Laugekästen); oder Fässer; oder Bütten (Treckbütten), füllet sie etwa ¾ mit den verwitterten Kiesen voll, füllet sie dann vollkommen mit siedendheißem Wasser an, rührt die Masse mit eisernen Krallen fleißig um, und läßt dann das Ganze eine Zeitlang ruhig stehen. Alsdann leitet man die gebildete Lauge aus dem ersten Geräthe in das zweyte, aus diesem in das dritte (die gleichfalls mit Erz gefüllet sind), läßt sie im letzten Gefäß 12 bis 13 Stunden über dem Erze stehen, und die Lauge ist nun zum Versieden vorbereitet.

b) In England und in andern Ländern, wo das zum Versieden der Vitriollauge erforderliche Brennmaterial weniger kostbar ist, wird das Verwittern und das Auslaugen der Erze gleich mit einander verbunden.

c) Dort legt man nämlich auf einem festen thonigen, am Abhange eines Hügels befindlichen, also etwas abschüssigen Boden, die Erzhaufen so an, daß die sämmtlichen flachen Halden mehrere sich gegen einander neigende schiefe Ebenen bilden, zwischen welche, in den tiefern Winkeln, hölzerne Rinnen eingepasset sind.

d) Quer über das Feld, unten auf dem Boden, läuft eine verschlossene bleyerne Röhre hinweg, durch welche aus einer in der Nähe befindlichen etwas höher belegenen Quelle, Wasser auf die Erze geleitet werden kann; zu welchem Behuf aus jener Hauptröhre hin und wieder kleinere Röhren durch das Erz emporsteigen, die nach Gefallen geöffnet und verschlossen werden können, so daß damit, wenn man jene Röhren mit ledernen Schläuchen verbindet, alle Kieshalden benetzt werden können.

e) Anfangs werden die Kiese nur einen halben Fuß hoch aufgestürzt; sind sie nach einiger Zeit verwittert, so stürzt man eine neue gleiche Lage darüber, dann eine dritte, vierte, fünfte u. s. w. Nach einigen Jahren wird das Ganze umgestürzt, so, daß die unterste Schicht nach oben kommt, und man setzt, um die Luft auf die tiefer gelegenen Theile des Erzes wirken zu lassen, viereckige hölzerne durchlöcherte Luftröhren, in senkrechter Richtung, bis auf den Boden des Feldes, in verschiedenen Stellen in das Erz.

f) So ziehen nun der Regen, der Schnee, die Nebel, so wie das durch die gedachten Röhren (d) herbeygeführte Wasser, den gebildeten Vitriol aus und bringen, damit gesättigt, durch die Rinnen (c) in Cisternen, welche unter der Sohle des Siedhauses liegen, aus denen die Lauge dann in die Pfannen gehoben werden kann.

Das Läutern der Vitriol-Lauge.

§. 632.

So wie man die Erzlauge gewinnt, ist sie mehr oder weniger mit schlammigen Theilen vermengt, von welchen sie vor dem wahren Versieden gereinigt werden muß. Diese Reinigung wird das Läutern der Lauge genannt, und auf eine verschiedene Weise veranstaltet.

a) In Sachsen und einigen andern deutschen Vitriolwerken, kocht man die erste Lauge (die Rohlauge), in einer bleyernen Pfanne (der Rohpfanne oder Schwefelpfanne), eine Zeitlang, bis sie etwa halbgahr ist, und bringt sie von da wieder in einen hölzernen Kasten (den Satzkasten oder Läuterkasten), um darin alle schmutzige Theile von Eisenoxyd ꝛc. (oder Schlamm) abzusetzen, und wenn sie sich darin geklärt hat, wird sie in einen Sumpf unter der Wachsbank abgeleitet.

b) Zu Goslar gießt man die aus der Treckbütte von den Erzen abgezogene Lauge (das Wasser, die wilde Lauge) in die Scherrbütten, die völlig damit angefüllet werden; aus denen die geklärte Lauge nun in die Siedepfanne kommt, in der sie so weit versotten wird, daß sie in 100 Loth 20 Loth Salztheile gelöst enthält, worauf man solche nun abkühlen läßt.

Das Versieden der Vitriol-Lauge.

§. 633.

Die so weit geläuterte Lauge wird nun in einer bleyernen Pfanne (der Wachspfanne) so weit versotten, bis sie die erforderliche Gahre erreicht hat, worauf sie nochmals in die Läuterkästen gebracht wird, um sich zu klären; aus welchen sie endlich, zur Krystallisation, in die Wachskästen geleitet wird.

a) Die Siedepfannen (die Gußpfannen), haben dieselbe Einrichtung wie die Siedepfannen auf den Alaunwerken. Man versiedet die Vitriollauge darin so weit, daß wenn man etwas von derselben auf einen kalten Körper fallen läßt, sich sehr bald Krystalle darin bilden.

b) Weil während dem Abdunsten die Lauge eine immer größere Quantität rothes Eisenoxyd fallen läßt, welches sie trübt, so muß sie, selbst nach erhaltener Gahre, abermals auf Läuterkästen gebracht werden, um sich selbst zu klären, bevor sie, zum Krystallisiren, in die Wachsgefäße geleitet wird.

Anmerk. Die Abscheibung des Eisenoxyds (eigentlich basisches schwefelsaures Eisenoxyd) kann verhindert, und die Ausbeute an reinem kupferfreyen Vitriol aus der Lauge vermehrt werden, wenn man das Versieden der Lauge in eisernen Pfannen veranstaltet, und während dem Versieden, altes Eisen zusetzt. Hierdurch wird alles Kupfer, das etwa in der Lauge gelöst enthalten war, ausgeschieden, und der Oxydation des Vitriols vorgebeugt. Der meiste Eisenvitriol findet Anwendung: 1) in der Schwarzfärberey; 2) in der Blaufärberey, zur Darstellung der kalten Blauküpe (§. 355.). Der Letztere darf durchaus kein Eisen als Oxyd, sondern nur als Oxydul enthalten. Der Erstere ist gelbgrün, und seiner Grundmischung nach ein schwefelsaures Eisenoxydul-Oxyd.

Das Krystallisiren oder Wachsmachen des Vitriols.

§. 634.

Um die Krystallisation (das Wachsmachen) des Vitriols zu veranstalten, bringt man die gahrgesottene Lauge in die dazu bestimmten Krystallisirgefäße (die Wachströge, die Wachsbank), die mit hölzernen Stäben gehörig durchlegt sind, und läßt nun die Krystallisation darin vor sich gehen. Nach vollendeter Krystallisation wird die nicht krystallisirte Mutterlauge (die Salzlauge) von den Krystallen abgezogen, die gebildeten Krystalle von den Stäben abgeschlagen, auf geneigte Horden zum Abtropfen ausgelegt und dann in Fässer verpackt; der Vitriol ist nun Kaufmannsgut.

a) Die Wachströge bestehen aus länglicht-viereckigen abschüssigen Kasten, oder auch Wannen, die inwendig mit glatten hölzernen Stäben, in einer 8 Zoll weiten Entfernung von einander, ausgelegt sind, um das Ansetzen der Krystalle an selbige zu begünstigen. Wenn das Krystallisationsgefäß sehr groß ist, so wird es Wachsbank genannt.

b) Da der Vitriol in der Siedhitze nur 25 Procent seines eigenen Gewichts an Wasser zur Auflösung erfordert, in der Kälte aber sein sechsfaches Gewicht, so scheidet sich beym Erkalten der Lauge, wenn sie die gehörige Gahre erhalten hat, gegen 75 Procent des gelösten Vitriols aus, der sich nun in Krystallen an die Stäbe anlegt.

c) Die rückständige Mutterlauge, welche viel freye Säure enthält, wird nun mit neuer Lauge so oft versetzt, bis sie gar nicht mehr krystallisirbar wird. Sie enthält nun rothes schwefelsaures Eisen gelöst. Durchs Kochen mit metallischem Eisen kann sie vielleicht noch zu gute gemacht werden.

(Monnet, Traité de la vitriolisation et de l'alumination, ou l'art de fabriquer le Vitriol et Alaun. Paris 1769. 12. Schlüter's gründlicher Unterricht von den Hüttenwerken. Braunschweig 1738. Fol. J. J. Ferber's Beyträge zur Mineralgeschichte verschiedener Länder, 1, Bd. Mitau 1778. 8.)

Zweyte Abtheilung.

Fabrikation des Kupfervitriols.

§. 635.

Der Kupfervitriol, welcher auch cyprischer Vitriol, und wegen seiner blauen Farbe auch blauer Vitriol, oder blauer Galitzenstein, genannt wird, ist, in seinem völlig reinen Zustande, ein Produkt der Mischung aus 31,80 Procent Kupferoxyd, 32,14 Procent Schwefelsäure und 36,06 Procent Hydrat- und Krystallisationswasser. Der Kupfervitriol bildet, in seinem völlig reinen Zustande, saphyr-blaue durchscheinende Krystalle, von einem herben metallischen etwas salzigen Geschmack, die an der Luft nach und nach verwittern und mit einem weißen Pulver beschlagen. Sie bilden länglichte Rhomboiden, sind in 4 Theilen kaltem, aber schon in 2 Theilen siedendem Wasser lösbar; sie schmelzen im Feuer in ihrem eigenen Krystallwasser, lassen aber auch in der stärksten Glühhitze nur einen geringen Theil Säure von sich.

a) Der Name cyprischer Vitriol stammt nicht daher, weil man etwa jenes Salz vormals aus Cypern erhalten hat, wie ganz fälschlich oft angenommen wird; sondern wahrscheinlich daher, weil das Kupfer selbst zuerst in Cypern gefunden wurde. Daher nannten auch die alten Römer das Kupfer Aës cyprium. Plinius gebrauchte zu seiner Benennung zuerst den Namen Cyprium, woraus der griechische Name κυπρις oder κυπριν, und aus diesem der lateinische Name Cuprum entstanden ist.

b) Man findet nicht selten den Kupfervitriol natürlich gebildet, besonders auf den Kupferwerken im Herrngrunde in Ungarn, zu Fahlun in Schweden rc.; auch die Cementwässer z. B. zu Neusohl in Ungarn, enthalten jenes Salz gelöst, und es kann durch eine Krystallisation derselben daraus dargestellt werden.

§. 636.

Der meiste blaue oder Kupfervitriol, so wie derselbe im Handel vorkommt, wird entweder aus den natürlichen schwefelreichen Kupferkiesen, oder auch mit Hülfe der künstlichen Kupferkiese, fabricirt, indem man sie röstet, dann mit Wasser benetzt verwittern läßt, hierauf die verwitterten Erze mit Wasser auslaugt, und durchs Verdünsten zur Krystallisation, den Vitriol daraus gewinnt.

a) Natürliche Kupfererze oder Kupferkiese, wie gelbes Kupfererz, die Marcasiten rc., sind gemeiniglich Produkte der natürlichen Mischung, aus 66,30 Theilen metallischem Kupfer, und 33,70 Schwefel; oder sie sind Verbindungen von Schwefelkupfer und Schwefeleisen, wie der bunt angelaufene Kupferkies.

b) Die Kupferkiese zeigen auf den frischen Bruch eine messinggelbe Farbe, die sich zuweilen der goldgelben nähert. Sie kommen als Produkte des Mineralreichs, bald derb, bald nierenförmig, bald baumförmig, bald zellig, bald krystallisirt, bald angeflogen vor, und zwar sowohl in uranfänglichen als in Flözgebirgen.

c) Die künstlichen Kupfererze bereitet man, indem man Kupferbleche in Wasser taucht, solche dann mit gepulverten Schwefel bestreuet, und hierauf in einen bis zum Rothglühen erhitzten Ofen bringt; wodurch die Bleche vom

Schwefel durchdrungen und in eine den natürlichen gerösteten Kiesen ähnliche Beschaffenheit übergeführt werden. Die mit dem Schwefel durchgeglüheten Bleche werden sodann, noch glühend, in heißem Wasser abgelöscht, welches sich dadurch mit schwefelsaurem Kupfer verbindet, und dann aufs Neue mit Schwefel geglühet, bis sie völlig verbraucht sind.

§. 637.

Gewöhnlich bereitet man den Kupfervitriol aus den natürlichen schwefelreichen Kupferkiesen. Die dazu erforderlichen Operationen zerfallen: 1) in das Rösten der Kiese; 2) in das Verwittern oder Vitriolisiren derselben; 3) in das Auslaugen der verwitterten Kiese, und 4) in das Versieden oder Krystallisiren der Lauge.

a) Jene Operationen werden ganz nach derselben Verfahrungsart veranstaltet, wie solche bey der Fabrikation des Eisenvitriols aus den Eisenkiesen näher beschrieben worden ist.

b) Wenn die Kupferkiese geröstet, oder in dem Schwefeltreibofen abgetrieben werden, so wird ihnen die Hälfte des Schwefels entzogen, und sie bleiben nun als einfach-Schwefelkupfer zurück, welches aus 79,73 Kupfer und 20,27 Schwefel zusammengesetzt ist. Mit diesen ist auch das künstlich bereitete Schwefelkupfer (§. 636. c.) übereinstimmend.

c) Der mit vieler freyen Säure gemengten blauen Lauge setzt man gefaulten Urin oder auch Pottasche oder Kalkwasser zu, um die freye Säure abzustumpfen und die Aussonderung der reinen Krystalle dadurch zu begünstigen.

d) Die Krystalle werden mit Wasser abgewaschen, dann auf Horden getrocknet, und sind nun Kaufmannsgut.

e) Fabrikanstalten des blauen Vitriols finden sich zu Neusohl in Ungarn, zu Goslar am Harz, zu Rothenburg an der Saale, zu Hof im Vogtlande, zu Winterthur in der Schweiz, zu Lyon und Marseille in Frankreich, in England rc.

f) Eine große Menge sehr vorzüglichen Kupfervitriols wird jetzt durch den Weg der Kunst bereitet, indem man 1 Gewichtstheil metallisches Kupfer mit 3 Gewichtstheilen koncentrirter Schwefelsäure; oder 1 Gewichtstheil Kupferspahn, (Kupferasche) mit $2\frac{1}{2}$ Theil koncentrirter Schwefelsäure gemengt, so lange kocht, bis alles in eine dunkle blauschwarze Masse übergegangen ist, die dann mit Wasser gelöst, und der Krystallisation unterworfen wird.

(Joh. Beckmann, von der Verfertigung des Kupfervitriols bey Lyon. In dessen Beyträgen zur Oekonomie und Technologie rc. 6. Th. Demachy, in dessem Laboratorium im Großen, 2. Bd. Leipzig 1784. 8. S. 207 bis 209. Die Bereitung des cyprischen Vitriols in Marseille. In Tromsdorffs Journal der Pharmacie, 1. Bd. 2. St. S. 117 rc.)

Dritte Abtheilung.

Fabrikation des Zinkvitriols.

§. 638.

Der Zinkvitriol, der auch unter dem Namen weißer Vitriol, so wie weißer Gallizenstein und Erzalaun bekannt ist, macht ein neutrales Salz von 32,12 Procent Zinkoxyd, 31,99 Procent Schwefelsäure und 35,89 Procent Krystallisationswasser aus. Derselbe erscheint, bey einer regelmäßigen Krystallisation, in vierseitigen säulenförmigen Krystallen, von völlig farbenloser Beschaffenheit. Er löset sich in 3 Theilen kaltem, aber schon in $1\frac{1}{2}$ Theilen siedendem Wasser auf, erweckt im Munde Ekel und Erbrechen, schmelzt im Feuer erst in seinem eigenen Krystallisationswasser, und läßt endlich seine Säure ganz von sich.

a) So wie der weiße oder Zinkvitriol im Handel vorkommt, erscheint derselbe in unförmlichen zusammengesinterten Massen von gelblich weißer Farbe, und ist selten frey von Eisen und von Kupfergehalt.

b) Völlig rein wird derselbe erhalten, wenn reiner metallischer Zink in mit Wasser verdünnter Schwefelsäure aufgelöst und die Auflösung krystallisirt wird.

§. 639.

Zu Goslar, woselbst die Fabrikation des Zinkvitriols im Großen betrieben wird, bedient man sich dazu der Rammelsberger Zinkerze, welche, außer dem Zink, auch noch Eisen, Bley, Silber und Kupfer, durch Schwefel mineralisirt, enthalten. Die Erze werden zu dem Behuf geröstet, dann an der Luft verwittert, und endlich mit Wasser ausgelaugt, dann die Lauge versotten, krystallisirt, und die Krystalle in einem kupfernen Kessel in ihrem eigenen Krystallisationswasser geschmolzen, das Geschmolzene bis zum Erstarren gerührt, alsdann in hölzerne Kästen geschlagen und so in den Handel gebracht.

a) Um die vom gerösteten Erz gewonnene Lauge mit mehr Salztheilen zu beladen, wird sie noch dreymal auf frisches geröstetes Erz gebracht. Die ausgelaugten Erze werden dann noch auf Silber, Bley und Kupfer benutzt.

b) Das Versieden der Lauge geschiehet in bleyernen Kesseln. Wenn die Lauge den Krystallisationspunkt erreicht hat, so wird sie in Satzfässer gebracht, um die unreinen Theile absetzen zu lassen, worauf sie dann in hohen Fässern der Krystallisation unterworfen wird.

c) Der im Handel vorkommende geschmolzene weiße Vitriol enthält beständig noch schwefelsaures Eisen und schwefelsaures Kupfer, besonders das erstere. Er ist also kein reines Salz.

(Schlüter's gründlicher Unterricht von den Hüttenwerken, Braunschweig 1738. Fol. S. 597 2c. Nachricht von der weißen Vitriolsiederey zu Goslar. In J. Beckmann's Beyträgen zur Oekonomie und Technologie 2c. 4. u. 5. Th. S. 59 2c.)

Vierte Abtheilung.

Fabrikation des Salzburger und des Admünter Vitriols.

§. 640.

Außer den vorher beschriebenen einfachern Arten der Vitriole, nämlich des Eisenvitriols, des Kupfervitriols und des Zinkvitriols, zeichnet man im Handel noch zwey gemischte Vitriolarten aus, nämlich: 1) den Salzburger Vitriol, der auch doppelter Adler genannt wird, und 2) den Admünter Vitriol; welchen beyden man, in der Schwarzfärberey, Vorzüge vor dem gewöhnlichen Eisenvitriol, einräumt.

a) Der Salzburger Vitriol, der seinen Namen dem Lande worin er gewonnen wird verdankt, ist eine Verbindung von ohngefähr einem Theil schwefelsaurem Eisen (Eisenvitriol) und zwey Theilen schwefelsaurem Kupfer (Kupfervitriol), mit einer eine geringen Beymischung von schwefelsaurem Zink (Zinkvitriol); er macht also eine dreyfach zusammengesetzte Substanz aus.

b) Der Admünter Vitriol (von Admünt in Steyermark), auch doppelter Adler genannt, ist eine Verbindung von ohngefähr gleichen Theilen schwefelsaurem Eisen und schwefelsaurem Kupfer; er wird, gleich dem ersten, in den Schwarzfärbereyen sehr geachtet.

(Der Salzburger Vitriol. In Hermbstädt's Bülletin des Neuesten rc. 14. Bd. S. 73 rc.)

§. 641.

Von allen jenen verschieden gearteten Vitriolgattungen ist es der Eisenvitriol, welcher die ausgedehnteste Anwendung findet, doch unterscheidet derselbe sich unter sich selbst: 1) entweder nach seiner Reinheit, d. i. seinem kupferfreyen Zustande; oder 2) nach dem Zustande der Oxydation, in welchem sich das Eisen in demselben mit der Schwefelsäure verbunden befindet.

a) Die Kupferhaltigkeit des Eisenvitriols erkennt man daran, daß wenn in seine mit Wasser gemachte Lösung ein Stück polirtes Eisen gelegt wird, dieses sich sehr bald mit einer rothen metallischen Kupferhaut bedeckt. Ein solcher Vitriol ist nur allein für die Schwarzfärberey brauchbar.

b) Guter noch nicht veränderter kupferfreyer Eisenvitriol zeichnet sich durch eine meergrüne Farbe und dadurch aus, daß er sich in kaltem destillirtem Wasser vollkommen auflösen läßt, ohne einen gelben Bodensatz fallen zu lassen; auch daß ein in seine Lösung getauchtes blankes Eisen nicht mit Kupfer belegt wird. Derselbe dient ganz besonders zur Anstellung der kalten Indigoküpe (§. 355.) in der Leinen- und Baumwollenfärberey. Er enthält das Eisen als schwarzgrünes Eisenoxydulhydrat mit der Säure gebunden.

c) Der schon verwitterte Vitriol zeichnet sich durch eine gelblichgrüne Farbe aus, und läßt beym Lösen in destillirtem Wasser gelbes Eisenoxyd fallen. Er enthält das Eisen im gelboxydirten Zustande mit der Säure verbunden. Er ist nicht zur kalten Küpe anwendbar, dienet aber zu allen Arten der Schwarzfärberey vorzüglich.

d) Man gewinnt endlich auch noch auf den Alaunhütten, aus der Mutterlauge, eine Art von Vitriol, der, wegen seiner schwarzgrauen Farbe, gewöhnlich schwarzer Vitriol genannt wird. Er ist eine Verbindung von schwefelsaurem Eisenoxydul und von schwefelsaurer Thonerde, und enthält oft auch schwefelsauren Nikkel eingemengt.

Zweyunddreyßigster Abschnitt.

Die Salzsiederey.

(Die Gewinnung des Küchensalzes.)

§. 642.

Salz schlechtweg, so wie Küchensalz oder Kochsalz, auch Soolensalz, Brunnensalz und salzsaures Natron (richtiger Chlornatrium), sind Benennungen, womit ein und eben derselbe Gegenstand bezeichnet wird: nämlich ein natürliches Produkt der Mischung aus 40 Procent Natrium und 60 Procent Chlor, oder, (nach der ältern Ansicht in der Chemie), aus 53,3 Procent Natron und 46,7 Procent Salzsäure. Bey vollkommener Reinheit und regelmäßiger Krystallisation bildet das Küchensalz würfelförmige Krystalle, welche nicht selten vierseitige treppenförmige Pyramiden darstellen. Sein Geschmack ist eigenthümlich, seine Krystalle knirschen zwischen den Zähnen; sie halten sich an der Luft unverändert, ohne zu zerfallen noch zu zerfließen; sie verprasseln in der Glühhitze mit Verlust ihres Decrepitationswassers, schmelzen endlich und werden beym Weißglühen verflüchtiget. Dasselbe ist bey der mittleren Temperatur in 3 Theilen seines Gewichts Wasser lösbar; siedendes Wasser nimmt nicht viel mehr davon in sich.

a) Das reine Küchensalz enthält weder Hydrat- noch Krystallwasser; wohl aber Decrepitations- oder Ver-

Verprasselungswasser, welches bloß zwischen den Blättern seiner Krystalle eingeschlossen ist. In der Glühhitze wird solches in elastische Dämpfe verwandelt, daher die Krystalle mit prasselndem Geräusche zerspringen.

§. 643.

Das Salz kommt in der Natur sehr reichlich verbreitet vor, und zwar: 1) in festen zusammenhängenden Massen, als Steinsalz; 2) im Wasser gelöst, im ganzen Ocean, als See- oder Meersalz; 3) in den Salzsoolen oder Soolquellen gelöst, als Cocturſalz, Soolen- oder Brunnensalz.

a) Das Steinsalz (Sal gemmae, Sal petrae, Sal fossile), gehört zu den Flötzgebirgsarten und wird bergmännisch gewonnen. Dasselbe findet sich theils als gemeines Steinsalz, theils als Salzthon: 1) bey Ischel und Hallstadt in Oestreich; 2) bey Hall in Tyrol; 3) bey Hallein im Salzburgischen; 4) bey Aussée in Steiermark; 5) bey Vizekna und Torsa in Siebenbürgen; 6) bey Wieliczka und Bochnia in Galizien; 7) bey Berchtesgaden in Bayern; 8) am Ileck in Sibirien; 9) in der kleinen Bucharey; 10) am Behad in der Provinz Lahor in Indien; 11) bey Tauris in Persien; 12) in Abuarisch bey Lohaja, im Lande Yemen; 13) in der Landschaft Tegatza mitten in Afrika; 14) bey Aranjuez, und 15) bey Granilla in Valencia; 16) bey Capo-Roso in Navarra; 17) bey Paraguay in Val di Lima und bey Truxillo in Peru; 18) am Missisippi und Arathy-Hopescow, in Nordamerika; 19) bey Northwich in England, in der Grafschaft Chester; 20) bey Consenza und bey St. Catharina in Calabrien.

b) Das Meersalz, Seesalz, Baysalz oder Boysalz (Sal marinum), welches in Meerwasser gelöst ist und durch das Verdunsten desselben gewonnen wird, ist, im reinen Zustande, vom Küchensalze nicht wesentlich verschieden. Das Meerwasser hält aber nicht immer einen gleichen Gehalt von Salz gelöst: mehr enthält solches nach der

Linie hin in der Tiefe, weniger nach den Polen zu und oben auf. Der Name Boysalz oder Baysalz ist von dem Worte Bay, ein Meerbusen, abgeleitet.

c) Im südlichen Frankreich sammelt man das Meerwasser bey der Fluth in großen flachen mit Thon ausgeschlagenen Behältern (Salzsümpfen), hält selbiges mittelst einer Art von Schleuse darin zurück, vertheilt es in mehrere Nebenbehälter, und läßt es so an der Luft- und Sonnenwärme verdunsten. Eben so verdunstet man in einigen asiatischen Theilen Rußlands einige Salzseen durch die Sonnenwärme. Im nördlichen Frankreich wird der mit Seewasser durchdrungene Sand gesammlet, an der Sonne getrocknet, dann mit Wasser ausgelaugt und die Lauge in bleyernen Pfannen über dem Feuer versotten.

d) Das gemeine Küchensalz, Soolensalz oder Brunnensalz (Muria, Sal communis, Sal culinaris), gewinnt man aus den Salzsoolen (Aquae salinae), durchs Versieden derselben in den dazu bestimmten Pfannen. Die Fabrikanstalt wo dieses verrichtet wird, wird eine Saline, eine Salzkoctur oder eine Salzsiederey genannt.

(D. L. G. Karsten's mineralogische Tabellen 2c. Berlin 1800. Fol. S. 64 2c. Hassenfratz Mémoire sur le sel marin, la manière dont il est répandu sur la surface du Globe, et les différens employes pour l'obtenir. In den Annales de Chimie etc. Tom. XI. pag. 65 etc. Salzbrunnen in China. In Dingler's polytechn. Journal. 34. B. 1829. S. 70 2c. Saline zu Syrakus in New-York am Erie-Kelnel. Ebendaselbst.)

Gewinnung des Küchensalzes aus der Salzsoole.

§. 644.

Die Gewinnung des Küchensalzes aus den Salzsoolen, oder der Betrieb einer Saline, setzt mehr als die Ausübung irgend eines andern Gewerbes die Anwendung wissenschaftlicher Kenntnisse der Geognostik, Mechanik, Physik und Chemie voraus, wenn anders die in einem Staate vorkommenden Salinen, seyen sie nun ein Landesherrliches oder ein Privateigenthum, kunstmäßig betrieben werden soll.

a) Der nöthige Raum, welcher zum Betrieb einer Saline erfordert wird, besteht: 1) in den Wohnungen für die Salinenbetriebs- und die Salzdebitsofficianten; 2) in dem Gradirhause oder Leckwerke, da wo die Soole gradirt werden muß; 3) den Salzkothen mit ihren Pfannen, in welchen die Soole versotten wird; 4) den nöthigen Gebäuden zum Trocknen, Verpacken und Aufbewahren des fertigen Salzes.

(K. C. Langsdorf's vollständige Anleitung zur Salzwerkskunde, 1. 2. u. 3. B. Altenburg 1784—1796. 4.)

§. 645.

Die Hauptbedingungen zur Anlegung einer Saline, die mit Vortheil betrieben werden soll, bestehen: 1) in dem Daseyn einer hinreichend starken Soolquelle; 2) in der Nähe eines schiffbaren Strohms, um auf demselben das erforderliche Brennmaterial herbey, und das fertige Salz fortschaffen zu können.

a) Soole, Sole, oder Salzsoole, in der allgemeinen Bedeutung des Wortes, nennt man jede in der Natur sich darbietende Quelle, die mehr oder weniger reich mit gelöstem Küchensalz beladen ist.

b) Die meisten Salzsoolen finden sich in Vorgebirgen, in einiger Entfernung von denselben, in der Nachbarschaft von Steinkohlenflözen, von Kalkflözen und von Gypsflözen. Ob die Salzsoolen aus tiefer belegenen Steinsalzflözen abstammen, verdient noch näher untersucht zu werden.

c) Einen ziemlich sichern Beweiß für das Vorkommen der Salzsoolen unter der Erde, wenn sie nicht zu tief liegen, giebt das Vorkommen gewisser Pflanzen über derselben. Dahin gehören besonders: 1) Arenaria rubra marina; 2) Artemisia maritima (Niederländischer Wermuth); 3) Arundo phragmites (gemeines Schilfrohr); 4) Aster trifolium (gelber Meerfenchel); 5) Atriplex hastata (Melde); 6) Genopodium maritimum (Meergänsefuß); 7) Genopodium glaucum; 8) Cochlearia officinalis (Löffelkraut); 9) Crambe maritima (Meerkohl); 10) Glaux maritima; 11) Juncus stygius (kleine Binse); 12) Plantago coronopus (Grevinne); 14) Ruppia maritima; 15) Salicornia herbacea (krautartiger Glasschmelz); 16) Salicornia fruticosa (strauchartiger Glasschmelz); 17) Salsola kali (gemeines Salzkraut); 18) Scirpus maritimus; 19) Triglochin maritimum (Dreyzack, Meergras ꝛc.).

d) Das wirkliche Vorkommen der Soole, so wie die Schichten der über derselben ruhenden Fossilien, erforschet man durch die Prüfung mit dem Erdbohrer.

§. 646.

Die Kunst Salz zu sieden (die Salzsiederey) zerfällt: 1) in die Prüfung des Salzgehaltes der Soole; 2) die Ausförderung derselben aus ihrer Quelle; 3) die Gradirung derselben, wenn solche erforderlich ist; 4) die Versiedung derselben zu Salz.

a) Die Soole enthält, außer dem darin gelösten Küchensalz, gemeiniglich auch noch andere fremdartige Theile, wie z. B. Chlorkalcium (salzsauren Kalk); oder Chlormagnium (salzsaure Talkerde), schwefelsaures Natron, ferner Gyps gelöst: welche letzteren Theile also nicht mit denen des wahren Küchensalzes verwechselt werden dürfen.

b) Zur Bestimmung ihres Gehaltes an festen Theilen überhaupt, bedient man sich entweder der hydrostatischen Abwägung oder des Aräometers (der Salzwage, der Salzspindel).

c) Um den wahren Gehalt an Küchensalz in einer Soole zu erfahren, ist es am schicklichsten eine bestimmte Quantität derselben zu verdunsten, bis alles vollkommen ausgetrocknet ist, die trockne Masse sodann, mit dem sechsfachen Gewicht Alkohol zu digeriren, welcher alle zerfließbare Salze in sich aufnimmt. Wird nun der Rückstand in Wasser gelöst, so bleibt der Gyps ungelöst zurück. Die Lösung enthält nun aber noch Glaubersalz und schwefelsaure Talkerde, wenn sie vorher in der Soole enthalten waren.

d) Zuverläßiger erforscht man den wahren Gehalt des reinen Salzes in einem gegebenen Gewicht oder Volum der Soole: wenn solche erst durch eine Lösung von essigsaurem Baryt gefället wird, der alle schwefelsaure Salze (Gyps, Glaubersalz, Bittersalz) wenn sie vorhanden waren, zerlegt, dann den Niederschlag von der Flüssigkeit trennet, solche zur Trockne abdunstet, und die trockne Salzmasse, mit alkoholisirtem Weingeist digerirt, welcher das aus dem Glaubersalz gebildete essigsaure Natron, so wie den aus dem Gyps gebildeten essigsaure Kalk, endlich auch das in der Soole vorhanden gewesene Chlormagnium auflöst, und das reine Salz, mit erdigen Theilen gemengt, zurück läßt. Durch Lösen in Wasser werden die erdigen Theile getrennt, und durch Abdunsten der Flüssigkeit, wird nun das reine Küchensalz erhalten.

e) Anderweitig kann auch die Grundmischung der Soole durch die Anwendung chemischer Reagentien, so wie der Gehalt an reinem Salze, durch deren völlige Zergliederung ausgemittelt werden.

f) Um den Gehalt des Kochsalzes (oder vielmehr den Gehalt an festen Theilen überhaupt) in irgend einer Salzsoole zu bestimmen, haben Lambert, Langsdorf, Watson und Dommes, auf eigene Versuche gestützt, Tabellen entworfen, die bey Salinenanstalten, mehr oder weniger mit Nutzen gebraucht werden können.

§. 647.

Lambert setzt fest, daß wenn die specifische Dichtigkeit einer Soole sich zu der des reinen Wassers verhält wie 1,014 : 1,000, dann das in ihr gelöste Salz $\frac{20}{1014}$ oder $\frac{10}{507}$ ihres absoluten Gewichts betragen muß.

Wiegt dem gemäß ein Kubikfuß süßes reines Wasser z. B. 66 Pfund, und ein Kubikfuß der Soole 74 Pfund, so würde, wenn man das Gewicht eines gewissen Umfanges von reinem Wasser zu 1000 annimmt, ein gleicher Umfang der Soole 1175 solcher Theile wiegen müssen; und nach der unten stehenden Tabelle wird also die Soole 280 Theile Salz (d. i. $\frac{280}{1175}$ ihres Gewichts) enthalten; folglich werden denn in jedem Kubikfuß, oder in 74 Pfund der Soole $\frac{280 \cdot 74}{1175} = 17\frac{149}{235}$ Pfund, also ohngefähr $17\frac{2}{3}$ Pfund Salz enthalten seyn. Lamberts Tabelle besteht im Folgenden:

Gewicht des Salzes.	Gewicht der Soole.	Gewicht des Salzes.	Gewicht der Soole.
0	1000	180	1117
10	1007	190	1123
20	1014	200	1129
30	1021	210	1135
40	1027	220	1141
50	1034	230	1146
60	1041	240	1152
70	1047	250	1158
80	1054	260	1163
90	1060	270	1169
100	1067	280	1175
110	1073	290	1175
120	1080	300	1180
130	1086	310	1191
140	1093	320	1196
150	1099	330	1201
160	1105	336,8	1204,7
170	1111		

Gegen die Richtigkeit dieser Tabellen sind aber durch den Berghauptmann Wild einige gegründete und von Langsdorf bestätigte Einwendungen gemacht worden. Da übrigens jetzt mit Genauigkeit bestimmt ist, daß der preußisch-brandenburgische (der köllnische oder rheinländische Kubikfuß) reines Wasser genau 66 Pfund wiegt, so würde jene Tabelle überhaupt hiernach reducirt werden müssen.

(Lambert, in der Histoire de l'Académie des sciences de Berlin. An. 1762. pag. 27. etc. Wild's Beyträge zur Salzkunde. Winterthur 1784.

§. 648.

Langsdorf hat nach eigenen Erfahrungen eine Tabelle berechnet, wobey die Löthigkeit der Soole zum Grunde liegt, d. i. je nachdem in 32 Loth Soole 1, 2 oder 3 Loth Salz, und 31, 30 oder 29 Loth Wasser enthalten sind. In der hier beygefügten Tabelle zeigt A die Löthigkeit der Soole, B die specifische Dichtigkeit derselben, C das absolute Gewicht von einem rheinl. Kubikfuß der Soole, und D das Gewicht des in einem solchen Kubikfuß der Soole enthaltenen Salzgehaltes (aller festen Theile) an.

A	B	C	D	A	B	C	D
0	1,000	68 Pfd.	0 Pfd.	14	1,095	74,493	10,429
1	1,006	68,444	0,684	15	1,102	74,973	11,245
2	1,013	68,896	1,377	16	1,109	75,456	12,072
3	1,019	69,351	2,080	17	1,116	75,940	12,908
4	1,026	69,807	2,792	18	1,123	76,427	13,756
5	1,033	70,266	3,513	19	1,131	76,917	14,614
6	1,040	70,727	4,243	20	1,138	77,408	15,481
7	1,046	71,190	4,983	21	1,145	77,901	16,359
8	1,053	71,655	5,732	22	1,152	78,397	17,247
9	1,060	72,123	6,419	23	1,160	78,895	18,145
10	1,067	72,592	7,259	24	1,167	79,395	19,054
11	1,074	73,064	8,037	25	1,174	79,897	19,974
12	1,081	73,538	8,824	26	1,182	80,401	20,904
13	1,088	74,014	9,621				

(J. W. u. K. Ch. Langdorfs Sammlungen praktischer Beobachtungen und Abhandlungen für Freunde der Salzwerkskunde, 1. Theil. Altenburg 1785. S. 304.)

§. 649.

An einigen Orten ist es Gewohnheit, den Gehalt der Soole nach Graden zu bestimmen. Man nimmt daher 1 Loth Salz für einen Grad, oder 3 Loth für zwey Grad, aber auch 1 Loth für vier Grad an, so daß also im letzten Fall jeder Grad einem Quentchen Salzgehalt gleich ist, d. i. in einem Pfunde ein Loth oder vier Quentchen Salz gelöst sind. Zur Vergleichung aller der bis jetzt gebräuchlichen Bestimmungen des Salzgehaltes, hat Dommes die folgenden Tabellen berechnet, wobey die Temperatur von 60° Fahrenheit, so wie köllnisches Gewicht und rheinländisches Maaß, zur Basis genommen worden sind.

a) Die erste Columne (A) bestimmt den Salzgehalt der Soole nach Graden. Die Soole heißt 1, 2, 3 oder 4grädig, wenn selbige 1, 2, 3 oder 4 Quentchen Salz im Pfunde gelöst enthält.

b) Die zweyte Columne (B) bestimmt den Gehalt der Soole nach Procenten, d. i. wenn z. B. eine Soole achtgrädig ist, so enthält sie in 100 Lothen 6,250, d. i. $6\frac{1}{4}$ Loth Salz gelöst.

c) Die dritte Columne (B) liefert das Gewicht eines Kubikfußes der Soole von gegebener Grädigkeit. Ist z. B. die Soole 8grädig, so wiegt der Kubikfuß von selbiger 70,989 Pfund köllnisches Gewicht.

d) Die vierte Columne (D) giebt das Gewicht des Salzgehaltes in einem Kubikfuß der Soole, von gegebener Grädigkeit, an; nämlich: ist z. B. die Soole 8grädig, so enthält sie im rheinl. Kubikfuß 4,437 Pfund Salz gelöst.

e) Die fünfte Columne (E) giebt den Gehalt des Salzes nach Procenten an, und diese in Lothen angenommen, dergestalt, daß wenn eine Soole 5löthig ist, solche in 100 Lothen, 5 Loth Salz und 95 Loth Wasser enthalten muß.

f) Die sechste Columne (F) vergleicht die Bestimmung nach nach Lothen, mit der nach Graden. Dem gemäß wird eine 5löthige Soole, nach Graden berechnet, 6,4 Grad halten, oder ihr Salzgehalt wird zwischen 6 und 7 Grad fallen.

g) Die siebente Columne (G) giebt das specifische Gewicht oder die specif. Dichtigkeit der Soole an. Wenn z. B. die specif. Dichtigkeit des reinen Wassers zu 10,000 angenommen wird, so wird die specifische Dichtigkeit einer Salzauflösung, die in 100 Loth 5 Loth Salz gelöst enthält = 10,352 seyn.

h) Die achte Columne (H) zeigt, wieviel das absolute Gewicht eines Kubikfußes der Soole von irgend einer Löthigkeit beträgt. Es sey z. B. in 100 Lothen der Soole 4 Loth Salz gelöst enthalten, so wird das absolute Gewicht des Kubikfußes = 69,913 Pfund betragen.

i) Die neunte Columne (I) zeigt endlich das Gewicht des Salzes an, welches in einem Kubikfuß Soole, von gegebener Lothigkeit, gelöst enthalten ist.

A	B	C	D	E	F	G	H	I
0	0	68 Pfd	0 Pfd	0	0	10000	68 Pfd	0 Pfd.
1	0,781	68,373	0,534	1	1,28	10070	68,478	0,685
2	1,562	68,747	1,074	2	2,56	10140	68,957	1,379
3	2,344	69,121	1,620	3	3,84	10211	69,434	2,083
4	3,125	69,494	2,172	4	5,12	10281	69,913	2,797
5	3,906	69,868	2,729	5	6,40	10352	70,391	3,520
6	4,687	70,242	3,293	6	7,68	10422	70,869	4,252
7	5,469	70,615	3,862	7	8,96	10492	71,348	4,994
8	6,250	70,989	4,437	8	10,24	10563	71,826	5,746
9	7,031	71,363	5,018	9	11,12	10633	72,304	6,507
10	7,812	71,736	5,604	10	12,80	10703	72,782	7,278
11	8,543	72,110	6,196	11	14,08	10774	73,261	8,059
12	9,375	72,483	6,795	12	15,36	10844	73,739	8,849
13	10,156	72,857	7,400	13	16,64	10914	74,217	9,648
14	10,937	73,231	8,010	14	17,92	10985	74,695	10,457
15	11,719	73,604	8,625	15	19,20	11055	75,174	11,276
16	12,500	73,978	9,247	16	20,48	11125	75,652	12,104
17	13,281	74,352	9,875	17	21,76	11196	76,130	12,942
18	14,062	74,725	10,580	18	23,04	11266	76,608	13,789
19	14,844	75,099	11,147	19	24,32	11336	77,087	14,647
20	15,625	75,473	11,793	20	25,60	11407	77,565	15,513
21	16,406	75,874	12,444	21	26,88	11477	78,043	16,389
22	17,187	76,220	13,100	22	28,16	11547	78,043	17,257
23	17,964	76,539	13,763	23	29,44	11618	79,000	18,170
24	18,750	76,967	14,431	24	30,27	11688	79,478	19,075
25	19,531	77,341	15,105	25	32,00	11785	79,956	19,989
26	20,312	77,714	15,786	26	33,28	11829	80,434	20,913
27	21,093	78,088	16,472	27	34,56	11899	80,912	21,846
28	21,875	78,462	17,864	28	35,84	11964	81,391	21,789
29	22,656	78,835	17,861	29	37,12	12040	81,869	23,742
30	23,437	79,209	18,565	30	38,40	12110	82,347	24,704
31	24,219	79,582	19,274	31	39,68	12180	82,825	25,676
32	25,000	79,956	19,989					
33	25,781	80,330	20,710					
34	26,562	80,703	21,437					
35	27,344	81,077	22,169					
36	28,125	81,451	22,908					
37	28,906	81,824	23,652					
38	29,687	82,198	24,403					
39	30,469	82,571	25,156					
40	31,250	82,945	25,920					

Bey dieser Tabelle ABCD bis an den Strich unter 33, ist die Lösung des Salzes nur bey 60 Gr. Fahrh. möglich. Unter dem Strich von 34 an, geben die Zahlen die Verhältnisse der gahr gesottenen Soole an. Von EFGHI bis an den Strich unter 26, giebt die Lösung des Salzes bey 60 Gr. Fahrh. an. Von 27 an zeigt das Verhältniß der gahrgesottenen Soole.

Anmerkung. Alle diese Tabellen sind indessen nur auf den Gehalt aller festen Theile in der Soole berechnet, keinesweges bloß auf das wahre Kochsalz; dessen Gehalt in der Soole kann daher weder durch die Einen noch die Andern dadurch erforscht werden. Solches ist nun durch die (§. 646. d.) angegebene Methode möglich.

(Die Salzgradirung zu Montiers im Tarentkreise. In Dingler's polytechn. Journal rc. 34. Bd. 1819. S. 70 rc. J. A. Bischof, der Soolgehalt nach Graden, Procenten und Pfündigkeit, in einer Soole befindende und beym Salinenwesen in Anwendung kommende Formeln. In Karsten's Archiv für Bergbau und Hüttenwesen. 11. B. 2. H. S. 211 rc. Franck, Beschreibung eines Hydrometers für Salinen. Ebendaselbst. 11. B. 1 H. S. 26 rc.)

Die Gradirung der Soole. (Gradirhäuser, Gradirwerke, Lekwerke).

§. 650.

Die vorgenommene Prüfung der Salzsoole mit der Salzspindel (dem Salzarãometer) zeigt an, ob sie reich genug mit Salz beladen ist, um, ohne Verschwendung an Brennmaterial, versotten werden zu können. Im entgegengesetzten Falle wird sie gradirt, d. i. durch die Einwirkung der warmen Luft ihr ein Theil der Wässrigkeit entzogen, um sie siedewürdig zu machen. Die Anstalten, wodurch dieses verrichtet wird, werden Gradirhäuser, auch Gradirwerke und Lekwerke genannt. Man unterscheidet gemeiniglich davon:

a) Die Dorngradirung, bey welcher die salzarme Soole tropfenweise durch Dornwände geleitet wird.

b) Die Dach- oder Pritschengradirung, bey welcher sie über große schiefliegende, der Luft und Sonnenwärme ausgesetzte, Flächen von Brettern langsam herab fließt.

c) Die Eisgradirung, indem man der Soole durchs Gefrieren einen Theil der Wässrigkeit entziehet, wodurch dieselbe mehr koncentrirt wird.

d) Die Sonnengradirung, wobey die Soole in großen flachen Behältern, durch die Verdünstung an der Sonne, koncentrirt wird.

e) Die Pfannengradirung, wobey die Soole gleich, in großen flachen Pfannen, über dem Feuer verdunstet wird.

f) Da wo man Steinsalz hat, wie zu Reichenhall in Bayern, in den Niederlanden, auf der norwegischen Insel Walloe, zu Liverpool, zu Norwich und in andern Gegenden Englands, setzt man der Soole so viel Steinsalz zu, bis sie hinreichend gesättigt ist, um mit Vortheil versotten zu werden.

(N. E. Langsdorf a. (§. 648.) a. O. S. F. Hermbstaedt Observations sur une méthode d'évaporation spontanée de l'eau de puits salans à la température de l'atmosphère etc. In den Mémoires de l'Académie des Sciences de Berlin, pour l'an 1803. Berlin 1805. pag. 91 etc. Abhandlung einer Privatgesellschaft in Böhmen, 4. Theil. S. 312, und 5. Theil. S. 160. J. W. und N. C. Langsdorf Sammlungen praktischer Anmerkungen und einiger zerstreuten Abhandlungen für Freunde der Salzwerkskunde, Altenburg 1785. 1. St. F. P. Ferber's Beyträge zur Mineralgeschichte verschiedener Länder, 1. Bd. S. 409 u. 413 rc. Beschreibung der Saline zu Hall in Tyrol. In den Jahrbüchern des K. K. polytechn. Instituts zu Wien. 7. Bd. 1825. S. 40 rc.)

Die Dorngradirung.

§. 651.

Unter allen bis jetzt eingeführten Methoden, die Salzsoole zu gradiren, verdient aber die Dorngradirung den Vorzug, vorzüglich dann, wenn sie mit der Pritschen- oder Dachgradirung verbunden wird. Die Gradirung der Soole mittelst der Wände ist von Mathäus Meth, einem deutschen Arzte, im Jahre 1599 zuerst angegeben worden. Es kommen dabey in vorzügliche Betrachtung: 1) die Wände selbst; 2) der Soolbehälter (der Tropfkasten, oder Trog); 3) das Bassin, (der Hälter oder

der Sumpf), welcher die gradirte Soole aufzunehmen bestimmt ist.

a) Die ersten Gradir- oder Lekwerke (Aedes Gradatoriae) bestanden aus Strohbündeln, die über einander gehäuft wurden, auf welche die Soole, mittelst Schaufeln, geworfen, und dieses nach dem Abtröpfeln derselben so oft wiederholt wurde, bis sie siedewürdig geworden war. Die Einrichtung der Gradirhäuser mit Dornwänden, wurde durch den Baron von Beust erst im Jahre 1739 bekannt gemacht.

b) Die Gradirwände bestehen in, aus hölzernen Balken erbaueten, Gerüsten, deren Zwischenräume mit Dornreisern ausgelegt sind, die man in der Nähe des Salzwerks selbst bauet, und sie mit dem Dornstümpfer (einem einer Guillotine ähnlichen Instrument) zurecht schneidet.

c) Jede Gradirwand, deren Länge sich nach dem Umfange der Saline richtet, stehet mit ihrem Fuße über einem, aus hölzernen Bohlen erbaueten wasserdichten Behälter (dem Sumpf, dem Bassin oder Hälter), welcher die aus den Dornwänden herab träufelnde gradirte Soole aufzunehmen bestimmt ist.

d) Der obere Theil des Gradirhauses ist mit einem durchbrochenen Dache versehen, um den Einfluß des Regens abzuhalten. Auch hat man schon dachlose Gradirwände.

e) Unter dem Dache, über der ganzen Wand entlang, läuft gleichfalls ein wasserdichter Behälter (der Tropfkasten oder Soolkasten), der die zum Gradiren bestimmte Soole aufnimmt. Um solche auf die Dornwände herab zu leiten, ist dieser Tropfkasten mit Hähnen, desgleichen mit Rinnen versehen, die mit Einschnitten begleitet sind, aus welchen die Soole abtröpfelt.

f) Man unterscheidet Gradirwände von einer, und von zwey Etagen. Am gewöhnlichsten hat man aber 2 Etagen, nämlich unten 2 oder auch 3 Wände, und oben eine oder auch 2. Man giebt den Wänden selbst die Gestalt von Pyramiden. Sind die untern Wände 24 Fuß hoch, so giebt man den obern eine Höhe von 14 Fuß.

g) Die Gradirwerke müssen billig so nahe wie möglich bey dem Soolschachte (dem Brunnenschacht) angelegt werden, um die zur Förderung der Soole erforderlichen Röhrenleitungen und andern Maschinerien möglichst in der Ausdehnung zu beschränken.

§. 652.

Um die Soole aus dem Brunnen zu fördern, und selbige in die zum Abtröpfeln derselben bestimmten Tröge oder Tropfkasten zu leiten, bedient man sich am vortheilhaftesten der Pumpenwerke, die durch irgend eine schickliche Kraft in Bewegung gesetzt werden.

a) Die Pumpenwerke sind Saugwerke, von welchen mehrere Sätze dergestalt über einander stehen, daß immer der Eine dem Andern die Soole zuführt.

b) Um die Kolben in den Pumpenröhren auf und nieder zu treiben, bedient man sich am besten eines Kunstkreuzes, das durch irgend eine Hauptmaschine in Bewegung gesetzt wird.

c) Das Kunstkreuz ist aus kreuzweise zusammengefügten Balken gebildet, die, um ihren Mittel- oder Durchschnittspunkt, in vertikaler Richtung beweglich sind, während an den waagerecht liegenden Aermen des Kreuzes die Kolbenstangen herab hängen. Wird daher das Kreuz abwechselnd, bald links bald rechts, herumgedrehet, so müssen die Kolbenstangen wechselsweise bald steigen bald sinken, wodurch die Soole gehoben wird.

d) Um die Bewegung des Kunstkreuzes zu veranlassen, bedient man sich als Hauptmaschine: 1) entweder der Wasserräder (Kunsträder), oder 2) der Tritträder; der Windmühlenflügel; 4) der Dampf- oder Feuermaschinen.

e) Die Kunst- oder Wasserräder sind bald näher bald entfernter von den Pumpen placirt, deshalb in den meisten Fällen das Kunstgestänge (das Feldgestänge, die Stangenkunst) erforderlich ist.

f) Das Kunstgestänge bestehet aus mehreren künstlich zusammengefügten Balken, die sich hin und her bewegen, und dadurch, mittelst des Kunstkreuzes (c), die auf- und niedergehende Bewegung der Kolbenstangen verlassen, indem sie die bewegende Kraft (nämlich das Wasser) bis zu den Pumpwerken fortleiten.

g) Das Gestänge schwingt sich dabey auf Zapfen hin und her, die auf eigenen Gestellen oder Kunstböcken gelagert sind. Das eine Ende des Gestänges ist am vertikalliegenden Arme des Kunstkreuzes befestiget, das andere an einem Krummzapfen, der an der Axe des Wasserrades sitzt. So wie nun das Wasserrad durch das Aufschlagwasser herum getrieben wird, so drehet sich auch der Krummzapfen herum, welches dann das Hin- und Hergehen des Gestänges bewirkt. Die Pumpen werden dabey so lange ununterbrochen im Spiel erhalten, als das Wasserrad herumlauft.

h) Die Wasserräder sind da, wo es nicht am Wasser fehlt, in Rücksicht ihres gleichförmigen Ganges, und wegen ihrer am wenigsten kostbaren Unterhaltung, jeder andern Bewegung vorzuziehen.

i) Die Windmühlenflügel geben nur eine sehr ungleichförmige Bewegung; man gebraucht sie höchstens nur da, wo es gerade am Aufschlagwasser fehlt; auch stehet die Windkraft nicht immer zu Gebote.

k) Die Dampf- oder Feuermaschinen sind nur da mit Vortheil anzuwenden, wo es an Wasserkraft fehlt, wo an wohlfeilem Brennmaterial kein Mangel ist, und wo man mit ihrem Betrieb wohlfeiler als mit der Thierkraft auskommen kann.

l) Die Paternosterwerke oder Kastenkünste, welche hin und wieder zur Ausförderung der Soole gebraucht werden, verdienen den Pumpenwerken immer nachgesetzt zu werden.

(J. H. M. Poppe's Handbuch der Technologie ꝛc. 2. u. 3. Abtheil. Frankf. a. M. 1806. 8. S 336 ꝛc.)

§. 653.

Die wichtigsten Theile eines Gradirhauses bestehen also: 1) in dem Soolbehälter oder dem Troge, welcher die durch die Pumpenwerke geförderte Soole aufnimmt; 2) in den Dornwänden, durch welche die Soole herab tröpfelt; 3) in den Sümpfen oder Bassins, welche die abtröpfelnde Soole aufnehmen.

a) Der Soolbehätter (der Trog) gehet unter dem Dache des Gradirhauses über dem ganzen Hause hinweg, und aus demselben fließt die Soole durch Hähne in kleinere Rinnen, aus deren Einschnitten sie auf die Dornwände geleitet wird.

b) Aendert sich die Richtung des Windes, so wird die Soole mittelst der Geschwindstellung, auf die entgegengesetzte Seite der Dornwände geleitet.

c) Die Geschwindstellung, welche auf dem großen Gradirwerke bey Großensalza im Magdeburgischen, bereits im Jahre 1755 eingeführt, aber während dieser Zeit merklich verbessert worden ist, bestand vormals, wie gewöhnlich, in einem Gestänge, das die mit ihm verbundenen kleinen Rinnen mit einem Zuge unter die Tropfhähne führte, aus welchen Rinnen dann die Soole in die Tropfgerinne der andern Seite geführt wurde. Jetzt ist dieses Zuggestelle in einen großen Hahn verwandelt worden, der durch die Eröffnung desselben die Soole sogleich in alle Tropfhähne leitet.

d) Je schwächer oder ärmer die rohe Soole ist, und je höher sie gradirt werden soll, um so öfterer muß selbige durch die Dornwände geleitet werden: doch hält man die gradirte Soole für siedewürdig, wenn sie 24löthig ist (in 100 Loth 24 Loth trocknes Salz enthält); oder schon wenn sie 16pfündig ist (d. i. im Kubikfuß 16 Pfd. trocknes Salz enthält), nämlich da wo die Gradirung der Soole nach dem Gehalt im Kubikfuß geschätzt wird.

e) In dem Gradirwerke zu Großsalza ist die Dorngradirung mit einer Pritschengradirung verbunden, dadurch

dadurch sehr viel gewonnen wird. Die Soole fällt hier von den Dornwänden auf die unter denselben befindlichen Pritschen, von wo sie erst in die Sümpfe abfließt.

f) Die Dornen der oft gebrauchten Gradirwände überziehen sich endlich mit einer dicken erdigen Kruste (dem Dornstein), welcher aus Gyps, aus kohlensaurem Kalk und aus wenigem Küchensalz besteht, und im getrockneten Zustande, von den Landleuten, als Düngungsmittel (Düngasche) verbraucht wird.

g) In den Sümpfen setzt sich ein dicker Schlamm ab, welcher Zunder (eigentlich Sinter) genannt wird. Er bestehet aus Gyps, aus Kalk und aus Eisenoxyd.

Die Sonnen-Siedung.

§. 654.

Im asiatischen Antheile des russischen Kayserreichs wird in mehreren Gegenden das Salz, aus verschiedenen salzreichen Seen, bloß durch Verdunsten mittelst der Sonnenwärme geschieden. In Deutschland hat ehemals der verstorbene Bergrath Senf ohnweit Artern die Sonnengradirung auf folgende Weise bewirkt. Er bringt die vorher gradirte Soole in länglicht viereckige aus hölzernen Bohlen zusammengesetzten ganz flache Kasten, die der Sonne ausgesetzt sind; so wie das Salz darin in Körnern zu Boden sinkt, wird solches heraus genommen, und auf Borten zum Abtropfen gelegt. Um Raum zu sparen, hat er kreisförmige Behälter, mit Gypsestrich ausgeschlagen, senkrecht über einander errichtet. Das so gewonnene Salz erscheint in Würfeln, von vorzüglicher Reinheit; es mögte aber doch wenig Vortheil mit diesem Verfahren verbunden seyn.

(Senf, Beobachtungen und Versuche über den Erfolg verschiedener Ausdünstungsarten des süßen Wassers, aus Salzsoole. In Grens Journal der Physik rc. 8. B. S. 84 und S. 351 rc. S. F. Hermbstädt, Observations sur une méthode de raporation spontanée de l'eau de puits salans à la température de l'atmosphère. In den Mémoires de l'Academie des Sciences de Berlin, pour l'an 1803. Berlin 1805. pag. 91 etc.)

Die Salzkothen. Die Siedehäuser.

§. 655.

Die gradirte Soole kann nun versotten werden. Dieses geschiehet durch die Salzwirker (die Haloren), in den dazu bestimmten Siedepfannen, in den Salzkothen oder Siedehäusern.

a) Salzkothen oder Siedehäuser werden diejenigen Gebäude genannt, in welchen sich die zum Versieden der Soole bestimmten Pfannen befinden. Sie sind entweder massiv oder auch nur aus Fachwerk erbauet, und mit den nöthigen Schornsteinen versehen.

b) Die Siedepfannen, welche vormals aus Bley gegossen waren, sind gegenwärtig aus Eisenblech verfertigt. Deren beste Dimensionen sind, nach meiner eigenen Erfahrung, 28′ Länge, 26′ Breite und 16″ Tiefe; oder 16′ Länge, 12′ Breite und 14″ Tiefe; Verhältnisse, die die schnellste Verdunstung der Soole gestatten, und den kleinsten Aufwand an Brennmaterial nöthig machen.

c) Jede Pfanne bestehet aus der Bodentafel, die aus starkem Eisenblech zusammengeniethet ist, und aus den, aus gleichem etwas schwächerm Blech verfertigten, Seitenwänden oder Borten.

d) Die Pfannen ruhen auf steinernen Lagern, dergestalt, daß sie gegen den Schornstein zu etwas erhoben, folglich gegen die Stirnwand des Heerdes zu, etwas geneigt sind. Pfannen von 26′ Breitendurchmesser, unterstützt man der Länge nach in der Mitte des Bodens durch eine gemauerte Unterlage, und heizt sie durch zwey Heerde.

e) Um, außer dem Holze, die Pfannen auch mit jedem andern Brennmaterial, (z. B. Torf, so wie Steinkohlen oder Braunkohlen) feuern zu können, giebt man dem Heerde, da wo das Feuer brennt, einen Rost, und unter diesem den nöthigen Luftzug durch den Aschenheerd.

f) Um die möglichste Ersparung an Brennmaterial zu machen, müssen die Borten der Pfannen mit einer 4 bis 6 Zoll abstehenden Mauerwand umgeben, und der Zwischenraum mit ausgelaugter Asche oder mit gepulverter Kohle, als schlechten Leitern der Wärme, ausgefüllet werden.

g) Ueber den Siedepfannen ist ein pyramidenförmiger Schwadenfang (der Dunst- oder Brodenfang) angebracht, der zur Ableitung, der sich aus der versiebenden Soole bildenden, Wasserdünste bestimmt ist.

h) In einigen Salinen hat man dreyerley Arten von Pfannen: nämlich Wärmepfannen, Siedepfannen (Störpfannen) und Soggepfannen: die so unter einander placirt sind, daß man aus der einen die Soole in die andern überleiten kann.

i) Die Wärmepfannen, welche dazu bestimmt sind die Soole zu erwärmen, damit sie aus ihnen schon dem Siedpunkte näher in die Siedepfannen übergeleitet wird, und in dieselben, nach dem Maaße als die Soole darin verdunstet, aus ihnen nachgefüllet werden können, liegen dem Schornstein am nächsten, und werden durch diejenige Wärme geheizet, welche der Siedepfanne bereits ihre Dienste geleistet hat, bevor sie unbenutzt durch den Schornstein entweicht.

k) Die Siedepfannen, welche am größten und zum Versieden der Soole bestimmt sind, machen diejenigen aus, die geheizt werden, um die Soole darin bis zur Gahre zu versieden.

l) Die Soggepfannen, welche kleiner sind, sind dazu bestimmt, die gahre Soole aus den Siedepfannen aufzunehmen, um durch ein fortgesetztet gelindes Abbunsten derselben, die Salztheile auszuscheiden, welches das Soggen, auch Soogen und Soken genannt wird.

(Jos. Tilt Verbesserung der Salzpfannen ꝛc. In Dingler's polytechn. Journal ꝛc. 30. B. S. 63 ꝛc.)

Das Versieden der Soole und Auswirken des Salzes.

§. 665.

Das Sieden der Soole zu Salz zerfällt: 1) in das Sieden der Soole zur Gahre; 2) in das Soggen des Salzes aus derselben; 3) in das Auswirken des gesoggeten Salzes aus der Pfanne, und 4) in das Trocknen des ausgewirkten Salzes in der Trocken- oder Darrstube.

a) Um das Sieden des Salzes zu veranstalten, füllet man die Wärmepfanne ganz voll, die Siedepfanne hingegen, wenn ihre ganze Tiefe 16 Zoll beträgt, nur 14 Zoll hoch mit Soole an.

b) Man heizt nun die Siede- oder Störpfanne bis zum anfangenden Sieden der Soole und unterhält sie fortwährend darin. Nach dem Maaße als die Soole in der Siedepfanne verdunstet, wird diese aus der Wärmepfanne nachgefüllet, und nun das Sieden so lange fortgesetzt, bis sich auf der Oberfläche der siedenden Soole eine Salzhaut bildet, welches einen Beweiß giebt, daß die Soole die Gahre erreicht hat.

c) Von nun an schreitet man zum Soggen des Salzes. Man verrichtet selbiges, da wo man keine besondere Soggenpfanne hat, gleich in der Siedepfanne selbst; außerdem aber in Jener. Um das Soggen zu veranstalten, unterhält man das Feuer unter der gahren Soole so schwach, daß sie, ohne zu sieden, nur fortwährend im Verdunsten erhalten wird. Dadurch fällt nun die gebildete Salzhaut aus der Soole in kleinen Krystallen zu Boden und giebt der Bildung einer neuen Haut Raum u. s. f., bis sich endlich keine neue, oder doch nur eine sehr schwache Salzhaut mehr zu erzeugen beginnet, worauf alles Feuer unter der Pfanne hinweg genommen wird.

d) Von nun an wird das gesoggete Salz aus der Pfanne ausgewirket: d. i. mit Schaufeln (Soggestielen), heraus genommen, und in die Salzkörbe (kegelförmige aus Weidenholz geflochtene Körbe) gethan, die man auf einem über der Pfanne gemachten Gerüste ablecken läßt, bis keine Tropfen mehr heraus fließen, worauf das Salz zum Austrocknen in die Trockenkammer gebracht wird.

e) Die Trockenkammer (die Darrstube), welche auf dem Bodenraume des Siedehauses angebracht ist, wird durch Leitungsröhren geheizet, die ihre Wärme aus dem Schornstein der Pfanne bekommen.

f) Das trockene Salz wird nun in die dazu bestimmten Fässer oder Tonnen gebracht, und in dem Salzmagazin aufbewahrt.

Anmerkung. In einigen Salinen pflegt man der Soole etwas Rindsblut zuzusetzen, damit aufzukochen, und den sich bildenden Schaum abzunehmen, um sie durch zu klären und ein reines Salz zu erhalten.

Branntsalz. Pfannenstein. Mutterlauge.

§. 637.

Während die Soole bis zum Soggen in der Pfanne versiedet, bildet sich auf dem Boden derselben eine feste steinharte Substanz, über welcher eine Rinde von zusammengeschmolzenem Küchensalz gelagert ist, und das übrige Fluidum behält eine bedeutende Menge nicht krystallisirbarer, sondern an der Luft zerfließbarer Salze zurück. Jene steinharte Substanz wird Pfannenstein; die darüber liegende Salzrinde wird Branntsalz, und die nicht mehr krystallisirbare Flüssigkeit wird Mutterlauge genannt.

a) Der Pfannenstein ist eine Verbindung von Gyps, von glauberschen Salz und von Küchensalz. Der Gyps scheidet sich, wegen seiner schweren Lösbarkeit, zuerst aus der Soole ab. Das sonst leichter auflösliche glaubersche Salz, falls solches in der Soole vorhanden war, setzt sein Krystallisationswasser an die Mutterlauge ab und fällt daher gleichfalls unauflöslich zu Boden; wobey zugleich eine mehr oder minder bedeutende Masse Küchensalz mit hinweg gerissen wird.

b) Das Branntsalz, welches sich über dem Pfannenstein in der Pfanne gelagert findet, ist ein ganz gewöhnliches, aber zum Theil halb zusammen geschmolzenes Küchensalz, das zu gute gemacht werden kann.

c) Die Mutterlauge ist, nach der specifisch verschiedenen Grundmischung der Soole, die verarbeitet wurde, bald eine in Wasser gelöste Verbindung von (Chlorkalcium) salzsaurem Kalk, bald von (Chlormagnium), salzsaurer Talkerde, mit Küchensalz und Glaubersalz, Chlorkalium, Chlor-Eisen, auch wohl schwefelsaure Talkerde, und mehr oder weniger bituminösen Theilen, verbunden.

d) Auf einigen Salinen z. B. zu Schönebeck im Magdeburgischen, zu Salzgitter im Braunschweigischen 2c. wird sowohl der Pfannenstein als die Mutterlauge benutzt, indem man sie auf Küchensalz, auf Glaubersalz, auf Magnesia, auf Salzsäure 2c. verarbeitet.

e) Nachrichten, von dem mannigfaltigen Verfahren in der Kunst Salz zu sieden, finden sich in unten angegebenen Schriften.

(J. W. Langsdorf, Einleitung zur Kenntniß in Salzwerkssachen. Frankf. a M. 1771. 8. Desselben ausführliche Abhandlung von Salzwerken, Giessen 1781. 4. K. C. Langsdorf's vollständige Anleitung zur Salzwerkskunde, 1. 2. 3. 4. und 5 Theil in 3 Bänden. Altenburg 1784—1796. 4. William Brownring's Kunst Küchensalz zu bereiten, nebst vorgeschlagenen Verbesserungen, durch F. W. Heun. Leipzig 1776. 8. J. W. und K. C. Langsdorf's Sammlung praktischer Bemerkungen und Abhandlungen für Freunde der Salzwerkskunde, 3 Thle. Altenburg 1785, 1788 u. 1796. Von Cancrin's Entwurf der Salzwerkskunde 2c. 1. 2. u. 3. Th. 1788 u. 1789. A. v. Humbolt's Versuch über einige physikal. u. chem. Grundsätze der Salzwerkskunde: Im Bergmännischen Journal. 5. Jahrg. 1. B. 1792. S. 1 2c.)

Dreyunddreyßigster Abschnitt.

Die Gewinnung und Raffination des Zuckers.

(Die Zuckersiederey. Die Zuckerbäckerey.)

§. 658.

Zucker, in der allgemeinern Bedeutung des Wortes, wird eine Substanz eigener Art genannt, die ein natürliches Erzeugniß des Pflanzenreichs ausmacht, und weder den Salzen untergeordnet, noch mit irgend einer andern bekannten Materie verwechselt werden darf. Er ist eine für sich bestehende, süß schmeckende, im Wasser und im Alkohol lösbare, so wie krystallisirbare, gährungsfähige und verbrennliche Substanz, die, als ein näherer Bestandtheil, in vielen Pflanzen angetroffen wird.

a) Wir wissen zwar, daß die Aegyptier, so wie die alten Griechen und Römer sich, außer dem Honig, auch der süßen Säfte aus verschiedenen Pflanzen bedienten, sie zu genießen oder ihre Speisen und Getränke damit zu versüßen; unser jetziger Zucker war ihnen aber völlig unbekannt.

b) Nearch, ein General Alexanders des Großen, entdeckte in Ostindien eine Art Schilfrohr, das mit einem süßen Safte durchdrungen war. Auch Theophrastus, so wie Eratosthenes, auch Varro und Dioscorides, (auch) Galen, Lucan, Seneca und Plinius, reden von einer aus gewissen Rohrarten gepresseten Flüssigkeit, die man Rohrhonig nannte. Es ist aber nicht bekannt, ob jenes Schilf das jetzt bekannte Zuckerrohr war; doch ist es sehr wahrscheinlich.

c) Indessen erwähnen selbst die Propheten des Zuckerrohrs schon mehrere Male; nur wußte Dr. Luther, bey seiner Uebersetzung der Bibel, das ebräische Wort שכר (Schekar) nicht durch Zucker zu übersetzen, weil zu seiner Zeit der Zucker in Deutschland noch wenig bekannt war. Einmal giebt Luther (s. Jesaias XLIII.) das Zuckerrohr durch Kalmus (in der Bedeutung von Rohr); ein anderes Mal (s. Jeremias VI, 20.) läßt er es ganz weg. Im Periplus, der ältesten Beschreibung, carthaginensischen Ursprungs, wird der Zucker selbst als *μέλι καλάμινον, το λεγόμενον σάκχαρι* (als Rohrhonig, Zucker genannt) beschrieben. Plinius sagt von ihm (Histor. natural. XII. 8.): „Arabien erzeugt Saccaron; das beste aber kommt aus „Indien. Es ist ein Honig, gesammlet aus Rohr, eine „Art weißes Gummi, das zwischen den Zähnen zer„bricht; die ansehnlichsten Stücke sind nicht größer als eine „Haselnuß, und man braucht ihn bloß in der Arzney.") Der Name Sarcara oder Saccara ist aus der Sanscritsprache entnommen und soll den raffinirten Zucker andeuten. Nach andern wäre aber der indisch-sanscritische Ausdruck Ichshucasa entstanden, und aus der Sylbe Shuka hätten die Araber Schuca, Schucer gebildet. Durch die Araber kam das Zuckerrohr nach Aegypten, durch die Sicilianer und Spanier nach Westindien.

d) Das Rohrhonig (Mel arundinaceum), dessen Paulus Aegineta ums Jahr 625 nach Christus zuerst gedenkt, wurde durch Johann Actuarius, einen griechischen Arzt, der im 12 oder 13. Jahrhundert lebte, zuerst als ein Versüßungsmittel der Arzeneyen angewendet.

e) Das eigentliche Zuckerrohr, aus welchem jetzt unser Zukker bereitet wird, sollen, nach Albertus Agnensis, die Kreuzfahrer auf den Wiesen bey Tripolis, als ein süßes Honigrohr, angetroffen haben, das man Zucra nannte. Es wurde von den Landleuten gebauet, zerstampft, der Saft nach dem Auslaufen gesammlet, den man allmählig abdunsten und gerinnen ließ, und ihn so genoß.

f) Das wahre Vaterland des Zuckerrohrs ist unstreitig Ostindien. In China ist die Landschaft Suchuen reich an

Zucker. Ohnstreitig kam das Zuckerrohr aus Asien nach Cypern, und von da nach Sicilien, woselbst solches bereits 1148 in Menge gebauet wurde.

g) Der portugiesische Prinz, Herzog von Visco, ließ im Jahre 1419 das Zuckerrohr aus Sicilien holen und nach Madeira und Porto-Santo verpflanzen, von wo aus solches nach den canarischen Inseln, und dann erst nach Brasilien und verschiedenen Ländern Europa's, als Spanien, Neapel und der Provence gebracht wurde; doch gedieh es immer am besten zwischen den Wendekreisen im feuchten Boden.

h) Daß das Zuckerrohr, wie Dempfster behauptet, zuerst auf der pityusischen Insel Iviza gefunden worden sey, scheint ein Irrthum zu seyn. Die Kunst, den Saft des Zuckerrohrs durchs Einsieden zu verdichten, soll erst in der Mitte des 15. Jahrhunderts erfunden worden seyn. Sie scheint aber in der That weit älter zu seyn, da die Araber diese Kunst schon im 11. Jahrhunderte verstanden, und die Sicilianer schon unter den Normännern viel Zucker versotten.

i) Die Engländer fingen erst im Jahre 1643 an, zu St. Christoph und Barbados, Zucker zu bauen, welches die Franzosen auf St. Christoph bald nachahmten. Als die Holländer durch die Portugiesen aus Brasilien vertrieben und in Guadeloupe aufgenommen wurden, legten sie daselbst im Jahre 1648 die erste Zuckerrohrplantage an. Die Franzosen pflanzten das Zuckerrohr auf die antillischen Inseln, z. B. Martinique, und brachten es gegen das Ende des 17. Jahrhunderts nach St. Domingo. Erst gegen das Ende des 18. Jahrhunderts fing man auch in Pensylvanien das Zuckerrohr mit Erfolg zu bauen.

(Joh. Beckmann, in der Comment. physic. Societat. Götting. etc. P. V. pag. 561. Pietro Napoli Signorelli, Vicende della coltura nelle due Sicilie o sia storia ragionata della loro legislazione, e polizia, delle lettere, del commercio, delle arti etc. Tom. II. Napoli 1748. 8. William Nicholson Journal of natural philosophy etc. Vol. II. London 1799. 4. pag. 136 etc. Parmentiers historische und chronologische Bemerkungen über die zuckerartigen Substanzen. Mit Bemerkungen von Hermbstädt: In Dessem Bülletin des Neuesten ꝛc 10. Bd. S. 300 ꝛc. Poppe's Gesch. der Technologie ꝛc. 3. B. S. 148 ꝛc. Zeitung für die elegante Welt. Januar 1829. 23. Stück. S. 181 ꝛc.)

Vorkommen des Zuckers in der Natur.

§. 659.

Wenn gleich das Zuckerrohr den Zucker in seinem Safte vielleicht am reichlichsten producirt, wenn gleich Ost- und Westindien, wo dasselbe vorzüglich gebauet wird, diejenigen Welttheile sind, wo der meiste Zucker aus jenen Pflanzen geschieden wird, so hat die Natur doch auch unter jedem andern Himmelsstriche Pflanzen aufzuweisen, welche nicht viel weniger reich als das Zuckerrohr mit wahrem Zucker begabt sind, und, zur mehr oder weniger vortheilhaften Ausscheidung desselben, mit Nutzen verwendet werden können.

a) Das wahre Zuckerrohr (Saccharum officinarum Lin.), aus dessem Safte in den beyden Indien der Zucker gewonnen wird, wird daselbst zu dem Behuf besonders gebauet. Diejenigen, die sich mit dessen Anbau beschäftigen, werden Zuckerplanteurs genannt.

b) In Nordamerika gewinnt man eine große Quantität Zucker aus dem Safte des daselbst so häufig wildwachsenden Zuckerahornbaums (Acer saccharicum). Da indessen dieser Baum auch im ganzen Europa, nebst seinen verschiedenen Arten, fortkommt, und der Saft jenes Baumes eben so reich, wie in Nordamerika, mit Zucker beladen ist, so hat man auch schon in Deutschland angefangen, ihn auf Zucker zu benutzen. Unter Napoleons tyrannischer Regierung, zur Zeit der Continentalsperre, suchten die seinem Scepter damals unterworfenen Länder, andere einheimische Pflanzenstoffe aus, um Zucker daraus zu bereiten. Spanien und das südliche Frankreich bereiteten Zucker aus dem süßen Moste der reifen Weinbeeren, der freylich nie ganz rein seyn kann, sondern immer mit weinsteinsaurem Kali vermengt seyn muß. In Italien hatte man angefangen, Zucker aus den ächten, daselbst so häufig wachsenden, Kastanien zu scheiben. Außerdem findet sich der Zucker noch gegenwärtig: 1) in den Stängeln des Mais; 2) in den Feigen; 3) in den Pflaumen; 4) in den süßen Aepfeln und Birnen, und in vielen andern Erzeugnissen des Pflanzenreichs.

e) Deutschland, Frankreich, Rußland und Holland haben in neuern Zeiten angefangen, den Zucker aus dem Safte der süßen Beetenarten, besonders des Mangolds (Beta cicla alba) und der Runkelrübe (Beta cicla altissima) zu scheiben.

(Bemerkungen über den Ahornzucker: in Hermbstädt's Bülletin des Neuesten ꝛc. 6. Bd. S. 348. und 7. Bd. S. 70 u. 97. Proust, über den Zucker aus spanischen Weintrauben, ebendas. 1. Bd. S. 359 ꝛc. und 6. Bd. S. 126 ꝛc. Guerrazi, über die Bereitung des Zuckers aus ächten Kastanien. Ebendas. 12. Bd. S. 345 ꝛc. S. F. Hermbstädt's Anleitung zur praktisch-ökonomischen Fabrikation des Zuckers und eines brauchbaren Syrups aus den Runkelrüben, so wie zur anderweitigen Benutzung derselben. Auf Befehl des Departements für die Gewerbe und den Handel im Ministerio des Innern ausgearbeitet. Mit 5 Kupfertafeln. Berlin 1811. 8. Desselben Buchs 2. Aufl., mit 6 Kupfertafeln. Berlin 1814. 8.)

§. 660.

Wenn gleich die Naturprodukte so mannigfaltig sind, aus welchen Zucker geschieden werden kann, so ist doch der daraus geschiedene Zucker, bey einem vollkommenen Zustande der Reinheit, sich immer völlig gleich, und es ist zu wünschen, daß Deutschland insbesondere die Fabrikation desselben mehr poussiren möchte. Wir begnügen uns hier, vorzüglich diejenigen Methoden näher zu erörtern: 1) wie der Zucker aus dem Zuckerrohr in Indien; 2) wie derselbe aus dem Safte des Ahornbaums, und 3) wie derselbe aus dem Safte der Runkelrüben geschieden wird.

Erste Abtheilung.

Fabrikation des Zuckers aus dem Zuckerrohr.

§. 661.

In Ost- und Westindien und andern Ländern, wo das Zuckerrohr (Saccharum officinarum Lin.) gedeihet, zerfällt die Gewinnung des Zuckers aus demselben: 1) in das Zerquetschen des Rohrs zwischen Walzen, die durch die Zuckermühle getrieben werden; 2) das Klären und Entsäuern des Saftes; 3) das Abdunsten desselben zur Krystallisirbarkeit; 4) in die Krystallisation oder Erstarrung desselben in den Formen; 5) in das Decken des erstarreten Zuckers mit Thon.

a) Das Zuckerrohr (Saccharum officinarum) wird auf den den Inseln besonders gebauet. Man pflanzt es an feuchten Orten. Die Stöcklinge desselben werden in die Erde gelegt, sie sprossen im warmen Klima bald hervor, und bekommen in 18 Monaten vollkommene Halme; sobald solches die gehörige Dicke erreicht hat, wird es abgeschnitten und auf einer Mühle zerquetscht.

b) Die Zuckermühle, in der das frische Rohr zerquetscht wird, bestehet aus drey großen eisernen, oder vielmehr mit 2 Zoll dicken polirten eisernen Platten belegten hölzernen Cylindern, 30 bis 40 Zoll lang und 15 bis 19 Zoll im Durchmesser. Sie treten in horizontal liegenden Balken senkrecht neben einander ein. Unter denselben ist ein Trog oder eine Rinne befindlich, um den ausgepresseten Saft aufzunehmen. Die beyden Seiten-Cylinder halten 19 Zoll, der mittlere nur $15\frac{1}{2}$ Zoll Diameter. Der mittlere Cylinder ist oben mit einem Drilling versehen, dessen Stäbe in die Kämme der beyden Seiten-Cylinder eingreifen und sie auf solche Art in Bewegung setzen. Der lothrechte Pfeiler ist, wie bey unsern Roßmühlen, mit Hebebäumen verbunden, an welchen die bewegende Kraft angebracht ist.

c) Das gehörig beschnittene Rohr wird dann von einem Neger, erst zwischen dem mittlern Cylinder (dem König) und dem einen Seiten-Cylinder (dem Zuckerroller), hineingesteckt. Wenn das Durchziehen und Auspressen so verrichtet ist, fasset ein zweyter Neger das ausgepressete Rohr (nun Makas genannt), und steckt es zusammengebogen in den zweyten Cylinder (den Makasroller), wodurch der noch rückständige Saft vollends ausgepresset wird.

d) Eine nach der neuesten Angabe des Engländers Woollery eingerichtete, mit Pferden getriebene, Zuckermühle, liefert in Zeit von einer Stunde 500 Gallons Saft. Der Saft fließt durch eine Rinne in einen Bottich. Er wird auf den französischen Raffinerien Zuckerwein (Vezou) genannt, und gleich in den ersten oder Klärkessel gebracht.

e) Um den Saft zu versieden, bedient man sich kupferner Kessel. Ein solcher fasset oft 1000 Gallons (= 3200 Berliner Quart). Während dem Sieden setzt man für jede 100 Gallons Saft, etwa 2 Pfund gepülverten gebrannten Kalk zu, und siedet nun den Saft damit. Es bildet sich bald ein Schaum, der die Unreinigkeiten mit sich nimmt; und nun wird das Ganze so lange gekocht, bis sich große Blasen bilden, worauf das Feuer ausgelöscht wird.

f) Der so geklärte nun durchsichtige Saft wird jetzt, mittelst einem Heber, in den Verdampfungskessel (der große Kessel genannt) geleitet und aufs neue gekocht, aus dem er nach und nach noch in zwey andere Kessel gebracht wird. Im letztern (dem Probekessel) kocht man ihn so lange, bis er in der Kälte erstarrt.

g) Nun wird der Saft in die Kühlgefäße zum Erstarren gebracht. Sie sind von Holz angefertiget, 7 Fuß lang, 6 Fuß breit und 1 Fuß tief; wenn nun die Masse erkaltet ist, wird sie in das Zurichtungshaus gebracht, um die Melasse von dem erstarrten Zucker abfließen zu lassen.

h) Das Zurichtungshaus bestehet in einem luftigen Gebäude, mit einer großen Cisterne versehen, über der sich ein großes Rostwerk von starken hölzernen Balken befindet. Auf jenen Rost werden nun hölzerne Fässer gesetzt, in denen der Zucker erstarren soll. Ihr Boden ist mit 8 bis 10 Oeffnungen durchlöchert, und in jedes Loch wird ein Zuckerrohr senkrecht gesteckt. Von der Masse, mit welcher die Fässer gefüllet sind, träufelt nun der nicht krystallisirte flüssige Syrup (die Melasse) durch die schwammige Substanz der Röhren ab, dagegen der trockene Zucker zurück bleibt.

i) Der von der Melasse getrennete Zucker wird nun Moscovade, auch Rohzucker, und auf den dänischen Inseln Thomaszucker genannt und versendet. Man giebt der Moscovade auch wohl schon eine Decke von feuchtem Thon, durch dessen Wässrigkeit der Syrup mehr abgespühlt wird, und dann wird er gedeckter Zucker (Sucre terré) genannt.

k) Aus der abgeflossenen Melasse, so wie dem Schaume wird, durch die Fermentation und die Destillation, der Rum verfertiget; wohl aber auch aus frisch gepressetem und gegohrnem Rohrsafte.

(Du Trône de la Couture Précis sur la canne, et sur les moyens d'en extraire de sel essentiel; suivi de plusieurs mémoires sur le sucre, sur le vin de canne, sur les habitations et sur l'état actuel de St. Domingue. Paris 1788. 8. Blachette et Zoega, Manuel des fabricans de sucre et du Raffinateur. Vol. I. Paris 1826. Ueber den Anbau des Zuckerrohrs und die Fabrikation des Zuckers auf der Insel Bourbon. In Billiard's Reise nach Isle de France, S. Spiekers Journal für die neuesten Land- und Seereisen. September 1828.)

Zweyte Abtheilung.

Fabrikation des Ahornzuckers.

§. 662.

Der Ahornzucker wird aus dem Safte der Ahornbäume gewonnen, der von selbst ausfließt, wenn solche im Monath Januar oder Februar angebohrt werden, und dann durch's Abdunsten, fast ohne weitern Zusatz, einen trefflichen Zucker darstellt, der dem Rohrzucker in allen Eigenschaften völlig gleich gesetzt werden kann.

a) Alle Arten des Ahorns geben in ihrem Safte Zucker, vorzüglich zeichnen sich aber darin aus: 1) der Zuckerahorn (Acer saccharinum); 2) der Silberahorn (Acer dasycarpum); 3) die Lenne oder der Spitzahorn (Acer platanoides); 4) der Masholder (Acer campestre); 5) der gemeine Ahorn (Acer pseydoplatanus). Den reichlichsten Ausfluß an Saft, so wie die reichste Ausbeute an Zucker aus demselben, liefert aber, nach meiner eigenen Erfahrung, der Acer dasycarpum, der daher auch für Deutschland am qualificirtesten zur Zuckerfabrikation seyn würde.

(Benj. Rush, Account of the Sugar-Maple-tree, and of the methods of obtaining sugar from it. Philadelphia 1792. 8. Dasselbe deutsch: in Hermbstädt's Bülletin rc. 6. Bd. S. 348 rc. Bemerkungen über den Ahornzucker rc. Ebendas. 7. Bd. S. 70 rc. Die Bereitung des Ahornzuckers in Oestreich. Ebend. S. 97 rc. In den Neuen Schriften der Gesellschaft naturf. Freunde zu Berlin. 2 Bd. Berlin 1799. 4. S. 324 etc.)

§. 663.

Die Gewinnung des Ahornzuckers ist sehr einfach, sie zerfällt: 1) in das Anbohren der Bäume; 2) das Einsammlen des ausfließenden Saftes; 3) das Eindicken des

Saftes zum Erstarren; 4) das Abfließen des erstarreten Zuckers in den Formen.

a) Man verrichtet das Anbohren der Ahornbäume in der Mitte des Januars, und setzt das Ansammlen des ausfließenden Saftes bis zur Mitte des Märzes fort.

b) Man bohrt jeden Baum, der jedoch nicht unter 10 Zoll Diameter halten darf, einen Fuß über der Erde, an drey verschiedenen Stellen, mit einem Hohlbohrer an, der höchstens einen halben Zoll Durchmesser hat: nämlich gegen Mittag, gegen Morgen und gegen Abend. Das Loch wird nicht tiefer gebohrt, als der Splint dick ist.

c) Um das Ansammlen des ausfließenden Saftes zu befördern, steckt man in jedes Loch ein ausgehöhltes Stäbchen Holunderholz, das etwa 2 Zoll hervorraget, und sammlet nun den allmählig ausfließenden Saft in untergesetzten Töpfen an.

d) Der gesammlete Saft wird nun gleich in einen kupfernen Kessel gebracht, und bis zur Dicke des Syrups abgedunstet, um ihn dadurch vor der sonst leicht erfolgenden Fermentation zu schützen.

e) Der erhaltene Syrup wird hierauf wieder mit Kalkwasser aufgelöst, mit etwas zugesetztem Eyweiß oder auch Rindsblut gemengt, damit aufgekocht, um ihn von dem Schaume zu befreyen durch Flanell geseihet, und nun das Klare bis bis zum Fadenziehen eingekocht, dann abgekühlt, in irdene Zuckerformen gegossen, deren Spitzen verstopft sind, und dann, bis zum Erstarren des Zuckers, darin gelassen.

f) Wenn der Syrup erstarret ist, werden die Spitzen der Formen geöffnet, wo dann der noch flüssige Syrup allmählig ab-abläuft, der in untergesetzten Gefäßen aufgefangen werden kann: da dann endlich der Rohzucker in den Formen zurück bleibt.

g) Wenn man will, kann man dem letztern auch noch eine Decke von Thonbrey geben, um ihn mehr zu reinigen, da derselbe dann als ein sehr feiner Rohzucker zurück bleibt.

Anmerkung. In Nordamerika liefert ein einzelner Zuckerahornbaum von 5 — 6 Fuß Umfang, in Zeit von 4—5 Wochen 50 Gallonen Saft, und daraus 12—15 Pfd.

Pfd. Zucker. 360 Bäume liefern eine Tonne Zucker und 50 Gallonen Syrup. Die Kosten betragen 95 Dollars, der Werth des Zuckers 405 Dollars, also einen Gewinnst von mehr als 300 Procent. Die Bäume hören auf zu fließen, so wie sie auszuschlagen beginnen. Ihre Gesundheit bleibt ungestört.

Dritte Abtheilung.

Fabrikation des Zuckers aus Runkelrüben.

§. 664.

Marggraf war der Erste, welcher, bereits im Jahre 1747, das Daseyn des Zuckers in der weißen Beete oder dem Mangold (Beta cicla alba), so wie auch in vielen andern Beetenarten erwieß, und seine Darstellung lehrte. Achard brachte die Sache im Jahre 1796 wieder zur Sprache, und sie ist seit der Zeit ein Gegenstand der allgemeinen Prüfung aller Länder in ganz Europa geworden.

(Andr. Sigm. Marggraf Expériences chimiques dans le dessein de tirer un véritable sucre de diverses plantes qui naissent dans nos contrées. In den Mémoires de l'académie des Sciences de Berlin, pour l'Année 1747, Dasselbe deutsch: In Marggrafs chem. Schriften, 2. Thl. Berlin 1767. 8. S. 70 ꝛc. S. F. Hermbstädt's Versuche und Beobachtungen über die Darstellung des Zuckers aus einheimischen Gewächsen: In den Neuen Schriften der Gesellschaft naturforschender Freunde zu Berlin. 2. B. Berlin 1799. 4. S. 340 etc.)

§. 665.

Die Darstellung des Rohzuckers aus den Runkelrüben zerfällt in 7 verschiedene Operationen; dahin gehören: 1) das Waschen und Zerkleinern der Rüben; 2) das

Auspressen des Saftes; 3) das Klären des Saftes mit Kalk und Thierkohle; 4) das Eindicken des geklärten Saftes zum dünnen Syrup; 5) das Abdunsten des dünnen Syrups zur Körnung des Zuckers; 6) das Abfließen des gekörnten Zuckers auf der Form; 7) das Decken des Rohzuckers mit Thon.

a) Unter den vier Spielarten der Runkelrüben: 1) der mit rother Schale und rothgeringeltem weißen Fleische; 2) der mit rother Schale und völlig weißem Fleische; 3) der mit gelber Schale und weißem Fleische; 4) der mit weißer Schale und weißem Fleische; sind die letztern am zuckerreichsten und liefern die größte Ausbeute an Zucker.

b) Sie werden in einer durchbrochenen hölzernen Walze in Wasser gewaschen, dann von den Kronen, wenn man es haben kann auch von den Schalen befreyet, und hierauf auf der dazu bestimmten Zerkleinerungsmaschine zum Brey zerrieben.

c) Das Auspressen des Rübenbreyes geschiehet, in Leinwand eingeschlagen, mittelst Schraubenpressen, mittelst Hebelpressen oder mittelst Hydraulischen Pressen, so vollkommen wie möglich.

d) Der Saft wird sogleich in einen Kessel gefüllet, für jede hundert Berliner Quart, 1 Pfund Zinkvitriol darin gelöst, und dann zum Sieden erhitzt. Der sich bildende Schaum (Eiweißstoff) wird abgenommen, und wenn sich kein neuer Schaum erzeugt, wird der Saft durch Kalk entsäuert.

e) Um das Entsäuern und Klären des Saftes zu veranstalten, wird demselben so viel an der Luft zerfallener, oder auch mit dem vierten Theil Wasser gelöschter Kalk zugesetzt, bis Lakmuspapier vom Safte nicht mehr geröthet, das Kurkumepapier hingegen schwach davon gebräunet wird; wodurch zugleich aller Zinkvitriol zersetzt wird, indem sich dessen Säure mit dem Kalk zu Gyps vereinigt, und das Zinkoxyd gefället wird. Endlich wird der Saft so lange gekocht, bis er die Farbe des blassen klaren Franzweins annimmt.

f) Der entsäuerte Saft wird nun auf hölzerne Bottiche gebracht, und, wenn der Kalk sich darin zu Boden gesetzt hat, der weinklare Saft, mittelst der an der Seite angebrachten Zapfen, vom Bodensatze abgezogen.

g) Der klare Saft wird hierauf, so gelinde wie möglich, bis zur Konsistenz eines ganz dünnen Syrups abgedunstet, dann aus dem Kessel heraus gefüllet und 24 Stunden stehen gelassen, damit derselbe sich klären kann.

h) Der klar gewordene Syrup wird nun von dem darunter liegenden Bodensatze (der äpfelsaurer Kalk ist) abgezogen und in gelinder Wärme so weit abgedunstet, bis eine heraus genommene Probe in der Kälte zu erstarren beginnt; worauf der so weit eingedickte Syrup zum Abkühlen in ein anderes Gefäß übergefüllt wird.

i) Wenn jener Syrup anfängt körnig zu werden, so wird er in die an ihren Spitzen verstopften Zuckerformen gefüllt. Nach dem Erstarren werden die Spitzen geöffnet, da dann der nicht krystallisirte Syrup (die Melasse) abläuft; der erstarrete Rohzucker (die Moscowade) hingegen, zurück bleibt.

k) Um die Moscowade mehr zu reinigen, giebt man derselben, wenn kein Syrup mehr abfließt, eine 2 bis 3 Zoll dicke Decke von mit Wasser angeknetetem Thon, dessen Feuchtigkeit sich allmählig durch den Zucker hindurch seigert, und den noch anklebenden Syrup hinwegspület, da dann der Zucker bräunlich-gelb in der Form zurück bleibt.

l) Hundert Pfund Runkelrüben auf diesem Wege bearbeitet, liefern 3 bis 4 Pfund Rohzucker, von sehr guter Qualität; und eben so viel Melasse.

m) Mit großem Erfolge wendet man, zur starken Entfärbung des Saftes der Runkelrüben, das Filtriren desselben durch gröblich gepulverter Knochenkohle an; noch besser mit derjenigen Kohle, welche in den Fabriken von Blaustoffeisenkalium (blausaurem Kali) zurück bleibt.

n) Wird der zuerst ausgeschiedene Zucker zum zweytenmal gelöst, und mit Kohle entfärbt; so gewinnt man nun einen fast weißen Rohzucker.

(S. F. Hermbstädt's Anleitung zur praktisch-ökonomischen Fabrikation des Zuckers und eines brauchbaren Syrups aus Runkelrüben ꝛc. Auf Befehl des Departements für die Gewerbe und den Handel, im Ministerium des Innern ausgearbeitet. Mit 5 Kupfertafeln. Berl. 1811. 8. Desselben Buchs 2te sehr verm. Aufl. mit 6 Kupfertaf. Berlin 1814. 8. J. H. F. Lohmann über den gegenwärtigen Zustand der Zuckerfabrikation in Deutschland, vorzüglich in Beziehung der Runkel- oder Zuckerrüben, oder Anweisung zu einem sehr einfachen und vortheilhaften Verfahren, ohne viele Mühe und Kosten, reinen Zucker und Syrup daraus zu gewinnen. Noch den in der landwirthschaftlichen Gewerbeanstalt des Herrn Nathusius in Althaldensleben erhalten mehrjährige Resultate und mehrere gemachte Erfahrungen; theoretisch und praktisch dargestellt. Magdeburg 1818. 8. Dubrunfaut, Art de Fabriques le Sucre de Betteraves, concernant 1) La déscription des meilleures methodes usitées pour la culture et la conservation de cette racine; 2) L'exposition détaillér des procédes et appareils utiles, pour en extraire le sucre avec de grands avantages etc. Paris 1825. 8. Derselbe, Verbesserung der Fabrikation des Zuckers aus Runkelrüben. In Dingler's polytechn. Journal ꝛc. 28. B. S. 302 ꝛc. Oudart, Marmite pour la concentration des sirops de betterave, par la Vapeur. Im l'Industriel Journal. Vol. V. 1828. pag. 428 etc. H. Weber's Zeitblatt für Gewerbetreibende ꝛc. 1. B. 1828. 2. B. 1830, wo alles Neue über diesen Gegenstand zusammengestellt ist.)

Vierte Abtheilung.

Raffination des Zuckers.

(Die Zuckerraffinerie.)

§. 666.

Der Zucker wird in demjenigen Zustande, wie solcher bey der ersten Ausscheidung abfällt, er sey aus dem Zuckerrohre, aus dem Safte der Ahornbäume oder aus den Runkelrüben dargestellt worden, Rohzucker, auch Moscowade, genannt. Er macht in diesem Zustande einen Handelsartikel aus, der an die Zuckerraffinerien (die Zuckersiedereyen) geliefert wird, die, durch die reinigende Bearbeitung desselben, die verschiedenen Arten des raffinirten Zuckers daraus darstellen.

Sorten des rohen Rohrzuckers.

§. 667.

Der rohe Rohrzucker kommt unter dem Namen Moscowade, auch Mascowade oder Muscowade, vor, wird, seiner pulverartigen Form wegen, auch Puderzucker genannt, und, nach den Inseln wo er herkommt, in Ostindischen und Westindischen unterschieden; oder man benennt ihn auch wohl nach den Oertern, wo er fabricirt worden ist: wie 1) Thomaszucker; 2) Martinikezucker; 3) Guadeloupezucker; 4) Maderazucker; 5) Bahiazucker; 6) Canarienzucker; 7) Maltazucker; 8) Pernambukozucker; oder man unterscheidet ihn nach der mehr oder weniger reinen Beschafferheit: 1) in Cassonade, oder 2) in Succer-terré ꝛc.

a) Thomaszucker wird derjenige Rohzucker, im engern Sinne des Wortes, genannt, welcher von der Insel St. Thomas erhalten wird. Er ist gewöhnlich weich und braun von Farbe. Im weitläuftigen Sinne des Wortes wird aber jede schlechte Art des Rohzuckers mit diesem Namen bezeichnet.

b) Martinikezucker nennt man denjenigen Rohzucker, der in Martinike gewonnen und von daher bezogen wird.

c) Guadeloupezucker nennt man denjenigen, welcher von Guadeloupe bezogen wird.

d) Maderazucker nennt man denjenigen, der in Madera oder Madeira gewonnen und über Portugal bezogen wird. Er gehört zu den feinsten Arten des Rohzuckers, kommt aber nur selten nach Deutschland.

e) Bahiazucker wird aller Rohzucker, der von der Bay aller Heiligen bezogen wird, genannt.

f) Canarienzucker nennt man denjenigen Rohzucker, der auf den Canarischen Inseln gewonnen und von daher bezogen wird. Er gehört zu den feinsten Arten, woraus der feinste raffinirte Canarienzucker bereitet wird.

g) Maltazucker wird derjenige Rohzucker genannt, der von der Insel Malta erhalten wird; wovon der Name Meliszucker (Saccharum melitense), bey dem daraus raffinirten Zucker, herstammt.

h) Cassonade, auch Castonade, so wie Cassunade, oder Kistenzucker, nennt man eine feine, schon zu einiger Weiße gebrachte Art des Rohzuckers, der nicht in Fässern, sondern in Kisten versendet wird, von denen er den Namen hat.

i) Sûccer-terré (territer oder gedeckter Zucker) nennt man eine feine Art von französischem Rohzucker, der schon eine Deckung mit Thon erhalten hat.

§. 668.

In den Zuckerraffinerien sondert man den Rohzucker nach der Farbe, in weißen, in gelben und in braunen; oder nach der Größe oder Kleinheit seiner

Körner oder Krystalle: in bessern oder schlechtern; und man erwartet mit Recht, daß derjenige Rohzucker, der die meisten und größten krystallinischen Körner besitzt, die reichste Ausbeute an feinem raffinirten Zucker giebt.

a) In den Zuckerraffinerien bedient man sich dazu eines viereckigen Brettes, dessen Oberfläche in viele kleine viereckige Kästchen, etwa ¾ Zoll tief und 2 Zoll im Quadrat, abgetheilt ist. In diese Abtheilungen bringt man die verschiedenen Arten des Rohzuckers, und beurtheilt nun, indem man sie gegen einander betrachtet, welche Sorte die schönsten Körner besitzt, und bestimmet danach ihren Werth.

b) Große Raffinerien lassen sich auch wohl erst Proben von dem Rohzucker kommen, die sie auf solche Art beurtheilen, um dann die Bestellung darauf zu gründen.

Die Zuckerraffinerie.

§. 669.

Die Zuckerraffinerie (die Zuckersiederey, die Zuckerbäckerey) bestehet in dem Gebäude, in welchem die Raffination des Rohzuckers veranstaltet wird, nebst den anderweitigen Utensilien, Geräthschaften rc., die dazu erfordert werden.

a) Außer dem Gebäude selbst, bestehen die anderweitigen nothwendigen Gegenstände und Geräthschaften: 1) in dem Kalkkasten oder Kalkbak; 2) dem Thonbak; 3) den Formbak; 4) den verschiedenen Kesseln oder Pfannen; 5) den Zuckerhutformen mit ihren Untersätzen; 6) der Trockenstube oder Darre; andere kleine Hülfswerkzeuge nicht gerechnet.

Das Gebäude einer Zuckerraffinerie.

§. 670.

Das Gebäude zu einer Zuckerraffinerie muß feuerfest, hinreichend geräumig, möglichst helle, nahe an einem klaren fließenden Wasser belegen, und mit den nöthigen Magazinräumen, zum Aufbewahren des rohen und des raffinirten Zuckers, so wie den Bodenräumen und deren Abtheilungen versehen seyn.

a) Die Größe des Gebäudes richtet sich nach dem Umfange der Geschäfte. Die untere Etage, in welcher die Siederey angebracht ist, muß wenigstens 12 bis 14 Fuß hoch und wo möglich gewölbt seyn.

b) Der untere Raum, dessen Boden mit Steinen gepflastert ist, ist zur Anlegung der Siedekessel bestimmt, so wie derselbe den Kalkback, den Thonback, den Formback, die Darrstube ꝛc. enthält.

c) Die über einander steigenden Bodenräume sind mit Fallthüren versehen, durch welche die mit Zucker gefülleten Formen, mittelst Winden, emporgezogen und andere wieder herabgelassen werden können. Durch die Böden hindurch steigen auch die Schornsteine des Sieberaumes, die mit eisernen Thüren versehen sind, um die Wärme im Winter nach dem Bodenraume zuzuleiten, so wie mit Klappen, um sie beym etwanigen Anbrennen eines Schornsteins, leicht verschließen zu können. Die Treppen, welche von einem Boden zum andern führen, sind gewöhnlich enge, weil alle Gegenstände durch die Fallthüren hinauf- und herabgewunden werden. Die Höhe der Böden beträgt kaum 8 Fuß.

Der Kalkkasten. Der Kalkback.

§. 671.

Der Kalkkasten oder Kalkback, der zur Zubereitung und Aufbewahrung des nöthigen Kalkwassers bestimmt ist, befindet sich gleichfalls im untern Raume der Siederey. Er bestehet aus einer 5 bis 6 Fuß tiefen, wasserdicht-ausgemauerten Grube, die mit einer 3 bis 4 Fuß hohen hervorragenden Einfassung von Eichenbohlen bekleidet ist.

a) Kalkwasser (Aqua calcariae) nennt man eine gesättigte Lösung des gebrannten Kalks in Wasser; in welcher 1 Theil Kalk gewöhnlich durch 600 Theile Wasser gelöst ist. Dasselbe wird zur Lösung des Rohzuckers und zur Abstumpfung seiner freyen Säure angewendet.

b) Um das Kalkwasser zu bereiten, wird gebrannter Kalk in dem Kalkback erst mit so viel Wasser gelöscht, daß ein milchartiges Fluidum daraus entstehet, worauf die Backe vollends mit Wasser voll gefüllet und alles wohl umgerührt wird. Um beständig mehr Kalk im Wasser zu haben, als zur Sättigung desselben erforderlich ist, rechnet man für jede 1000 Pfund Wasser, die der Back fasset, 5 Pfund Kalk. Wenn das darin enthaltene Fluidum sich geklärt hat, so ist das Kalkwasser fertig.

(J. Christoph Weise's, ökonomische Technologie ꝛc. 1. Th. Erfurt 1803. 8. S. 15 ꝛc. Taf. I. Fig. 10.)

Der Thonback oder Thon-Kleiback.

§. 672.

Der Thonback oder Thon-Kleiback, welcher gleichfalls im Siederaume placirt ist, bestehet in einem 6 Fuß langen, 4 Fuß breiten und eben so tiefen Troge, aus Bohlen zusammengefügt, der in der Mitte seiner Höhe mit einem Spundloche versehen ist, das mit einem Stöpsel verschlossen werden kann. Er ist zum Erweichen und Schlämmen des Thons bestimmt, der zum Decken des gesottenen Zuckers in den Formen erfordert wird.

a) Zum Decken des Zuckers wird ein völlig eisenfreyer, dabey magerer und sich im Glühen weißbrennender Thon erfordert. Die hiesigen Zuckersiedereyen erhalten ihn aus Benstädt im Saalkreise. Die Zuckersiedereyen in Schlesien erhalten ihren Thon aus Nimbkau bey Breslau. Viele, besonders die deutschen, die dänischen und andere Zuckersiedereyen, ließen sonst ihren Deckthon aus Frankreich, nämlich aus Rouen, aus Saumur und aus St. Malo kommen. Jeder magere, eisenfreye, nicht mit grobem Sande vermengte, und das eingesogene Wasser leicht von sich lassende, Thon, ist zum Decken des Zuckers brauchbar.

b) Eine von Gren angestellte chemische Zergliederung des Benstädter Thons, gab ihm in hundert Theile als Bestandtheile: 52,70 Kieselerde, 22,60 Thonerde, 18,22 feinen Sand, 0,33 Eisenoxyd und 6,15 Wassertheile.

c) Um den Thon zum Decken vorzubereiten, füllet man den Thonback halbvoll damit, und füllet die andere Hälfte mit reinem Flußwasser an. Man rührt nun die Masse mit dem Trogstecher recht wohl unter einander, um die Erde mit dem Wasser gut aufzuschlämmen, worauf man die Erde sich setzen läßt und das darüber stehende Wasser abziehet: eine Arbeit, die 3 bis 4mal, oder überhaupt so aft wiederholt werden muß, bis das Wasser völlig klar zurück bleibt und allen erdigen Geruch verloren hat.

d) Wenn die Erde so weit vorbereitet ist, so wird das Wasser abgelassen, der rückständige Brey umgerührt, dann der dünne Brey abgeschöpft und durch einen Durchschlag von Kupfer hindurch geleitet, nm alle Steine und andere grobe Theile daraus zu sondern, in welchem Zustande nun der Thonbrey zum Decken des Zuckers geschickt ist.

(J. C. G. Weise's, ökonom. Technologie ꝛc. 1. Thl. Erfurt 1803. 8. S. 42. Taf. I. Fig. 37. S. 43. Taf. I. Fig. 39. und S. 44. Taf. I. Fig. 40 und 41.)

Die verschiedenen Kessel oder Pfannen.

§. 673.

Die Kessel oder Pfannen, von denen auch in der kleinsten Zuckersiederey wenigstens drey Stück vorhanden seyn müssen, sind von Kupfer verfertigt. Jeder dieser Kessel ist $4\frac{1}{2}$ bis 5 Fuß weit und noch etwas tiefer. Der Boden muß von sehr starkem Kupferblech angefertigt seyn. Zwey von jenen Kesseln sind dazu bestimmt, den Zucker darin zu lösen und zu läutern, der dritte dient dazu, den geläuterten Zucker zu versieden. In einigen Siedereyen hat man noch einen vierten Kessel, der dazu dienet, den Schaum fallend zu machen; seine Stelle vertritt aber gewöhnlich der Läuterungskessel. Alle jene Kessel haben einen gemeinschaftlichen Heerd, jeder einzelne aber seine abgesonderte Feuerstätte, seinen Rost und sein Aschenloch. Außer diesen hat man noch den Klärkessel und die Kühlpfanne, zum Abkühlen des gahr gesottenen Zuckers.

a) Die vordere Hälfte der Siede-Kessel läßt sich auf ihre halbe Höhe abnehmen, und hängt daher mit ihrer hintern Hälfte durch einen Falz und angebrachte eiserne Klammern zusammen. Die nicht befestigte Hälfte wird die Einfassung, der Vorsatz, die Braste genannt. Ihre Ränder müssen genau an einander schließen, und die Fugen werden außerdem beym Gebrauche noch mit Leinwand verstopft und mit Lehm verstrichen.

b) Die Kessel werden um die Hälfte ihrer Höhe in den Herd so eingemauert, daß nur der Boden vom Feuer berührt wird. Die andere Hälfte raget über den Herd hervor.

c) Der hintere Theil der Kessel, welcher über den Herd hervorraget, bekommt noch eine Erhöhung, welche nach jedem Kessel zu abhängig ist. Sie wird das Glacis genannt, und dienet dazu, den geschmolzenen Zucker, der etwa verschüttet wird, zurück zu werfen, so wie auch den Schaum, der bey einem starken Aufblähen überlaufen will, zurück zu halten.

d) Der Vordertheil des Herdes ist mit einer großen ausgestopften Wurst versehen, die etwa 3 Zoll in die Höhe tritt, und zwischen jedem Kessel ist auf dem Herde eine runde Vertiefung von Kupferblech angebracht, welche die Schale genannt wird.

e) Das Glacis, so wie der ganze Herd, sind mit kupfernen Platten überzogen, die zusammenhängend alle Kessel umgeben und an sie angelöthet sind. Jene Bedeckung ist nach der Schale zu wie eine Rinne gebogen, um den Zuckersud, der etwa überlaufen möchte, durch die Rinnen in die Schalen zu leiten, damit er nicht verloren gehet.

f) Der Klärkessel, welcher gemeiniglich zur rechten Seite der Siedekessel placirt ist, bestehet in einer viereckigen Pfanne von Kupferblech, von der Größe, daß sie 3 bis 4mal so viel in sich fasset als ein Siedekessel, und ist an der Erde in ein Mauerwerk eingefasset.

g) Um des mühsamen Ausschöpfens aus den Klärkesseln überhoben zu seyn, ist in denselben eine kleine kupferne Pumpe placirt, vermöge welcher man den Sud, mittelst einer hölzernen Rinne, in die andern Kessel leiten kann. Diese Rinne wird über sämmtliche Kessel gelegt, und ist über jeden Kessel mit einem Zapfenloche versehen, um durch selbiges die Flüssigkeit in den ihr bestimmten Kessel zu leiten.

h) Die Kühlpfanne oder Abträufelungspfanne, bestehet in einer ansehnlichen großen kupfernen Pfanne, die dazu bestimmt ist, den gahrgekochten Zucker eine Zeitlang darin stehen zu lassen, bevor solcher in die Formen gefüllet wird.

i) Die Feuerung in den Zuckerraffinerien wird in der Regel mit Steinkohlen veranstaltet, obschon sie auch da, wo Mangel an Steinkohlen existirt, mit Holzkohlen, mit Torf oder mit Holz veranstaltet werden kann.

k) Wenn die Feuerung mit Steinkohlen betrieben wird, wie solches gewöhnlich der Fall ist, so muß der Feuerherd kleiner seyn als das Aschenloch; auch müssen die gehörigen Luftzüge oder Windlöcher angebracht seyn, welche letztere man erhält, indem in der Thüre des Aschenlochs mehrere kleine Oeffnungen mit Schiebern angebracht werden, so wie durch die mit Schiebern versehene Rauchkanäle, die sich unter und um den Kessel winden. Die Windlöcher haben einen Fuß Höhe und 6 Zoll Breite; sie gehen von dem Feuerherde aus und stoßen an die 28 Zoll breiten und 18 Zoll dicken Schornsteine. Jeder Herd hat 3 Zug- oder Windlöcher, die zuweilen über einander stehen.

(J. C. G. Weise's ökonom. Technologie rc. 1. Theil. S. 9. Taf. I. Fig. 1. und 2. aaa. S. 15. Fig. 8.)

Die Zuckerhutformen und Untersetztöpfe.

§. 674.

Die Zuckerhutformen, welche dazu bestimmt sind, den gahrgesottenen raffinirten Zucker aufzunehmen. um solchen nach dem Erstarren fernerhin darin zu reinigen, sind aus einem sehr guten gewöhnlichen Töpferthon geformt und gebrannt, ohne mit einer Glasur versehen zu seyn. Sie haben die Gestalt eines Kegels, dessen Spitze mit einer kleinen Oeffnung durchbrochen ist.

a) Die Zuckerhutformen werden jetzt an den meisten Orten, wo Zuckerraffinerien befindlich sind, von geschickten Töpfern angefertigt. Hier in Berlin fabricirt sie der Königl. akademische Künstler und Ofenfabrikant Hr. Feilner mit vorzüglich großer Genauigkeit.

b) Die allergrößten Zuckerhutformen werden Bastardformen (Bastern) genannt. Ihnen folgen die Lumpenformen, die 3 Fuß hoch sind und in der obern Oeffnung 18 Zoll Durchmesser haben. Die kleinsten Formen sind einen Fuß hoch und an der obern Oeffnung 6 Zoll weit.

c) Um die mit dem raffinirten Zucker gefülleten Formen von dem noch liquiden Syrup ablaufen zu lassen, bedient man sich der Untesetztöpfe. Sie sind gleichfalls aus gebranntem Thon verfertigt, mit starken Füßen und Hälsen versehen und inwendig glasirt.

(Weise's ökonomische Technologie rc. 1. Theil. S. 25. Taf. I. Fig. 19. 21. u. 22.)

§. 675.

Um die Zuckerhutformen haltbar zu machen, werden sie an einer oder mehreren Stellen mit hölzernen Reifen, oder sie werden auch mit hölzernen Spänen und Reifen belegt.

a) Das Belegen der Formen mit hölzerneu Reifen wird hupeln, und die Reifen selbst werden Hupels genannt. Das Wort hupeln stammt wahrscheinlich aus dem englischen Worte Hoop (Reifen oder Tonnenband) ab.

b) Das Belegen der Formen mit Spänen und Reifen zugleich wird küpern derselben genannt. Am sorgfältigsten geschiehet das Küpern bey den großen Formen zu Lumpenzucker.

c) Nicht allein die bessere Haltbarkeit ist der Grund, warum die Formen gehupelt und gekiepert werden, sondern auch der, daß alte Formen besser sind als neue, weil sie weniger Zucker beym Gebrauch einsaugen.

(Weise a. (§. 674.) a. O. S. 26. Taf. I. Fig. 20. 21. u. 22.)

§. 676.

Um die Formen zum Gebrauch vorzubereiten, wenn sie neu sind, oder bey den schon gebrauchten, um den in ihren Poren sitzenden Zucker auszuscheiden, werden sie 4 bis 5 Tage lang in dem Formtroge oder Formbank mit Wasser eingeweicht, worauf sie mit einem Stück Filz inwendig und auswendig abgewaschen und zum Ablaufen über dem Troge auf ein Brett gestellt werden.

a) Der Formtrog bestehet in einem großen 11 Fuß langen, 5 Fuß breiten und 4 Fuß tiefen Kasten, von Bohlen zusammengefügt. Ueber seiner Oeffnung ist ein Brett angebracht, um die eingeweichten und ausgewaschenen Formen darauf ablaufen zu lassen.

b) In jenem Troge werden die Formen Stoßweise aufgesetzt; dabey man von den kleinen Formen 10 Stück, von den größern 8 und von den größten nur 2 Stück auf einen Stoß rechnet.

(Weise, a. (§. 674.) a. O. S. 28. Taf. I. Fig. 30.)

Die Raffination des Zuckers.

§. 677.

Nach dieser Erörterung der zur Raffination des Zuckers erforderlichen Geräthschaften und deren Vorbereitung, kommen wir nun zur Operation selbst. Um diese zu veranstalten, werden die folgenden Arbeiten begonnen.

a) Nachdem die Brasten an die Kessel angesetzt und die Fugen mit Lehm wohl verstrichen worden sind, werden die Läuterungskessel mit gleichen Theilen Rohzucker und Kalkwasser gefüllet, und in jeden alles wohl unter einander gerührt. Solches geschiehet gewöhnlich des Nachmittags.

b) Am andern Morgen wird der Masse in jedem Kessel ein halber Eimer frisches Rindsblut zugegeben, abermals alles wohl unter einander gerührt, und nun die Kessel angefeuert. Während der ersten halben Stunde wird nun die Masse mit einer 6 Fuß langen und unten 6 Zoll breiten hölzernen Spatel ununterbrochen umgerührt, damit der Zucker sich völlig auflösen und nicht an den Boden des Kessels ansetzen kann

c) Wenn die Masse anfängt aufzuwallen, so vermindert man die Feuerung, damit die sich bildenden Dunstblasen nicht zum Springen gebracht werden, weshalb nun auch die Masse nicht mehr umgerührt wird.

d) Wenn der gebildete Schaum sich setzt und die darunter stehende Flüssigkeit klar wird, so wird der Schaum mit der Schaumkelle abgenommen und in eine neben dem Siedekessel stehende Wanne gebracht.

e) Ist der Saft noch nicht völlig klar, so wird ihm zum zweyten Mal ein Zusatz von Kalkwasser und von Rindsblut gegeben, welche beyde man vorher mit einander gemengt hat, und wenn nun durch fortgesetztes Sieden alles völlig klar geworden ist, wird zum zweyten Mal geschäumet: dann ist die Läuterung vollendet.

f) Endlich wird nun der geläuterte Syrup durch ein Stück Molton gegossen, das zu dem Behufe in dem aus Weiden geflochtenen Durchzugskorb gepasset ist, der über dem Klärkessel stehet, durch welchen die Flüssigkeit hindurch geleitet wird.

g) Der geläuterte und filtrirte Zuckersatz oder gemeiniglich Klärsatz (Klärsel) genannt, wird nun in den vorher gereinigten und von seinem Vorsatz befreyeten Siedekessel, mittelst der kupfernen Pumpe (§. 673. g.) so geleitet, daß der Kessel halb voll davon wird, und nun wird ein rasches Feuer gegeben.

h) Wenn nach einigen Minuten die Masse sich stark aufblähet, setzt man ihr ein wenig Butter zu, und unterhält die Flüssigkeit stets im Umrühren mit dem Probierstocke. Dieser Zusatz der Butter wird so oft gegeben, als die Masse übersteigen will.

i) Nach der Zeit von ¾ bis einer ganzen Stunde ist nun der Sud gahr gekocht. Um die Gahre zu erforschen, nimmt der Siedemeister mit dem Probierstocke eine Probe heraus, fasset etwas davon zwischen dem Daumen und dem Zeigefinger, hält die Hand an das Tageslicht, entfernt die Finger von einander, und stehet nun zu, ob die sich bildenden Fäden hinreichend zähe und durchsichtig sind, um in der Kälte erstarren zu können. Diesen die richtige Probe zu geben, setzt vorzügliche Erfahrung voraus.

k) Der gahr gesottene Zucker wird nun so schnell wie möglich, mittelst den kupfernen Füllbecken, in die Füllstube gebracht, und daselbst in die Kühlpfanne (§. 673 h.) gethan, worin er sich abkühlet, um in die bestimmten Formen gefüllt zu werden.

Das Anfüllen der Formen und die Behandlung derselben.

§. 678.

Wenn die Formen gehörig vorbereitet sind, werden ihre Oeffnungen an der Spitze verstöpselt (mit einem Stöpsel oder mit feuchter Leinwand verschlossen), die ge-

gestöpfelten Formen in die Füllstube gebracht, und mit dem Zucker aus der Kühlpfanne angefüllt.

a) Gemeiniglich hat man die Masse von 2 bis 3 Suden gemeinschaftlich in die Kühlpfanne gebracht. Das Fluidum wird nun mit einem Spatel stark umgerührt, um dadurch die Körnung zu begünstigen, bis sich auf der Oberfläche eine kristallinische Kruste erzeugt.

b) Um jetzt die Formen damit zu füllen, stehet neben der Kühlpfanne ein hölzerner Bock, der dazu dienet, die Füllbecken darauf zu setzen. Ein Arbeiter setzt nun das Füllbecken auf den Bock, füllet solches mit Kellen aus der Kühlpfanne an, und füllet nun damit die Formen, die kleinen halb, die großen aber nur zum vierten Theil an, worauf die kleinen Formen in einer zweyten Periode, die größern hingegen in drey nachfolgenden Perioden, vollends angefüllet werden. Zwischen jeder Periode des Nachfüllens wird der Zucker mit dem Messer (einem hölzernen Stabe) einmal umgerührt, welches das Stären oder Steeren genannt wird.

c) Nach dem Stären bleiben nun die Zuckerformen in der Füllstube bis zum zweyten Tage stehen, damit der Zucker sich abkühle und vollends erstarre.

d) Den folgenden Tag bringet man die gefülleten Formen auf die verschiedenen über der Siederey befindlichen Böden durch die Fallthüren (§. 670. c.)

e) Auf den Böden werden jetzt die Stöpsel geöffnet, und die Spitzen mit einer Ahle durchbohrt, um das Abfließen des Syrups zu begünstigen. Jede Form wird nun auf den dazu bestimmten Untersetztopf gebracht, der den abfließenden Syrup aufnimmt: dagegen der Zucker in den Formen in einem mehr porösen Zustande zurück bleibt.

f) Wenn so der erste Syrup von selbst abgeflossen ist, werden die Töpfe ausgeleert, und nun die Hüte mit Thonbrey (§. 672. d.) gedeckt, der mit einer Schaufel darauf getragen wird. Man nennt dieses das Decken des Zuckers mit Thon.

g) Die erste Thondecke läßt man auf dem Zucker völlig austrocknen, welches in einem Zeitraume von 8 bis 10

Tagen erfolgt, worauf die Hüte, 2, 3 bis 4 Mal unter neuer Deckung bleiben, nach Verhältniß ihrer Größe, bis der Zucker sich vom färbenden Syrup völlig, und seiner speciellen Beschaffenheit gemäß, gereinigt hat.

h) Der dadurch nach und nach abfließende Syrup wird immer reiner, bis er zuletzt, vom feinen Zucker, völlig weiß abfließt.

i) Von dem Boden aus gehen Röhrenleitungen nach dem untern Siederaume, die in die Oeffnung kupferner Reservoirs (den Syrupsbehälter) treten. Durch diese Röhren wird der Syrup aus den Untersetztöpfen hindurch gegossen, und so in das Reservoir hinab geführt.

Das Lösen der Zuckerhüte aus den Formen, das Trocknen, Reinigen und Darren derselben.

§. 679.

Wenn der Syrup farbenlos aus den Formen abfließt, so ziehet man ein Paar Hüte aus den Formen heraus, um zu sehen, ob sie hinreichend glatt und auch in der Spitze rein sind, worauf man, ohne sie ferner zu decken, die Formen so lange auf dem Topfe stehen läßt, bis kein Syrup mehr abfließt. Nun wird die Thondecke abgenommen, die Zuckerhüte werden ausgeputzt, dann getrocknet, hierauf in die Darre gebracht und endlich in Papier eingeschlagen.

a) Wenn die Thondecken abgenommen worden sind, werden die Zuckerhüte aus ihren Formen herausgezogen, und der obere Theil, nämlich der Boden, mit einer Bürste rein abgeputzt; sie werden dann auf ihrem Boden aufgestellt, damit die Feuchtigkeit, die noch in der Spitze enthalten ist, sich in der ganzen Masse des Hutes vertheilen kann.

b) Die etwa fleckig befundenen Hüte werden allein bey Seite gesetzt.

c) Die an der Luft völlig ausgetrockneten Hüte werden nun in die Zuckerdarre gebracht, um alle Feuchtigkeit aus ihnen vollends zu entfernen. Gemeiniglich beharren sie 8 Tage lang in der Darre, bis sie die völlige Trokkenheit erreicht haben. Die Hitze der Darre darf nie über 50 Gr. Reaumür getrieben werden.

d) Die Zuckerdarre ist gewöhnlich im untern Raume der Siederey erbauet. Sie bestehet in einer massiv gebaueten viereckigen Kammer, die an den Seitenwänden mit Stockwerken von Brettern bekleidet ist, auf welchen die Zuckerhüte placirt werden. In der Mitte der Darre steht ein eiserner Ofen, der von außen mit Steinkohlen geheizt werden kann; dessen Direktion aber viel Aufmerksamkeit erfordert, wenn nicht die Hüte zusammensinken oder fleckig werden sollen.

e) Aus der Darre werden die Zuckerhüte in die Faltekammer gebracht, auf mit Tuch bedeckte Tische langsam hingestellt, nochmals untersucht, ob sie keinen Fehler haben, geputzt nnd in Papier eingeschlagen.

(Weise's ökonom. Technologie, 1. Theil, S. 78 rc. Taf. III. Fig. 57. 58. rc.)

Das Falten oder Emballiren der Zuckerhüte.

§. 680.

Nachdem in der Faltekammer die Zuckerhüte sortirt, das heißt, die vollkommen fehlerfreyen von denen abgesondert worden sind, welche etwa einen röthlichen Fleck oder einen Bruch haben, werden die Erstern weiß genannt; die Letztern werden, beym Einschlagen in Papier, mit einem Zeichen versehen. Sind sie sehr fehlerhaft, so werden sie als Ausschuß betrachtet und ohne Papier verkauft.

a) Um das Einwickeln der Zuckerhüte zu veranstalten, legt der Arbeiter einen Bogen blaues Zuckerpapier (§. 343. d.) vor sich hin auf einen Tisch, und darauf einen Zuckerhut, dergestalt, daß der Fuß desselben in die Mitte des Bogens zu liegen kommt, die Länge des Zuckerhutes aber nun um die Hälfte über den Bogen tritt. Nun werden die Winkel des Papiers eingeschlagen und gehörig gewendet, so daß das Papier an allen Flächen des Hutes vollkommen anschließt. Endlich wird die Spitze des Hutes mit einer aus einem halben Bogen blauen Papiers geformten Düte bedeckt, die man oben zusammendrehet und auf welche man mit der flachen Hand schlägt, um sie platt zu machen.

b) Bey den fehlerhaften Hüten werden die Spitzen des Papiers, das um den obern Theil des Hutes herumgewickelt ist, umgeschlagen, welches dem Käufer zum Zeichen dienet.

c) Zuletzt werden die Hüte mit Bindfaden umwickelt, und sind nun Handelsprodukt.

Benutzung des Schaumes und des abgeflossenen Syrups.

§. 681.

Es ist schon (§. 676. d.) gesagt worden, daß man den Schaum, der beym ersten Läutern des Rohzuckers sich bildet (der Schauer genannt), aufbewahrt. Derselbe wird nun, so wie auch der beym Decken des Zuckers mit Thon abgeflossene Syrup, ferner zu Gute gemacht.

a) Um den noch rückständigen brauchbaren Zuckerstoff im Schauer von den gewöhnlichen Unreinigkeiten zu scheiden, wird solcher in einem Kessel mit Kalkwasser warm zerlassen, und das Zerlassene durch einen mit einem Sacke versehenen Korb (die Tasche), in einen daneben stehenden siehenden Kessel filtrirt, um die reine Flüssigkeit heraus zu leiten, worauf der Rückstand in einer Presse ausgepresset wird.

b) Das Durchgelaufene wird hierauf in einem Kessel in die Enge gebracht, nämlich so weit versotten, bis der Syrup, an einer hineingetauchten Schaumkelle, von der scharfen Seite, in Flocken herabläuft. In diesem Zustande wird er, in Verbindung mit Rohzucker und mit feinerm Syrup, wieder auf Zucker versotten.

c) Von dem Syrup, welcher beym Decken des Zuckers aus den Formen abfließt, macht man, nach der Beschaffenhei seiner Güte, einen verschiedenen Gebrauch. Derselbe wird, nach dieser verschiedenen Beschaffenheit, in Bastertöpfen gesammlet und aus diesen in deu Syrupsback geleitet.

d) Der Syrupsback, der zum Aufbewahren des noch versiebbaren Syrups bestimmt ist, bestehet in einem aus hölzernen Bohlen zusammengefügten, oder auch aus Kupferblech verfertigten viereckigen Behälter, in welchem der Syrup, bis zum Versieben, aufbewahrt wird. Der Syrupsback hat für jede Art des Syrups seine eigene Abtheilung.

e) Der weiße Syrup, der nach dem letzten Decken des Zuckers mit Thon abfließt, wird Syrup der ersten Gattung genannt, und dem aufs neue geläuterten Rohzucker, wenn solcher aus dem Klärkessel kommt, in größerer oder geringerer Masse, zugesetzt, je nachdem gröberer oder feinerer Zucker gesotten werden soll.

f) Der Syrup von der zweyten Gattung (nämlich von der zweyten Deckung mit Thon), wird gleich mit dem Rohzucker, zum Läutern und Sieden desselben, vermengt.

g) Der Syrup von der dritten Gattung (der zuerst, ohne Thondeckung abfließt), wird besonders verarbeitet.

h) Um den Letztern zu verarbeiten, werden, wenn eine hinreichende Menge desselben vorhanden ist, alle Kessel gleich damit angefüllet. Man schüttet in jeden Kessel zugleich eine verhältnißmäßige Quantität Kalkwasser, und versiebet nun den Syrup, ohne Zusatz von Blut, bis solcher die Probe hält.

i) Der probefähige Syrup kommt nun in die Kühlpfanne, aus welcher derselbe dann in die großen, vorher aufgestellten, Formen (die Baster- oder Bastardformen) gefüllet, und dann nach dem Erstarren des Zuckers und nach Eröffnung ihrer Spitzen, zum Abträufeln des dem Zucker anhängenden Syrups, auf Töpfe gestellt wird.

k) Wenn kein Syrup von selbst mehr abläuft, so wird der Zucker in den Formen gedeckt, bis der Syrup klar abläuft.

l) Wenn auch die gedeckten Hüte nicht mehr laufen, so werden sie aus den Formen herausgenommen. Die noch braunen Spitzen werden abgeschlagen und aufs neue versotten. Der übrige Theil bestehet größtentheils aus zwey verschiedenen Sorten, aus gelbem und aus weissem lockern Zucker. Beyde werden von einander getrennt, jede für sich mit hölzernen Schlägeln zerschlagen, und weißer, oder gelber Farinzucker, auch Puderzucker und Kochzucker genannt.

m) Der nach dem Decken abfließende Syrup wird nochmals zu braunem Farinzucker versotten.

n) Der Syrup, welcher von diesem abfließt, der nicht gedeckt wird, so wie derjenige Syrup, der von dem gelben Farinzucker (ohne Thondecke) abfließt, werden beyde mit einander gemengt, und als gemeiner Syrup verkauft.

Verbesserungen in der Raffination des Zuckers.

§. 682.

Mit dem Fortschreiten in der Chemie hat man viele andere dadurch gemachte Entdeckungen auch auf die Raffination des Zuckers in Anwendung gesetzt. Dahin gehören: 1) das Bleichen des Rohzuckers mittelst Thierkohle; 2) das Versieden des gebleichten Syrups durch Dämpfe: zwey Operationen, die sowohl auf die äußere Schönheit, wie auf die größere Ausbeute an raffinirtem Zucker, von einer gegebenen Masse des Rohzuckers, von wichtigem Einfluß sind.

a) Um den Rohzucker durch Thierkohle zu bleichen, muß solche vollkommen verkohlt seyn, keine nicht verkohlte Theile mehr enthalten, weil diese sonst den Zucker eher bräunen, als daß sie ihn bleichen.

b) Um die Thierkohle in Anwendung zu setzen, wird sie nicht staubig, sondern nur gröblich gepulvert. Man setzt dem Rohzucker, so wie er im Kalkwasser gelöst wird, gleich 2 bis 3 Procent gepulverter Kohle zu, rührt ihn wohl damit um, giebt am andern Tage das Blut zu, und bringt nun das

Ganze zum langsamen Sieden. Die Kohle entfärbt hiebey den Zucker, das Blut gerinnt und reisset die Kohlentheile in Form des Schaums auf die Oberfläche, wo nun der Schaum so oft abgenommen wird, bis die Flüssigkeit hell weinklar erscheint, worauf sie durchgeseihet wird.

c) Statt das Versieden des Klärsels im Kessel unmittelbar zu verrichten, geschiehet solches im Wasserbade oder Dampfbade, indem der Kessel durch die Dämpfe des siedenden Wassers geheizt wird. Oder man läßt das Klärsel über kupferne Röhren herabfließen, die durch hindurchstreichende Wasserdämpfe geheizt werden, bis die gehörige Consistenz, d. i. die Gahre zum Erstarren, heran gekommen ist.

d) Hiedurch gewinnt man eine größere Ausbeute an krystallisirbaren Zucker, und überhaupt mehr Ausbeute an Hutzucker von den verschiedenen Sorten, weil kein Zucker zerstöhrt und in Syrup (Schleimzucker) umgewandelt werden kann.

(Ueber das Klären und Verdunsten des Zuckers. In Dingler's polyt. Journal. 12. B. S. 41 ꝛc. und 20. B. S. 412. Déscriptions des Machines-Appareils à raffiner le sucre, par Howard: contenant les spécifications de ses trois brevet, avec des notes sur ce sujet; par M. Hawkins. Avec Planches. Im l'Industriel Journal. Vol. V. 1828. pag. 399 etc. Favet und Clark, Verbesserung der der Zuckerraffination. In Dinglers polyt. Journal. 31. B. S. 443 ꝛc. J. Stokes Verbesserung der Zuckerraffinotion. Ebendaselbst. 33. Bd. S 57 ꝛc. Süssefeldt über die Raffination des Zuckers. In H. Weber's Zeitblatt für Gewerbetreibende. 1. Bd. S. 129. u. 145 ꝛc 2. Bd. a. m. O. Pajot des Charmes über Zuckerraffinerie. In H. Weber's Beyträgen zur Gewerbe- und Handelskunde. 1. Theil. 1825. S. 510 ꝛc. Verbesserung der Zucker- und Syrupfabrikation. Ebendaselbst. 2. Theil. 1826. S. 405 ꝛc. Bussy Mémoire sur l'action decolorande de charbon. Im l'Industriel Journal. Vol. V. No. 10. 1829. III. année. pag 485 etc.)

Verschiedene Arten des im Handel vorkommenden raffinirten Zuckers.

§. 683.

Durch die Raffination des Rohzuckers gewinnt man, nach der feinern oder schlechtern Qualität desselben, auch eben so verschiedene Arten des raffinirten Zuckers, die bloß durch die Weiße der Farbe und die Schönheit des Korns von einander abweichen. Man unterscheidet davon im Handel zwölf verschiedene Arten, die mit den Namen: 1) Fein Canari (auch Kandisbrod oder Königszucker); 2) Fein-Fein oder Superfein; 3) Ordinair-fein; 4) Fein Raffinade; 5) Mittelraffinade; 6) Ordinaire Raffinade; 7) Fein klein Melis; 8) Fein groß Melis; 9) Ordinair groß Melis; 10) Fein Lumpen; 11) Mittellumpen und 12) Ordinaire Lumpen, bezeichnet werden.

a) Der Name Canari oder Canarienzucker stammt daher, weil man diese feine Art Zucker sonst von den Canarischen Inseln erhielt.

b) Der Name Melis (Saccharum melitense) stammt daher, weil diese Sorte sonst aus Malta erhalten wurde.

c) Die Benennung Lumpenzucker beziehet sich auf die lockere Zusammenhängung dieses Zuckers.

d) Die meisten Arten des Farinzuckers, so wie der Syrup, sind also bloß Abfälle der Raffination.

Der Kandiszucker.

§. 684.

Mit dem Namen Kandiszucker, auch Kandelzucker und Zuckerkand (Saccharum candum, Saccharum crystalliforme) genannt, wird wirklicher krystallinischer

Zucker bezeichnet, der nicht durch das Versieden, sondern durch den Weg der Krystallisation dargestellt worden ist, und, nach der reinern oder unreinern Beschaffenheit desselben, in weißen, in gelben und in braunen Kandiszucker unterschieden wird.

a) Beckmann meint, daß der Name Kandiszucker von dem lateinischen Worte candidus (hell, glänzend) abstamme; er bemerkt aber auch zugleich, daß solcher durch Salmasius (in der Anmerkung zum Solin S. 788 rc.) von dem griechischen Worte καντιον abgeleitet werden könne, weil jener Zucker eckig ist und in scharfkantige Stücke zerbricht.

b) Eine genaue Untersuchung der regelmäßig geformten Krystalle vom Kandiszucker lehrt, daß ihre ursprüngliche Form ein vierseitiges Prisma ist, das ein geschobnes Viereck zur Basis hat, von welchem sich die Länge zur Breite wie 10 : 7 verhält, und dessen Höhe die mittlere proportionelle Größe zwischen der Länge und der Breite ist. Gewöhnlich erscheinen die Krystalle aber als vier- oder sechsseitige Prismen, welche mit 2 Flächen zugeschärft, zuweilen auch mit 3 Flächen zugespitzt sind.

(J. Beckmann's Anleitung zur Technologie. 6. Aufl. 1809. S. 575 rc. Gillot, in den Annales de Chimie etc. Tom. XVIII. pag. 317 etc.).

Darstellung des Kandiszuckers.

§. 685.

Die Darstellung des Kandiszuckers wird nicht aus rohem, sondern immer schon aus raffinirtem Zucker, veranstaltet. Man löset zu dem Behuf den Zucker in reinem Wasser auf; kocht die Auflösung bis zum Fadenziehen, gießt den gekochten Syrup durch ein Stück Flanell, füllet ihn sodann in die zur Krystallisation bestimmten Kandistöpfe, und erhält diese so lange in der Zuckerdarre, bis der Zucker krystallisirt. Man gießt dann den in der

Mitte des Topfs noch übrigen flüssigen Syrup (den Kandisstürzel) von den Krystallen ab, und nun werden die Krystalle herausgenommen und in Kisten verpackt.

a) Der Kandistopf bestehet in einem aus Kupferblech verfertigten viereckigen oder auch runden Topfe, dessen Wände in der gegenüber stehenden Entfernung von anderthalb bis zwey Zoll, mit kleinen Löchern durchbohrt sind.

b) Durch die gedachten Löcher werden gemeiniglich 6 Reihen Fäden von starkem Zwirn, vom Boden ab bis zur Mündung gespannet, alle nach einerley Richtung. Ist dieses geschehen, so werden die Außenflächen des Topfes mit Papier überkleistert, um das Durchdringen des Syrups zu verhüten, und hierauf das Ganze getrocknet.

c) Die so vorgerichteten Töpfe werden nun mit dem gahr gekochten Syrup angefüllet und dann in die Zuckerdarre gebracht, die jedoch stärker als gewöhnlich geheizt seyn muß. In der Darre bleiben sie nun gewöhnlich 7 bis 8 Tage stehen, da dann der Zucker sich an die Fäden in Krystallen angelegt hat, und nur noch ein kleiner Theil Syrup in liquider Form übrig geblieben ist.

d) Man setzt jetzt jeden Topf geneigt über ein Becken, in welches der liquide Syrup abfließt, worauf nun die Krystalle heraus genommen und in Kisten verpackt werden. Der Syrup wird Kandisstürzel genannt.

(Weise's ökonomische Technologie, 1. Th. S. 71 rc. Taf. II. Fig. 55.)

Theorie der Zuckersiederey.

§. 686.

Der rohe Zucker enthält, außer dem reinen krystallisirbaren Zucker, auch noch Schleimzucker, freye Säure, von der Natur der Aepfelsäure, und mannigfache unreine Beymengungen. Das Kalkwasser (eine Lösung von gebranntem Kalk in Wasser), dienet dazu, die Säure, welche die Krystallisirbarkeit des Zuckers stört, zu binden, und solche, in Verbindung mit dem Kalk, unauflöslich niederzuschlagen. Das Blut (ein Gemenge von gerinnbarer Lymphe und Faserstoff mit wäßrigen Theilen) dienet dazu, vermöge seiner Gerinnbarkeit, in der Hitze, sowohl den äpfelsauren Kalk, als auch die andern Unreinigkeiten, einzuschließen und mit gerinnen zu machen, wodurch sie als Schaum auf die Oberfläche des kochenden Syrups geworfen werden; dagegen nun der reine Zucker, im geklärten Zustande gelöst zurück bleibt.

a) Die Kunst den Rohzucker zu raffiniren, soll (um welche Zeit, ist nicht bekannt) von einem Venetianer erfunden worden seyn, der sich dadurch einen Reichthum von 100,000 Kronen erworben hat.

b) Brasilien und Neuspanien hatten etwa im J. 1580 Zuckerraffinerien; in Deutschland sollen, namentlich in Augsburg, schon 1573 und in Dresden 1597 Zuckerraffinerien existirt haben. Holland hat erst seit dem Jahre 1648 Zuckerraffinerien, und Hamburg erhielt sie noch viel später. England ist erst seit dem Jahre 1659 im Besitz der Zuckerraffinerien, die zuerst durch Deutsche daselbst eingerichtet wurden. Die französischen Kolonien lernten die Kunst, den Zucker zu raffiniren, erst 1693 durch die Portugiesen und Holländer kennen.

c) Anfangs bediente man sich zum Läutern des Zuckers nur allein des Eiweißes. Das Klären mit Rindsblut, wurde erst gegen das Ende des 17. Jahrhunderts bekannt und eingeführt. Jetzt gebraucht man das Eiweiß nur noch zu höchst feinem Zucker; dagegen fängt man hin und wieder an, statt des Blutes, die Milch in Gebrauch zu setzen.

(J. G. Büsch, über die Hamburger Zuckerfabriken und den vergeblichen Wetteifer der nordischen Staaten mit denselben. Hamburg 1790. 8. Le Guide du commerce de l'Amérique, principalement par le port de Marseille; par Mr. Ch***. Avignon et Marseille 1777. Tom. I. 4.

pag. 382 etc. Ueber den Gebrauch des Ochsenblutes und des Eiweißes in den Zuckersiedereyen. Im Journal für Fabriken, Manufakturen und Handlung, 10. Bd. 1796. S. 213 ꝛc. Poppe's Gesch. der Technologie ꝛc. 3. B. S. 151 ꝛc.)

§. 687.

Der erste Syrup, welcher nach der Erstarrung des raffinirten Zuckers abfließt, ist ein Gemenge von nicht krystallisirbarem Schleimzucker und von krystallisirbarem Zucker. Durch fortgesetztes Versieden desselben scheidet sich nach und nach aller krystallisirbare Zucker aus, und der Ueberrest des Schleimzuckers bleibt nun, in Gestalt des braunen Syrups, zurück.

a) Die Abgänge, nämlich das Spülwasser womit die Geräthe gereinigt worden sind, der angebrannte Zucker, der übergelaufene Zucker ꝛc., werden mit Wasser verdünnet und mit Hefe versetzt, der Fermentation unterworfen, um Zuckerbranntwein daraus zu machen.

Anhang.

Den Zucker und Syrup aus Stärke betreffend.

§. 688.

Kirchhof hat die Entdeckung gemacht, daß wenn Stärke aus Weizen oder aus Kartoffeln, in der Vermengung mit Wasser und Schwefelsäure, 8 bis 10 Stunden lang gekocht, und der Flüssigkeit die Säure durch eben so viel zugesetzten kohlensauren Kalk entzogen wird, als man Säure gebraucht hatte, nun eine süße Flüssigkeit übrig bleibt, die nach dem Abdunsten einen sehr süßen Syrup darbietet, der nach einiger Zeit zu einer wei=

chen körnigen, nicht harten krystallinischen Zuckermasse erstarret, die einen so genannten Krümelzucker darstellt. Die erste Masse wird Stärkesyrup, die letztere wird Stärkezucker genannt. Er ist ein Stellvertreter des Zuckers, besitzt aber nur halb so viel Süßigkeit, als Rohrzucker, Runkelrübenzucker und Ahornzucker.

a) Um Stärke in Syrup und Zucker umzuwandeln, rechnet man für 100 Pfd. Stärke: 4 Pfd. koncentrirte Schwefelsäure und 400 Pfd. Wasser,

b) Man erhitzt das Wasser zum Sieden, trägt dann die vorher mit dem doppelten Gewicht Wasser verdünnete Schwefelsäure hinzu; und dann nach und nach, in kleinen Portionen, die Stärke, die sehr bald zu einer klaren Flüssigkeit gelöst wird.

c) Ist alle Stärke gelöst, dann wird die Flüssigkeit 10 bis 12 Stunden fortwährend im Kochen erhalten, und das verdunstende Wasser nach und nach ersetzt.

d) Dieses Kochen kann in einen Kessel von Bley, von Kupfer, auch in einen hölzernen Kessel mit kupfernem Boden veranstaltet werden. Am besten aber wird solches in einem hölzernen Fasse, mittelst den Dämpfen des siedenden Wassers verrichtet, die in die Flüssigkeit geleitet werden. Man gewinnt eben so viel Syrup oder Krümelzucker, als man Stärke angewendet hat.

(S. F. Hermbstädt a. (§. 659.) a. O. 2. Auflage. S. 120 ꝛc.; in dessen gemeinnützigem Rathgeber ꝛc. 3. Auflage. 1817. S. 39 ꝛc.)

Vierunddreyßigster Abschnitt.

Die Fabrikation des Salpeters.

(Die Salpetersiederey.)

§. 689.

Mit dem Namen Salpeter (Nitrum) wird ein neutrales Salz von ganz eigener Art bezeichnet, das in 100 Gewichtstheilen aus 46,55 Kali, und 53,45 einer eigenthümlichen Säure, (der Salpetersäure) zusammengesetzt ist, kein Krystallwasser enthält, und sowohl in der Natur fertig gebildet angetroffen, als auch, durch die gemeinschaftliche Wirkung der Natur und der Kunst, mittelst der so genannten Salpeterplantagen, erzeugt wird.

a) Ob unser jetzt bekannter Salpeter und das Nitrum der Alten einerley gewesen, oder ob unser Salpeter den ältern Griechen und Römern schon bekannt gewesen sey? ist schwer auszumitteln, und alle darüber angestellten Untersuchungen haben zur Zeit das darüber haftende Dunkel auf keine Weise aufgeklärt.

b) Was die alten Griechen το νιτρον nannten, war vielleicht bloß Natron, wie man es noch jetzt oft an alten Mauern ausgewittert findet. Da aber der Salpeter sich in Asien und Aegypten, gleich dem Natron, als natürliches Erzeugniß vorfindet: so kann er auch wohl den Alten schon bekannt gewesen seyn.

c) Die ältesten unbezweifelten Nachrichten vom wahren Salpeter, fallen unstreitig mit denen von der Erfindung des Schießpulvers zusammen, welche Beckmann in das 13. Jahrhundert setzt. Die ersten Nachrichten davon kommen beym

Albertus Magnus, der 1280 starb, und beym Rogerius Bacon, der 1278 starb, vor.

(Joh. Beckmann's Beyträge zur Geschichte der Erfindungen, 5. Bd. Leipz. 1805. 8. S. 512 ꝛc.)

§. 690.

Unser jetzt bekannter Salpeter, wird theils in der Natur fertig gebildet vorgefunden, und nur ausgefördert, oder er wird durch Hülfe der Salpeterplantagen erzeugt. Die Anstalten, wo die Bearbeitung geschiehet, werden Salpetrieren, auch Salpeterhütten oder Salpetersiedereyen genannt.

a) Natürlich gebildeten Salpeter findet man: 1) in Ostindien; 2) im untern Theile von Italien; 3) in Portugal; 4) in Spanien; 5) in Amerika; 6) in Ungarn.

b) Der so häufig aus Ostindien nach Europa gebrachte Salpeter, wird daselbst auf der Ostseite des Ganges, in den Distrikten Bulliah, Chinksor, Laram und Haipur in bedeutender Menge gewonnen. Ausgangs des Octobers und Anfangs des Novembers, wenn die Regenzeit vorbey ist, und zwar gleich nach Sonnenaufgang, wird daselbst die Erde von alten Wänden, so wie von denjenigen Orten wo sich Vieh aufgehalten hat, oder wo die Bewohner ihre Hütten aufgeschlagen hatten, durch die Salpetersammler abgekratzt und gesammelt.

c) Jene salpeterreiche Erde, die von den Eingebornen Neong-Mattre (salzige Erde) genannt wird, laugt man in großen irdenen Töpfen aus, und bringt die Lauge in andere Töpfe zur Verdunstung, und gewinnt, wenn die zum Krystallisationspunkte abgedunstete Lauge krystallisirt wird, den Salpeter daraus in kleinen Krystallen, die den zehnten Theil des Gewichts der verarbeiteten Erde betragen. Der so gewonnene Salpeter vom ersten Sude, wird von den Eingebornen Ubber genannt. Man reinigt ihn durch ein zweytes Auflösen und Krystallisiren, und nun wird er Salpeter vom zweyten Sude oder Calmar genannt.

d) Oft läßt man daselbst die Erde, vor dem Auslaugen derselben, 2 bis 3 Monate lang in Haufen liegen, weil man alsdann eine größere Ausbeute an Salpeter gewinnt.

e) In Sicilien und in Italien findet der natürliche Salpeter sich in einigen Höhlen, besonders in der Salpetergrube Puolo, im Gebiete Molfetta.

f) In Ungarn findet er sich in einem Flötzgebirge; auch in einer Höhle bey Würzburg hat man natürlichen Salpeter gefunden.

g) Eben so findet er sich fertig gebildet in einigen Vegetabilien, (besonders dem Dill, dem Boretschkraut, der Schaafgarbe ꝛc.) und kann aus ihren frisch gepresseten Säften durch die Krystallisation geschieden werden, oder wenn man ihn aus dem Humus auslaugt, der nach ihrer Verwesung übrig bleibt.

(Ueber die Salpetergewinnung in Ostindien: In den neuen Schriften der Gesellschaft naturforschender Freunde zu Berlin, 2. Bd. S. 372 ꝛc. Zimmermann, über die Salpetergrube bey Puolo von Molfetta: In v. Crell's Beyträgen zu den chemischen Annalen, 4. Bd. S. 3 ꝛc. Fortis Notes sur la nitrière naturelle de Molfetta: In den Annales de Chimie etc. Tom. XXIII. pag. 36 etc. Rückert, von einem Salpeterflötz in Ungarn: In v. Crell's chemische Annalen, 1793. 1. Bd. S. 224 ꝛc. Pickel, von einem in einer Höhle bey Würzburg gefundenen natürlichen Salpeter: In v. Crell's chem. Annalen, 1791. 1. Bd. 325. u. 1792. 1. Bd. S. 150 ꝛc. Hermbstädt's Erfahrungen und Bemerkungen über die Produktion des Salpeters und deren Beförderung, als landwirthschaftliches Gewerbe: in dessen Archiv der Agrikulturchemie ꝛc. 6. B. 1812. S. 1 ꝛc.)

Er-

Erzeugung des Salpeters.
(Salpeterplantagen. Salpeterhütten.)

§. 691.

Der meiste Salpeter, welcher in Europa und namentlich in Deutschland gewonnen wird, ist ein Produkt, das durch die gemeinschaftliche Wirkung der Natur und der Kunst hervorgebracht wird. Die Materialien dazu bestehen in verwesenden animalischen Stoffen und in kalkhaltigen Erden. Die aus ihrer Vermengung gebildeten Erdhaufen werden Salpeterplantagen genannt. Die Anstalten, in denen die reifen Erdhaufen der Salpeterplantagen ausgelaugt und zu Salpeter versotten werden, heißen Salpeterhütten. Die Gesammtanstalten heißen Salpetrieren oder Salpetersiedereyen.

a) Der Salpeter ist ein aus 53,45 Procent Salpetersäure 46,55 Kali, ohne Krystallisationswasser, gebildetes Salz. Seine Säure hingegen ist ein Produkt der Mischung aus 20 Procent Stickstoff und 80 Procent Sauerstoff.

b) Der Stickstoff macht ein bildendes Element in allen animalischen Substanzen aus: daher dienen diese so vorzüglich zur Anlegung der Salpeterplantagen (der Pflanzungen). Den zur Bildung der Salpetersäure erforderlichen Sauerstoff, bietet die atmosphärische Luft dar. Die kalkhaltigen Erden sind dazu bestimmt, die sich generirende Salpetersäure zu binden und solche vor der Ausdünstung zu schützen. Was sich an den Salpeterplantagen (den Salpeterhaufen) erzeugt, und als ein weißes Salz effloreścirt, ist oft bloß salpetersaurer Kalk, mit salpetersaurem Ammoniak und salpetersaurer Talkerde gemengt, also noch kein wahrer Salpeter, der eine Verbindung von Salpetersäure und Kali ausmacht, und aus jenem erst, durch den Zusatz von Kali, erzeugt werden muß.

§. 692.

Das ganze Geschäft der Salpeterfabrikation zerfällt in folgende Theile: 1) die Einrichtung der Salpeterplantagen; 2) die Unterhaltung derselben während der Erzeugung der Salpetersäure; 3) das Abkratzen und Auslaugen des erzeugten Kalksalpeters; 4) die Versetzung der Lauge mit Kali; 5) das Versieden derselben zu rohem Salpeter; 6) die Läuterung desselben zu geläutertem Salpeter vom zweyten Sude. Wir wollen diese Arbeiten einzeln näher erörtern.

Einrichtung der Salpeterplantagen.

§. 693.

Die Salpeterplantagen (Salpeterwerke, Salpeterhütten) müssen unter Schuppengebäuden angelegt werden, um sie vor dem Regen und der Sonne zu schützen, doch aber so, daß der nothwendige Zutritt der atmosphärischen Luft gehörig zugeführt werden kann.

a) Man wählt dazu einen freyen, nicht zu schattigen, nicht Ueberschwemmungen ausgesetzten Ort, auf festem Erdreich. Man errichtet auf selbigem eine 2 Fuß aus der Erde hervorragende Mauer, die 100 Fuß lang und 32 Fuß breit ist, deren Längenseiten nach Mittag und Mitternacht gekehrt sind; die hingegen, an den Giebelseiten des Daches, nach Osten und Westen mit Thorwegen, zum Ein- und Ausfahren, versehen ist.

b) Auf dieser Mauer wird aus Balken ein Schuppen errichtet, der mit einem durchaus mit Klappen versehenen Dache bedeckt ist, das von Stroh, von Rohr oder von Brettern angefertiget wird.

c) Unter jenem Schuppen werden nun die Salpeterplantagen errichtet. Sie bekommen entweder die Gestalt von Pyramiden, oder von länglicht-viereckigen Wänden, die, im letztern Falle, 48 Fuß lang, 4 bis 6 Fuß hoch und 2 bis 3 Fuß dick seyn können.

d) Um die Erdhaufen locker zu erhalten und das Durchstreichen der Luft zu begünstigen, werden dreyeckige aus Weiden geflochtene Körbe, oder auch bloß Reisbündel von Holz oder Stroh, dazwischen gebracht.

e) Als Materialien zur Errichtung der Plantagen, wählt man ausgelaugte Holzasche mit Kalk gemengt, wie sie in den Seifensiedereyen abfällt, oder Mauerschutt, d. i von Steinen befreyeter Bauschutt. Von diesen werden von jedem 10 Tonnen (zu 5 Kubikfuß); desgleichen zerfallener Kalk und gesiebte Asche, von jedem 3 Tonnen genommen. Man rührt alles in einer Grube mit Wasser oder auch mit Mistjauche an, worauf aus der teigartigen Masse, mittelst aufgestellten Bretterverschlägen, die Plantagen gebildet werden.

f) Die Plantagen müssen so angelegt werden, daß man um jede bequem herum gehen kann; auch muß in der Mitte, der Länge nach, ein hinreichender Weg zum Ein- und Ausfahren bleiben.

g) Kann man Schaafmist, oder Hühnermist, oder geronnenes Blut, wie solches in den Zuckerraffinerien abfällt, oder andere animalische Abfälle, z. B. Hautschnitzel von den Loh- und Weißgerbereyen erhalten, so bieten diese sehr brauchbare Zusätze zu den Salpeterplantagen dar

h) Dübuc gebraucht zur Salpeterplantage 200 Theile gehacktes Kartoffelkraut, so wie solches bey der Erndte abfällt, 160 Theile sandige Gartenerde, 70 Theile alten Kalkmörtel, 70 Theile Gyps; woraus 18 Zoll hohe und $2\frac{1}{2}$ Fuß breite Lagen gebildet werden, indem man erst eine 4 Zoll dicke Lage Erde aufträgt und zuletzt dann mit Erde schließt; worauf alles mit Wasser benetzt wird. Nach 2 Monaten, während welcher Zeit das Kartoffelkraut verweset, wird alles umgewendet, und von Neuem mit Wasser benetzt; eben so wieder nach 6 Monaten. In 26 Monaten ist die Erdmasse nun salpeterhaltig, und giebt für jede 100 Pfund Kartoffelkraut, 4 Pfund guten Salpeter.

Unterhaltung der Salpeterplantagen.

§. 694.

Die errichteten Salpeterplantagen bleiben nun 5 bis 6 Monate lang liegen, worauf sie mit Urin oder Mistjauche begossen werden, welches Begießen besonders im März und May, so wie im Herbst und Winter, veranstaltet wird, bis man beobachtet, daß eine hinreichende Masse salpetersaurer Salze erzeugt worden ist.

a) Der faulende Urin und die Mistjauche werden in der Nähe der Plantagen, in großen in die Erde gegrabenen Tonnen, aufbewahrt.

b) Die Erzeugung der Salpetersäure und der davon abhängenden salpetersauren Salze, erfolgt schneller bey trübem neblichen, als bey trockenem Wetter.

c) Die vorgegangene Erzeugung der salpetersauren Salze giebt sich zu erkennen: α) durch einen bittern Geschmack, welchen die Erdmasse annimmt; β) durch eine weiße Efflorescenz auf der Außenfläche der Plantagen; γ) durch die verpuffende Eigenschaft der Erde, wenn solche getrocknet auf glühende Kohlen getragen wird.

d) Die vollkommene Ausbildung einer solchen Salpeterplantage, erfordert gewöhnlich einen Zeitraum von zwey Jahren und darüber.

e) Die Erzeugung der salpetersauren Salze, so wie deren vollkommene Ausbildung, wird in einem hohen Grade befördert, wenn die Plantagen, wenigstens alle 6 Monate einmal, umgeschaufelt werden können, um auch die innern Theile mit der äußern Luft in Berührung zu setzen.

Die Salpeterhütte, und die zu ihrem Betriebe nöthigen Geräthschaften.

§. 695.

Die Salpeterhütte, nämlich das zur Salpetersiederey bestimmte Gebäude, ist aus leichtem Fachwerk erbauet, wo möglich aber mit einigen geräumigen Kellern versehen, um darin im Sommer die Krystallisation des Salpeters zu befördern. Die Größe der Salpeterhütte richtet sich nach der Ausdehnung des Unternehmens. Außer der Salpeterhütte werden an Geräthschaften erfordert:

a) Ein großer Kessel (besser eine Pfanne) von Eisenblech, zum Abdunsten und Einsieden des rohen Salpeters, und eine kleine Pfanne zum Läutern desselben.

b) Zwölf Kübel von festem Holz, zum Auslaugen der Salpetererde, jeder 4 Fuß tief und 4 Fuß weit. Jeder einzelne ist an seinem untern Theile mit einem Zapfen oder einem Hahn versehen Jeder dieser Kübel muß einen doppelten Boden haben, wovon der oberste durchbohrt ist.

c) Eine Läuterbütte für die halbgahre Lauge, welche 5 Fuß tief, oben 4, unten aber 3 Fuß weit, und an den Seiten entlang mit 3 Hähnen versehen ist, wovon der unterste 3 Zoll, der zweyte 6 Zoll, und der oberste 1 Fuß vom Boden entfernt ist.

d) Eine Träufelbütte, 3 Fuß tief, unten 2 und oben 1 Fuß weit, mit einem Hahn versehen, welcher über dem großen Kessel stehet und die versiedende Lauge allmählich nachträufeln läßt; die aber besser durch eine Wärmpfanne ersetzt wird.

e) Zwey Krystallisirgefäße. Sie bestehen in kupfernen (besser eisernen) Kesseln, von denen jeder etwa 4 Eimer Wasser fasset, und sind mit Handhaben versehen; sie können auch durch hölzerne Wannen ersetzt werden.

f) Hürden, oder aus Weiden geflochtene Deckel, 24 Stück, welche in die Laugkübel passen.

g) 24 Strohcränze, oder auch von Schilf angefertigt, die gleichfalls in die Laugkübel passen.

h) Einige hölzerne Rinnen; einige Wasserkannen von

Holz; einige Schaumkellen von Blech, mit langen Stielen; eine große hölzerne Wanne.

i) Laugstühle mit ihren Ständern, um die Lauge hinein zu füllen.

k) Eine Salzspindel, um den Gehalt der Lauge damit zu probiren.

l) Aus Weiden geflochtene Hürden, um den Salpeter darauf zu trocknen.

m) Fässer, zum Einpacken desselben.

Abkratzen und Auslaugen der Salpeterplantagen.

§. 696.

Wenn man vermuthet, daß die Erzeugung der salpetersauren Salze in den Salpeterplantagen vollendet ist, so werden sie nach und nach abgekratzt und dann der Auslaugung mit Wasser unterworfen, um die salzigen Stoffe von der Erde zu trennen, die dann wieder zu benannten neuen Plantagen benutzet werden kann.

a) Man verrichtet das Abkratzen der efflorescirten Salze mit einem Besen, und wiederholt es so oft, als sich davon ein neuer Anflug erzeugt.

b) Das Auslaugen der efflorescirten Erde, verrichtet man in hohen Kübeln mit doppelten Böden, von denen der obere, der einige Zolle vom untern entfernt ist, durchlöchert seyn muß. Sie sind, in der Nähe der Plantagen, auf hölzernen Böcken placirt.

c) Nachdem der durchlöcherte Boden mit einem Strohcranz belegt ist, setzt man eine aus Weiden geflochtene Hürde darauf, füllet nun den Kübel bis auf einen halben Fuß von seiner Oeffnung mit Erde an, setzt dann wieder einen Strohcranz und eine Hürde darauf, und so ist die Vorrichtung fertig.

d) Nun wird der Kübel, bey verschlossenem Hahne, mit Wasser angefüllt, das, wenn man es haben kann, durch Rinnen herbeygeleitet wird. Man leitet das Wasser durch den Strohcranz auf die Erde, und wiederholt das Zufüllen so oft, bis die Erde völlig vom Wasser durchdrungen ist, und nichts mehr einsaugen kann.

e) Nach 24 Stunden wird nun die Lauge durch den Hahn am Kübel abgezogen und so oft darauf zurück gegossen, bis sie vollkommen klar abfließt. Sie wird gesammelt und in ein gemeinschaftliches Reservoir abgeleitet.

f) Diese erste Lauge, welche noch nicht sehr reich mit salpetersauren Salzen beladen ist, wird nun mit neuer Erde, eben so wie vorher, mehr angeschwängert. Dagegen die ersten Kübel zum zweyten Male mit Wasser nachgefüllet werden, um die Erde vollends auszulaugen, welches Wasser nach dem Abziehen, auf die einmal ausgelaugte Erde, in den zweyten Kübel gebracht und durchgeseigert wird. Die von dem zweyten Kübel abgeseigerte Lauge wird nun endlich durch die Erde auf dem dritten Kübel durchgeseigert; dagegen nun die ersten Kübel mit neuer unausgelaugter Erde angefüllet werden.

Versetzung der Salpeterlauge mit Kali.

§. 697.

Die erhaltenen Laugen enthalten jetzt nur noch sehr wenig, oder auch gar keinen wahren Salpeter gelöst. Die darin gelösten Salze bestehen vielmehr aus salpetersaurem Kalk, salpetersaurem Ammoniak, salpetersaurer Talkerde, Chlorkalium ꝛc. Daher ist es nothwendig, dieselben durch Kali zu zerlegen, um die Salpetersäure mit diesem zu verbinden, die fremdartigen Basen auszusondern, und die Darstellung des wahren Salpeters zu veranlassen. Dieses geschiehet entweder α) durch Pottasche, oder β) durch Holzasche, oder γ) durch schwefelsaures Kali, da wo man solches haben kann.

a) Kann man sich der Pottasche bedienen, so wird diese mit Wasser gelöst, und nun der Salpeterlauge von dieser

Lösung nach und nach so viel zugesetzt, bis keine Trübung mehr darin veranlasset wird; worauf man sie sich klären läßt, und die klare Lauge vom Bodensatz abziehet; ohne letzteren, der die gefälleten Erden von den zerlegten salpetersauren Salzen enthält, die in der Lauge gelöst enthalten waren, mit fortzuleiten.

b) Bedienet man sich der Holzasche, welches am gewöhnlichsten der Fall zu seyn pflegt, und zwar am besten der Asche von Laubhölzern, (noch besser der aus Wermuthkraut), so werden die Laugkübel eben so damit angefüllt, als mit der Erde; und nun die Asche in den Kübeln, statt mit Wasser, mit jener Salpeterlauge ausgelaugt: wobey das Kali der Asche mit der Salpetersäure in Mischung tritt, und Salpeter erzeugt, der aufgelöst bleibt, dagegen die abgeschiedenen Erden mit der Asche verbunden, im Kübel ungelöst zurück bleiben.

c) Um nichts Brauchbares in der Asche zurück zu lassen, muß sie zu wiederholten Malen ausgelaugt werden, bis reines Wasser abfließt; dagegen man die sehr schwachen Laugen anstatt des Wassers, zum Auslaugen der frischen Salpetererde anwendet.

d) Die gewonnenen Salpeterlaugen, enthalten nun entweder noch unzerlegte salpetersaure Erden, oder sie enthalten freies Kali. In beyden Fällen müssen solche neutralisirt werden. Im ersten Falle wird ihnen Holzaschenlauge, oder auch in Wasser gelöste Pottasche, so lange zugesetzt, bis keine Trübung mehr beym Zusatz veranlasset wird. Im zweyten Falle wird so lange klare Erdlauge zugesetzt, bis diese keine Trübung in der Flüssigkeit mehr veranlasset.

e) Hat man wohlfeiles schwefelsaures Kali (z. B. Glasgalle, oder Abfälle der Scheidewasserfabriken ꝛc.), dann kann dieses die Stelle der Pottasche und der Holzaschenlauge vertreten, wenn solches in der Salpeterlauge in hinreichender Quantität gelöst wird. Jenes Salz, das aus Kali und Schwefelsäure besteht, bewirkt darin eine wechselseitige Zerlegung: es setzt das Kali an die Salpetersäure ab, um Salpeter zu erzeugen, dagegen die

Schwefelsäure mit dem Kalk in Mischung tritt, und als Gyps zu Boden fällt.

Das Versieden der Lauge zu rohem Salpeter, vom ersten Sude.

§. 698.

Die Salpeterlauge zeichnet sich gewöhnlich durch eine gelbliche Farbe aus. Sie wird nun (am besten in flachen Pfannen) bis zur Krystallisirbarkeit versotten, und dann der Salpeter durch die Krystallisation daraus geschieden, der in diesem Zustande roher Salpeter (Nitrum crudum) genannt wird.

a) Zum Versieden der rohen Lauge bedient man sich eiserner Pfannen, denen der Salzpfannen (§. 655. b.) gleich. Man wird wohl thun, wenn man sich dazu, wie bey den Salinen, auch der Wärmepfannen bedient, um die Siedepfannen aus denselben nachzufüllen.

b) Vielleicht wird die Einrichtung kleiner Gradierwerke auf den Salpetersiedereyen von Nutzen seyn, um die schwächeren Laugen dadurch siedwürdiger zu machen, und Brennmaterial zu ersparen.

c) Das Versieden der Lauge wird so weit fortgesetzt, bis dieselbe die halbe Gahre erreicht hat. Man erforschet dieses, wenn man einige Tropfen derselben auf ein kaltes Blech fallen läßt, und diese beym Erkalten zu ganz schwachen krystallinischen Sternchen erstarren.

d) Die halbgahre Lauge wird nun in einen hohen Kübel gefüllt, der, an der einen Seite entlang', mit drey Hähnen oder Zapfen versehen ist. In diesem bleibt sie nun einige Stunden ruhig stehen, um alle darin enthaltene Erdtheile sich fällen zu lassen. Sie wird nun, indem man einen Hahn nach dem andern öffnet, so lange sie völlig klar läuft, abgelassen, in eine reine Pfanne gebracht, und nun vollends gahr gesotten: nämlich bis ein Tropfen derselben, auf einem kalten Blech sogleich erstarret.

e) In diesem gahren Zustande wird sie durch Filzhüte, oder auch durch wollene Seihetücher, in die zum Krystallisiren bestimmten Gefäße filtrirt, die man, um die Krystallisation zu begünstigen, inwendig mit hölzernen Stäben auslegen kann, in welchem Zustande sie nun bis zur völligen Erkaltung stehen bleibt.

f) Was nach dem Versieden der Lauge zur Krystallisation in der Pfanne zurück bleibt und sich als ein salziges Wesen zu Boden geschlagen hat, ist ein Gemenge von Chlorkalium und von Chlornatrium (Küchensalz).

g) Die über dem krystallisirten Salpeter noch stehende braune Lauge wird Mutterlauge, auch Hecklauge genannt, und, indem man das Gefäß neiget, abgelassen. Sie enthält Chlorkalium, nebst Chlornatron, auch Chlorkalcium, Chlormagnium und salpetersaure Erden gelöst.

h) Um gleich bey dem ersten Sude einen reinen Salpeter zu erhalten, ist es zu empfehlen, die rohe Lauge mit Zusatz von Thier- oder Pflanzenkohle zu kochen, und sie zuletzt mit Rindsblut zu klarificiren.

Läuterung des rohen Salpeters.

§. 699.

Der so gewonnene rohe Salpeter ist noch zu unrein, um in den Handel gebracht werden zu können, deshalb muß derselbe, durch eine nochmalige Auflösung und Krystallisation, geläutert werden.

a) Außer vielen schmierigen und farbigen Theilen, enthält der rohe Salpeter, nebst dem wirklichen Salpeter, auch noch viele fremdartige zum Theil zerfließbare Salze, von denen er, wenigstens zum größten Theile, befreyet werden muß.

b) Um ihn zu läutern, wird er in einer kleinern Läuterungspfanne mit zwey Drittheilen Wasser aufgelöst, dann mit etwas in Wasser gelöstem Tischlerleim, oder an dessen Stelle Blut gemengt, darauf ins Sieden gebracht, der Schaum abgenommen, dann die klare Flüssigkeit bis zum Krystallisationspunkte abgedunstet, und darauf in die Krystallisirgefäße filtrirt und die Krystallisation abgewartet.

c) Der krystallisirte Salpeter wird dann aus den Krystallisirgefäßen herausgenommen, auf Hürden getrocknet, und in diesem Zustande Salpeter vom zweyten Sude genannt. Er ist nun Kaufmannsgut.

d) Der erste Anschuß von dieser zweyten Krystallisation ist allemal ein ziemlich reiner Salpeter; die übrig bleibende nicht krystallisirte Lauge, enthält dagegen sehr viel von den fremden Salzen, welche dem unreinen Salpeter beyemengt waren.

e) Durch eine zweyte mehr umständliche Läuterung kann der Salpeter auf den höchsten Grad der Reinheit gebracht werden; er wird dann raffinirter Salpeter genannt. Diese zweyte Läuterung soll bey der Fabrikation des Schießpulvers beschrieben werden.

f) Schriften, welche das Wichtigste über die Anlegung und den Betrieb einer Salpetersiederey, und Abbildungen der dazu erforderlichen Geräthschaften enthalten, sind folgende.

(Joh. Christoph Gottl. Weise's ökonomische Technologie ꝛc. Erster Theil. Mit Kupfern. Erfurt 1803. 8. S. 81 ꝛc. C. L. Rösling's neue Fabrikenschule. 2. Theil. Erlangen 1806. 8. S. 141 ꝛc. J. A. Chaptal über künstliche Erzeugung des Salpeters. Aus dem Französischen; von F. Wolf. Königsberg 1806. 8. Bottée et Riffault, Traité de l'art de la Fabrications la poudre à comerce. Paris 1811. Botte und Riffault Anweisung das Schießpulver zu bereiten. Aus dem Französischen; von F. Wolf. Berlin 1816. C. F. Hollunder Handbuch der chem. Fabrikenkunde. Leipzig 1827. S. 365 ꝛc.)

§. 700.

Außer der hier angegebenen Methode, wie der Salpeter, durch den Weg der Kunst und der Natur zugleich, mittelst der Salpeterplantagen producirt wird, kann dazu auch noch in Nutzanwendung gezogen werden: 1) die Erde, welche den Boden der Pferde-, Kuh- und Schaafställe ausfüllet; 2) das Blut und die Abgänge in den Schlachthäusern; 3) die Erde der Gottesäcker rc., welche oft schon fertig gebildeten Salpeter enthalten.

a) Man sollte die gedachten Viehställe besonders zu diesem Behufe vorbereiten. Dieses wird erreicht, wenn man die Unterlage, 3 bis 4 Fuß tief, nicht mit Sand, sondern mit kalkhaltigen und steinfreyem Bauschutt, oder mit lockern Mergelkalk, oder mit Seifenasche (§ 498. e.) von den Seifensiedereyen ausfüllet, damit sie mit dem Urin der Thiere sich durchdringen, und dadurch zur Erzeugung der Salpetersäure vorbereitet werden.

b) Aus gleichem Grunde sollte man die Gräber mit Bauschutt, mit Ascherade, mit Mergelkalk, oder sonst mit einer kalkhaltigen Erde anfüllen, nicht mit Sand, und man würde sie, nach dem Verwesen der Leichen, nun noch auf Salpeter benutzen können.

c) Aus gleichem Grunde wäre es auch zu wünschen, daß in der Nähe der Scharfrichtereyen Lagerstellen mit kalkhaltigen Erden ausgefüllet vorräthig gehalten würden, um die krepirten Thiere darin zu verscharren, und nach deren Verwesung, das Erdreich auf Salpeter zu benutzen.

d) Nicht undienlich würde es seyn, der Erde zugleich solche Pflanzen beyzumengen, die durch das Verbrennen viel Kali darbieten, und außerdem nicht viel Nutzen haben; als z. B. Kartoffelkraut, die Strunke der Tabackspfanze, das Kraut des in der Nähe jener Gegenden ausgesäeten Wermuths, das Erigeron canadense rc. damit die sich erzeugende Salpetersäure gleich eine hinreichende Menge Kali erhielte, um fertigen Salpeter bilden zu können.

e) Auf solche Weise würde vielleicht jeder Staat im Stande seyn, seinen Bedarf an Salpeter selbst zu produciren.

(C. F. Reuß Versuche und Erfahrungen über des Salpeters vortheilhafte Bereitungsarten. Tübingen 1783. 8. C. W. Fiebler's Anweisung zur vortheilhaften Salpetererzeugung. Cassel 1786. 8. W. A. Lampadins Bemerkungen und Versuche über den Salpeter. In dessen Sammlung prakt. chem. Abhandlungen. 3. Band. Dresden 1800. 8. S. 80 rc. J. B. Tromsdorf's allgemein verständl. Anleit. Salpeter zu bereiten. Erfurt 1802. Chaptal a. (§. 699.) a. O. S. F. Hermbstädts Erfahrungen und Bemerkungen über die Produktion des Salpeters und deren Beförderung, als landwirthschaftliches Gewerbe betrachtet. In dessem Archiv der Agrikulturchemie rc. 6. Bd. S. 1 rc. Die Fabrikation des Salpeters bey den Tartaren. In Hermbstädts Büllctin des Neuesten rc. 9. Bd. S. 380 rc. Schiebel über die künstliche Salpetererzeugung in den Viehställen. Mit Anm. von Hermbstädt. In Hermbstädts Büllctin des Neuesten rc. 12. Bd. S. 46 rc. C. H. Müller's Anweisung wie der rohe Salpeter als Nebenprodukt von jedem Grund- und Hausbesitzer und vielen Gewerbsleuten mit wenigen Kosten und großem Vortheile erzielet und fabricirt werden kann. Berlin bey Fr. Maurer 1812. 8.)

Fünfunddreyßigster Abschnitt.

Die Fabrikation des Schießpulvers.

(Die Pulverfabriken. Die Pulvermühlen.)

§. 701.

Das Schießpulver, welches ohnstreitig eine der ältesten Erfindungen ausmacht, ist ein Produkt der Mengung von Salpeter, von Kohle und von Schwefel, in angemessenen quantitativen Verhältnissen.

a) Die gewöhnliche Sage, daß Barthold Schwarz das Schießpulver gegen das Ende des 13. Jahrhunderts erfunden habe, scheint um so mehr ein Mährchen zu seyn, da man weiß, daß der ungarische König Salomon bereits 1073 die Stadtmauern von Belgrad mit Kanonen (Donnerbüchsen) beschießen ließ, und daß man sich im 12. Jahrhundert bereits des Pulvers zum Sprengen des Gesteins am Rammelsberge bey Goslar bediente.

b) Wahrscheinlicher ist das Schießpulver eine Erfindung der Chinesen, die solches wenigstens schon vor sechzehnhundert Jahren besaßen. Dagegen ist es aber sehr wahrscheinlich, daß das Schießpulver zuerst durch die Saracenen aus Afrika nach Europa kam, und hier, im 13. und 14. Jahrhundert, in seiner Zubereitung verbessert worden ist, welches also mit der Zeit, wo B. Schwarz gelebt haben soll, ziemlich zusammen trifft.

c) Aber nicht bloß die Chinesen scheinen mit dem Schießpulver früher bekannt gewesen zu seyn, als die Europäer, sondern auch andere Völker Asiens. Nach Farisha (v. Oppositions-Blatt. 1820. Nro. 136. S. 1088 ꝛc.), waren die Kanonen unter den Hindus schon im Jahre 1008 nach Christus im Gebrauche. Unter der Regierung des Humajun verstanden die Muhamedaner schon den Gebrauch der Artillerie und selbst der Bomben. Die Portugiesen fanden in den Händen der Eingebornen Indiens schon Schießgewehre, und nach einem Berichte des Obrist-Lieutenants Fitz-Clarance, werden in Delhi einige sehr alte Kanonen aufbewahrt, aus zusammengepresseten Eisenkeilen, wie ein Kupferwerk gestaltet.

d) Unter den Handschriften des Doctor Mead soll sich, auf der Bibliothek zu Oxford, das Buch eines Marcus Gräcus befinden, das den Titel (περι τῶν πυρῶν: de compositione ignum), führt und aus der Mitte des neunten Jahrhunderts herstammt: in welchem sich eine Mengung von 2 Pfd. Kohlen, 1 Pfd. Schwefel und 6 Pfd. Salpeter zum Gebrauch bey Feuerwerken angegeben findet; ein Gemenge, das wahres Schießpulver giebt, dessen Gebrauch zum Schießen man aber zu der Zeit noch nicht gekannt zu haben scheint.

(Casiri Bibliotheca Arabic. Hisp. Excurialens. Matriti 1770. pag. 7 etc. fol. J. A. Fabricius allgemeine

Historie der Gelehrsamkeit 1754. 3. B. S. 344 ꝛc. 8. Poppe's Geschichte der Technologie ꝛc. 2. B. 1810. 8. S. 556 ꝛc.)

§. 702.

Die Hauptmaterialien, aus welchen das Schießpulver verfertiget wird, sind Salpeter, Kohle und Schwefel, sämmtlich im reinsten und trockensten Zustande.

a) Der Salpeter wird zu dem Behuf in den Pulverfabriken noch besonders gereiniget, um ihn von allen fremdartigen Beymischungen zu befreyen, die der rohe Salpeter etwa enthält; die gewöhnlich in salzsauren Alkalien und Erden, so wie in vielen Schmutztheilen bestehen.

b) Um die Reinigung des Salpeters zu veranstalten, löset man ihn in Wasser auf, versetzt die Auflösung mit 5 Procent gepulverter Kohle und 2 Procent Alaun, nachdem ihr vorher so viel Pottasche zugesetzt worden war, bis das Kali schwach vorwaltet, um dadurch die erdigen Salze zu zerlegen. Die geklärte Lauge wird nun zum Krystallisationspunkte abgedunstet, filtrirt und dann krystallisirt.

c) In Frankreich bedient man sich folgender Methode zur Reinigung des Salpeters. Man zerstampft den rohen Salpeter, übergießt ihn dann in hölzernen Bottichen mit kaltem Wasser, und läßt das Wasser so lange darüber stehen, bis sich eine Lauge gebildet hat, die nach dem Beaumischen Aräometer 30 Procent angiebt. Die Lauge wird nun abgezapft; der rückständige Salpeter aber zum zweyten Male mit der Hälfte, und zum dritten Male mit dem vierten Theil so viel Wassers übergossen und ausgewaschen, wodurch ihm die salzsauren Alkalien, die zerfließbaren Salze, und die färbenden Theile entzogen werden.

d) Der so gewaschene und abgetröpfelte Salpeter wird nun mit 50 Procent siedendem Wasser gelöst, und, wenn das in die Lösung gebrachte Aräometer 67 Procent Gehalt andeutet, zur Krystallisation, in die dazu bereiteten Gefäße gebracht. Der krystallinische Salpeter wird, nach dem Abgießen der Lauge, nochmals mit 5 Procent Wasser abgewaschen, und dann getrocknet. Aus der übriggebliebenen Lauge erhält man nun einen weniger reinen Salpeter.

e) Die zum Schießpulver bestimmten Kohlen müssen gleichfalls möglichst rein seyn. Am besten wählt man dazu die Kohle vom Faulbaumholze (Rhamnus frangula), vom Kornelkirschen-Strauche (Cornus sanguinea), vom Weidenholze, dem Lindenholze, dem Haselstaudenholze, und, in Rußland, von den Hanfstengeln. Die beste Kohle zum Schießpulver ist immer diejenige, welche die geringste Hygroscopeität besitzt und nach dem Einäschern die geringste Menge Alkali darbietet.

f) Auch der Schwefel, der zur Fabrikation des Schießpulvers bestimmt ist, muß sehr rein seyn. Am besten dienet hiezu der feine sicilianische, spanische und piemontesische Schwefel, der aus dem gebiegenen Schwefel gewonnen wird. Der deutsche Schwefel muß immer nochmals gereinigt werden, um ihn zur Fabrikation des Schießpulvers brauchbar zu machen. Gemeiniglich verrichtet man diese Reinigung durch eine Schmelzung desselben.

g) Die vollkommenste Reinheit des Salpeters giebt sich dadurch zu erkennen, daß dessen mit Wasser gemachte Lösungen, weder durch salpetersaures Silber, noch durch salpetersauren Baryt, noch durch kohlensaures Kali, eine Trübung erleidet.

(Botté und Riffault a. (§. 699.) a. O. Weise's ökonomische Technologie ꝛc. 5. Th. S. 155 ꝛc.)

Zusammensetzung des Schießpulvers.

§. 703.

Außer der vollkommensten Reinigkeit der zum Schießpulver erforderlichen Materialien, hängt auch die Güte des daraus hervorgehenden Produkts von den gut gewählten quantitativen Verhältnissen derselben ab. Diese richten sich überhaupt nach der Bestimmung des Schießpulvers, ob solches für Pistolen, für Jagdflinten, für Musketen, oder für Kanonen bestimmt ist.

a) Nach

a) Nach Thomas de Morea erhält man, unter 19 Verbindungen die er machte, aus 16 Theilen Salpeter, 3 Theilen Kohle und 1 Theil Schwefel das beste Pulver.

b) Von Struensee hat 6 Theile Salpeter, 1 Theil Kohle und 1 Theil Schwefel, als die besten Verhältnisse, zu sehr gutem Schießpulver angegeben, nach welchen Verhältnissen auch an verschiedenen Orten gearbeitet wird.

c) Da indessen die Fortbewegung des Schrotes oder der kleinen Kugeln, in den Pistolen und Flinten, eine schnellere Explosion nöthig macht, als die Fortbewegung großer Kugeln ꝛc. in Kanonen und anderm groben Geschütz, so macht dieses auch andere quantitative Verhältnisse der Materialien in der Zusammensetzung des Schießpulvers nothwendig.

d) Die quantitativen Verhältnisse der Bestandtheile zum Schießpulver, deren man sich in verschiedenen Ländern bedient, sind fast eben so verschieden, als die Länder selbst. Eine chemische Zergliederung des Pulvers giebt sie leicht zu erkennen.

Verarbeitung der Materialien zu Schießpulver. (Die Pulvermühlen.)

§. 704.

Die Zubereitung des Schießpulvers zerfällt in fünf verschiedene Operationen, nämlich: 1) in das Verarbeiten der Materialien auf der Mühle; 2) das Zerreiben derselben mit Wasser; 3) das Körnen des Pulvers; 4) das Trocknen desselben; und 5) das Schleifen oder Glätten desselben.

§. 705.

Um aus den dazu bestimmten Materialien das Schießpulver zu verfertigen, müssen solche sehr zart zerkleinert und gleichförmig mit einander gemengt werden. Dieses geschiehet vermittelst der Pulvermühlen, die durch Wasserkraft, durch Thierkraft, durch Wind- oder durch Menschenkraft, in Bewegung gesetzt werden. Die Pulvermühlen sind entweder Stampfmühlen oder Walzmühlen.

a) In Deutschland sind die Pulvermühlen bereits seit dem 14. Jahrhundert bekannt.

b) Die Stampf-Pulvermühlen bestehen aus Stampfen, die, wie bey den Oelmühlen, durch die Däumlinge einer Welle gehoben werden, und, in den Löchern des Grubenstocks, das Zermalmen und Durcheinanderarbeiten der Materialien verrichten.

c) Die Stampfer der Pulvermühlen werden aus Ahornholz oder aus Weißbüchenholz verfertiget; und die Gruben werden im Boden mit einem Futter aus Heinbuchenholz bekleidet. Zwey Stampfen arbeiten allemal in einer Grube gemeinschaftlich.

d) Die Länge der Daumwelle in einer Pulvermühle, richtet sich nach der Anzahl der Stampfen. Um das Aufspringen der Letztern zu verhüten, sind sie, in einiger Entfernung von ihrem Endpunkte, mit einem messingnen Ringe eingefasset.

e) Jedes Grubenloch erhält so viel von den Materialien, als es aufzunehmen vermag. In Zeit von 25 Minuten sind alle Materialien in Staub verwandelt. Um das Verstäuben zu verhüten, wird die Masse von Zeit zu Zeit mit Wasser besprengt, wovon man 1 Pfund auf 20 Pfund Masse rechnet.

f) Die Walz-Pulvermühlen, welche in Deutschland schon im Anfange des 18. Jahrhunderts bekannt waren, bestehen in zwey senkrechten Walzen, die durch ein Wasserrad herumgetrieben werden, von denen jede mit ihren beyden horizontalen Aermen, 2 cylinderförmige Marmorsteine, mit ihrer runden Seitenfläche, über einer horizontal liegenden eingefasseten Marmorplatte herumführt. An der senkrechten Welle sind ein Paar schiefgestellete Scheitelbretter angebracht, welche auf der horizontalliegenden Marmorplatte mit bewegt werden, und dazu dienen, die sich verbreitende Substanz, während der Arbeit, wieder in die Bahn der Laufersteine einzuschieben. Ein Arm der senkrechten Welle hält ein Gefäß mit Wasser, das daraus langsam auf die zermalmte Materie herabträufelt. Manche befeuchten sie mit Essig oder mit Branntwein.

g) In manchen Ländern hat man Walzen zum ersten Zerkleinern der Massen, und Stampfen zur Vollendung der Mengung derselben.

h) In Schweden wurden (durch Knutberg) im Jahre 1754 die hölzernen Walzen mit messingenen Reifen umgeben. In Irland schlug hingegen Napier vor, um eine gleichförmige und innigere Vermengung der Materialien zu gewinnen, eiserne mit einem messingnen Kranze umgebene Walzen anzuwenden, auf deren Umfange 4 glatte Theile mit 4 gefurchten abwechseln.

i) Mit einer oder der andern Art jener Pulvermühlen, werden nun die Materialien zu Pulver so weit bearbeitet, daß ein durchaus gleichförmiger und zarter Teig daraus hervorgebracht wird.

(Weise's ökonomische Technologie ꝛc. 1. Th. S. 168 bis 182. Taf. IV. Fig. 68. 69. u. Taf. V. Fig. 74 ꝛc. Knutberg's Vorschlag, das Pulver mit Wasser zu vermischen. In der Abhandlung der Königl. schwed. Akadem. der Wissenschaften. 22. B. S. 211 ꝛc. G. Napier Bemerkungen über das Schießpulver. In den Transactions of the irish Societ. for. 1788. London 1790. 4.)

Das Körnen des Schießpulvers.

§. 706.

Um das Körnen des Schießpulvers zu veranstalten, wird die noch feuchte Masse (die Pulvermasse, der Pulversatz) in das Körnhaus gebracht, um gekörnt zu werden, worauf solche, um getrocknet zu werden, in das Trockenhaus gebracht wird.

a) Ist das Pulver auf der Stampfmühle zugerichtet worden, so wird es im Körnhause so weit angefeuchtet, daß es sich zusammen backen läßt, dann in ein Sieb gebracht, das mit einem Boden von Pergament oder Kalbfell versehen ist, in welchem sich so viele Löcher befinden, als aus der Pulvermasse Körner gebildet werden sollen.

b) Auf die in das Sieb gebrachte Pulvermasse wird eine anderthalb Zoll dicke Scheibe von hartem Holz, oder auch eine bleyerne Kugel, gelegt, und das Sieb über einem Kasten hin und her geschüttelt: da dann die bewegte Scheibe oder die Kugel, vermöge ihres Gewichts die Pulvermasse in Körnern durch die Löcher des Siebes hindurch drückt, und die gekörnte Form derselben veranlasset. Die Körner werden sodann durch ein Staubsieb vom Staube gereinigt, der aufs neue zum Körnen bestimmt bleibt.

c) Pulver, welches auf Walzenmühlen zubereitet worden ist, kann sogleich gekörnt werden. Das auf Stampfmühlen bereitete, muß billig vorher mit einer Presse zusammengepresset werden.

d) In großen Pulvermühlen verrichtet man das Körnen des Pulvers nicht mit Sieben aus freyer Hand, sondern man bedient sich dazu eines horizontalen Rades, an welchem mehrere Siebe mit doppelten Böden, von denen nur die obersten durchlöchert sind, sich befestigt finden, durch welche Vorrichtung eine große Masse Pulver mit einem Male gekörnt werden kann.

e) Das Körnen des Pulvers soll von den Franzosen, im Anfange des 16. Jahrhunderts, erfunden worden seyn: sonst gebrauchte man selbiges nur als Staub. Das gekörnte Pulver hat Vorzüge vor dem Staubpulver, weil es weniger leicht verwittert, weniger leicht feucht wird, und sich schneller entzündet.

(Surirey de Saint Remy, Mémoires d'artillerie. Vol. III. Paris 1745. Transactions of the irish Society: for 1788. London 1790. 4. J. Thomson Treatise on Gunpowder. London 1792. 8.)

Das Trocknen des gekörnten Pulvers.

§. 707.

Um dem gekörnten Pulver alle inhärirende Feuchtigkeit zu entziehen, wird solches getrocknet. Dieses geschiehet α) entweder in freyer Luft; oder β) in Glashäusern mittelst der Sonne; oder γ) mittelst der Trockenhäuser; oder δ) durch Wasserdämpfe, durch welches letztere Mittel die Gefahr am meisten vermindert wird.

a) Das Trocknen des Pulvers in freyer Luft, kann nur an trocknen windstillen Tagen verrichtet werden.

b) Das Trocknen des Pulvers in Glashäusern, kann nur im Sommer vorgenommen werden, wenn hinreichender Sonnenschein obwaltet, um den erforderlichen Grad der Wärme zu erregen.

c) Die Trockenhäuser oder Darrhäuser für das Schießpulver, werden durch Oefen geheizt. Die Trockenhäuser sind an drey Seiten von unten bis oben mit hölzernen Tafeln belegt, die in gehöriger Entfernung aber auf hölzernen Gestellen ruhen. An der vierten Seite befindet sich ein eiserner aus einem Stück gegossener Ofen, der mit einem Mörtel von Thon und Lehm umgeben, und außerdem noch, um alle Ritzen zu vermeiden, mit Kalk übertüncht ist. Weil aber ein solcher Ofen nicht gleichförmig seine Wärme ausströhmt, so hat Rapier runde Kammern und einen runden Ofen zum Heizen vorgeschlagen, der in der Mitte der Kammer placirt werden soll, um von allen Seiten die Wärme gleichförmiger auszuströhmen.

d) Vorzügliche Aufmerksamkeit verdienen die von dem Schweden Gerhardson gemachten Erfahrungen, das Schießpulver mit Wasserdämpfen zu trocknen, wodurch alle Gefahr vermieden wird. In einem nicht ganz mit Wasser angefülleten Kessel, wird das Wasser zum Sieden gebracht, dessen Dämpfe durch eine an dem gewölbten Deckel angebrachte Röhre, in ein aus Mauersteinen erbautes dunstdichtes Dampfbehältniß geleitet werden, das mit kupfernen Platten bedeckt ist, auf welche Platten das Pulver aufgelegt wird.

(G. Napier, in den Transactions of the irish Society, for 1788. Gerhardson in den neuen Abhandlungen der Königl. Schwedischen Akademie der Wissenschaften. 2. Bd. S. 203 ꝛc. Weise's ökonomische Technologie ꝛc. 1. Thl. S. 187 ꝛc. Taf. V. Fig. 75 bis 78).

Das Glätten oder Polieren des Schießpulvers.

§. 708.

Das feinere Pürsch= oder Jagdpulver wird außerdem noch polirt oder geglättet, wozu man sich der so genannten Polierfässer bedienet, die man in Bewegung setzt, wodurch die Körner des Pulvers sich an einander reiben, und glatte Oberflächen bilden.

a) Um das Glätten des Pulvers mittelst der Polierfässer zu veranstalten, werden in dieselben von Boden zu Boden, der Länge nach, vier runde Holzstäbe befestiget, worauf man mehrere solcher Fässer an einer Welle befestiget, die durch ein Wasserrad in Umtrieb gesetzt werden.

b) In einigen Pulvermühlen in der Schweiz, werden die, an den Aermen einer lothrechten Welle sitzenden, Polierfässer auf einem mit Leisten beschlagenem Boden herumgetrieben, wodurch aber die Körner stets zu sehr abgenutzt werden.

c) Von dem geglätteten Pulver wird der Staub mehrmals durch ein Sieb abgeschlagen. Geglättetes Pulver ist aber immer schwerer entzündbar als rauhes.

§. 709.

Das fertige Schießpulver wird nun in Fässer verpackt, und an einem sichern und völlig trocknen Orte aufbewahrt, um keine Verderbniß desselben zu veranlassen.

a) Auch die beste Aufbewahrung des Schießpulvers in Fässern, sichert dasselbe nicht vor der Verderbniß, so, daß solches wenigstens alle Jahre einmal umgepackt werden muß.

b) Der Kurhannöversche Artillerie-General von Trev schlägt vor, das Schießpulver in Tonnen zu verpacken, die überdies mit stark geleimten und alaunten Papier beklebt sind, sie dann ganz in geschmolzenen Pech einzutauchen, mit Leinwand zu umwinden, und nochmals in Pech einzutauchen. Solchergestalt unter Wasser aufbewahret, hielt sich das Pulver nun völlig trocken.

c) Daß das Pulver an sichern Orten aufbewahret werden muß, welche nicht der Feuersgefahr ausgesetzt sind; daß man selbst die Pulverfabriken entfernt von den Wohnungen anlegen muß; daß man endlich die Pulvermagazine durch Gewitterableiter vor Gewitterschäden sichern muß, versteht sich von selbst.

d) Erörterung der verschiedenen Methoden, das Schießpulver zu probiren.

(Weise's ökonom. Technologie rc. 1 Thl. S. 206 rc.)

Verhältniß der Bestandtheile des Schießpulvers in verschiedenen Ländern.

§. 710.

Nicht alle Länder bedienen sich eines gleichen quantitativen Verhältnisses der Bestandtheile zum Schießpulver; sondern sie weichen sowohl im allgemeinen, als auch in der Zusammensetzung der verschiedenen Arten desselben, und zwar folgendermaßen ab. So nimmt man:

a) in Deutschland, zum Kanonen- und Musketenpulver: 1) 75 Theile Salpeter; $12\frac{1}{2}$ Schwefel und $12\frac{1}{2}$ Kohle; oder 2) zum Kanonenpulver 32 Salpeter, 7 Schwefel und 9 Kohle; 3) zum Musketenpulver 32 Salpeter, 6 Schwefel, 8 Kohle; 4) zum Pürschpulver 32 Salpeter, $4\frac{1}{2}$ Schwefel, 6 Kohle.

b) Die Königl. Pulverfabrik in Berlin, welche nur eine eigene Art Schießpulver verfertigt, bedient sich dazu eine Zusammensetzung von 82 Theile Salpeter, 14,5 Kohle von Faulbaumholz 13,5 Schwefel; welche also für

100 Theile Pulver berechnet: 74,545 Salpeter, 13,182 Kohle und 12,272 Procent Schwefel beträgt.

c) In Oestreich, woselbst verschiedene Arten des Schießpulvers fabricirt werden, gebraucht man: 1) zu Scheibenpulver 80 Theile Salpeter, 14 Kohle und 19 Schwefel, 2) zu Musketenpulver: 72 Salpeter, 17 Kohle und 16 Schwefel; 3) zu Kanonenpulver: dasselbe Verhältniß wie zum Musketenpulver, nur daß das Pulver gröber gekörnt wird; 4) zu Schanzpulver: 64 Salpeter, 20 Kohle und 14 Schwefel.

d) In England, wo man, wie in Oestreich, verschiedene Arten Schießpulver fabricirt, gebraucht man: zum schwachen Kanonenpulver: 100 Salpeter, 25 Kohle, 25 Schwefel; 2) zum stärkeren Kanonenpulver: 100 Salpeter, 15 Kohle, 12 Schwefel; 3) zum schwachen Musketenpulver: 100 Salpeter, 20 Kohle, 18 Schwefel; 4) zum stärkern Musketenpulver: 100 Salpeter, 18 Kohle, 15 Schwefel; 5) zum schwächern Pistolenpulver: 100 Salpeter, 15 Kohle, 12 Schwefel; 6) zum stärkern Pistolenpulver: 100 Salpeter, 18 Kohle, 10 Schwefel. Nach einer neuen Angabe von Kolemann soll man in England 76 Salpeter, 15 Kohle, und 9 Schwefel gebrauchen.

e) In Frankreich, zu allen Arten: 1) 77 Salpeter, 14 Kohle, und 9 Schwefel; oder 2) 76 Salpeter, 12 Kohle, und 12 Schwefel. Das Erste Verhältniß soll (nach Chaptal) das bessere seyn.

f) In Schweden, zu allen Arten: 75 Salpeter, 9 Kohle, und 16 Schwefel.

g) In Polen, 80 Salpeter, 8 Kohle, 12 Schwefel.

h) In China, 32 Salpeter, 8 Kohle, und 12 Schwefel.

i) Eine zweckmäßige chemische Zergliederung des Schießpulvers, macht uns besonders mit dem eines jeden Landes bekannt.

(K. Kamarsch Grundriß der Chemie ꝛc. Wien 1823. S. 36 Colemann. In dem Philosophical Magazin etc. Vol. IX. pag. 355 etc. Botté et Riffault, a. (§. 699.) a. O.

S. F. Hermbstädt Erfahrung über die beste Methode das Schießpulver zu zergliedern. In Schweigger's Jahrbuch der Chemie rc. 1. B. S. 107 rc. Auch in den Annales de Chimie et de Physique etc. Tom. XVI. pag. 434 etc.)

Sechsunddreyßigster Abschnitt.

Die Töpferkunst. Das Töpferhandwerk.

(Gemeine Töpferkunst; Fayancefabrikation; Steingutfabrikation; Porzellanfabrikation.)

§. 711.

Die Kunst mit Wasser angekneteten Thon, entweder für sich, oder in der Versetzung mit andern Substanzen zu allerhand Geräthschaften zu formen, und solche im Feuer hart zu brennen, wird die Töpferkunst oder das Töpferhandwerk genannt.

a) Die Kunst, aus Thon Töpfe und andere Geräthschaften zu verfertigen und solche im Feuer hart zu brennen, gehört unstreitig zu den ältesten Erfindungen des menschlichen Scharfsinns. Daß sie, vielleicht früher als einem andern Volke, den Morgenländern bekannt war, gehet aus verschiedenen Stellen der Bibel hervor.

b) Die Israeliten kannten und benutzten die irdenen Geräthe schon zur Zeit des Mosis sehr häufig, und das Töpferhandwerk stand bey ihnen in großer Achtung, so daß man im Geschlechtsverzeichnisse des Stammes Juda eine Töpferfamilie findet, die für den König gearbeitet und in dessen Garten gewohnt hat. Früher noch scheinen die Aegyptier die Töpferey gekannt und ausgeübt zu haben, und von ihnen ist sie ohnstreitig zu den Israeliten gekommen.

c) Auch die Sinesen scheinen schon sehr früh im Besitz der Töpferkunst gewesen zu seyn. Nicht weniger kannten sie die alten Griechen; denn auf Samos, in Athen und in Corinth, war die Töpferkunst lange vor der christlichen Zeitrechnung bekannt. Daß sie auch bey den Italienern bekannt war, ist nicht zu bezweifeln. Sie soll zuerst durch Demeratus aus Corinth, den Vater des römischen Königs Tarquinius Priscus, daselbst bekannt geworden seyn. Demeratus soll auch die Etrurier zuerst in der Töpferkunst unterrichtet haben; und in der That wurden schon zu des Persena's Zeiten von den Etruriern und den Toscanern irdene Geräthe verfertiget, die so schön waren, daß sie zu den Zeiten des Augustus, mit den goldnen und silbernen Geräthen um deren Vorzug stritten.

(J. H. M. Poppe's Geschichte der Technologie 2c. 3. B. 8. Göttingen 1811. S. 27 2c.)

§. 712.

Die Töpferkunst zerfällt, zufolge der Fortschritte, die in spätern Zeiten zu ihrer Erweiterung und Vervollkommnung gemacht worden sind, in 4 verschiedene Abtheilungen, dahin gehören: 1) die gemeine Töpferkunst; 2) die Fayancefabrikation; 3) die Steingutfabrikation; und 4) die Fabrikation des Porcellans, welches in der That nichts anderes als eine höchst feine Töpferwaare ist.

Erste Abtheilung.

Die gemeine Töpferkunst. Das Töpferhandwerk.

§. 713.

Die gemeine Töpferkunst, (das Töpferhandwerk) verfertigt aus gemeinen, mehr oder weniger eisenhaltigen Thon, Töpfe, Ofenkacheln, und allerhand andere

Geräthe, die dann im Feuer gebrannt und glasirt werden. Sie setzt, wenn gleich sie als ein gemeines Handwerk betrachtet wird, doch viel mechanische Kunstfertigkeit in der Ausübung voraus.

a) Die Meister in der gemeinen Töpferkunst werden Töpfer oder Hafener genannt. Ihr Handwerk ist ein geschenktes. Nach Verschiedenheit des abgeschlossenen Kontrakts, können die Lehrlinge das Handwerk erlernen in Zeit von 3 bis 6 Jahren, und die Gesellen müssen 3 Jahre wandern; und wenn einer Meister werden will, muß er als Meisterstück anfertigen: 1) einen Topf, der 2 Fuß hoch ist; 2) einen Napf, der 2 Fuß weit ist; 3) muß er einen Kachelofen setzen, wozu er die Kacheln selbst geformt, gebrannt und glasirt hat.

Töpferwerkzeuge.

§. 714.

Um den Thon, welcher die Grundlage zu allen Töpferwaaren ausmacht, vorzubereiten, und Geräthe daraus zu formen, werden in der Werkstatt des Töpfers verschiedene Werkzeuge erfordert. Sie bestehen in: 1) der Scheibe; 2) der Schablone; 3) der Bechertraube; 4) dem Thondrath; 5) dem Mahlhorn; 6) dem Thonschlägel; 7) der Thonschneide; 8) dem Reibstein.

a) Die Scheibe oder Töpferscheibe auch Drehscheibe genannt, bestehet aus 2 starken hölzernen Scheiben, wovon die obere kleiner ist als die untere; beyde sind durch eine eiserne senkrechte Spille in einiger Entfernung vereinigt, die mit ihrem untersten Zapfen unter der untern Scheibe in eine stählerne Pfanne greift, welche auf dem Fußgestelle ruhet. Oben läuft die Spindel in einem gespaltenen Holze, welches die Zunge oder die Scheere genannt wird. Die obere Scheibe ist dazu bestimmt, den Thon mit den Händen darauf zu drehen, während der Töpfer die untere Scheibe, und mit ihr zugleich den ganzen Apparat, mit den Füßen herum beweget. Vor der obern Scheibe befindet sich ein Querbrett, auf welchem der Töpfer bey der Arbeit sitzt, solches wird die Wellbank genannt.

b) Man unterscheidet dreyerley Arten von Töpferscheiben, nämlich: 1) die Bankscheibe; 2) die feststehende Scheibe und 3) die Klotzscheibe. Die erste ist transportabel; die zweyte ist von der Art, daß die Wellbank die ganze Scheibe von allen Seiten umgiebt. Zuweilen werden auch die Töpferscheiben mittelst eines senkrechten Rades mit einer Kurbel, in Bewegung gesetzt.

c) Die Schablone (auch Leere und Caliber genannt) bestehet in einem Instrumente, mit welchem den Gefäßen die gebogenen Außenflächen und andere Zierrathen gegeben werden. Sie wird entweder um den Thon herum geführt, oder der Thon wird um die Schablone herum geführt, um die Erhabenheiten zu bilden, die gemacht werden sollen.

d) Die Bechertraube ist ein Instrument von kugelförmiger, oder besser ovaler, Gestalt, das dazu dienet, den Tellern oder Schüsseln die Vertiefungen einzudrücken, während die Scheibe herumgedrehet wird. Die Bechertraube ist entweder aus Kupferblech, aus Holz, aus Horn oder aus gebranntem Thon verfertiget.

e) Der Thondrath, welcher einerseits dazu bestimmt ist, den Thon damit in dünne Blätter zu zerschneiden, andrerseits aber das fertige Gefäß damit von der Scheibe abzuschneiden, bestehet in einem dünnen Drathe aus Messing, der an beyden Enden mit einem kleinen Handgriffe versehen ist.

f) Das Mahlhorn bestehet in einem wie eine Büchse gestaltetem Gefäße, aus Holz oder aus Horn verfertiget, welches dazu bestimmt ist, die Farben zum Bemahlen der Töpfe darin aufzubewahren.

g) Der Thonschlägel ist ein viereckiger Klotz, mit einem Stiel oder Handgriffe versehen, der dazu bestimmt ist, den rohen Thon zu runden Klumpen damit zusammen zu schlagen, um die fetten und die mageren Theile desselben vollkommen zu mengen.

h) Die Thonschneide auch Schabe genannt, bestehet in einem gekrümmten eisernen Messer mit zwey Handgriffen, mittelst welchem der Thon in dünne Scheiben zerschnitten wird, um die Steine zu entdecken, die darin enthalten seyn können.

i) Die Schiene bestehet in einem dünnen flachen Brettchen, das dazu bestimmt ist, die Töpfe damit auf der Scheibe von Innen und von Außen glatt zu streichen.

k) Der Reibstein oder Farbestein, bestehet in einem aus Porphyr oder aus Marmor verfertigten glatten Steine, mit dazu gehörigem Laufer oder Reiber, und ist dazu bestimmt, die Farben darauf zu reiben.

l) Die Formen, zu Kacheln, zu Bildern und andern Zierrathen, sind gewöhnlich aus Gyps oder auch aus Birnbaumholz angefertiget. Um die darin geformten Gegenstände leicht davon zu lösen, werden sie beym Gebrauche mit Oel bestrichen, und vermittelst einem feinen Haarsiebe, mit an der Luft zerfallenem Kalk bepudert.

(Sprengel's Handwerke in Tabellen, fortgesetzt von Hartwig. Berlin 1767. Die Scheibe. 1. Theil. S. 107. Fig. 1. Die Bechertraube Fig. 10. Der Thondrath Fig. 11. Das Mahlhorn Fig. 2. Der Thonschlägel 3. Th. Fig. 2. Die Thonschneide. 1. Theil. Fig. 4. Die Schiene. 1. Theil. Fig. 7. Die Form. 1. Theil. Fig. 12. und 14.)

Die Vorbereitung des Thons.

§. 715.

Wenn der Thon als brauchbar für die Töpfereien anerkannt und ausgewählt worden ist, so wird er nun gehörig mit Wasser erweicht (zu feinen Arbeiten auch wohl geschlämmt) dann durch das Treten, Zusammenschlagen und Schaben, von allen inhärirenden Steintheilen befreyet, bis er zur Verarbeitung auf der Scheibe geschickt ist.

a) Der Thon, als das Hauptmaterial für die Töpfereien, ist allemal ein Produkt der natürlichen Mischung aus Thonerde und Kieselerde, (Kieselsäure) mit mehr oder weniger Eisenoxyd gemengt. Aber jene bildenden Elemente des Thons, sind darin einerseits oft in einem sehr verschiedenen quantitativem Verhältnisse mit einander verbunden, andern Theils hält der Thon auch wohl mehr oder weniger Kalk und Sand eingemengt, die ihm eine sehr verschiedene Beschaffenheit geben, daher muß ihn der Töpfer vorher ausprobiren, ob er zu dem bestimmten Behufe brauchbar ist.

b) Thon, welcher die gehörige Geschmeidigkeit besitzt, um sich auf der Scheibe gut bearbeiten zu lassen, an der Luft beym Austrocknen nicht zu stark schwindet, und sich im Feuer des gewöhnlichen Töpferofens hinreichend hart brennt ohne zu schmelzen, hat die beste Beschaffenheit zur gemeinen Töpferwaare.

c) Sehr fette Thonarten schwinden beym Trocknen stark, und bilden im Brennen steinartige Massen, die, weil sie die Abwechselung von Wärme und Kälte nicht leicht ertragen, zu Küchengeräthen nicht wohl brauchbar sind, sie dienen bloß zum gemeinen Steingut. Solche fette Thonarten müssen daher im gehörigen Verhältnisse mit Sand versetzt werden, um hinreichend poröse zu werden, nicht stark zu schwinden und nach dem Brennen solche Gefäße zu bilden, die, ohne zu zerspringen, alle Abwechselungen der Kälte und Hitze aushalten; doch muß das hinreichende Verhältniß des Sandzusatzes, jeder Töpfer durch Versuche zu bestimmen wissen.

d) Ist der Thon gehörig ausgewählt, und hat man ihm die brauchbare Beschaffenheit durch die gehörige Versetzung gegeben, so wird derselbe mit Wasser eingeteigt, dann gehörig durchgetreten, und endlich, wenn er nicht vorher geschlämmt war, mit der Thonschneide (§. 714. h.) geschabt, um alle Steintheile daraus hinweg zu schaffen, in welchem Zustande solcher nun zum Verarbeiten auf der Scheibe geschickt ist.

Die Bildung der Geräthe.

§. 716.

Der vorbereitete Thon wird nun, nach den Regeln der Kunst, in gehörigen Stücken oder Klößen, auf die Töpferscheibe gebracht, und, während dieselbe mit den Füßen umgedrehet wird, mit den Händen darauf zu den verschiedenen Gebilden ausgearbeitet.

a) Um aus dem Thone Geräthe auf der Scheibe zu formen, wird der Klos, mit Wasser befeuchtet, auf die Scheibe gebracht, mit den Daumen beyder Hände ein Loch eingedrückt, Wasser hineingespritzt, und, während die Scheibe sich beständig um ihre Achse drehet, nach und nach so weit erweitert, als die innere Hölung des Geräthes groß werden soll.

b) Hat das Geräth (der Topf, die Schüssel oder was es seyn mag) die ihm zukommende Gestalt erhalten, so wird solches, mittelst der Schiene (§. 715. i.) von außen und von innen geglättet. Soll dasselbe mit Henkeln versehen seyn, so werden diese aus freyer Hand gemacht und daran befestiget.

Das Brennen der Töpferwaare. Der Töpferofen.

§. 717.

Die fertige Töpferwaare wird an einem schattigen Orte getrocknet, um alle inhärirende Feuchtigkeit so viel wie möglich daraus zu entfernen, weil solche sonst in der Hitze des Töpferofens sich in Dünste ausdehnen, und die Geräthe zersprengen würde, welche hierauf in den Töpferofen gehörig eingesetzt und gebrannt werden.

a) Der Töpferofen ist ein längliches Viereck, aus Steinen aufgemauert. Höhe und Tiefe desselben sind verschieden. Oben ist er mit einem Muldengewölbe gewölbt und mit einer Decke von Thon oder Lehm, mit Hechsel durchgeknetet, bedeckt. Gewöhnlich beträgt seine Länge 13, seine Breite 5 Fuß, seine Höhe 5½ Fuß. Die obere Wölbung ist nur flach, um im Winter die Waaren darauf zu trocknen. Die Seitenwände sind durch Streber und Pfeiler zusammengehalten. An der runden schmalen Seite ist der Ofen mit einem ziemlich hohen und breiten Einsatzloche versehen, in welches ein Mensch etwas gebückt, bequem hineingehen kann. Gegenüber, an der hintern schmalen Seite, befindet sich ein Schierloch, das aber kaum halb so groß als das Einsetzloch ist, und das auf jeder Seite neben sich noch ein kleines Schierloch besitzt.

b) Drey Fuß von der Mauer der hintern schmalen Seite entfernt, in welcher die Schierlöcher sich befinden, ist eine Mauer aufgeführt, welche mit der Mauer der Schierlöcher nach der Breite des Ofens parallel läuft. Sie hat mehrere Löcher, durch welche die Hitze zu den irdenen Geräthen dringt, welche von dieser Mauer bis zum Einsatzloche gestellet sind, so, daß das Feuer bloß zwischen jenen beyden Mauern angeschieret wird, wo kein Geräth befindlich ist. Um eine lebhafte Flamme zu unterhalten, ist in der Decke des Ofens, über dem Einsatzloche, ein Zugloch angebracht; dagegen der Rauch durch einen Rauchfang abgeführt wird, der, über der hintern mit dem Schierloche versehenen Mauer, placirt ist.

c) Wenn die an der Luft wohl ausgetrockneten Geräthe regelmäßig in den Ofen eingesetzt sind, so wird das Einsatzloch zugemauert, und in dem Ofen anfangs mäßig, nach und nach aber immer stärker geheizt, bis alles Geräthe zum völligen Glühen gelangt ist; worauf, nach völligem Erkalten des Ofens die Geräthe heraus genommen werden.

d) Gegenstände die nicht glasürt werden sollen, wie die Zuckerhutformen, die Alcarhazas, die Blumentöpfe, die rohen Kacheln rc. werden nur einmal gebrannt, aber desto länger im Ofen gelassen. Diejenigen hingegen, welche glasürt werden sollen, werden zweimal gebrannt: das erste Mal nur halbgahr für sich, das zweyte Mal vollends ganz gahr, mit der Glasur.

(Sprengel's Handwerke in Tabellen, fortgesetzt von Hart-

Hartwig 1. Th. Fig. 15. Riesmann's verbesserte Konstruktion des Töpferofens. In Hermbstädt's Bülletin rc. 2. B. S. 279 rc. Bourne's verbesserte Töpferofen. s. Jahrbücher des K. K. polytechn. Instituts in Wien. 9. B. 1826. S. 383 rc. Taf. V. Fig. II.)

Das Glasuren der Töpfe.

§. 718.

Der poröse Zustand, welchen die gebrannte Töpferwaare besitzt, macht eine Verschließung der Zwischenräume mit einer glasartigen Decke nothwendig, um sie dadurch für Feuchtigkeiten undurchdringlich zu machen. Jener Ueberzug wird die Glasur, und seine Befestigung, das Glasuren der Geräthe genannt.

a) Durch wen die Kunst, irdenes Geräthe zu glasüren, und zu welcher Zeit solche erfunden worden ist, läßt sich schwerlich mit Genauigkeit angeben. Jene Erfindung muß indessen, so wie die Töpferey selbst, sehr alt seyn; denn schon Jesus Sirach kannte sie: und im Buche Jesus Sirach, im 39. Kapitel 34. Vers heißt es: „Ein Töpfer muß bey seiner Arbeit seyn, die Scheiben mit seinen Füßen umtreiben, und immer mit Sorgen sein Werk machen, und hat sein gewiß Tagewerk; er muß mit seinen Armen aus dem Thon sein Gefäß formiren und sich zu seinen Füßen müde bücken; er muß denken, wie er es fein glasüre, und früh und spat den Ofen fege" rc.

b) Vielleicht sind die alten Aegyptier die Erfinder der Glasur; denn unter den ägyptischen Alterthümern siehet man sehr viele, die so gut bemahlt und glasürt sind, als unser Porzellan.

c) Die Chinesen sollen in ihren Archiven schon länger als 4000 Jahren eine Reihe von Bildern ihrer Regenten aufbewahren, die mit Glasur- oder Schmelzfarben bedeckt sind.

(Ueber die Topfglasur. In Hermbstädts Bülletin 2. B. S. 239 rc. Poppe's Gesch. der Technologie rc. 3. B. S. 281 rc.)

§. 719.

Um das Glasüren der irdenen Geräthe zu veranstalten, bedienet man sich der Bleyoxyde (der Bleyglätte oder der Mennige), mit fein präparirtem Kiesel gemengt, und mit Wasser zu einem dünnen Brey angerieben, so dünn, daß solcher auf das Zeug geschlämmt werden kann.

a) Zur gewöhnlichen Glasur bedient man sich eines Gemenges von 3 Theilen Bleyglätte und 2 Theilen Kiesel.

b) Zur weißen Glasur, für Schüsseln, Teller, weiße Ofenkacheln ꝛc. wird aus gleichen Theilen Zinn und Bley ein Oxyd bereitet, solches zerkleinert, mit Wasser geschlämmt, dann gleiche Theile dieses Oxyds und weißer Kieselsand, nebst 2 Theilen gereinigter Pottasche zusammen geschmolzen, die Masse zerkleinert und aufgetragen.

c) Die Materialien zur Glasur werden entweder auf einem Reibestein, oder mittelst dazu bestimmten Handmühlen, zart zerkleinert, geschlämmt, dann mit Wasser angerieben, und so aufgetragen oder aufgeschlämmt.

d) Um das Auftragen der Glasur auf die halbgahr gebrannten Geräthe zu veranstalten, werden solche bloß mit dem dünnen Brey bespület, da sich dann die Feuchtigkeit leicht einsaugt, und die Glasur auf der Oberfläche sitzen bleibt.

e) Sollen die Gegenstände im völlig rohen bloß getrockneten noch gar nicht gebranntem Zustande glasürt werden, so werden sie bloß mit einem Pinsel mit Wasser befeuchtet, dann mit der trocknen Glasurmasse bestreuet und hierauf gebrannt.

f) Sollen die Glasuren entweder gefärbt erscheinen, oder die Geräthe bemahlt werden, so bedient man sich dazu der färbenden Metalloxyde: 1) als Zinnoxyd zu weiß; 2) Kobaltoxyd (Zaffra. Saflor) zu blau; 3) Kupferoxyd zu grün; 4) Eisenoxyd zu gelb und roth; 5) Manganoxyd (Braunstein) zu braun; 6) Manganoxyd und Hammerschlag, zu schwarz. Man setzt sie entweder gleich der Glasurmasse bey; oder man bemalet die Geräthe nach dem ersten Brennen, trägt dann die Glasur auf, und brennt solche mit den Farben gemeinschaftlich ein.

(Ueber die Glasur der irdenen Küchengeräthe. In Hermbstädt's Bülletin ꝛc. 2. B. S. 239. Blixenstierna Beschreibung einer gelben Glasur auf Thongefäßen. In der Abhandlung der Königl. Schwed. Akad. d. Wissenschaften. 9. Band. S. 75 ꝛc.)

§. 720.

In spätern Zeiten haben die Töpfer die Quantität der Bleyoxyde zu der Topfglasur immer mehr vermehrt, und die des Kieselzusatzes immer mehr vermindert; dadurch sind die Glasuren oft so auflöslich in sauern Mitteln geworden, daß man die größte Gefahr für die Gesundheit davon befürchten muß. Man hat daher angefangen, durch die Anwendung des gepulverten Glases, so wie einer zusammen geschmolzenen Verbindung von Kieselsand und kalzinirtem Natron, eine bleyfreye oder Gesundheitsglasur darzustellen, die allgemein empfohlen zu werden verdient.

a) Eine solche bleyfreye Glasur gewinnt man (nach meiner Erfahrung), wenn 5 Theile eisenfreyer Kieselsand und 4 Theile kalzinirtes Natron, in einem Geräthe im Töpferofen, während dem Brennen des Zeugs geschmolzen, dann die glasartige Masse zart zermahlen, geschlämmt, und, gleich der Bleyglasur, aufgetragen und eingebrannt wird.

b) Zartes, zermahlnes und geschlämmtes weißes Glas, leistet fast dieselben Dienste.

c) Der Töpfer Fourmy in Paris fabricirt eine Art von unschädlicher Töpferwaaren, die er Hygiocerames (aus ὑγιεινη (Gesundheitslehre) und κεραμος (irdenes Geräthe) gebildet) nennt; deren Anfertigung er aber nicht deutlich angegeben hat.

d) Liebe in München bereitet eine bleyfreye Topfglasur,

indem er 100 Theile Quarzpulver, 10 Theile Salpeter und 20 Theile Kalk zusammenschmilzt, dann pulvert, hierauf mit einer Lösung von Wasserglas versetzt, aufträgt, und nach dem Trocknen einbrennt. Das Wasserglas wird aus 15 Theilen Quarzpulver, 10 Theilen Pottasche und 1 Theil Kohlenpulver, die zusammengeschmolzen werden, bereitet. Die geschmolzene Masse wird in Wasser gelöst. Eine gute Zusammenstellung der verschiedenen Topfglasuren, findet man durch Leuchs zusammengestellt, im unten angeführten Werke.

(G. A. Ebell, die Bleyglasur des irdenen Küchengeräths, als eine unbekannte Hauptquelle vieler Krankheiten. Hannover 1794. 8. J. F. Westrumb über die Bleyglasur unsrer Töpferwaaren. Hannover 1797. 8. Ueber die Bleyoxyd-Glasur für irdene Geräthe. In Hermbstädts Bülletin 2. B. S. 239. Fourmy Mémoire sur les Ydrocérames. Paris 1804. 8. J. C. Leuchs, die Verfertigung der irdenen Töpferwaare. Nürnberg 1829. S. 118 rc.)

§. 721.

Hier ist bloß von der gemeinen Töpferey geredet. Wer einen ausgezeichneten Betrieb einer fabrikmäßigen Töpferey im Großen kennen lernen will, findet solchen hier in Berlin in der Ofenfabrik des Königl. Akademischen Künstlers und Inhabers des rothen Adlerordens, Herrn Christoph Feilner. In dieser Anstalt geschehen alle einzelne Operationen durch Maschinen; ihr Betrieb ist überaus ausgedehnt, ihre Fabrikate finden einen sehr ausgedehnten Absatz selbst im Auslande; sie kann als eine Musteranstalt aller Töpfereyen in Europa aufgestellt werden. Eine genaue und ausgedehnte Beschreibung derselben hat H. Weber davon gegeben.

(H. Weber, Beschreibung der Ofenfabrik des Hrn. Joh. Christ. Feilner in Berlin. In H. Weber's Wegweiser durch die wichtigsten technischen Werkstätte der Residenz Berlin. 2. Heft, Berlin 1820. S. 111 rc.)

Zweyte Abtheilung.

Von der Fayance.

§. 722.

Mit dem Namen Fayance oder Fajance, auch unächtes Porzellan, bezeichnet man ein gebranntes und glasurtes irdnes Zeug, das entweder aus einem sich weiß oder doch nur gelblichweiß brennenden Thone verfertiget wird, und mit dem sogenannten Steingut nicht verwechselt werden darf. Die Fayance unterscheidet sich auch dadurch noch von der gemeinen Töpferwaare, daß sie mit einer weißen Glasur bedeckt, und über der Glasur noch bemalet ist.

a) Der Name Fayance wird bald von Faenza in Italien, bald von dem Städtchen Fayence in der Provence abgeleitet. Früher soll indessen schon jenes Töpferzeug im spanischen Königreich Valencia und Majorca fabricirt worden seyn: auch wird solches Majolica genannt, vielleicht von Majorca, einer der Balearischen Inseln, abgeleitet.

b) Als Thon ziehet man denjenigen zu Fayance allen übrigen vor, der, in einem Schmelztiegel ausgeglühet, seine Farbe nicht sehr ändert, nicht sehr schwindet, keine Risse bekommt, und einen Anfang der Schmelzung erleidet.

c) Man versetzt den Thon zur Fayance öfters noch mit Mergel, mit Sand und mit Gyps. Am gewöhnlichsten wird dazu ein Gemenge von 3 Theilen blauem sich weißlich brennenden Thon, 2 Theilen sich röthlich brennenden Thon, und 5 Theilen Thonmergel angewendet.

d) Das Erdgemenge wird mittelst der dazu bestimmten Schlämmkästen geschlämmt, dann das Geschlämmte getreten und zu Ballen geformt und diese, in Leinwand eingeschlagen, zum Gebrauch aufbewahret.

e) Aus dem vorbereiteten Thonteige wird nun das Geräthe zur Fayance auf der Töpferscheibe eben so gedrehet, wie beym gemeinen Töpferzeuge. Die gefertigten Gegenstände werden, nachdem sie an der Luft getrocknet sind, mittelst dem Abdreheisen, nochmals abgedrehet, um sie zu ebnen.

(S. F. Hermbstädt über den Unterschied zwischen Fayance und Steingut. In dessen Bülletin rc. 12. Bd. S. 75. rc. J. Beckmann's Anleitung zur Technologie 6. Auflage. 1809. S. 371 rc. Poppe's Geschichte der Technologie rc. 3. Bd. S. 284 rc. Ueber die Verfertigung der Fayance oder des unächten Porzellans. Im Journal für Fabriken, Manufakturen und Handlung. 6. Bd. 1794. S. 124 rc. und 10. Bd. 1796. S. 1 rc. Bosc d'Antic, Oeuvres conténants plusieurs Mémoires sur l'art de la verrérie, sur fayencérie, la poterie etc. Vol. II. Paris 1780. 12. Völlig entdecktes Geheimniß der Kunst, Fayance, englisches Steingut und Porzellan zu verfertigen. Leipzig 1793. 8. Verfertigung der Fayance. In J. C. Leuchs a. (§. 720.) a. O. S. 89 rc.)

§. 723.

Die geformte, getrocknete und abgedrehete Fayance wird nun im Fayanceofen einmal halbgahr gebrännt, dann glasüret, gemahlt und zum zweytenmal gebrännt.

a) Der Fayanceofen ist vom gemeinen Töpferofen in seiner Konstruktion verschieden. Er ist aus 3 Abtheilungen gebildet, von denen die unterste die Kapseln, die beyden oberen hingegen, das Geschirr aufzunehmen bestimmt sind. Jene Abtheilungen sind mittelst durchlöcherter Böden mit einander verbunden, dergestalt, daß das Feuer in allen Punkten sich verbreiten kann; und der Schornstein gehet über dem Herde trichterförmig empor.

b) Die zu brennenden Geräthe werden nicht, wie beym gemeinen Töpferzeug, unmittelbar in den Ofen eingesetzt, sondern in irdenen Kapseln (Cassetten, Kokers) eingeschlossen, die man über einander stellt; welche Benennung Koker im Plattdeutschen ein Futteral bedeutet.

c) Die einmal, oder halbgahr, gebrannten Geräthe, werden nun mit der Glasurmasse überzogen, dann mit den dazu bestimmten Farben gemalt, und endlich zum zweytenmal, wie vorher, im Ofen vollends gahr gebrannt, übrigens zugleich die Glasur und die Farben eingeschmolzen.

d) Beym zweyten Brennen muß sehr trocknes und dünn gespaltenes Holz angewendet werden, um Dünste und Ruß zu vermeiden. Die ersten 6, 8 bis 12 Stunden, wird nur ein schwaches Feuer (Lavierfeuer) gegeben, alsdann wird solches aber verstärkt und der Brand bis 24 Stunden fortgesetzt.

e) Wenn eine aus dem Ofen genommene Probe zeigt, daß sie völlig gut ist, so werden alle Oeffnungen des Ofens vermauert, und, nachdem der Ofen in 2 bis 3 Tagen sich völlig abgekühlt hat, wird derselbe geöffnet, und die Geräthe mit ihren Kapseln herausgenommen.

§. 724.

Um die Fayancegeräthe zu glasüren, werden sie, nach dem ersten Brennen, mit einem besonders dazu vorgerichteten Schmelzglase, im zart gemahlnen und geschlämmten Zustande, das mit Wasser zum dünnen Brey angerieben ist, eben so wie die gemeine Töpferwaare, überzogen, und, nach dem Trocknen, mit den dazu bestimmten Farbemassen bemalt; welches Letztere mit Haarpinseln auf eine geschickte Weise verrichtet wird.

a) Zum weißen Schmelzglase für die Fayance, bedient man sich eines aus gleichen Theilen Zinn und Bley zu dem Behuf besonders bereiteten Oxydes. Von diesem werden 25 Theile mit 25 Theilen eisenfreyem Kieselsand, und 5 Theilen Küchensalz (an dessen Stelle auch Glasgalle) gemengt, das Ganze zusammengeschmolzen, dann zart zermahlen, und mit Wasser angerührt, aufgetragen.

b) Als eine von jenen verschiedene Zusammensetzung zur Glasurmasse, bedienet man sich auch: 1) gleicher Theile jenes Oxyds und Sandes, nebst der Hälfte Kali; 2) oder 10 Theile Oxyd, 5 Theile Sand, 3 Theile weiße englische Erde und 15 Theile Küchensalz; oder 3) gleiche Theile eines Oxyds, das aus 1 Theil Zinn und 4 Theilen Bley bereitet ist, nebst Sand und Küchensalz.

c) Zu den Farben für die Fayance bedient man sich durch Metalloxyde gefärbte leichtflüssige Glasmassen, die für sich gemahlen, geschlämmt, oder abgerieben, und mit dem Pinsel aufgetragen werden.

d) Zur blauen Farbe bedienet man sich der feinsten Smalte.

e) Zu gelb werden 8 Theile Antimon, 3 Theile Mennig und 1 Theil eisenfreyer Sand, in einem Tiegel geschmolzen, dann ausgegossen oder geschmolzen abermals geschmolzen, und diese Arbeit so oft wiederholt, bis alles in ein schönes Gelb umgewandelt worden ist.

f) Zu grün bedient man sich entweder einer Zusammensetzung aus blau und gelb; oder man schmelzt 12 Theile Bley, 1 Theil Zinn (beydes im oxydirten Zustande), 5 Theile Küchensalz, 5 Theile Kiesel, 1 Theil Zaffra, 1 Theil Kali und 1 Theil venetianisches Glas zusammen, löscht die geschmolzene Masse in Wasser ab, und wiederholt diese Arbeit so oft, bis alles in eine grüne Glasmasse übergegangen ist.

g) Zum Roth bedient man sich eines Gemisches von 3 Theilen Antimonoxyd, 3 Theilen Bleyglätte und 1 Theil rothem Eisenoxyd, das zusammen geschmolzen wird.

h) Zum Braun werden gleiche Theile kalzinirter Braunstein und zinnhaltiges Bleyoxyd zusammen geschmolzen.

i) Zu schwarz nimmt man 2 Theile Hammerschlag, 1 Theil Braunstein, und 1 Theil dunkle Smalte; oder auch 8 Theile Bleyglätte, 3 Theile gefeiltes Eisen, 3 Theile Kupferasche und 2 Theile Zaffra, die zusammen geschmolzen werden.

k) Man brennt auch ganze Kupferstiche ein, deren Farbe aus der

Masse (i) besteht. Zu dem Behufe wird der Kupferstich auf dem Geschirr mittelst Hausenblase aufgeleimt, da dann, während dem Einbrennen, das Papier zerstört wird, der Stich hingegen zurück bleibt.

(Anmerkungen von der eigentlichen vorzüglich kostbaren Fayance oder so genannten Majolica. Braunschweig 1760. 8. Bosc d'Antic. a. (§. 722.) a. O. Beschreibung der Fayance. In den Göttinger allgemeinen Unterhaltungen 30stes Stück. Götting. 1769. Völlig entdecktes Geheimniß der Kunst, Fayance, Steingut und Porzellan zu verfertigen. Nebst einer Anweisung der dazu nöthigen Formen. Mit Kupfern. Leipzig 1792. 8. Bemerkungen über die Fayancefabriken in Frankreich. In Hermbstädt's Bülletin rc. 14. Bd. S. 193 rc. Bastenaire-Daudenat, Art de Fabriques la Fayancé. 12. Paris 1828.)

Dritte Abtheilung.

Die Fabrikation des Steinguts.

(Die Steingutmanufakturen.)

§. 725.

Steingut, in der allgemeinern Bedeutung des Wortes, wird ein aus feuerfestem fettem Thon gebranntes Töpferzeug genannt, das sich vom gemeinen Töpferzeuge durch einen steinartigen Bruch auszeichnet, und auf der Außenfläche, ohne Bley dazu anzuwenden, einen glasurartigen Ueberzug besitzt. Man unterscheidet graues, braunes und weißes Steingut. Der zum Steingut bestimmte Thon besitzt gemeiniglich eine violette, fast blaue Farbe, und eine sehr fette, zähe Beschaffenheit.

a) Die Fabrikation des Steingutes geschiehet eben so, wie die des gemeinen Töpferzeugs und Fayance.

b) In Deutschland werden von grauem oder braunem Steingut verfertigt: Milchschalen, Kruken, Flaschen mit Henkeln (z. B. zum Selters-, Eger- und Bitterbrunnen) ꝛc.

c) Töpfereyen, in welchen graues und braunes Steingut fabricirt wird, finden sich: 1) zu Bunzlau in Schlesien; 2) zu Burgdorf im Brandenburg-Culmbachschen; 3) zu Waldenburg im Erzgebirgischen Kreise; 4) im Herzogthum Lüneburg; 5) im Dorfe Duingen bey Hameln; 6) zu Muskau in der Lausitz. Vor mehrern Jahren existirte eine solche Fabrik zu Charlottenburg bey Berlin, die aber eingegangen ist.

d) Die Verglasung des grauen und braunen Steingutes, giebt man bloß durch Küchensalz. Diese Glasurmethode wurde im Jahre 1690 durch Eller oder Elers, einem deutschen Töpfer, entdeckt, der sich damals in England aufhielt.

e) Man verrichtet die Glasürung auf der Außenfläche: 1) entweder dadurch, daß man während dem Brennen des Gutes etwas Küchensalz in den Brennofen wirft, das bey der Weißglühhitze sich in Dämpfen verflüchtiget, die sich an den Gefäßen anlegen, ihr Natron hierauf absetzen; alsdann, mit dem Kiesel des Thons vereinigt, eine dünne Glasdecke erzeugen. Oder 2) man bestreut die Geräthe vor dem Brennen mit Küchensalz; oder 3.) man überstreicht sie mit einer Lösung von Küchensalz in Wasser; oder 4) man knetet Salz in den Thon vor dem Verarbeiten desselben.

f) Geräthe, die nur außerhalb glasürt werden, innerhalb aber steinartig bleiben sollen, werden mit ihren Oeffnungen übereinander gestapelt. Die, welche in- und außerhalb glasürt werden sollen, setzt man offen der Wirkung der Salzdämpfe aus.

g) Die Oefen, worin das graue Steingut gebrannt wird, sind von den gemeinen Töpferöfen nicht verschieden.

Das weiße oder englische Steingut.

§. 726.

Das weiße oder sogenannte englische Steingut

(White stone ware. White flint ware. Queens-ware) wurde zuerst in England aus einem eisenfreyen sich im Feuer völlig weiß brennenden fetten Thone, in der Versetzung mit präparirtem Kiesel, verfertiget; dann gebrannt, und mit Küchensalz glasürt.

a) Die Erfindung jenes Steinguts ward im Jahre 1690, durch einen Töpfer in Staffordshire zufällig gemacht, indem er weißen Thon und Kiesel zusammengemengt dem Brennen unterwarf.

b) Gegenwärtig wird die Fabrikation des weißen Steinguts in England folgendermaßen veranstaltet. Der Thon wird aufs genaueste mit Wasser geschlämmt, das Geschlämmte durch Gazesiebe von verschiedener Feinheit geleitet, dann mit dem vorher präparirten Kiesel versetzt; hierauf das Gemenge so weit abgetrocknet, bis dessen Konsistenz dicht genug ist, um sich auf der Scheibe drehen zu lassen.

c) Die Steingutfabriken von Staffordshire gebrauchen jährlich 5000 Tonnen Kiesel, die Tonne zu 20 Centner gerechnet, den sie von der Küste Hull beziehen, nebst 20 bis 24000 Tonnen Thon.

d) Der Kiesel wird vorher geglühet, dann auf besonders dazu eingerichteten Mühlen fein gemahlen, hierauf mit Wasser geschlämmt.

e) Gemeiniglich werden zum englischen Steingut 20 bis 24 Theile Thon und 4 Theile präparirter Kiesel (beydes dem Volumen nach) angewendet.

(Die Kunst, feines ächtes Steinporzellan auf Wedgwoodsche Art zu verfertigen. Basel 1798. 8. J. S. Halle praktische Kenntniß, zur Verfertigung des englischen Steinguts und des ächten Porzellans, mit Kupfern. Berlin 1793. 4. S. F. Hermbstädts Bemerkungen über den Unterschied zwischen Fayance und Steingut. In dessen Bülletin rc. 12. Bd. S. 75 rc. Fourmy, Mémoire sur les ouvrages art terre cuiter, et particulièrement sur le poterie. Paris 1802. Auch Hermbstädts Museum. 3. B. S. 49 rc. M. O. L'Art de Fabriques la poterie, façon anglaise. Paris 1827. Dasselbe deutsch, von Maidinger. 8. Wien 1828. J. C. Leuchs, die Verfertigung der irdenen Waare 2c. Nürnberg 1829. S. 79 2c.)

§. 727.

Das Formen und das Brennen des Steinguts wird eben so verrichtet, wie beym Fayancegut und dem weiterhin erörterten Porcellan. Was das Glasuren des weißen Steinguts betrifft, so wurde dieses bey der ältern Art bloß durch die Dämpfe des Küchensalzes verrichtet; bey der neuern Art geschiehet solches aber durch Bleyoxyde.

a) Das weiße Steingut (White stone ware. White flint ware) wurde vormals, wie beym grauen, bloß durch Küchensalz glasürt. Man brannte die Geräthe in Formen von feuerfestem Thon eingeschlossen, die an den Seiten durchlöchert waren. Nachdem sie 48 Stunden im Ofen durchgeglühet worden waren, wurde nun Küchensalz zugegeben, das man durch die Löcher hinzuwarf, die im obern Theile des Ofens angebracht wurden. Das Küchensalz ward nun bey der Weißglühhitze in Dämpfe aufgelöst, welche die Löcher der Kapseln durchströhmten, sich an den Gefäßen anlegten, und so die Glasur veranlasseten. Das ältere englische Steingut ist von solcher Beschaffenheit: sein Ansehen ist zwar nicht so schön als das des jetzigen, allein seine Farbe ist weißer, und seine Glasur völlig unschädlich für die Gesundheit.

b) Das gelbliche englische Steingut (fine ware Biscuit. Yellow-ware) wird eben so wie das vorige fabricirt. Zur Glasur desselben bedient man sich aber eines Gemenges von 80 Theilen Bleyoxyd und 20 Theilen präparirten Kiesel; oder auch eines Gemenges von 112 Theilen Bleyweiß, 24 Theilen Kiesel und 6 Theilen Flintglas; das eben so, wie beym Fayance, nach dem Halbgahrbrennen aufgetragen und in Kapseln oder Kokers eingebrannt wird.

c) Die wichtigsten Steingutfabriken in England finden sich im nördlichen Theile von Staffordshire, die dort eine Gruppe von kleinen Städten und Dörfern bilden, die man zusammen für eine einzige große Stadt ansehen kann. Sie bedecken ein Terrain von 9 englischen Meilen lang. Der ganze Distrikt wird the Potterie genannt. Die übrigen in Lancashire, in Yorkshire, in Northumberland, und in Wales, sind einzelne für sich bestehende Werke.

d) Die wichtigsten Steingutmanufakturen in Deutschland, und namentlich im preußischen Staate, sind: 1) die des Baron von Eckardstein in Berlin, gegenwärtig unter der Direktion des Hrn. Albrecht. Der dazu erforderliche Thon wird aus Salzmünden im Mannsfeldschen bezogen. 2) die von Lübekes Erben in Rheinsberg; 3) die von Girards Erben in Magdeburg; 4) die des Hrn. G. Nathusius zu Althaldensleben; 5) die zu Frankfurt an der Oder; 6) die zu Neustadt Eberswalde; und 7) die zu Ratibor in Oberschlesien.

e) Soll das Steingut gemahlt werden, so wird dieses eben so wie bey der Fayance veranstaltet, auch mit denselben Farben.

f) Um solches mit Kupferstichen zu bedrucken, werden diese erst auf Papier gedruckt, und zwar mit einer Farbe aus Braunstein, Smalte und Eisenoxydul, versetzt mit Bleyoxyd und Kali, dann gebrannt; da dann das Papier verbrennt, der Stich aber schwarz zurück bleibt.

(H. Weber, Beschreibung der Steingutfabrik des Barons v. Eckardstein. In dem Wegweiser durch die chem. technischen Werkstätte in Berlin. 2. Heft. 1820. S. 154. Engl. Methode, Kupferstiche auf Töpfe abzudrucken. In Dingler's polytechn. Journal. 23. B. 388 rc. Die Kunst, feines engl. Steingut zu verfertigen, auf Wedgwoodsche Art. Basel 1808. J. C. Leuchs a. (§. 726.) a. O. S. 83 rc. Mittel Kupferstiche rc. auf Steingut abzudrucken. J. C. Leuch's a. (§. 726.) a. O. S. 97 rc.)

Fabrikation des Wedgwoods.

§. 728.

Außer dem gewöhnlichen weißen und gelblichen

Steingut werden von dem berühmten Manufakturisten Wedgwood zu Etruria in Staffordshire noch sechs feinere Arten fabricirt, die gemeiniglich unter dem Namen Wedgwood bekannt sind und sich durch alle Welttheile verbreitet haben, deren Zubereitung aber noch nicht ganz deutlich bekannt ist. Aus der letztern Masse werden Pasten, und, außer verschiedenen sehr geschmackvollen Geräthen, noch Cameen, Medaillen, Büsten, Statüen, Basreliefs ꝛc. verfertigt, und zwar von allerhand Farben, dann zweymal gebrannt, und zwar ohne Glasur; sie sind unter sehr verschiedenen Namen bekannt, wie: Bamboo, Basaltgut, Biscuitgut, Jaspisgut, Terra cotta und White-China.

a) Das Bamboo, auch gelbliches Biscuit-Porzellan genannt, ist rohr- oder strohfarbig.

b) Das Basaltgut (Basaltes) ist den aus Basalt geschnittenen Gefäßen sehr ähnlich, nimmt eine hohe Politur an, und ist selbst als Probierstein brauchbar. Es wird von keiner Säure angegriffen, und ist so hart, daß es mit Stahl zusammengeschlagen Funken giebt.

c) Das Biscuitgut farbenlos ist sehr hart, dem Achat ähnlich. Es wird zu Mörsern, zu Schalen, zu Röhren und zu Trichtern verarbeitet, ist so hart wie das Vorige, und von keiner Säure angreifbar.

d) Das Jaspisgut (Jasper) ist gleichfalls weiß, und besitzt außerdem alle Eigenschaften des Basaltguts. Durch Metalloxyde colorirt, qualificirt es sich besonders zu Cameen, zu Basreliefs und anderen Kunstwerken, von farbigem Grunde, und erhabenen weißen Figuren.

e) Die Terra cotta ist ein ähnliches Steingut, das dem Granit, und dem Porphyr, dem ägyptischen Kiesel ꝛc. ähnlich ist.

f) Das White-China ist weiß, sehr sanft im Gefühl, sonst ist es in allen übrigen Eigenschaften den Basaltgut ähnlich.

g) Josiah Wedgwood, der Erfinder dieses Gegenstandes ist todt, die Manufaktur wird aber unter der Firma Wedgwood und Thomas Byerly von seinem Sohne fortgesetzt. Die ganze Gegend von den südöstlichen Grenzen der Grafschaft Chester bis nach Lands-End, wird, wegen ihrer berühmten irdnen Waaren, Potterie genannt. Der Hauptsitz davon ist Newcastle. Sie begreift in sich die Ortschaften Newfield, Smitfield, Tristel, Burslew, Cabridge und Etruria, dem Landsitz von Josiah Wedgwood, auf dem derselbe im 64sten Jahre seines Alters gestorben ist. Jene Manufakturen liefern jährlich für mehr als 6 Millionen Thaler Waare.

(Catalogue des camées, intaglios, medailles, bustes, petites statues et basreliefs etc. fabriqués par Wedgwood et Bentley, et qu'ils vendent à leur magasin dans Greekstreet Soho à Londres. Londres 1774. Wedgwoods Geheimnisse. In Scherers allgem. Journal der Chemie rc. 1. Bd. 1798. 8. S. 226 rc. Nemnich's neueste Reise durch England, Tübingen 1807. 8. Wedgwoods Manufakturen von irdenen Geräthen. In Hermbstädts Bülletin des Neuesten rc. 11. B. S. 24 rc.)

Vierte Abtheilung.

Die Fabrikation des Porzellans.

(Die Porzellanmanufakturen.)

§. 729.

Das Porzellan ist die feinste Art von allen Töpferwaaren. Es unterscheidet sich von jeder andern Art Töpferzeug dadurch, daß solches vollkommen weiß, im heftigsten Feuer unschmelzbar, sehr hart, weniger spröde als Glas, doch glasartig im Bruch, gegen das Licht gehalten durchscheinend ist, beym Anschlagen klingt, und jeden Grad von Kälte und Hitze ertragen kann.

a) Das ächte Porzellan gehört ohnstreitig zu einer der ältesten Erfindungen. Bey den Chinesen und den Japanern ist die Fabrikation des Porzellans so lange bekannt, daß sie sich in der Geschichte ihrer ältesten Zeiten verliert. Die ältesten Nachrichten vom Porzellan in Europa, verdankt man Barbaro, der im Jahr 1474 Gesandter der Republik Venedig in Persien war. Auch die alten Aegyptier sollen (nach Caylus) längst das Porzellan gekannt haben, wie sich die Beweise davon in ihren Catacomben vorfinden.

b) In China wird das Porzellan mit dem Namen Thsky belegt, und aus Kaolin (einem eisenfreyen Thon und Petün-tseh weißem Feldspath) verfertiget. Außerdem sollen sie auch noch Waschi (Talkstein) und Schikan (Gyps) dazu gebrauchen. Alles chinesische Porzellan soll fast ausschließlich zu Kingtoching oder Kingtatsing, einem großen Flecken in der Provinz Kiansi, fabricirt werden, woselbst 500 Porzellanfabriken, durch eine Million Arbeiter, beschäftigt werden.

c) Das Japanische Porzellan, von dem man geglaubt hat, daß es die Japanesen von den Chinesen kauften, wird (nach Carlencas) allerdings in Japan selbst fabricirt, und zwar in Figen, der größten unter den neuen Provinzen von Ximo, wozu sie den Thon aus der Nachbarschaft von Urusiino Suwola nehmen.

d) Das erste Porzellan aus China wurde durch die Portugiesen nach Europa gebracht.

e) Der deutsche Name Porzellan, soll gleichfalls von dem portugiesischen Worte Porcella abstammen, welches eine Schale bedeutet. Nach Pancirolli wird dieser Name von dem portugiesischen Worte Perola, eine Perle, hergeleitet. Aus Perola sey späterhin Porolana, und hieraus Porcellana entstanden. Nach Beckmann ist der Name Porzellan in Europa gemacht, und zwar aus dem italiänischen Worte Porcelle entstanden, womit eine Art Schnecken bezeichnet wird, welche sonst Cypraeae hießen, weil sie gleich den Kellereseln (Porcelli, Porcelleti) in einander gewunden sind; man habe daher jene Töpferwaare,

waare, die in Hinsicht der Glasur mit den Porzellanschnecken Aehnlichkeit hat, gleichfalls Porcellan genannt.

(Barbaro in der Litteratur der ältern Reisebeschreibungen. 1. Bd. S. 186 und 188. Caylus (le Comte de) sur la porcellaine de l'ancienne Egypte. In den Mémoires de l'Académie des Inscriptions. Tom. XXXI. pag. 48 etc. G. M. Bose, de porcelana veterum. In dessen Otiis Witemberg. 1739. 4. Juvenal de Carlencas, Geschichte der Künste. Uebersetzt von J. E. Kappens. 2. Th. Leipzig 1752. 8. S. 383 ꝛc. Du Halde Déscription de la Chine. Tom. II. Guid. Pancirolli Lib. de rebus memorabilibus de pereitis et noviter inventis, cum Comment. Salmuthi. Pars III. Tom. III. pag. 65 etc. Joh. Beckmann's Anleitung zur Technologie ꝛc. 6. Ausgabe. Göttingen 1809 S. 401 ꝛc. J. H. M. Poppe's Geschichte der Technologie ꝛc. 3. B. Götting. 1811. S. 298 ꝛc. Ueber das chinesische Porzellan. In Stonton's Reise der engl. Gesandschaft an den Kayser von China, in den Jahren 1792 und 1793. 2. B. S. 517 ꝛc. Du Halde Déscription de la chine etc. Tom. II.)

Fritten-Porzellan. Reaumürsches Porzellan. Aechtes Porzellan.

§. 730.

Gegenwärtig unterscheidet man drey verschiedene Arten von Porzellan, nämlich: 1) Fritten- oder Glasporzellan; 2) Reaumürsches Porzellan; und 3) ächtes Porzellan, welches letztere die beyden erstgenannten Arten verdrängt hat.

a) Glas- oder Frittenporzellan wurde in Frankreich vormals eine Art von Porzellan genannt, das man (nach Brogniart) in der Fabrik zu Sevres, aus Salpeter, Küchensalz, Alaun, Gyps und eisenfreyem Kiesel bereitete. Man schmolz nämlich jene Substanzen zusammen, pulverte die erhaltene Fritte sehr zart, versetzte sie mit dem dritten Theil eisenfreyem Thon, formte daraus einen Teig, aus dem das Porzellan gedrehet wurde, und glasürte die einmal gebrannten Geräthe, mit einer Glasur von Kiesel, Natron und Bleyoxyd. Eine Fabrik von jenem Frittenporzellan existirte bereits im Jahre 1694 zu St. Cloud.

b) Das sogenannte Reaumürsche Porzellan, wurde durch Herrn von Reaumür in Frankreich erst in den Jahren 1727 bis 1729, bey Gelegenheit einer Untersuchung über das Porzellan, entdeckt, worin er den Satz aufstellt, daß die Materien, woraus Porzellan verfertigt werden soll, von solcher Art seyn müßten, daß sie beym Brennen einen Anfang der Verglasung eingehen, ohne völlig zu Glas zu schmelzen. Man gewinnt das Reaumürsche Porzellan aus jedem Glase, durch eine Art von Entglasung desselben, die dadurch veranstaltet wird, daß man die Geräthe in einem Gefäße von feuerfestem Thone mit gebranntem Gyps, mit Sand, mit weißem Töpferthon, mit ausgelaugter Asche, oder mit weißgebrannten Knochen umschüttet, dann bedeckt in einem Ofen nach und nach erhitzt, hierauf eine Zeitlang roth glühet, endlich aber zum Weißglühen bringt, da denn das Glas in eine porzellanähnliche Substanz umgewandelt ist.

c) Das ächte Porzellan wurde von J. F. Böttger, einem Deutschen, im Jahre 1706 zuerst erfunden. Sein früheres Porzellan war von brauner Farbe. Im Jahre 1709 wurde zuerst das weiße Porzellan durch ihn entdeckt. Jedoch hatte Ehrenfried Walther von Tschirnhausen, aus Kießlingswalde in der Oberlausitz, der im October 1709 starb, schon früher (im Jahre 1630) eine Art Porzellan erfunden, das nur zu glasartig war; und ihm, unter dessen Aufsicht Böttger arbeitete, kommt ohnstreitig ein Theil der Ehre der Erfindung des Porzellans zu. Die ersten europäischen Porzellan-Manufakturen, wurden zu Meißen in Sachsen 1710 für Churfürstliche Rechnung etablirt. Die Meißner Porzellan-Manufaktur scheint die Grundlage zu allen übrigen in Europa dargeboten zu haben.

d) Hier in Berlin gründete der Kaufmann und Fabriken-Entrepreneur Wilhelm Caspar Wegely, im Jahre 1751, die erste Porzellan-Manufaktur, für eigene Rechnung, die auch einen sehr guten Fortgang fand, wenn gleich der Entrepreneur solche einige Jahre darauf wieder liegen ließ. Im Jahre 1760 etablirte der Kaufmann Joh. Ernst Gotzkowsky aufs neue eine Porzellan-Manufaktur hieselbst, die aber schon im Jahre 1763, nebst seinem übrigen Handel, in Verfall kam. Friedrich der Große erstand jene Manufaktur von dem Gotzkowsky noch im August desselben Jahres für 225,000 Thaler, und nun wurde sie unter der Firma der Königl. Porzellan-Manufaktur, für Königl. Rechnung fortgesetzt. Sie rivalisirt jetzt mit den ersten Porzellan-Manufakturen in Europa, ist mit den trefflichsten talentvollsten Künstlern besetzt, und verdankt ihr schnelles Emporstreben und das Geschmackvolle ihrer Fabrikate dem gegenwärtigen ersten Direktor derselben, Herrn Staatsrath Rosenstiel.

e) Gegenwärtig ist die Fabrikation des ächten Porzellans in Europa allgemein. Die bedeutendsten Manufakturen desselben sind folgende: die zu Berlin, die Königl. zu Sevres bey Paris, die Manufaktur in Wien, die zu St. Petersburg, die in Spanien, die in Nymphenburg, die in Bayern, die in Sachsen, die in Belgien, die in Kopenhagen. Die meisten von jenen werden für Rechnung des Staats betrieben. Dagegen existiren aber auch sehr viele Privatgeschäfte solcher Art, die vorzüglich gutes Fabrikat produciren, unter welchen die des Herrn rc. Nathusius zu Althaldensleben, einen vorzüglichen Rang behauptet.

(G. Frick, Geschichte der Königl. Porzellanmanufaktur in Berlin, nebst einigen Notizen über den Betrieb derselben. In Dingler's polytechn. Journal rc. 3. B 1820. S. 454 rc. Chr. Schmitz, geschichtliche Notizen der ehemaligen Porzellanmanufaktur zu Frankenthal in Baiern. Im baierischen Kunst- und Gewerbeblatt. 11. Jahrgang. 1825. S. 275 rc. P. J. Rehfues, die Fabrikation des Porzellans in Spanien. 4. Bände. 1813. Ueber die Porzellanfabrik in Worcester. In G. H. Spikers Reise durch England, Wales und Schottland. 1. Bd. 1818. S. 63 rc. Bastenaire-Doudenart, Art de Fabriques la Porcelaine. Paris 1827. Schmitz Grundzüge zur Geschichte der Königl. baierschen Porzellanmanufakturen zu Nymphenburg. 1829. 8. Brogniart im Dictionnaire des sciences naturelles. Tom. III. pag. 78 etc. De Reaumur art de faire une nouvelle espèce de porcelaine, par des moyens extrêmement simples et faciles, ou de transformer le verre en porcelaine. In den Mémoires de l'Académie de Paris 1739. pag. 870 etc. M. C. B. Kanzelmann's historische Nachrichten über die Königl. Porzellanmanufaktur in Meißen. Meißen 1810. 8. auch in Hermbstädt's Bülletin rc. 7. B. S. 56 rc. J. Beckmann's Anleitung zur Technologie rc. 6. Ausgabe. 1809. S. 393 und 397 rc. Poppe's Geschichte der Technologie rc. 3. B. S. 298 rc.)

Fabrikation des ächten Porzellans.

§. 731.

Die Hauptmaterialien, woraus das ächte Porzellan verfertigt wird, sind eisenfreyer Thon, Feldspath, Kiesel, Gyps, oder an dessen Stelle auch Schwerspat; in angemessenen quantitativen Verhältnissen. Sie werden, ganz für sich, auf dazu bestimmten Mühlen zerkleinert, mit Wasser geschlämmt, dann zum Teige angeknetet, aus welchem hierauf die Geräthe geformt, gebrannt, und glasürt werden.

a) Zum Porzellanthon wählt man einen sehr weißen, völlig eisenfreyen Thon. Die Königl. Porzellanmanufaktur in Berlin erhält den Thon dazu aus Benstädt im Saalkreise. Er ist aus verwitterten Feldspat entstanden.

b) Der Feldspat wird dem Thone, wegen seines Kaligehalts, vorzüglich als flußbefördernbes Mittel zugesetzt.

c) Der Kiesel muß gleichfalls so rein und eisenfrey seyn, daß er seine Farbe im Glühen nicht ändert. Die Königl. Manufaktur in Berlin, bedient sich dazu eines eisenfreyen Kieselsandes, der unweit Freyenwalde gefunden wird.

d) Die harten steinartigen Materialien werden, mittelst einer Dampfmaschine betrieben, durch Stampfwerke zerkleinert, dann auf den dazu bestimmten Mühlen zart gemahlen, damit sie sämmtlich in Gestalt eines fast unfühlbaren Pulvers dargestellt werden.

e) Die Bewegung der Stampfmühlen, so wie der Mahlmühlen, geschieht bald durch Menschenhände, bald durch Pferdekraft, bald durch Wasserkraft, bald durch Feuermaschinen. Die Berliner Manufaktur bedient sich einer Feuermaschine neben einem Stampfwerke, das durch Ochsen betrieben wird.

f) Die zartgemahlnen und geschlämmten Materialien, werden nun trocken, im gehörigen quantitativen Verhältniß, mit einander gemengt, dann nochmals mit Wasser geschlämmt. Die geschlämmte Masse wird (in dem Ofen, worin die Materialien getrocknet werden) abgedunstet, bis sie die Konsistenz eines dicken Teigs angenommen hat, dann in zähen Stücken aus dem Ofen ausgenommen, und in hölzernen Kasten, durch Treten oder Stampfen mit hölzernen Stößern, so lange durchgearbeitet, bis alles gleichförmig geworden ist; worauf der Teig, durch das Kneten mit den Händen, in Ballen gebracht wird, die man in einen Keller legt, in welchem der Teig oft schwarz anläuft, und einem den faulen Eiern gleichkommenden Geruch exhalirt, welches das Rotten (das Rösten) der Masse genannt wird.

g) Die Porzellanpaste ist nun fertig, um zu Porzellan verarbeitet zu werden. Sie wird in einem mit Bley ausgeschlagenen Reservoir aufbewahrt.

(De Reaumur Idée générale des différentes manières, dont on peut faire la porcelaine, et quelles sont les véritables matières de celle de la Chine. In den Mémoires de l'Académie des Sciences de Paris. Paris 1727. pag. 185 etc. Second Mémoire in den Mémoires de l'Académie pour 1729. pag. 305 etc. Des Grafen von Milly Kunst das ächte Porzellan zu verfertigen. Aus dem Französischen übersetzt von Schreber. Leipzig 1774. F. G. Weber's Kunst das ächte Porzellan zu verfertigen. Hannover 1798. 8.)

Das Formen des Porzellanteigs.

§. 732.

Die gut vorbereitete und ausgelegene Porzellanpasta wird nun zu den verschiedenen Geräthen geformt. Dieses geschiehet entweder auf der Drehscheibe, oder auch mittelst Formen aus Gyps; auch werden künstliche Gegenstände wohl aus freyer Hand geformt oder boussirt; nachher werden sie gepresset, worauf sie langsam getrocknet werden.

a) Außer der gewöhnlichen Drehscheibe, welche Freyscheibe genannt wird, bedient man sich in den Porzellanmanufakturen auch noch einer andern künstlichen, auf welcher in kurzer Zeit viele Geschirre oder Figuren von einerley Gestalt gedrehet werden können.

b) Auf der Scheibe können nur die runden Gegenstände gedrehet werden.

c) Ovale Stücke, Figuren, Gruppen und andere Bildwerke, werden von den Formern in Gypsformen ausgedrückt und dann zusammengesetzt; worauf sie mittelst hölzernen, oder elfenbeinernen Instrumenten, so wie mit Pinseln und dem Schwamme, mehr ausgebildet werden.

d) Selbst die auf der Scheibe gedreheten Gegenstände werden, nachdem sie zum Theil abgetrocknet sind, noch in die dazu bestimmten Formen eingedrückt, damit alle einzelne Stücke einer Art, eine gleiche Größe und Gestalt erhalten; worauf sie auf der Scheibe nochmals mit den Dreheisen (d. i. scharfen stählernen Instrumenten) abgedrehet werden.

e) Kugeln, so wie zarte Stiele, desgleichen Blumen, ganz kleine Blätter rc. werden bald gedrehet, bald plattirt, bald geformt, bald aus freyer Hand poussirt.

f) Zarte Gegenstände, wie Moos, Gras rc. werden gepresset.

g) So wie die einzelnen Stücke von der Scheibe oder aus der Form kommen, werden sie hingestellt, um sie bey mäßiger Stubenwärme und ruhigem Luftzuge zu trocknen. Sie werden hierauf gereinigt, glatt gemacht, und mit den Zierrathen bekleidet die sie erhalten sollen, die mit einem durch Wasser verdünnten Porzellanteig (Schlicker genannt) angesetzt werden; worauf sie nun zum Brennen vorbereitet sind.

Der Porzellanofen.

§. 733.

Der Porzellanofen ist dazu bestimmt, das fertige lufttrockne Porzellan sowohl darin zu brennen als auch zu glasüren. Er ist von feuerfesten unschmelzbaren gebrannten Steinen erbauet, und muß so konstruiret seyn, daß er beym Aufwand der geringsten Menge Brennmaterial, die möglichst größte Hitze darbietet, ohne daß Rauch und Ruß sich zu bilden vermögend sind.

a) Die Königl. Porzellanmanufaktur hier in Berlin, hat 4 Stück Oefen, von denen 2 Stück stets im Gange sind. Die dazu bestimmten feuerfesten Steine werden auf der Manufaktur, aus zerstampften alten Kapseln und feuerfestem Thone, verfertigt und gebrannt.

b) Jeder dieser Oefen stellt ein cylinderförmiges Gewölbe von 64 Fuß Höhe und 10 Fuß Durchmesser dar, und bestehet aus 3 Abtheilungen: 1) dem Gutofen, 2) dem Verglühofen und 3) dem Kapselofen. Der Gutofen, welcher die untere Abtheilung ausmacht, in der gewöhnlich das Gahrbrennen des rohen so wie das des glasürten Porzellans veranstaltet wird, ist ohngefähr 5 Fuß hoch.

c) An der äußern Peripherie des Ofens sind 5 kleine Oeffnungen angebracht, jede 5 Zoll im Quadrat, welche Probeöffnungen genannt werden. Sie sind in gleicher Entfernung so vertheilt, daß immer die eine Oeffnung um eine gleich weite Entfernung höher als die andre liegt, so daß die Höchste sich im Eingange unter dem Gewölbe des Ofens befindet.

d) Jene Probeöffnungen sind dazu bestimmt, kleine halb offene Kapseln (die Probekapseln) aufzunehmen, die im Cirkus der ersten Kapselkolumnenreihe stehen, und in welchen sich kleine Thonkästchen mit Proben befinden, um durch diese den Gang der Arbeit zu beobachten.

e) Jeder einzelne Ofen wird durch 5 Heerdöffnungen geheizet, die außerhalb seiner Peripherie angebracht sind, in welchen das Brennmaterial dergestalt ruhet, daß solches von oben nach unten zu brennet, wodurch, mittelst dem Luftstrohme, jeder Theil der Flamme in dem Innern des Ofens emporgetrieben wird.

f) Jene Oefen bieten einen so großen Grad der Hitze dar, daß hinein gebrachtes Stangeneisen, schon im Zeitraume von 5 Minuten in den Fluß kommt, und das Wedgwoodsche Pyrometer darin seine Brauchbarkeit verliert.

Das Brennen des Porzellans.

§. 734.

Wenn der Ofen mit dem in Kapseln (Cassetten) eingeschlossenen Geräthe, nachdem solches vorher lufttrocken worden war, gehörig bestellt ist, wird solcher nach und nach angefeuert, und zuletzt das Feuer bis auf den höchsten Grad verstärkt.

a) Die Kapseln oder Casetten, welche dazu bestimmt sind, das darin eingeschlossene Geschirr vor Rauch und Ruß zu schützen, sind erst am Ende des 16ten Jahrhunderts, von einem französischen Töpfer Palissy, angegeben und eingeführt worden.

b) Weil das Porzellan, während dem Gutbrennen desselben, sich erweichet, so müssen die Stücken in den Kapseln dergestalt placirt seyn, daß sie sich nicht berühren; zu welchem Behuf der Boden der Kapseln mit einer glatten Scheibe (Pumbs genannt) belegt wird. Sie liegt, wenn sie klein ist, unmittelbar auf dem Boden der Kapsel, ist sie aber größer, auf untergestreuetem Sand. Um den Pumbs völlig eben zu machen, muß er auf beyden Flächen auf einer hölzernen Tafel abgeschliffen seyn; zuletzt wird der Pumbs noch mit einem durch Wasser verdünnten strengflüssigen Thon bestrichen.

c) Die Kapseln werden im Gutofen dergestalt über einander placirt, daß sie Säulen bilden, die den Ofen ausfüllen. Der Zwischenraum zwischen jenen Kapselsäulen, so wie ihr Abstand von dem Gewölbe des Ofens, und der sonders der Abstand der in der Mitte befindlichen Kapsel-kolumnen vor der großen Oeffnung in der Mitte des Gewölbes, bestimmen den Zug des Ofens.

d) Beym Beschicken des Ofens wird das noch gar nicht gebrannte Guth in den Verglühofen (die mittlere Abtheilung) gebracht. Das schon einmal gebrannte Guth kommt in den Gahrofen oder Gutofen (die untere Abtheilung); die obere Abtheilung (der Kapselofen) wird dagegen mit neu zu brennenden Kapseln oder Chamet-Steinen rc. ausgefüllet.

e) Ist der Ofen so beschickt, so wird der Eingang zugemauert, und nun die Feuerung begonnen. Das schwächere Vorfeuer giebt man anfangs durch ganze Kloben Holz, die in den Kohlenkasten der Feuerung geworfen werden; dagegen das nun nachfolgende Gahrbrennen, mit dünn gespaltenem sehr trocknen Holze, von gleicher Länge, verrichtet wird. Die sich lang ziehende Flamme dringt nun in den Ofen ein, umspielet die in denselben gebildeten Kapselsäulen, bis zuletzt alles zum Weißglühen kommt.

f) Ein jeder Brand dauert in einem Berliner Ofen 17 bis 18 Stunden, und es wird dazu nicht mehr als $\frac{5}{4}$ Haufen (= 507 Kubikfuß) dünngespaltenes Kiehnenholz erfordert. Die Berliner Manufaktur gebraucht auch die Torffeuerung mit gutem Erfolge.

g) Der ausgebrannte Ofen bleibt etwa 8 Tage lang stehen, bis er sich abgekühlt hat, worauf der Eingang geöffnet, das gebrannte Gut heraus genommen, und der Ofen aufs Neue beschickt wird.

Das Glasuren des Porzellans.

§. 735.

Man unterscheidet zweyerley Arten Porzellan, glasürtes und nicht glasürtes, welches letztere Biscuit genannt wird. Die Glasur für Porzellan wird aus einer Vermengung von solchen Erden bereitet, (ohne Zusatz von Bleyoxyden oder Alkalien) die bey einem Feuersgrade, wobey das Porzellan im Gutofen gahr gebrannt wird, ein farbenloses Glas bilden, welches das weiße Porzellan durchscheinen läßt.

a) Nach der Angabe des Grafen Milly, bereitete man die Glasurmasse für Porzellan: 1) entweder aus 8 Theilen weißem Quarz, 15 Theilen Porzellanscherben und 9 Theilen kalzinirtem Gyps; oder 2) aus 17 Theilen Quarz, 16 Theilen Porzellanscherben und 7 Theilen Gyps; oder 3) aus 11 Theilen Quarz, 18 Theilen Porzellanscherben und 12 Theilen Gyps.

b) Jene Materien werden für sich aufs zarteste gemahlen, dann gemengt, mit Wasser zum dünnen Brey angerührt, und in diesem die Geräthe, die glasürt werden sollen, eingetaucht und durchgezogen, oder getränket.

c) Nach dem Auftragen der Glasurmasse, wird sie an denjenigen Stellen wo das Porzellan beym Gahrbrennen aufsteht mittelst Bürsten und kleinen hölzernen Schablonen hinweg genommen, worauf die Geräthe in die Kapseln placirt werden

d) Das Einbrennen der Glasur, so wie das Gahrbrennen der nicht glasürten Gegenstände zu Biscuit, geschieht beydes im Gutofen. Die Proben in den Probekasten deuten an, wann die Glasur hinreichend geflossen ist.

e) Das gahrgebrannte Porzellan wird, nachdem es aus dem Ofen gekommen ist, sortirt, an den Rändern, die mit der Kapselfläche in Berührung gestanden haben, durch Schleifen geebnet, und ist nun zum Verkauf fertig.

f) Nach John Rose (einem Engländer) erhält man eine gute Glasurmasse für Porzellan, aus einer Verbindung von 27 Theilen Feldspath, 18 Borax, 4 Sand, 1 Natron, Salpeter und Thon zu gleichen Theilen. Die Masse wird geschmolzen, dann noch 3 Theile Borax zugegeben, und alles gepülvert. Da diese Glasur Salze enthält, so ist sie der obigen vorzuziehen. Sie gewährt auch den Vortheil, daß sie über die Farben placirt werden kann.

(Milly (le Comte de) l'art de la porcelaine. Paris 1771. Auch a. (§. 731.) a. O. Bachelier Memoire historique de l'origine et des progrès de la manufacture de porcelaine de France, avec des observations sur toutes les parties de sa manutention et les moyens d'amélioration économique dont elle est susceptible. Paris 1800. 12. Bemerkungen über die Fabrikation des Porzellans. In Dingler's polytechn. Journal rc. 2. B. S. 249 rc. Griffith Jones, über durchsichtiges Porzellan rc. In Dingler's polytechn. Journal. 34. B. 1829. S. 428 rc. Verbesserungen im Brennen des Porzellans und andern Geräthen. Im neuesten baierischen Kunst- und Gewerbeblatt. 11. Jahrg. 3. B. 1826. S. 63 rc.)

Das Bemalen des Porzellans. Porzellanfarben.

§. 736.

Um das Porzellan zu bemalen, werden dazu eigene Farben erfordert, die aus Metalloxyden in der Verbindung mit verglasbaren Beymischungen zubereitet werden. Die Zubereitung solcher Farben für die Porzellanmalerey gehört zu den vorzüglichsten Geheimnissen jener Fabriken. Sie werden in den Porzellanmanufakturen durch talentvolle Chemiker, die unter dem Namen der Arkanisten angestellt sind, besonders bereitet. Bey der Berliner Porzellanmanufaktur zeichnet sich in dieser Hinsicht der Königl. Geheimen-Bergrath und zweyt Direktor Herr Frick ganz vorzüglich aus. Das Auftrager der Farben geschieht durch die Porzellanmaler; sie werden zu dem Behuf mit Terpenthinöl abgerieben, und dann mit dem Pinsel aufgetragen.

a) Die zu den Porzellanfarben bestimmten Metalloxyde, müssen in der Hitze wenig veränderlich seyn. Sie werden vorher mit den sie flüssig machenden Zusätzen zusammengeschmolzen, und dann die geschmolzenen Massen mit Wasser auf einem Stein abgerieben. Als flüssig machende Mittel, bedient man sich der Kieselerde, in Verbindung mit Bleyoxyden, mit Borax, mit Natron rc., je nachdem die Metalloxyde den einen oder den andern Zusatz vertragen.

b) Die Metalloxyde selbst müssen von der reinsten Beschaffenheit seyn.

c) Die Farben werden entweder einzeln mit dem Pinsel aufgetragen; oder sie werden auch gleich der Glasur beygesetzt, wenn ein farbiger Grund gebildet werden soll, auf welchen die andern Farben aufgetragen werden.

(Montamy (D'Arcles de) Traité des couleurs pour la peinture en émail et sur le porcelaine. Paris 1765. A. de Montamy Abhandlung von den Farben zum Porzellan und Emaille. Aus dem Franz. Leipzig 1767. 8. Fourcroy und Guyton über die von Hrn. Diehl erfundenen Porzellanfarben. In Scherers allgemeinem Journal der Chemie. 2. B. S. 304 ꝛc. Brogniart über die Farben auf Porzellan, aus dem Franz. übersetzt, und mit Anmerkungen begleitet, von G. Frick. Berlin 1811. Alex. Brogniart, über die Farben, welche Glas und glasartige Stoffe annehmen, wenn sie mit Metalloxyd zusammen geschmolzen werden. Im Magazin der neuesten Erfindungen. Neue Folge. 3. B. 1828. S. 13 ꝛc. Die Porzellanmalerey. In Krünitz ökonom. Encyclopädie. 115. B. Systematische Belehrung der Farben zur Porzellanmalerey. In Leuchs chem. Fabrikwissenschaft. 9. B. Nürnberg 1806. S. 108 ꝛc.)

Das Einbrennen der Farben auf Porzellan.

§. 737.

Das Einbrennen (Einschmelzen) der Farben auf das Porzellan, wird unter Muffeln von feuerfestem Thon veranstaltet, die in dem dazu bestimmten Schmelzofen auf Rosten von Steinen placirt sind; nach verrichteter Einbrennung der Farben, werden die Stücke nochmals genau untersucht, ob sie fehlerfrey sind, dann geputzt und gereiniget.

a) Die Muffeln, deren man sich zum Einbrennen der Farben auf dem Porzellan bedient, besitzen die Gestalt eines länglichen Parallelepipedons, sind oben mit einem zirkelförmigen Gewölbe versehen, und an der vordern Seite offen.

b) Wenn die bemalten Stücke in die Muffel eingesetzt sind, wird der Ofen langsam geheizt, so daß die Muffeln nebst den darin placirten Geräthen nur nach und nach erwärmt werden, und erst dann, wenn alle ölige Theile der Farben zerstöhrt und entwichen sind, wird das Feuer soweit verstärkt, bis die Geräthe roth, und die Farben strohgelb glühen, welches durch das in der offenen Seite der Muffel angebrachte Wächterloch beobachtet wird. Ist das Gut so weit gebrannt, so wird nun auch das Schürloch mit einer blechernen Thüre verschlossen, um den Luftzug, und das dadurch zu veranlassende Springen der Muffel zu vermeiden; worauf denn, wenn alles erkaltet ist, die Geräthe aus der Muffel heraus genommen werden.

c) Die vergoldeten Gegenstände kommen gemeiniglich gelbbraun aus dem Ofen, man reibt sie mit etwas geschlämmten Tripel und Seifenwasser ab, und polirt sie nach der Länge der Linien mit einem Polirstein (Blutstein). Das eingebrannte Silber wird gleich polirt, ohne solches vorher abzureiben.

d) Von dem Berliner Sanitätsgut, welches eine gröbere Art des Porzellans ist, verdient bemerkt zu werden, daß es in Hinsicht seiner Schönheit und Dauerhaftigkeit, manchem Porzellan den Rang streitig macht.

Siebenunddreyßigster Abschnitt.

Die Pfeifenbrennerey.

(Die Fabrikation der irdenen Tabackspfeifen.)

§. 738.

Die irdenen Tabackspfeifen werden aus einem kalk- und eisenfreyen, zähen, fetten, im Feuer sich weißbrennenden Thone, (dem Pfeifenthon) geformt, hierauf in dem dazu bestimmten Ofen gebacken oder gebrannt und zuletzt geglättet und geglänzet.

a) Die irdenen Tabackspfeifen, (welche mit denen aus Meerschaum oder Holz verfertigten Pfeifenköpfen nicht verwechselt werden dürfen) stammen ohnstreitig aus Asien her. In Europa erhielt man erst vor etwa 200 Jahren ein Modell dazu aus Asien oder auch aus Amerika. Ein spanischer Mönch (Roman Pano) lieferte im Jahr 1490 die erste zweyzackige Pfeife, die er in St. Domingo gesehen hatte. 1585 sahen die Engländer zuerst die irdenen Tabackspfeifen in Virginien und fingen bald nachher die Fabrikation derselben selbst an. 1621 ließ der König Jacob der Erste in England eine Pfeifenfabrik für eigene Rechnung anlegen, und 1630, auch wiederholt 1689, wurde schon die Ausfuhr des englischen Pfeifenthons verboten. Später als in England, scheinen die Pfeifenfabriken in Holland entstanden zu seyn, und zwar anfangs in der Stadt Ter Gau oder Gauda. Die Holländischen Pfeifen übertrafen aber sehr bald die Englischen; und sie stehen noch jetzt im vorzüglichsten Rufe.

b) Gegenwärtig existiren in den meisten Ländern Pfeifenfabriken. Die wichtigste im Preußischen Staate, war vormals die des Gutsbesitzers Herrn Ritter Salingre zu Rostin in der Neumark. Gegenwärtig wird dieser Fabrikationszweig nur noch im Kleinen betrieben, weil die irdnen Tabackspfeifen, durch die Pfeifen von Porzellan, von Meerschaum, von Steingut, von Holz ꝛc. jene verdrängt haben. Häufiger mag ihr Betrieb noch in Holland und andern Seestädten seyn.

c) Hier in Berlin werden Pfeifen fabricirt, von den Fabrikanten: 1) Stöppel (Spandauer Nagelgasse); 2) Vicent (Rosenthalerstraße No. 30.); 3) Thore (an der Schleuse No. 12.) Letzterer fabricirt auch Statüen, Büsten und andere Gegenstände von Gyps.

(Cadeni Annal. rer. anglicarum etc. Londini 1615. pag. 388 etc. Poppe's Geschichte der Technologie ꝛc. 3. Bd. S. 319. Joh. Beckmann's Anleitung zur Technologie ꝛc. 6te Ausgabe. Götting. 1809. S. 386. ꝛc.)

§. 739.

Die Fabrikation der irdenen Tabackspfeifen zerfällt: 1) in die Zubereitung des dazu bestimmten Thons; 2) die Formung und das Bohren der Tabackspfeifen; 3) die fernere Ausbildung und Verzierung und das Glasen derselben; 4) das Brennen derselben; und 5) das Glänzen derselben.

a) Die Pfeifenfabrikation ist ein freyes Gewerbe. Die dazu bestimmten Arbeiter unterscheiden sich: 1) in den Roller; 2) den Kaster; 3) den Tremmer; 4) den Pfeifenglaser.

b) Die zu jener Fabrikation erforderlichen Werkzeuge bestehen: 1) in der Pfeifenform; 2) dem Stopfer; 3) der Presse; 4) dem Tremmkopf, und 5) dem Pfeifenofen.

c) Die Pfeifenform ist aus Messing angefertiget. Sie bestehet aus 2 gleichen Hälften, welche, wenn sie zusammengepasset werden, die Gestalt eines Pfeifenfutterals besitzen; sie können durch zwey in einander passende Zapfen oder Pinnen zusammen vereiniget werden.

d) Der Stopfer ist ein aus Eisen verfertigter Kegel, so groß und dick als die Höhlung des Pfeifenkopfs werden soll; am obern Theile ist er mit einem hölzernen Handgriffe versehen.

e) Die Presse bestehet in einer Art von Schraubenstock, der dazu bestimmt ist, die völlige Zusammenpressung der über einander gelegten Formhälften zu bewirken

f) Der Tremmkopf bestehet in einem Pfropfen von Korkholz oder auch von Horn, welcher, um das Zerbrechen zu vermeiden, in den hohlen Kopf der Pfeife gesteckt wird.

g) Der Pfeifenbrennofen, in welchem die Pfeifen gebrannt werden, hat viel Aehnlichkeit mit einem Backofen, und ist, zur Direktion des Feuers, oben und unten mit mehrern Zuglöchern versehen.

h) Um die Pfeifen zu brennen, werden sie in irdene Kästen eingelegt, von denen jeder einzelne 200 Stück fasset. 36

Stück solcher Kästen füllen einen Ofen. Das Brennen geschiehet mit Holzfeuer, und dauert 16 Stunden.

Zubereitung des Pfeifenthons.

§. 740.

Der zu den Pfeifen bestimmte Thon wird in Kübeln mit Wasser eingeweicht, dann mit den Füßen getreten, hierauf in Haufen zusammengeschlagen und in viereckige Stücken ausgewalkt, bis ein biegsamer Teig daraus gebildet wird.

a) Der meiste Pfeifenthon kommt für die Fabriken aus Kölln und aus der Gegend von Lüttich. Dieses vertheuert die Fabrikation der Pfeifen gar sehr, und es ist der Mühe werth zu untersuchen, ob nicht der dazu benöthigte Thon an jedem Orte selbst gefunden wird.

b) Zuweilen werden zweyerley Arten Thon mit einander gemengt verarbeitet, so wie man es am zulässigsten findet.

Das Formen und Bohren der Pfeifen.

§. 741.

Um die Pfeifen zu formen, wird der vorbereitete Thon von dem Roller, ein Stück nach dem andern, in Empfang genommen, der eine dünne Walze (einen Weller oder Welger) daraus bildet, welche an dem einen Ende dicker als am andern ist, worauf die Walzen an den Former (den Kaster) abgegeben werden, der sie zu Pfeifen formt; die geformten Pfeifen werden nun mittelst dem mit Oel bestrichnen Weisedrath durchbohrt, und dann die Höhlung des Kopfes mit dem Stopfer ausbildet.

a) Der Roller bildet die langen Walzen oder Weller mit den Händen auf einem glatten Brette.

b) Der Former (der Kaster) bringt nun die Weller in die messingene Pfeifenform, deren innere Fläche mit Oel bestri-

bestrichen ist, um sowohl das Anhaften des Thons dadurch zu verhüten, als auch den Pfeifen mehr Glätte zu geben.

c) Bevor indessen der Welger in die Form kommt, wird er vorher mit dem Weisedrathe (einem hinreichend starken Drathe) bis an den Kopf durchbohrt.

d) Die Form wird hierauf mit ihrer zweyten Hälfte bedeckt, dann zwischen 2 Bretter gebracht, und mittelst der Schraubenpresse zusammengepresset.

e) Jetzt wird nun der Kopf der Pfeife mittelst dem Stopfer ausgehölet, während die Pfeife noch in der Form ist, welches dadurch geschiehet, daß man den vorher mit Oel bestrichenen Stopfer mit voller Kraft in den unausgehölten Kopf einpresset.

Fernere Ausbildung und Verzierung der Pfeifen.

§. 742.

Nach vollendeter erster Formung der Pfeifen, wird nun die Form aus der Presse, und dann die Pfeife mittelst dem Weisedrathe aus der Form genommen, die sich gebildete Nath davon getrennet, die Mündung des Rohrs beschnitten, die Pfeife alsdann mäßig getrocknet, und mittelst dem Tremmer eben gestrichen, hierauf der Kopf an der Mündung gerändert, die Außenfläche geglättet, endlich auf der Ferse das Fabrikzeichen eingedrückt; worauf die Pfeife geglaset und matt getrocknet wird.

a) Die Nath entstehet während dem Pressen der Pfeife in der Form, durch eine Lage Thon die sich in den Fugen abdrückt, die zwischen den beyden Formhälften sich bilden. Sie wird mit einem Haken von Eisendrath hinweg genommen, der mit einem hölzernen Handgriff versehen ist, mit dem auch die Mündung des Rohrs beschnitten wird.

b) Der Tremmer streicht sie nun mit einer Art Messer, welches auf der einen Seite feine Zähne hat, auf der andern hingegen stumpf und zwischen dem Handgriffe und der

Klinge in einem halben Zirkel gebogen ist. Unter dem Hefte des gedachten Messers, ist zugleich ein kleiner Stempel angebracht, der das Fabrikzeichen enthält.

c) Der Tremmer bedient sich nun der stumpfen Seite jenes Messers, um das Pfeifenrohr damit zu ebnen und glatt zu streichen; des gezähnten Theils hingegen, um damit die Mündung des Kopfes, in welche der Tremmkopf gesteckt ist, zu rändern; dagegen mit dem Halbzirkel die Außenfläche des Kopfes geglättet wird. Zuletzt wird nun das Fabrikzeichen mit dem Stempel auf die Ferse der Pfeife abgedrückt.

d) Sollen die Pfeifen noch andere Zeichen oder erhöhete Verzierungen erhalten, so werden diese durch den Tremmer, mittelst Formen von Messingblech, aufgedrückt, eine Operation die das Schmussern genannt wird.

e) Man hat auch eigene Formen, in welchen die Figuren vertieft eingegraben sind, dergestalt, daß die Pfeifen solche gleich bey ihrer ersten Bildung eingedrückt erhalten.

f) Die Pfeifen werden hierauf von dem Pfeifenglaser geglaset, d. i polirt, welches mit einem Rohr von Glas oder mit einem Achat verrichtet wird.

g) So weit fertig gebildet, werden sie nun auf einem Trokkenbrett auf die Fersen gestellet, und an der Luft getrocknet.

(Sprengel's Handwerke in Tabellen ꝛc. 9. Th. S. 289. Taf. IV. Fig. 3. 4. 13. und 14. Du Hamel du Monceau, l'art de faire les pipes à fumer le tabac. Paris 1771. fol. J. Beckmann's Anleitung zur Technologie ꝛc. 6. Ausgabe. Göttingen 1809. S 386 ꝛc. J. C. Leuchs a. (§. 726.) a. O. S. 136. u. S. 143 ꝛc.)

Das Brennen der Pfeifen.

§. 743.

Um die Pfeifen zu brennen, werden selbige entweder in irdenen walzenförmigen Töpfen mit einem hohlen Kegel in der Mitte, an welchen die Pfeifen angelehnet werden, in den Ofen gebracht, oder in langen aus Thon gebrannten Kasten, die mit Pfeifenscherben ausgelegt sind. Man brennt sie auch wohl in dem rauchfreyen Ofen ganz ohne Kapseln.

a) In den Holländischen Fabriken besitzt der Pfeifenofen die Gestalt eines Backofens. Er ist statt dem Boden mit einem Roste versehen, unter welchem das Feuer brennt, und auf welchem auch die mit den Pfeifen gefülleten und mit Deckeln verschlossenen Kapseln placirt sind. Im Gewölbe und an zweyen Seiten ist der Ofen mit Zuglöchern versehen.

b) In einem solchen Ofen mit Kasten, können mit einemmale 5000 Stück Pfeifen gebrannt werden. Man giebt anfangs sehr gelindes Feuer, das nur nach und nach verstärkt wird, bis zuletzt der ganze Ofen in Glut gekommen ist. Während der ersten 3 Stunden, werden alle Zuglöcher verschlossen, dann werden sie wieder geöffnet, und nach einem Zeitraume von 14 Stunden, haben die Pfeifen die Gahre erreicht.

c) Kleinere Pfeifenmacher, die das Gewerbe nicht fabrikmäßig betreiben, bauen sich (nach einer von dem Pfeifenmacher Nolde in Hannöverisch-Minden, bereits vor einigen 30 Jahren gemachten Angabe) ihren Ofen von Thon selbst. Er ist viereckig, jede Seite 4 Fuß lang, und die Höhe beträgt 4 bis 5 Fuß. Unten ist er mit einem durchlöcherten Gewölbe versehen, unter welchem auf dem thönernen Roste das Holz brennt. Auf jenem Gewölbe liegt eine thönerne Tafel mit einem kleinen erhabnen Rande, welcher nirgends mit den Ofenwänden in Berührung stehet, und daher dem Feuer neben sich das Emporsteigen gestattet. Auf jener Tafel, welche mit trocknem Sande bestreut ist, werden nun die vorher windtrocknen Pfeifen, in verschiedenen Schichten kreuzweise übereinander gelegt, und zwar so hoch, bis der Ofenrand nur noch eines Daumens breit über den Pfeifen hervorraget. Ist der Ofen so vorgerichtet, so werden nun 18 Papierbogen auf der einen Seite mit Pfeifenthon beschmieret, dann auf dem Rande der Tafel, auf der die die Pfeifen liegen, aufgestellet und mit der Thonseite an diese gelehnet, so daß der ganze Haufen an allen 4 Seiten mit den Thonbogen umgeben ist. Zuletzt werden 2 lange dünne gebrannte Thonplatten quer über den Ofen gelegt, wodurch er hinreichend bedeckt wird. Das Feuer zerstöhrt nun das Papier, brennt aber den darauf gestrichnen Thon zu einer harten Wand, neben der der Rauch emporsteigt, und in den Schornstein fortgeht.

(Joh. Beckmann's Anleitung zur Technologie ꝛc. 6. Ausgabe. Götting. 1809. S. 388 ꝛc.)

Das Glänzen der Pfeifen.

§. 744.

Die gahr gebrannten Pfeifen werden nun geglänzet, um sie glatt und glänzend zu machen, und dann in Kisten oder Körbe verpackt, in den Handel gebracht.

a) Um den Pfeifen Glanz zu geben, werden sie mit einem Tünch überzogen, der aus einer Verbindung von 8 Loth Seife, 4 Loth weißem Wachs, 2 Loth Tragantschleim, oder Gummi, oder Pergamentleim gebildet ist, und nach dem Trocknen derselben, mit einem Tuche abgerieben.

b) Das Verpacken in Kisten oder Körbe, geschiehet mit dazwischen gestreueter Spreu (den Saamenkapseln) von Buchweizen. Ein Korb enthält gemeiniglich ein Groß von 12 Dutzend oder 144 Stück Pfeifen.

Achtunddreyßigster Abschnitt.

Die Ziegelbrennerey.

(Die Fabrikation der Dachziegeln und Mauersteine.)

§. 745.

Ziegelsteine, so wie Ziegeln, auch Mauersteine und Backsteine, nennt man aus einem Gemenge von kalkfreyem Thon und Sand geformte und im Feuer hartgebrannte Steine, die entweder zum Aufführen massiver feuerfester Gebäude, oder zu ihrer Bedeckung bestimmt sind. Der Ort, wo die dazu nöthige Anstalt gegründet ist, wird eine Ziegeley oder Ziegelbrennerey genannt.

a) Die Erfindung der Dachziegeln so wie der Mauersteine gehört ohnstreitig in die älteste Zeit. Schon die Babylonier kannten sie, und verbanden sie durch Erdpech unter einander. Auch die ältern Römer und Griechen kannten und gebrauchten sie, worüber Vitruv Nachrichten hinterlassen hat.

b) Nach Sanchoinaton (dessen Universal-Lexicon. 4. Th. S. 2065), soll die Erfindung der Ziegelsteine, schon vor der siebenten Generation des Menschengeschlechts gemacht worden seyn; also war sie schon vor der Sündfluth bekannt. Der Sage nach, sollen die Kinder Sath eine Säule von gebacknen Steinen errichtet haben; wofür aber kein gültiger Beweis existirt. Die älteste sichere Spur von Ziegeln und Ziegelbrennereyen, findet sich zur Zeit des Assur und Nimmrod, in welcher der Thurm zu Babel aus Ziegelsteinen erbauet werden sollte (s. I. Mosis XI. 3. und Cap. X. 11.). Auch die Aegyptier kannten die Bereitung der Ziegeln und hielten die Israeliten zu dieser Arbeit an (s. 2. B. Mosis, I. 14.). Auf der Insel Cypern erfand der dortige König (Namens Cinira oder Ciniras), zur Zeit des trojanischen Krieges, die Ziegeln (s. Plinius VII. 56.). Zu Athen errichteten die beyden Brüder Curialus und Hyberbius, die erste Ziegelhütte (s. a. e. a. O.). Die Formen zu den Hohlziegeln soll Byzas oder Byzes (Beherrscher der Insel Naxos) erfunden haben.

§. 746.

Das Ganze der Ziegelbrennerey zerfällt in: 1) die Auswahl des dazu geeigneten Thons; 2) die Zubereitung desselben; 3) das Streichen und Trocknen der Ziegeln und Mauersteine; und 4) das Brennen derselben.

a) Die Dachziegeln, welche zum Bedecken der Gebäude bestimmt sind, bestehen entweder in Zungen oder in Hohlziegeln.

b) Die Mauersteine sind entweder länglich-viereckig, oder sie sind Zirkelabschnitte, je nachdem sie bald diese bald jene Bestimmung in der Anwendung erhalten.

c) Den gemeinen Mauersteinen schließen sich noch an die Klinker, welche besonders zum Wasserbau bestimmt sind.

Auswahl und Zubereitung des Thons.

§. 747.

Der zu Dachziegeln und Mauersteinen bestimmte Thon, erfordert weniger Aufmerksamkeit als der zu den verschiedenen andern Zweigen der Töpferey bestimmte. Der beste ist der, welcher frey von eingemengten Kalknieren ist, und keinen groben Kiessand eingemengt enthält. Die Zubereitung des Thons besteht in seiner Einweichung mit Wasser, seiner Versetzung mit Sand, und der Reinigung von groben Steintheilen.

a) Der beste Thon zur Verfertigung der Dachziegeln und Mauersteine ist der, welcher, wenn er mit Wasser angeknetet ist, beym Austrocknen nicht zu stark schwindet, und sich im Feuer steinhart und roth brennt.

b) Thon, welcher einzelne Kalknieren eingemengt enthält, taugt nicht für Ziegeleyen, weil sie sich während dem Brennen in gebrannten Kalk umändern, der sich an der Luft löscht, und die Ziegeln zersprengt.

c) Thon hingegen, der nur etwa 5 Procent Kalk zart zertheilt eingemengt enthält, ist zur Ziegeley vorzüglich qualificirt; weil diese geringe Beymischung des Kalks, während dem Brennen, im Innern der Ziegeln, eine Art von Verglasung veranlasset.

d) Thon, welcher einen Winter hindurch durchgefroren und vom Regen ausgespült worden ist, ist tauglicher zur Ziegelbrennerey als frisch gegrabener.

e) Die Versetzung des Thons mit Sand wird verrichtet, um die Ziegeln poröser zu machen, und das zu starke Schwinden derselben zu vermeiden. Die Quantität des Sandzusatzes richtet sich nach der Beschaffenheit des Thons, und muß durch Versuche erforschet werden.

f) Das Einweichen des Thons geschiehet in mit Bohlen ausgeschalten Sümpfen oder Gruben, die unter einem bedeckten Schuppen angebracht werden.

g) Das Durcharbeiten des eingeweichten Thons mit dem Sande, geschiehet aber durch das Treten von Menschen oder auch von Thieren, oder mittelst den Thon- oder Kleymühlen.

h) Die Thonmühle bestehet aus einer mit verschiedenen Armen bekleideten Maschine, an welchen Flügel oder Messer befestiget sind. Die Welle befindet sich in einer Einfassung von Holz oder von Mauerwerk, welche über einer Grube stehet. Sie wird, nachdem man es haben kann, entweder durch Thierkraft, oder durch Wasserkraft in Betrieb gesetzt.

i) Noch besser wird es seyn, wenn aller zu Dachziegeln und Mauersteinen bestimmte Thon, vorher geschlämmt werden kann.

(Bemerkungen über Töpfer- und Ziegelthon und dessen Schlemmungen. Im Neuen Bayerschen Kunst- und Gewerbeblatt. 11. Jahrg. 1825. S. 76. 2c. J. C. Leuchs a. (§. 726.) a. O. S. 144. 2c.)

Das Streichen der Dachziegeln und Mauersteine.

§. 748.

Das Streichen oder Bilden der Dachziegeln und der Mauersteine, geschiehet durch die dazu geschickten Ziegelstreicher, mittelst der dazu bestimmten Formen.

a) Die Form zu den flachen Dachziegeln (den Zungen) bestehet in einem an dem einen Ende abgerundeten Brett von Holz, dessen Fläche etwa $\frac{1}{4}$ Zoll größer ist, als der Ziegel nach dem Trocknen und Brennen ausfallen soll. Die beiden langen Seiten des Brettes sind mit einer Leiste besetzt, welche die Dicke des Dachziegels bestimmt. Vorn ist eine Vertiefung angebracht, um den Haken zu bilden, mit welchem der Dachziegel an die Dachlatte angehängt wird.

b) Die zu den Hohlziegeln bestimmte Form hat die Gestalt einer halben Walze, die gegen das Ende schmal zuläuft.

c) Die Form zu den Mauersteinen bestehet in einem hölzernen oder eisernen Rahmen, der $\frac{1}{4}$ Zoll im innern Raum größer ist, als der Stein werden soll.

d) Um die Dachziegeln zu streichen, füllet der Ziegelstreicher die vorher benetzte Form mit dem zubereiteten Thon an, indem er ihn mit den Händen hineinknetet, streicht dann mit dem Streichholz darüber hin, worauf der so gebildete Ziegel auf ein daneben stehendes, mit Sand bestreuetes Brett gelegt wird.

e) Jetzt werden an mehreren Orten die Dachziegeln durch Maschinen bereitet, aus denen sie nicht bloß geformt, sondern auch gepresset herauskommen. Die Einrichtung dieser Maschinen ist mannigfaltig verschieden. Zu den Maschinen dieser Art gehören: 1) Jung's Ziegelsteinmaschine; 2) Hettenbergs Ziegelpresse; 3) die amerikanische Ziegelpresse; 4) Kiesley's Ziegelpresse; 5) Wrights Ziegelpresse; 6) Lees und Harrison's; 7) Cuoby's; 8) Leahy's Maschinen Backsteine zu machen; 9) Galloways Ziegelpresse und 10) Lynos und Stainfords Ziegelpresse. Eine Zusammenstellung dieser Maschine hat Leuchs gegeben.

f) Um die gestrichenen oder gepresseten Dachziegel oder die Mauersteine zu trocknen, werden sie nun mit den Brettern unter die Trockenscheune gebracht, die bey den Dachziegeln verschlossen, bey den Mauerziegeln hingegen offen ist. In der Trockenscheune (der Ziegelscheune) ruhen sie auf Latten, so daß sie von der durchziehenden Luft bestrichen werden können.

g) Die Größe der Dachziegeln, so wie die der Mauersteine, ist an den meisten Orten gesetzlich vorgeschrieben.

(Sprengel's Handwerke in Tabellen, fortgesetzt von Hartwig. 9. Theil. S. 19. Taf. I. Fig. 7. u. 8. J. Beckmann's Anleitung zur Technol. 6. Auflage. Göttingen 1809. S. 354 rc. Die Ziegelbrennerey wie sie behandelt wird. 2. Auflage Leipzig 1799. 8. J. F. Riemann's, Anleitung zur Kenntniß der Ziegeleyen, für Oekonomen, Cameralisten und Bauleute. Leipzig 1800. 8. Lohse über die Verbesserung der Ziegeleyen. In Hermbstädt's Bülletin rc. 6. B. S. 289 rc. J. C. Leuchs a. (§. 726.) a. O. S. 152 rc. Ueber verschiedene Backsteine (Ebendaselbst S. 158 rc.) auch in Dingler's polytechn. Journal rc. 28. Bd. S. 134. S. 137. und S. 261. und 31. Bd. S. 400. und 35 Bd. S. 175. und S. 180. finden sich nützliche Versuche zu dem Behufe. H. F. von Röblich's Beschreibungen 5 verschiedener Arten Ziegelschneidemaschinen. Mit 21 colorirten Steinabdrücken rc. Düsseldorf bey Stahl 1819. fol.)

Das Brennen der Ziegel und Mauersteine.

§. 749.

Wenn die Ziegeln und Mauersteine in der Trockenscheune so weit ausgetrocknet sind, daß alle Feuchtigkeit entwichen ist, so werden sie nun in dem dazu bestimmten Ofen gebrannt oder gebacken, um sie dadurch in eine steinartige an der Luft unveränderliche Beschaffenheit überzuführen.

a) Das Brennen oder Backen der Ziegeln und Mauersteine, geschiehet entweder in den wirklichen Ziegelöfen, oder in Meilern (Feldöfen). Das Brennen der Ziegeln kann bey Holzfeuer, bey Torffeuer oder bey Steinkohlenfeuer verrichtet werden.

b) Die eigentlichen Ziegelöfen sind entweder oben geschlossen und gewölbt; oder sie sind oben offen und nicht gewölbt.

c) Die gewölbten Ziegelöfen bestehen aus 4 Wänden, die oben durch ein Gewölbe verbunden sind. An der Vorderseite sind die Schürlöcher, und an den übrigen Seiten sind Zuglöcher angebracht.

d) Bey den nicht gewölbten (oben offnen) Ziegelöfen, ist der obere Theil mit Ziegeln zugelegt. Sie sind aber mehr feuerverschwendend als jene.

e) Man hat Oefen mit 1, mit 2, mit 3 und mit 4 Feuerlöchern, und sonach werden sie auch in 1, 2, 3 und 4 feurige oder schürige unterschieden.

f) Viele Ziegelöfen haben aufgemauerte Unterlagen oder Bänke, auf welche die Ziegeln aufgestellt werden, wodurch sie auch bey der stärksten Feuerung nicht zerstört werden.

g) Die Größe der Oefen richtet sich nach der Zahl der mit einem Mal zu brennenden Steine. Oefen mit 2 Feuerlöchern, halten selten mehr als 18 bis 20,000 Steine. Oefen worin 40,000 gebrannt werden sollen, sind unbequem für die Arbeiter.

h) Die Ziegeln oder Mauersteine werden kreuzweiß in den Ofen eingesetzt, damit Zwischenräume von der Breite eines Fingers bleiben, und die Hitze gut durchstreichen kann.

i) Die Meiler oder Feldöfen haben gemeinhin keine Mauer. Es werden zu dem Behuf bloß die rohen Luftsteine in

Gestalt eines Ofens aufgesetzt, und die nöthigen Schür- und Zuglöcher gelassen.

k) Um das Brennen zu veranstalten, wird anfangs nur gelindes Feuer gegeben, um alle rückständige Feuchtigkeit zu entfernen, ohne die Steine zu sprengen. Zuletzt wird aber das Feuer so weit verstärkt, bis die Steine glühen und eine weiße Flamme emporsteigt. Man theilt das Brennen in drey Perioden, nämlich in Halbfeuer, in Mittelfeuer und in Ganzfeuer.

l) Das Halbfeuer und Mittelfeuer dauert ohngefähr 2 Tage und 2 Nächte bey offenem Heizloche. Das Ganzfeuer hingegen wird bey verschlossenen Heiz- und Zuglöchern so lange fortgesetzt, bis die Steine ihre Gahre erreicht haben.

m) Nach vollendetem Gahrbrennen der Dachziegeln oder der Mauesteine, werden alle Oeffnungen des Ofens zugemauert, und der Ofen nicht früher geöffnet, als bis er völlig abgekühlt ist.

n) Das Einsetzen der Ziegeln und der Mauersteine in den Ofen, dauert gemeiniglich 3 Tage; das Brennen derselben 9 Tage; das Abkühlen des Ofens 5 Tage; das Herauskarren der Steine 2 Tage, folglich in allem 19 Tage.

(Buisson du Vignon Abhandlung über die beste Art Oefen zu bauen, worin Ziegeln, Kalk und Töpferarbeit gebrannt wird. Berlin 1766. 5. Bd. mit Kupfern. Figuer's Beschreibung eines neuen holzsparenden Ziegelofens, nebst Rissen. Riga 1794. 4. V. Cancrin, Abhandlung von den Anlegungen der Ziegelhütten. Marburg 1795. Niesmann die Verbesserung der Dachziegeln. In Hermbstädts Bülletin des Neuesten rc. 5. Bd. S. 289 rc. Ausführliche Anweisung zum Erbauen und Einrichten der Torf-Ziegelöfen. Berlin 1790. 8. Swab vom Brennen der Ziegeln in Kohlenmeilern. In Crell's Neuem chem. Archiv. 6. Bd. 1787. Jars l'art de fabriquer la brique et la tuile et de les faire cuire, avec la tourbe, comme c'est la pratique à Hollande 1768. W. Gilly ausführliche Anweisung zur Einrichtung und Erbauung der Torfziegelöfen und zur

Zubereitung und Brennen der Ziegeln. Breslau 1791. 8. J. C. Eiselen's Anleitung zum Ziegelbrennen bey Torf, und zur Erbauung der dazu erforderlichen Oefen. Berlin 1802. 8. J. F. Riemann prakt. Anleitung zur Kenntniß der Ziegeleien und Ziegelarbeiten. Leipzig 1800. J. N. Schönauer, praktische Darstellung der Ziegelhüttenkunde. Mit Kupfern. Salzburg 1815. P. Scheller der wohlunterrichtete Ziegeler rc. Ilmenau 1828.

§. 750.

Die Ziegelsteine überhaupt, zerfallen in zwey Abtheilungen, in Mauerziegeln (Mauersteine), und in Dachziegeln, von verschiedener Form, welche letztern zur Bedachung der Gebäude gebraucht werden.

1) Mauerziegeln.

Zu diesen gehören:

a) Die Aegyptischen Ziegeln oder Luftsteine, welche gar nicht gebrannt, sondern bloß an der Luft getrocknet sind.

b) Die gemeinen Mauerziegeln oder Mauersteine, von der Gestalt eines Parallelepipedums.

c) Die Brunnenziegeln, die an dem einen äußern Ende, der Breite nach, zirkelförmig ausgebogen, am andern Ende aber eben so eingebogen sind. Sie sind zum Ausmauern der Brunnengewölbe bestimmt.

d) Die Kesselziegeln zum Einmauern der Kessel, von der Gestalt der Brunnenziegeln.

e) Die Falzziegeln, worunter gewöhnlich Mauerziegeln verstanden werden, die an die Seiten der Fenster- und Thürenöffnungen kommen.

f) Die Keilziegeln oder Wölbeziegeln, von keilförmiger Gestalt; sie sind zu Bogen und Gewölben bestimmt.

g) Die Mundsteine, welcher Name denjenigen Ziegeln gegeben wird, die nahe an den Mundlöchern der Ziegelöfen liegen, da wo das Feuer im Brennen unterhalten wird. Bleiben ihre Form und Härte nach dem Brennen unbeschädigt, dann sind sie so dauerhaft, daß sie als Klinker benutzt werden können.

h) Die Pflasterziegeln oder Fliesen, von viereckiger, von sechseckiger oder von irgend einer andern beliebigen Form. Sie sind zum Auspflastern der Fußböden in Küchen, in Vorsälen, in Kellern rc. bestimmt.

i) Die Kladziegeln oder Kladsteine. So nennt man eine in Holland gebräuchliche Art von Ziegeln, von schlechter Beschaffenheit, die ganz mit Sand durchmengt sind.

2) Dachziegeln.

Zu diesen gehören:

a) Die Bieberschwänze, sie haben ihren Namen von der unten cirkelrund zugehenden Gestalt. Sie sind entweder mit einer Erhöhung (einer Nase), zum Aufhängen auf die Dachlatten, oder mit Löchern (gleich den Schieferplatten) zum Aufnageln versehen.

b) Die Kaffziegeln oder Kappziegeln, welche so lang wie die Bieberschwänze aber dreymal so breit sind, und in der Mitte eine Oeffnung zu einem kleinen Dachfenster haben, um Licht und Luft dadurch auf den Boden des Hauses zu leiten.

c) Die Hohlziegeln, von der Gestalt eines halben, hohlen, abgekürzten Kegels, oder eines halben hohlen Cylinders, welche in Forstziegeln und in Kehlziegeln unterschieden werden. Sonst wurden sie zur Bedeckung ganzer Dächer gebraucht; jetzt werden sie nur noch zur Bedeckung der Forsten und der Ecken der Dächer angewendet.

d) Die Ochsenmäuler. So nennt man Dachziegeln von einer gedrückten runden Gestalt; die wie die Bieberschwänze entweder eine Nase zum Aufhängen auf die Latten haben, oder ein Loch zum Aufnageln derselben.

e) Die Paßziegeln (auch Pfannenziegeln oder Schlußziegeln genannt). Sie machen eine jetzt nicht mehr gangbare Art der Dachziegeln aus, die die Gestalt eines liegenden lateinischen S besitzen. Der niederwärts gehende Theil eines solchen Ziegels greift immer in den aufwärts stehenden des folgenden. Ein mit solchen Ziegeln gebildetes Dach schließt zwar sehr schön und läßt weder Schnee noch Regen hindurch, ist aber auch eine schwer zu tragende Last für das Gebäude.

f) Die Rinnenziegeln, die cylindrische Höhlungen bilden, dergestalt, daß zwey dergleichen Ziegeln, wenn sie übereinander gelegt werden, eine Wasserrinne darstellen.

g) Die Gesimsziegeln, welche die Gestalt der Gesimseglieder an Gebäuden beschließen, zu deren Bedeckung sie angewendet werden.

(Gressier's Ideen zur Verbesserung der Mauersteine. In Hermbstädts Bülletin des Neuesten ꝛc. 5. Bd. S. 276 ꝛc. Poppe's Handbuch der Technologie. 2te und 3te Abtheilung. Frankfurt am Mayn 1806. S. 508 ꝛc.)

§. 751.

Die Dachziegeln so wie die Mauersteine zeichnen sich bald durch eine rothe bald durch eine gelbe Farbe aus, welche allemal eine Folge des reichern oder ärmern Eisengehalts des Thons ausmacht, der sich im Feuer roth brennt, und so die Farbe der Ziegeln veranlasset, ohne sonst auf die gute oder schlechte Beschaffenheit der Ziegeln einen wesentlichen Einfluß zu haben. Die dauerhaftesten Dachziegeln sind diejenigen, denen man auf der Außenfläche eine Glasur gegeben hat; weil sie dadurch vor dem Einsaugen des Wassers, und dem dadurch veranlaßten Springen im Winter geschützt bleiben.

a) Gute Dachziegeln müssen im Bruche feinkörnig seyn, keine zu große specifische Dichtigkeit besitzen, beym Anschlagen mit einem harten Körper klingen, gern und leicht Wasser einsaugen, und, wenn sie im feuchten Zustande der Kälte ausgesetzt sind, nicht springen.

b) Das Glasüren der Dachziegeln verrichtet man durch verschiedene Materien: 1) indem man die halbgahr gebrannten Ziegeln mit einem Gemenge von 1 Theil Bleyglätte und 10 Theilen geschlämmten Thon überschlämmt, und dann vollends gahr brennt; 2) indem man sie mit einem aus gelöschtem Kalk, aus Holzasche und aus Wasser zubereiteten Brey überstreicht, und dann gahr brennt; 3) würde vielleicht auch der Flußspath in Vereinigung mit Gyps anzuwenden seyn.

c) Soll die Glasur schwarz werden, so bringt man gegen das Ende der Operation, eine Portion grünes Birkenholz im Ofen.

d) Gute völlig gahr gebrannte Mauersteine müssen schwer seyn, beym Anschlagen gut klingen, dürfen keine grobe Steintheile noch weniger aber Kalknieren eingemengt enthalten; sie müssen das Wasser leicht einsaugen, ohne zu reißen, und solches auch leicht wieder von sich lassen.

§. 752.

Außer den gewöhnlichen Mauerziegeln oder Mauersteinen, gehören hierher auch noch die Klinker, die zu Harlingen in Friesland am vorzüglichsten fabricirt werden, die man aber auch in Flensburg und auch in Potsdam bereitet. Sie zeichnen sich durch eine gelbgraue Farbe und einen sehr festen steinartigen Zustand aus. Sie werden besonders zu Wasserbauden mit Nutzen gebraucht.

a) Die Klinkersteine werden aus einem ziemlich fetten eisenfreyen feuerfesten Thon, in der Versetzung mit nur wenigem Sande und etwas Kalk verfertigt. Sie erfordern, um völlig gahr gebrannt zu werden, eine viel stärkere Hitze als die gemeinen Mauersteine, dergestalt, daß sie in ihrer innern Masse eine Art von Verglasung eingehen.

Neununddreyßigster Abschnitt.

Die Kalkbrennerey.

§. 753.

Die Kalkbrennerey bestehet in der Kunst, den rohen Kalk, durch das Brennen im Feuer in dazu bestimmten Kalköfen so zu durchglühen, daß er in eine scharf und ätzend schmeckende, an der Luft zerfallbare, und im Wasser sich unter Erhitzung löschende Substanz umgewandelt wird, die nun gebrannter Kalk heißt.

a) Der reine rohe Kalk (Calcaria cruda), auch Leberkalk genannt, ist ein Produkt der natürlichen Mischung aus 56,5 Kalkerde, 43 Kohlensäure und 0,5 Hydratwasser. Die vollkommenste Entfernung des Wassers und der Kohlensäure aus dem rohen Kalk, enthält den zureichenden Grund von seinem Uebergang in gebranntem Kalk.

b) Jede Art des rohen Kalkes kann zur Kalkbrennerey angewendet werden. Dahin gehören vorzüglich: 1) der gemeine Kalkstein: 2) der Marmor; 3) die Kreide; 4) der Mergelkalk; 5) die Auster- und Muschelschalen und die Schneckengehäuse.

c) Die Güte des rohen Kalkes ergiebt sich aus seiner vollkommenen Auflösung in reiner Essigsäure, die mit Brausen ohne Erwärmung erfolgt. Wenn der rohe Kalk, von welcher Art er auch sey, nach der Auflösung in Essig- oder Salpetersäure bis 10 Procent unauflösliche Substanz zurück läßt, so besteht diese entweder in Thon, in Sand oder in Gyps, und er taugt nun nicht, um einen brauchbaren gebrannten Kalk daraus darzustellen.

Die

Die Kalköfen.

§. 754.

Um das Brennen des rohen Kalkes zu veranstalten, werden die dazu nöthigen Oefen erfordert. Diese bestehen entweder 1) in aus Mauersteinen erbaueten Kalköfen; oder 2) in Gruben; oder 3) in Meilern.

a) Die aus Mauersteinen aufgeführten Kalköfen, sind mit sehr dicken Mauern versehen, und kommen mit den Ziegelöfen fast völlig überein.

b) Man unterscheidet gewöhnlich fünf verschiedene Einrichtungen der Kalköfen, nemlich: 1) den von der Gestalt eines Würfels; 2) den von der Gestalt eines Parallelepipedums; 3) den von der Gestalt eines Cylinders; 4) den von der Gestalt eines umgekehrten Kegels; und 5) den von der Gestalt einer umgekehrten Pyramide. Noch immer ist man aber nicht darüber einverstanden, welche von jenen Formen als die beste anerkannt werden muß.

c) Einige dieser Kalköfen sind mit einem besondern Aschenheerd und über diesem mit einer eisernen Roste versehen; bey andern wird der Rost erspart, und die Steine werden in Bogen gesetzt.

d) Sie werden ferner unterschieden 1) in Stichöfen, und 2) in gewölbte Oefen. Die Stichöfen, welche oben offen sind, haben den Vortheil, daß man unten die gebrannten Kalksteine herausnehmen und sie durch die obere Oeffnung aufs neue mit rohen Steinen anfüllen kann. Die gewölbten Oefen, deren oberer Theil mit einem Gewölbe verschlossen ist, halten hingegen die Hitze mehr zusammen, und gewähren eine bedeutende Ersparung von Brennmaterial.

e) Am gewöhnlichsten besteht der Kalkofen in einem oben offnen Cylinder, von 10 bis 12 Fuß Höhe, und 6 bis 8 Fuß Weite, der an der Basis mit einer Oeffnung für das einzutragende Brennmaterial und den Luftzug versehen ist.

f) Soll der Kalk mit Torf oder Steinkohlen gebrannt werden, so erhält der Ofen die Gestalt eines umgekehrten

Kegels, an dessem engern Theil eine Thüre angebracht ist, um den Kalk herauszunehmen.

(Sprengels Handwerke in Tabellen, fortgesetzt von Hartwig. 9. Theil. Taf. I. Fig. 13. Weise's ökonom. Technologie rc. 4. Theil. S. 18 rc. Taf. I. Fig. 1 — 5. und Fig. 7 — 11. Hermbstädts Grundriß der experiment. Kameralchem. rc. Berlin 1817. 8. 2. Aufl. S. 549 rc. Eversmann Beschreibung eines Kalkofens. In dessen Reise durch Holland. 1792. S. 224. F. Fliender Beschreibung der Kalköfen in England. In den Abhandlungen der Königl. Schwed. Akademie der Wissenschaft. 10. Bd. S. 97. Rumford's holzersparender Kalkofen. In Hermbstädts Museum rc. 1. B. S. 79. Taf. I. Fig. 3. Die Kalköfen in Yorkshire. In Dingler's polytechn. Journal. 24. B. S. 348. Taf. 7. Fig. 19, 20 und 21. Debliner's und Donop's Kalkofen. Im Dictionaire Technologie, ou nouveau Diction. universelle des arts et métiers. Tom. V. Taf. 14. Fig. 1 rc.)

Das Brennen des Kalks.

§. 755.

Um das Brennen des Kalksteins in dem Kalkofen zu veranstalten, wird der Ofen dergestalt damit angefüllet, daß Zwischenräume genug bleiben, um der Flamme einen freyen Durchzug zu gestatten, worauf, bis zum völligen Austrocknen der Steine, anfangs ein sehr gelindes Feuer gegeben wird, das nür nach und nach bis zur Vollendung des Brandes verstärkt wird.

a) Man muß die Feuerung aus dem Grunde langsam anfangen, damit erst alle inhärirende Feuchtigkeit aus dem Kalkstein völlig entfernt wird, weil die Steine sonst in Stücke zerspringen würden Die Feuerung wird so lange fortgesetzt, bis feurige Funken aus dem Ofen sich erheben, und kein dicker Rauch mehr bemerkt wird.

b) Die Feuerung wird mit Holz, mit Torf oder auch mit Steinkohlen verrichtet. Nur erfordert, zu jedem Brennmaterial, der Ofen eine passende Konstruktion.

c) Soll das Brennen des Kalks in Gruben veranstaltet werden, so werden diese so weit mit den Kalksteinen ausgefüllet, daß nur für die Feuerung ein leerer Raum bleibt, und ihre Oeffnungen mit Thon oder auch Kalksteinen bedeckt.

d) Die Kalkmeiler oder Feldöfen werden eben so, wie die Ziegelmeiler, aus bloßen Kalksteinen in der Gestalt eines Ofens errichtet, und jene mit dem Brennmaterial untermengt.

e) Hundert Theile roher Kalkstein, geben im Durchschnitt nur 55 Theile gebrannten Kalk (dem Gewicht nach) der in diesem Zustande auch lebendiger Kalk (Calx viva) genannt wird.

(J. E. Siselen's ausführliche Abhandlung, insonderheit über das Steinkalkbrennen mit Torf, dessen Anwendung beym Mergel- und Ziegelbrennen, zur Schonung der immer mehr abnehmenden Wälder. Mit Kupf. Berlin 1793. 8. Cronstädt vom Kalkbrennen im Hohofen In Crells Neuem chem. Archiv 6. B. 1787. Jachtmann, Anleitung zur Erbauung und Einrichtung der Kalköfen, zum Torfbrande. Berlin 1802.)

§. 756.

Gut gebrannter Kalk (aus Steinen) besitzt eine gelblich weiße Farbe, einen scharfen alkalischen Geschmack, zerfällt an der feuchten Luft zu einem zarten Pulver (den Staubkalk), und erhitzt sich mit Wasser bis zum Sieden desselben, ohne daß steinige Theile ungelöscht zurück bleiben. Er löst sich in Säuren mit Erhitzung vollkommen aber ohne Brausen auf.

a) Das Brennen des rohen Kalks ist bloß dazu bestimmt, ihm seine Kohlensäure und sein Krystallwasser zu entziehen. Seine Aetzbarkeit ist in seiner alkalischen Natur selbst gegründet.

b) Man kann aber auch den Kalk zu lange brennen, so daß er alle vorgenannte Eigenschaften verliert. In diesem Zustande wird er todtgebrannter Kalk genannt. Das Tödten des Kalks ist ohnstreitig die Folge einer anfangenden Verglasung desselben, durch eingemengten Thon, oder Sand, oder Gyps.

(Ueber den todtgebrannten Kalk. In Hermbstädts Büllerin ꝛc. 2. B. S. 282 ꝛc.)

Vierzigster Abschnitt.

Die Gypsbrennerey.

§. 757.

Gyps (Gypsum) wird eine Flözgebirgsart genannt, die ein Produkt der natürlichen Mischung, aus 33 Kalk, 46 Schwefelsäure und 21 Krystallwasser (im mittlern Durchschnitt) ausmacht, geschmacklos ist, sich in 500 Theilen kaltem Wasser auflöst, und im Feuer geglühet, mit einem Gewichtsverlust von 25 Procent, als eine geschmacklose, zerbrechliche weiße Substanz zurück bleibt, die mit Begierde Wasser einsaugt und damit steinartig erhärtet.

a) Der Name Gyps, lateinisch Gypsum, ist von dem griechischen Worte γύψος entlehnt, welches beym Herodot aber Kreide bedeutet. Erst Theophrastus Cresius und Plinius (Histor. natural. XXXVI. 59.) gedenken des wirklichen Gypses.

b) Die Mineralogen unterscheiden den Gyps, zufolge der verschiedenen Formen, in welchen derselbe gefunden wird, 1) in erdigen Gyps (in Gypsmehl); 2) in dichten Gyps (Gypsstein); 3) in körnigen Gyps (Alabaster); 4) in spatförmigen Gyps (Gypsspath. Marienglas) und 5) in Fasergyps.

c) Der rohe Gyps ist so weich, daß er sich mit dem Messer schneiden läßt, und in Scheiben zerschnitten, gegen das Licht gehalten, ist er allemal durchscheinend.

d) Der rohe Gyps, im gemahlnen Zustande, wird als Düngungsmittel in der Ackerbaukunst angewendet. Im gebrannten Zustande, macht er einen Gegenstand der Baukunst aus.

(C. C. von Leonhard, Handbuch der Oryctognosie. 4. Auflage. Heidelberg 1826. S. 122 ꝛc.)

Das Brennen des Gypssteins.

§. 758.

Das Brennen des rohen Gypssteins zu gebranntem Gyps, wird in den dazu bestimmten Gypsbrennereyen aus dem Grunde verrichtet, um selbigem sein Krystallisationswasser zu entziehen, und ihm dadurch diejenigen Eigenschaften zu ertheilen, die er als gebrannter Gyps besitzen soll.

a) Das Brennen des Gypses wird entweder in den dazu bestimmten Gypsöfen, oder auch bloß in Meilern verrichtet.

b) Die Gypsöfen haben entweder die Gestalt eines oben offenen Kalkofens, oder gewöhnlicher eines Backofens, oder sie sind trichterförmig, wie ein umgekehrter Kegel.

c) Am empfehlungswerthesten ist es, das Brennen des Gypses in einem trichterförmigen Ofen zu veranstalten, auf dessem Grunde man unten ein niedriges Gewölbe aus Gypssteinen erbauet, welches zugleich das Schürloch darstellt. Die oberen Mündungen des Ofens werden mit Rasen bedeckt; die Heizung wird mit Holz verrichtet. Man öffnet den Ofen nicht früher, als bis der sich bildende faule Eiergeruch die Beendigung der Operation andeutet; welches auch beym Brennen desselben auf jedem andern Wege der Fall ist.

d) Ein zu lange fortgesetztes Brennen des Gypses, veranlasset eine schmelzende Zusammensinterung desselben, so daß derselbe dadurch in sogenannten todtgebrannten Gyps übergehet; welches also vermieden werden muß, weil der todtgebrannte Gyps nicht mehr die dem gebrannten Gyps zukommenden Eigenschaften besitzt.

(F. L. v. Cancrin's Abhandlung vom Gyps und Lederkalke. Mit Kupfern. Gießen 1790. 8. Weise's ökonom. Technologie 4. Theil. S. 48. ꝛc. Taf. II. Fig. 26.)

§. 759.

Der gebrannte Gyps, auch Gypskalk und Sparkalk genannt, wird nun aus dem Ofen herausgenommen, und, um ihn zu zerkleinern, auf eine schickliche Weise gepulvert, um ihn dadurch zum Gebrauch im gemeinen Leben vorzubereiten; und dann ist er Produkt des Handels.

a) Das Zerkleinern des gebrannten Gypses, geschiehet entweder mittelst Stampfwerken oder Puchwerken, oder mittelst senkrecht um ihre Axe sich bewegende durch Pferden getriebene Mühlsteine, die auf einem harten ebenen Boden, über den Gyps sich fortbewegen.

b) Der zerkleinerte Gyps wird alsdann noch gesiebt, um ein mehlichtes Pulver daraus zu bekommen.

c) Der aus dem gemeinen Gypsstein gebrannte Gyps, wird theils zum Mörtel beym Mauern, theils zum Estrigguß der Fußböden, theils zur Stuckaturarbeit, theils aber auch zum Gypsen oder Duchsen der Felder angewendet.

d) Der aus den feinern Gypsarten, nämlich dem Alabaster, dem Fraueneis oder Marienglas, und dem Fasergyps gebrannte Gyps, wird zum Gießen der Büsten, der Statuen, der Basreliefs, so wie zum künstlichen Marmor (oder Gypsmarmor) angewendet.

(Belidor vom Kalke, Gyps und Mörtel. Kopenhagen 1734. 8. G. C. Hagel's Erfahrungen und Bemerkungen über den Gyps und dessen Gebrauch. Leipzig 1780. 8. Huths Magazin der Baukunst 2. Bd. 1792. S. 110 ꝛc. C. W. J. Gatterer's Beschreibung des Harzes. 2. Theil. S. 59 und 93.)

Einundvierzigster Abschnitt.

Die Kohlenbrennerey.

(Die Kohlenschwelerey.)

§. 760.

Die Kohlenbrennerey oder Kohlenschwelerey ist ein Forstwirthschaftliches Gewerbe, das den Zweck beabsichtigt, Holz von verschiedener Art so zu verändern, daß ihm die Eigenschaft mit Flamme zu brennen geraubt, und dasselbe in eine schwarze spröde, ohne Rauch und Flamme brennende stärkere Hitze gebende Substanz, die Kohle, umgewandelt wird.

a) Das Holz enthält, außer seinem Kohlengehalte, der bald 25 bald 30 Procent seiner ganzen Masse ausmacht, auch noch gummige, harzige, salzige, saure, und andere extrahirbare Gemengtheile, nebst vieler Wässrigkeit. Sie sind diejenigen Stoffe darin, die ihm die Eigenschaft ertheilen, mit Flamme zu brennen, und Rauch und Ruß zu verbreiten.

b) Die Kohlenschwelerey ist dazu bestimmt, jene Theile aus dem Holze zu entfernen, und die Kohle in ihrem möglichst reinsten Zustande daraus darzulegen.

c) Aber nicht die Holzarten allein sind es, welche man dem Verkohlen unterwirft, auch der Torf und die Steinkohlen werden abgeschwehlet, um brauchbare Kohle daraus darzustellen; und so giebt es denn Holzkohlen so wie Torfkohlen und Koaks, so werden nämlich die abgeschwehlten Steinkohlen genannt.

§. 761.

Um die der Verkohlung unterworfenen Materien in die

Beschaffenheit der Kohlen umzuwandeln, werden sie in verschlossenen Räumen, abgeschnitten vom Zutritt der Luft, ausgebraten, und dieses Ausbraten ist es, was man das Schwelen zu nennen pflegt. Die Arbeiter, welche diese Arbeit verrichten, werden Köhler, auch Kohlenbrenner und Kohlenschweler genannt.

a) Die Kunst das Holz zu verschwelen, (die Kohlenschwelerey) ist ohnstreitig von den ältesten Zeiten her bekannt: wenigstens findet man solche vom Thophrastus Cresius schon eben so beschrieben, wie sie jetzt ausgeübt wird.

b) Die Kohlenbrennerey macht einen wesentlichen Zweig der Forstökonomie aus. Dem Forstbedienten liegt es ob, den Köhlern das zum Verschwelen bestimmte Holz (das Kohlenholz) auf dem Stamme anzuweisen. Die Bestellung der Köhler wird von den Kammeralofficianten beschaffet; die Direction des Kohlenhandels, ist Gegenstand der Forstpolicey.

c) Die Kohlen werden entweder von den Hüttenwerken zum Ausschmelzen der Erze verarbeitet, oder sie dienen zum häuslichen Gebrauch, zum Brennen in der Küche, zu den Arbeiten der Schmiede, der Gelbgießer, und vieler andrer Gewerbe.

d) Dem Theophrastus Cresius (der 300 Jahre vor Christus lebte) war die Verkohlung des Holzes vollkommen bekannt. Plinius berichtet, daß zu seiner Zeit, das zur Verkohlung bestimmte Holz in Pyramiden aufgestellt und mit Thon bedeckt wurde; also ähnlich unsern jetzigen Kohlenmeilern.

§. 762.

Das Kohlenbrennen oder Kohlenschwelen wird gewöhnlich in Meilern verrichtet, die entweder stehend oder liegend sind; zuweilen aber auch nur in Gruben. In neuern Zeiten hat man jedoch auch angefangen, diese Operation in völlig verschlossenen Räumen, nach Art einer trocknen Destillation, mit großem Vortheil, zu veranstalten.

a) Die zur Kohlenschwelerey bestimmten Meiler oder Gruben, müssen in der Nähe der Kohlengehaue auf einem trocknen thonigen nicht leicht einer Ueberschwemmung ausgesetzten Platze errichtet werden. Die Verkohlung des Holzes wird am besten im Sommer bey ruhiger nicht stürmischer Witterung veranstaltet.

b) Um den Kohlenmeiler zu errichten, wird in der Mitte (dem Quandel) des dazu bestimmten Platzes ein Quandelpfahl errichtet, und auf beyden Seiten, sechs bis acht Zoll davon entfernt, werden noch 2 Quandelpfähle befestigt, zwischen welchen zuweilen trocknes Spanholz gestellt wird. Hierauf wird nun von dem untern Pfahl bis an das Ende des Meilers eine Stange (der Richtstecken, der Quandelknüppel) gelegt, um dadurch eine Oeffnung zu bilden, durch die der Meiler angezündet werden kann.

c) Nun wird der Meiler aus senkrecht gestelleten Holzkloben zusammengesetzt, wozu anfangs leichtes, dürres nicht zu dickes Holz angewendet wird. Das Aufstellen dieser Holzkloben geschiehet in 3 Schichten hintereinander. Die übrigen Schichten werden etwas geneigt gestellet, und diese Neigung in der zweyten und der dritten Etage vermehrt, damit der Meiler zuletzt die Gestalt eines Kegels bildet. Die Kloben dürfen aber weder zu weit von einander oben abstehen, noch zu enge gestellet werden, weil im erstern Fall die Hitze nach der Anzündung zu heftig, im letztern aber zu schwach seyn würde.

d) Ist der holzreiche und holzfertige Meiler gerichtet, dann wird er ausgestümpelt und geschlichtet, hierauf mit Rasen, mit Reisern, oder mit Moos, und darüber mit Erde des Stübenbrand bedeckt, und am Fuße mit Rösten, (Röstbölzern, Fußscheiten, Untermännern) so wie mit Wechselklötzen und Röstgabeln umsetzt.

c) Nun wird der Meiler angezündet. Geschiehet das Anzünden von unten, so wird solches dadurch verrichtet, daß man leicht feuerfangende Materien, im angezündeten Zustande, mittelst der Zündstange (der Steckruthe), durch das Zündloch, an die zwischen die Quandelpfähle gelegten

Reiser und Späne bringt, und solche in den Brand setzt, worauf nun das Zündloch verschlossen wird. Geschiehet das Anzünden von oben, in welchen Fall man eine Höhlung in der Axe des Meilers gebildet hat, (indem man entweder an den Quandelpfahl ein hölzernes Dreyeck, oder einen eisernen Ring, der um ihn einen walzenförmigen Keil flechtet, und um diese Geländer die Kloben, stellt), so wirft man einen angezündeten Brand hinein, und verschließt dann die Oeffnung.

f) So wie nun das Feuer im Innern des Meilers sich langsam verbreitet, wird seine Hitze über die ganze Holzmasse ausgedehnt. Der Meiler fängt nun an zu rauchen, es breitet sich ein sauerriechender Rauch über demselben aus, der sich zu einer sauern Flüssigkeit (Holzsäure, Kohlensaft) zum Theil verdichtet.

g) Die Direktion des Kohlenmeilers wird verrichtet, indem derselbe so unterhalten wird, daß nie eine flammende Entzündung in seinem Innern erfolgen kann; zu welchem Behuf der Köhler Tag und Nacht darüber wachen muß, daß da wo das Feuer oder auch die Dämpfe, vermöge ihrer Elasticität, durchbrechen wollen, die sich bildende Oeffnung sogleich mit Erde beworfen, und verschlossen wird. Auch muß darauf gemerkt werden, daß die Verkohlung des Holzes im Meiler stets gleichförmig von statten gehet; weshalb, wenn man merkt, daß das Verkohlen des Holzes an einer Seite stärker von statten gehet als an einer andern, durch Anbohren des Meilers von Außen nach Innen, dem Feuer die gehörige Richtung ertheilt werden muß.

h) Die liegenden Meiler werden aus parallel über einander gelegten Stämmen gebildet, so daß die Kohlenstätte viereckig wird, und das Dach des Meilers nach der einen Seite schräge abfällt. Sie sind in Deutschland nicht sehr gebräuchlich.

i) Nach Bull soll man die Zwischenräume des Holzes im Meiler mit Kohlenpulver ausfüllen, und dadurch soll man, dem Volumen nach den Zehnten, dem Gewicht nach aber den Fünften Theil mehr Kohle, von der besten Beschaffenheit, gewinnen, weil dadurch nun aller Luftzug zum schwelenden Holze abgehalten wird.

(Palmstierna (Freyh. Nicol. v.) Anmerkungen über die Kohlenmeiler. In den Abhandl. der Königl. Schwed. Akadem. der Wissensch. 20. Bd. S. 195. Dü Hamel de Monceau die Kunst des Kohlenbrennens ꝛc. Berlin 1762. J. L. Späth praktische Anweisung über das Verkohlen des Holzes. Nürnberg 1800. Af-Uhr, Anleitung zur Verkohlung des Holzes in stehenden und liegenden Meilern. Gießen 1820. M. Bull, In den Annales de chimie et de Physique. 1827. pag. 221. etc.)

§. 763.

Alles Brennen der Kohlen in Meilern hat aber den Nachtheil, daß dabey allemal ein großer Theil der Kohlen zu Asche verbrennt, und verlohren gehet, und daß die für viele Manufakturen so wichtige Holzsäure, welche dabey gebildet wird, unbenutzt entweicht. Deshalb wird die Kohlenschweleren nicht eher einen Zustand der Vollkommenheit erreichen, als bis man dahin kommt, das Verbrennen des Holzes in verschlossenen Räumen, nach Art einer trocknen Destillation, zu veranstalten.

a) Eine solche Verkohlungsart des Holzes in verschlossenen Räumen, befindet sich auf der Herrschaft Blanska in Mähren ausgeführt; dabey wird, außer der Kohle, auch zugleich Theer und Holzsäure gewonnen.

b) Auf jener Anstalt soll man aus 90 Klaftern Holz 2160 Niederöstreichische Metzen (= 3024 Berliner Scheffel) Kohlen; desgleichen 180 Eimer (= 2160 Berliner Quart) Holzsäure, und 450 Maaß (= 588 Berliner Quart) Theer gewinnen.

(Die Verkohlung des Holzes im verschlossenen Raume. In Hermbstädt's Bülletin des Neuesten ꝛc. 8. B. S. 165. ꝛc. Henkel, Gewinnung der Essigsäure, aus Kohlenpulver. Im Baierschen Kunst- und Gewerbeblatt 6. Jahrg. 1820. Anckasvaad und Af-Uhr, über die schwedische Verkohlungsmethode ꝛc. Verhandlungen des Vereins zur Beförderung des Gewerbefleißes in Preußen. 6. Jahrg. 1827. S. 48. Taf. I. u. II.)

§. 764.

Wenn die Verkohlung im Meiler gehörig vollendet ist (wenn der Meiler gahr ist, und derselbe die gehörige Abkühlung erhalten hat), so werden die Kohlen mit dem Langhaken allmählig herausgenommen, und alsdann sortirt.

a) Die besten Kohlen sind diejenigen, welche schwer sind, klingen, wenig abfärben, und noch die Gestalt des Holzes besitzen. Die schlechtern sind die Quandelkohlen. Die nicht vollkommen verkohlten Holzstubben (die ausgelöschten Brände oder Märtel) werden für neue Meiler aufbewahrt.

b) Gemeiniglich unterscheidet man 6 verschiedene Arten der Kohlen; als 1) harte Kohlen (aus Laubhölzern gebrannt); 2) Tannenkohlen (wozu die aus allen Nadelhölzern gehören); 3) Planterkohlen (welche von allerhand abgefallenen Holzarten gewonnen sind; 4) Stinkerkohlen (aus dünnen Aesten der Laubholzbäume); 5) Grubenkohlen (aus Reisern und Heckenholz gebrannt); und 6) Stückerkohlen (aus Klötzen gebrannt).

§. 765.

Unter allen Verkohlungsarten im verschlossenen Raume, wenn es dabey darauf ankommt, nicht bloß das Holz zu verkohlen, sondern auch dabey Holzsäure und Theer zu gewinnen, verdient die vom Chevalier de la Chabeaussiere (vormals Inspektor der Bergwerke in Frankreich) den Vorzug. Die hier mit dem Chabeaussiere'schen Oefen angestellten Erfahrungen haben gelehrt, daß ein einzelner solcher Ofen ein Viertheil Berliner Haufen Holz (= $121\frac{1}{2}$ Kubikf.) aufzunehmen vermögend ist; und das Abschwelen darin in Zeit von 12 Stunden beendigt wird. Aus einem vollen Haufen Holz, gewinnt man, im Durchschnitt, 12 Oxhoft (= 2304 Berliner Quart) Holzsäure, und 1 Oxhoft Theer; der, wenn er bis auf ⅔ des Umfangs abgeraucht wird, zum Kalfatern der Schiffe, recht gern gebraucht wird, dabey bleiben vom Haufen Holz im Durchschnitt 326 Kubikfuß Kohle, oder (die Tonne zu 10 Kubikfuß gerechnet) 32 Tonnen übrig.

(De la Chabeaussiere über Kohlenbrennerey. In Dingler's polytechn. Journal. 7. Bd. S. 264. Taf. VII. Fig 1—10.)

Reinigung der Holzsäure.

§. 766.

Die Holzsäure ist ihrer Natur nach eine Verbrennung von Essigsäure mit brenzlichem Oel. Von diesen befreyet erscheint sie als die reinste Essigsäure, und kann sowohl zu Tafelessig, so wie zur Fabrikation des Bleyweißes, des Bleyzuckers, des Grünspans ꝛc., als Stellvertreter des Essigs benutzt werden.

a) Um die Holzsäure, als Stellvertreter des Essigs, für die Cottondruckerey anwendbar zu machen, genügt es, nachdem der damit gemengte grobe Theer sich ausgesondert hat, solche davon abzuziehen, sie durch zart gepulverter Holzkohle zu filtriren, und hierauf aus einer Destillirblase mit zinnernem Helm und Kühlrohr, einmal über zu destilliren.

b) Was zuerst übergeht ist Holzgeist: ein durchdringend flüchtig riechendes leicht entzündliches, nur wenig Säure haltendes Fluidum. Wird die Destillation beendigt, wenn etwa der zehnte Theil über destillirt ist, und dann die Destillation bis auf den zwölften Theil des Rückstandes, der in die Blase gebrachten Säure über destillirt: dann ist das Destillat eine hellweingelbe nur wenig riechende Säure, die in den Cottondruckereyen dem Essig vorgezogen wird.

c) Um diese in reine Essigsäure umzuwandeln, wird sie mit durch Wasser gelöschten Kalk (Kalkmilch) neutralisirt und der essigsaure Kalk, durch darin aufgelöstes schwefelsaures Natron (Glaubersalz) zersetzt. Hierbey fällt schwefelsaurer Kalk (Gyps) ungelöst zu Boden, und essigsaures Natron bleibt in der Flüssigkeit gelöst zurück.

d) Wird die Flüssigkeit zur Trockne abgedunstet, und die trockne Salzmasse in einem eisernen Kessel gelinde geschmolzen, bis keine brenzlichriechende Dämpfe sich mehr entwickeln, der Rückstand aber, nach dem Erkalten, in Wasser gelöst: so ist dieses eine Lösung von reinem essigsauren Natron.

e) Wird dieses durch Schwefelsäure und die Destillation des Gemenges zersetzt, so gewinnt man in der Vorlage die reinste Essigsäure, und im Rückstande bleibt schwefelsaures Natron zurück, das nun wieder zu einer neuen Zersetzung des essigsauren Kalks, benutzt werden kann.

(Dictionaire technologique etc. Tom. I. Paris 1822. pag. 61 etc. Taf. I. Fig. 2. A. On the Manufacture of the Pyro-ligneus acid, tc. In Hill's Technical Repertory containing practical Information etc. Vol. I. London 1822. pag. 401 etc.)

Zweyundvierzigster Abschnitt.

Die Theer- Pech- und Kienrußschwelerey.

(Die Fabrikation des Theers, des Pechs und des Kienrußes.)

§. 767.

Theer (Pix liquida. Cedria) in der allgemeinern Bedeutung des Wortes, nennt man ein dickflüssiges Gemenge von Harz und brenzlichem Oel, welches durch eine Ausbratung der meisten Vegetabilien, besonders aber der Nadelhölzer, in verschlossenen Räumen gewonnen wird.

a) Schon die ältern Griechen und Römer kannten den Theer und seine Zubereitung. Nach Plinius verrichtete man das Theerschwelen mittelst eines Theerofens ohne Mantel, der nach der Anzündung verschlossen wurde, wo dann der Theer am untern Theile abfloß. Von den Macedoniern wurde die Theerschwelerey in Gruben verrichtet. Auch verstand man es schon zu jenen Zeiten, daß das Pech durch einen Zusatz von Essig steifer gemacht werden kann.

(Theophrasti Historia plantarum. Tom. IX. Cap. 3. S. 172 ꝛc.)

§. 768.

Zwar geben alle Vegetabilien ohne Unterschied, wenn sie einer Ausbratung in verschlossenen Gefäßen unterworfen werden, eine Art Theer; aber nur derjenige ist allgemein brauchbar, welcher aus harzreichen Nadelhölzern gewonnen wird. Die vorzüglichsten Holzarten, deren man sich dazu bedient, sind: 1) die gemeine Fichte (Pinus sylvestris); 2) die Krummholz-Fichte (Pinus Pumilio); 3) die Tannen-Fichte (Pinus Abies). Die Arbeit, durch welche man den Theer darstellt, wird die Theerschwelerey genannt.

a) Zur Theerschwelerey bedient man sich nicht der nutzbaren Hölzer, sondern nur der Wurzelstubben (Kienstöcke, Kienstubben, Kienstücken) von gefälleten Bäumen, welche am reichsten mit Harz beladen sind.

b) Auch das Harz selbst, welches aus den Nadelholzbäumen ausschwitzt und erhärtet, wenn ihre Rinde im Frühjahr verletzt wird, und das im Herbst von den Harzscharrern (den Harzern, Pechlern) gesammlet wird, dient zur Bereitung des Theers; es wird aber mit ungleich mehr Vortheil auf Harz oder Pech verarbeitet.

(Joh. Conr. Axtii Tractatus de arboribus coniferis et pice conficienda aliisque ex illis arboribus provenientibus. Jenae 1679. 12.)

Erste Abtheilung.

Die Theerschweleren.

§. 769.

Um das Ausschwelen oder Ausbräten der oben genannten harzigen Holzarten zu veranstalten, bedient man sich des aus Steinen erbauten Theerofens, wie dieses gewöhnlich der Fall ist, oder auch, man verrichtet die Operation (wie z. B. in Schweden) in Gruben, die in die Erde gegraben sind.

a) Der gewöhnliche Theerofen ist aus Steinen aufgemauert, unten walzenförmig, und oben mit einer gewölbten Kappe versehen. Der Boden des Ofens ist α) entweder aus Steinen gemauert, in der Mitte vertieft und mit einer Rinne versehen, durch welche der Theer zur Seite abläuft; oder β) er hat einen eisernen Rost über einem eisernen im Boden durchbohrten Kessel, unter welchem Roste die Ableitungsrinne liegt.

b) In einer kleinen Entfernung von dem Ofen, ist ein Mantel aus Steinen aufgemauert, der sich oben an die Kappe des Ofens anschließt, und in der Kappe sind einige Luftlöcher angebracht, welche beym Anfange der Heizung des Ofens geöffnet, hernach aber verschlossen werden.

c) Am Fuße des Ofens findet sich das Kohlenloch, durch welches das Holz in den Ofen eingesetzt wird, und nachher die ausgebrannten Kohlen herausgenommen werden.

d) Dicht über dem Mantel, aber unter der Kappe, (zuweilen auch ganz im Scheitel) befindet sich das Setzloch, durch welches der Ofen von oben nachgefüllet wird.

e) Am untern Theile des Mantels befinden sich ein Paar Schürlöcher, eine Oeffnung vor dem Kohlenloche und oben einige Zuglöcher.

f) Außerhalb dem Ofen, von der Seite wo der Abzug des

Theers

Theers ist, befinden sich gemeiniglich eine Brustwand von Brettern, oder eine Hütte aufgeführt; und nicht selten wird der ganze Mantel bis oben herauf mit Erde beworfen.

(A. (Freyh. v.) Funck's Beschreibung der Theer- und Kohlenöfen. In Schrebers neuen Sammlungen verschiedener in die Cameralwissenschaften einschlagenden Abhandlungen und Urkunden. Bützow und Wismar. 4. Th. S. 760 rc. Abbildungen und Beschreibungen von Theeröfen. In den Hannöverschen gelehrten Anzeigen von 1752. 15. Stück. Dichäus Beschreibung, welcher Gestalt Theer- und Kohlenöfen einzurichten sind. Aus dem Schwed. Lüneburg 1780. 8. L. H. Wiesenhavern Abhandlung über das Theer- und Pechbrennen. Breslau 1793.)

§. 770.

Um das Schwelen des Theers zu veranstalten, wird der Theerofen, sowohl durch das Kohlenloch als auch durch das Setzloch, mit dem zerstückten Holze angefüllt; dann werden beyde Oeffnungen zugemauert oder sonst fest verschlossen, worauf sodann die Brandmauer mit dem durch die Schürlöcher im Mantel angebrachten Feuer geheizt wird, da dann die Entwickelung des Theers beginnt und fortwaltet.

a) Anfangs entwickelt sich ein saures Fluidum (die Theergalle, der Schweiß, oder das Sauerwasser), welches Holzsäure ist, auf welchem ein feines fließendes Harz schwimmt.

b) Späterhin folgt ein dicker Theer von brauner Farbe, auf dem ein reinerer Theer von gelblicher Farbe schwimmt, den man mit einer Kelle abschöpft.

c) Endlich folgt ein dicker schwarzer Theer, womit die Operation sich beendigt.

(Du Hamel von Bäumen, Stauden und Sträuchern. 2. Th. S. 111 rc. L. H. J. Wiesenhavern Abhandlung über das Theer- und Pechbrennen. Breslau 1793. 4. Abhandlung vom Theersieden. In den Leipziger Sammlungen 9. Th. S. 178 rc. Karsten's Anweisung die Theergalle oder das aus den Kohlenmeilern rinnende Sauerwasser zu sammlen. In Riem's auserlesenen Sammlungen wichtiger ökonomischer Schriften. 2. Jahrg. 2. Lieferenng. S. 30 ꝛc.)

§. 771.

Weniger ordnungsmäßig, wird die Theerschwelerey in einigen Ländern in eyförmigen Oefen ohne Mantel, oder auch bloß in Gruben betrieben; wobey aber eine Verschwendung der Produkte unvermeidlich ist.

a) So bedient man sich im Walliser Lande eines eyförmigen Ofens ohne Mantel, den man von oben anzündet, und wenn er hinreichend angezündet ist, oben mit Steinen zusetzt: da dann der sich bildende Theer durch einen Rost unten in eine Vorlage abfließt, während sich oben zwischen den Decksteinen ein Kienruß absetzt.

b) In Schweden (namentlich in Småland, in Oeland, in Jütland, in Ostbothnien) gräbt man in einem trocknen Boden an einem Hügel eine Grube, in Gestalt eines umgekehrten Kegels, setzt solche mit dem Holze voll, bedeckt sie mit Moos und Rasen und läßt das Feuer nach der Anzündung dergestalt fortschwelen, daß der Theer in ein Gefäß abfließt, und aus demselben durch Röhren abgeleitet wird.

c) Auf eine ähnliche Weise wie in Schweden der Theer, verfertigt man in Rußland aus Birkenholzrinde, durch ein gleiches Verschwelen derselben, das Birkenöl (Deggut. Daggert) das zum Tränken des Juftenleders (§. 456. f.) gebraucht wird.

d) Am vortheilhaftesten wird die Theerschwehlerey in den Chabeaussiere'schen Oefen (§. 765.) veranstaltet. Man gewinnt dabey ⅓ mehr Theer, aus dem sich durch die Destillation noch eine bedeutende Portion Kienöl abscheiben läßt; und außerdem noch Holzsäure.

(Juvelins Meneander's Zurichtung des Theers in Ostbothnien. In Schreber's Neuen Sammlungen ꝛc. 4. B. S. 820 ꝛc. J. Beckmann's Anleitung zur Technologie. 6. Ausgabe. Göttingen 1809. S. 451 ꝛc. S. F. Hermbstädt über das Birkenöl und seine Gewinnung. In dessen Archiv der Agrikulturchemie. 7. B. 1817.)

§. 772.

Sowohl der Theer als das Sauerwasser, die bey der Theerschwelerey entwickelt werden, sind Produkte, die durch eine anfangende Zerstöhrung der harzigen und salzigen Bestandtheile des Holzes gebildet werden, und um so mehr in die brenzliche Beschaffenheit übergehn, je mehr die Hitze dadurch zunehmend wird; daher auch die sich entwickelnden Produkte vom Anfang an bis zum Ende der Operation, wenn man sie nicht zusammenfließen läßt, sehr verschieden ausfallen.

a) Nach der dünnern oder dickern Beschaffenheit, so wie nach der hellern oder dunklern Farbe, unterscheidet man den Theer in Wagentheer, in Radtheer und in Schiffstheer. Er wird in Tonnen verkauft.

b) Die Theergalle (der Schweiß, oder das Sauerwasser) ist eine brenzliche mit Oeltheilen gemengte Essigsäure, die sonst auch Holzsäure genannt, und zur Reinigung des Eisenblechs, so wie in der Kottondruckerey, gebraucht wird.

c) Die ausgebratenen und verkohlten Holzstücken, welche nach dem Ausschwelen im Ofen zurückbleiben, erscheinen als eine glänzende Kohle, sie werden Pechgriefen genannt, und entweder als Kohle verbrannt, oder auf Kienruß benutzt.

Zweyte Abtheilung.

Die Pechsiederey.

§. 773.

Der gelbe und der braune Theer, welche bey der Theerschwelerey zuerst ausfließen, sind gemengte Verbindungen von schwach zerstöhrten Harztheilen des Holzes, mit den ätherischöligten Theilen desselben. Nur das schwarze stinkende Wesen, was zuletzt abfließt, ist seiner ganzen Masse nach ein dickes brenzliches Oel, das in diesem Zustande die schlechteste Art des Theers, den Schiffstheer, darstellt. Die festen Harztheile aus den reinern Theerarten, getrennt von dem beygemengten Oel, stellen das Harz oder Pech dar, und ihre ordnungsmäßige Ausscheidung wird die Pechsiederey genannt.

a) Nach der Reinheit und Farbe jener festen Harztheile werden sie eingetheilt: 1) in weißes Harz oder Burgundisches Harz; 2) in Geigenharz oder Kolophonium; 3) in gemeines Harz oder Pichpech; 4) in gemeines Pech oder Schiffspech.

b) Das weiße oder Burgundische Harz (Resina alba, Pix Burgundica) wird bereitet, indem das Harz, welches im Frühjahr aus der Rinde der Fichtenbäume herausschwitzt, nach dem Austrocknen im Herbst gesammlet, in einem kupfernen Kessel geschmolzen, und, um solches von den Unreinigkeiten zu befreien, durch Werg gegossen wird. Dasselbe erstarret in der Kälte zu einer gelben harzigen Substanz (gelbes Harz, gelbes Pech).

c) Wird jenes Harz, im noch liquiden Zustande, mit etwas Wasser oder Essig zusammen gerieben, so nimmt solches eine mehr weiße Farbe an, und wird in diesem Zustande weißes Harz (Resina alba), weißes Pech oder Burgundisches Pech genannt.

c) Wird das reinere weiße Harz nochmals geschmolzen, bis alle inhärirende Wassertheile entwichen sind, und es klar und durchsichtig schmelzt, dann ausgegossen und erkaltet; so stellt die Masse das Geigenharz (Colophonium) dar.

(Fleury, (Fils), Procédés d'extraction de la térébenthine des matières résinéces qui la contiennent. Im Bulletin de la Société d'Encouragement. Anné XXVII. Jul. 1828. pag. 187 etc.)

§. 774.

Das eigentliche Pech (Pix) oder Schiffspech (Pix navalis) wird aus dem Theer bereitet; indem man die ihm inhärirenden Oeltheile daraus abscheidet, und den Rest so lange abdunstet, bis die Masse in der Kälte erstarrend wird.

a) Um aus dem gelben und dem braunen Theer das Pech zu sieden, wird der Theer in einer kupfernen oder eisernen Destillirblase, mit einem Zusatz von Wasser, der Destillation unterworfen, worauf das damit gemengte ätherische Oel in die Vorlage übergehet, die Harztheile hingegen in der Blase zurückbleiben.

b) Das Oel, welches hiebey gewonnen wird, wird Kienöl (Oleum Pini) auch Krummholzöl und Templinöl (Oleum Templinum) genannt. Der letzte Name wird bald von der Stadt Templin in der Uckermark, bald von Templia welches ein Theerofen bedeuten soll, abgeleitet. Vielleicht verdankt aber auch jene Stadt ihren Namen den Tempelherren.

c) Was nach der Destillation des Theers in der Blase zurück bleibt, wird nun in einem Kessel über dem Feuer geschmolzen, bis alle Wässrigkeit verdunstet ist. Der Rückstand wird in Fässer ausgegossen und stellt nun das Pichpech dar, das zum Auspichen der Bierfässer verwendet wird.

d) Läßt man den gelben, den braunen und den schwarzen Theer beym Schweelen zusammen laufen, so bereitet man daraus, (indem das Gemenge in einem Kessel so weit eingekocht und abgedunstet wird, daß eine in der Kälte erstarrbare Masse daraus entstehet,) das gemeine schwarze oder Schiffspech, (Pix nigra. Pix navalis), das sich durch eine schwarze Farbe und einen stinkenden theerartigen Geruch auszeichnet.

(Dû Hamel a. (§. 770.) a. O. Wiesenhavern a. (§. 770.) a. O.)

Dritte Abtheilung.

Die Kienrußschweleren.

§. 775.

Der Kienruß (Fuligo pini), eine allgemein bekannte lockere leicht kohlenartige Substanz, die zur Buchdruckerfarbe, zu schwarzen Malerfarben und so wie manchem andern Behuf in Anwendung gesetzt wird, besteht in den in der Kälte verdichtetem Rauche, welchen Kienöl oder Harz und die harzreichen Nadelhölzer während dem Brennen verbreiten. Seine Zubereitung, die mit der Theerschwelerey genau verbunden ist, wird die Kienrußschwelerey genannt.

a) Die größte Masse des Kienrußes wird in Thüringen und am Harze fabricirt; von wo er nach Bremen und Hamburg gehet, und von da aus nach England und Holland verschiffet wird.

b) Der Kienruß wird entweder in platten Bütten (Rußbütten) versendet, wovon jede nicht über ½ Quentchen Kienruß enthält, und von denen das Schock nicht über zwey gute Groschen kostet; oder, er wird in größern oder kleinern Fässern versendet. Von den großen, wovon das Hundert 1 bis 2 Thaler kostet, enthält jedes Fäßchen nur 2½ Loth, von den kleinern enthält jedes höchstens 3 Quentchen Kienruß.

c) Um den Kienruß zu fabriciren, verbrennt man harzreiches Kienstubbenholz oder Pechgriefen (§. 772. c.) in einem Ofen, der mit einem sehr langen liegenden Schornsteine v[er]bunden ist, welcher sich in eine luftdicht verschlossene aus Brettern erbaute Kammer endigt, die in der Decke eine große Oeffnung hat, über welche ein kegelförmiges Sieb aufgestellt wird. Das Verbrennen der zum Ruß bestimmten Substanzen muß möglichst langsam veranstaltet, und das Zuströhmen der Luft abgehalten werden, weil sonst der Rauch zu Asche verbrennen würde, ohne Ruß zu bilden. Bey einem regelmäßigen Verbrennen sammlet sich hingegen der Rauch, und verdichtet sich, im hintern Theil der Kammer und des Siebes, zu Ruß.

d) Der feinste Ruß ist derjenige, der sich im Siebe ansammlet: er wird Pfundruß genannt.

e) Jetzt brennt man in Frankreich, in England, auch in Ober-Schlesien, einen Ruß aus Steinkohlen, der den Kienruß vollkommen ersetzen kann.

(Dü Hamel a. (§. 770.) a. O. 2. Th. Bescrifning om Tilwerknings Sätten of Harts Terpentin, Terpentin-Olja och Kimröck. Stockholm 1774. 8. Funk's (A. Freyh. v.) Abhandl. vom Kienrußbrennen. In den Abhandl. der Königl. Schwed. Akadem. der Wissenschaften. 16. B. und in Schreber a. (§. 769.) a. O. Neuenhahn über ein neues Produkt, welches statt des Kienrußes dienen kann. Erfurt 1795. 8. Der schlesische Steinkohlenruß. In Hermbstädt's Bülletin rc. 14. B. S. 367 rc.)

Dreyundvierzigster Abschnitt.

Die Fabrikation des Rauch- und Schnupftabacks.

(Die Tabacksfabrikation. Die Tabacksspinnerey.)

§. 776.

Rauchtaback und Schnupftaback sind besondere Zubereitungen aus den Blättern der Tabackspflanze, die unter mancherley Formen und Namen in den Handel gebracht werden. Der Gebrauch des Rauch- und Schnupftabacks ist jetzt so allgemein, daß die Tabacksmanufakturen, in welchen beyde producirt werden, zu den wichtigsten in jedem Staate gerechnet werden müssen.

a) Der erste Taback wurde im 15. Jahrhundert aus Westindien nach Europa gebracht, und anfangs nur als ein bloßes Arzneymittel gebraucht. Früher scheint derselbe aber (nach Ulloa) in Asien bekannt gewesen zu seyn; und es ist sehr wahrscheinlich, daß, noch vor der Entdeckung von Amerika, die Chinesen und Mongolen den Taback schon gekannt und gebraucht haben; und (nach Pallas) ist auch noch jetzt das Rauchen des Tabacks bey jenen Völkern viel allgemeiner als selbst in denjenigen amerikanischen Provinzen, wo der Taback wild wächst.

b) Im Jahr 1520 fanden die Spanier den Taback in Yucatan, einem damaligen amerikanischen Königreiche. Mehrere glauben daher, die Pflanze, die den Taback darbietet, habe ihren Namen von der Stadt Tabasco oder der Provinz Tabaca in jenem Königreich erhalten: es ist aber auch wahrscheinlich, daß umgekehrt, der Name jener Stadt und Provinz von dem daselbst sehr häufig gebauten Taback hergekommen ist.

c) Franciscus Hernandez von Toledo brachte, um die Mitte des 16. Jahrhunderts, die Tabackspflanze aus Amerika mit nach Spanien, und zwar unter dem Namen Taback, weil die Bewohner von St. Domingo das Kraut jener Pflanze aus Röhren rauchten, die sie Tabacos nannten. Es ist daher noch zu untersuchen, ob der Name Taback von jenem Worte Tabacos oder von der Stadt Tabaca oder Tabaco, nicht weit von Ismail in Asien, abgeleitet werden muß.

d) Romana Pano, ein spanischer Mönch, den Columbus bey seiner zweyten Rückreise aus Amerika in St. Domingo zurück ließ, gab im Jahre 1496 die erste Nachricht vom Taback, den er daselbst kennen gelernt hatte. Er nannte ihn Cohoba auch Cohobba und Yoli, und beschrieb den Gebrauch desselben, so wie die zweyzackigen Pfeifen (die Tabaccos) der Einwohner; und von den Spaniern wurde nun jenes Kraut selbst Taback genannt.

e) Aber außer St. Domingo fand man damals auch schon in

Maryland und in Virginien vielen Taback, dem man auf dem festen Lande von Amerika, besonders in Brasilien und Florida, den Namen Petuma gab.

f) Im Jahr 1559 kam der erste Tabackssaame nach Portugal, und im Jahre 1560 sandte Jean Nicot (damals französischer Gesandte in Portugal) die ersten Tabackspflanzen nebst Saamen, an die Königin Catharina von Medicis, und nun nannten die Franzosen den Taback bald Herbe nicotiane, Herbe d'ambassade, Herbe à la Reine, und endlich auch Herbe du grand Prieur, weil bald darauf ein Großprior aus dem Hause Lothringen sich des Tabacks zu bedienen anfing; und Herbe de St. Croix, weil ihm der Cardinal Prosper St. Croix, päbstlicher Nuntius in Portugal, in Italien bekannt gemacht hatte, bis man zuletzt den Namen Taback allgemein einführte, und die Oerter, wo solcher geraucht wurde, Tabagien nannte.

g) Die Engländer lernten den Taback erst im Jahre 1585 kennen. Camden, dem man die erste Nachricht vom Tabackrauchen in England verdankt, wundert sich über den starken Rauch, den einige aus Wollust, andere als Arzney durch eine irdene Röhre oder auch durch die Nasenlöcher von sich blasen. Aber der König Jacob I. von England, gab im Jahre 1604 eine strenge Verordnung gegen das Tabackrauchen heraus; so wie die Engländer so sehr gegen seinen Gebrauch eiferten, daß selbst ein Vater die Liebe seinem Sohne entzog, weil er ihn beym Tabackrauchen gefunden hatte. Aber Carl I. nutzte den Hang zum Gebrauch des Tabackrauchens, um Einkünfte davon zu ziehen, und ernannte im Jahre 1637 ein besonderes Kollegium, welches gegen eine Abgabe im Namen des Königs Erlaubnißscheine zum Verkauf des Tabacks im Kleinen ertheilte. 1652 untersagte das englische Parlament den Tabacksbau in England, um den Kolonien aufzuhelfen; gestattete aber den Handel mit Taback. Im Jahre 1698 verpachtete die ostindische Kompagnie den Taback in ihren Besitzungen. In den Jahren 1744 und 1745 wurden bereits jährlich 40,000000 Pfund Taback aus den amerikanischen Plantagen eingeführt, wovon 7,000000 in England blieben, welchem dieser Handel jährlich 1,000000 Pfund Sterling abwarf.

h) Die Türken lernten den Taback im Jahre 1605 kennen, aber in Konstantinopel suchte man, als das Tabacksrauchen daselbst im Jahre 1610 bekannt wurde, solches lächerlich zu machen, ja man führte einen Türken, der Taback geraucht hatte, mit einer durch die Nase gestochenen Pfeife auf den Straßen herum.

i) In Holland soll man im Jahr 1615 zu Amersfoort zuerst die Kultur des Tabacks angefangen haben. Im Jahr 1616 fing man an den Taback in Virginien zu bauen; den Saamen dazu erhielt man wahrscheinlich aus Tabaca. Aber schon 1619 befahl König Jacob I. daß kein Pflanzer in Virginien mehr als 100 Pfund Taback bauen solle.

k) Nach Deutschland kam der Taback erst durch die spanischen Kriegsheere unter Carl V. Im Jahr 1620 brachten einige Compagnien Engländer das Tabacksrauchen nach Zittau; und 1631 wurde es durch die Schweden zu Leißnig in Meissen bekannt. 1659 wurde der Tabacksbau durch Wilhelm Heumann in der Graffschaft Wasung, bey Suhl in Thüringen, eingeführt. Im Jahre 1676 nahm die Tabackskultur in der Mark Brandenburg durch ein Paar Juden ihren Anfang, wurde aber erst im Jahr 1681 zu Stande gebracht. Im Jahr 1697 wurde viel Taback in der Pfalz und in Hessen gebauet.

l) Im Lande Appenzell wurde das Tabackrauchen erst im Jahr 1653 bekannt, und es machte so viel Aufsehn, daß wenn sich Jemand mit der Tabackspfeife auf der Straße sehen ließ, die Kinder hinter denselben herliefen; weshalb auch der Magistrat den Tabackshandel verbot. Zu Bern wurde im Jahre 1661 eine strenge Verordnung gegen den Gebrauch des Tabacks erlassen, und ein eigenes Kollegium (Chambre du Tabac) eingesetzt, das sich lange erhalten hat. In Glarus wurde im Jahr 1670 auf das Tabacksrauchen eine Krone an Geldstrafe gesetzt.

m) Nach Schweden kam der Taback unter Gustav Adolph aus Norwegen. Die erste Verordnung über denselben erschien bereits 1641, und er war zur Zeit der Königin Christine noch so wenig bekannt, daß die Bauern, die in einem an der holländischen Küste gestrandeten Schiffe gefundenen Rollentaback, für Taue oder Stricke hielten.

n) Aber der jetzt so allgemein bekannte und geliebte Taback, hat auch mehrere Verfolgungen aushalten müssen. Pabst Urban VIII. that im Jahr 1642 alle Diejenigen in Bann, welche Taback in der Kirche rauchen würden. Im Jahr 1661 wurde, in einer Berner nach den zehn Geboten abgetheilten Policeyverordnung, das Verbot des Tabackrauchens in die Rubrik: du sollst nicht ehebrechen, gestellt, und im Jahr 1675 ein Verbot gegen das Tabackrauchen bey Thurm, Pranger und Geldstrafe erlassen. Caspar Hoffmann in Quedlinburg predigte im Jahre 1684 gegen das Tabackrauchen von der Kanzel, er nannte es ein seelenverderbliches Wesen, ein unmittelbares Werk des Teufels. Im Jahre 1690 that Pabst Innocent XII. alle in den Bann, die Taback in der St. Peterskirche verkaufen würden, welches Verbot aber Pabst Benedict XIII. im Jahr 1724 aufhob, da er sich selbst den Taback angewöhnt hatte.

(Don Antonio de Ulloa's physikalische und historische Nachrichten vom südlichen und nordöstlichen Amerika. Aus dem Spanischen übersetzt von J. A. Dieze. Leipzig 1781. 8. 2. Theil. S. 197 ꝛc. J. Beckmann's Anleitung zur Technologie ꝛc. 6te Aufl. Götting. 1809. S. 139 ꝛc. D. Juan Baptista Munoz, Historia del nuevo munde escribata. Madrid 1793. 4 Ranzow Diarium seu Calendarium. Hamburgi 1596. 4. p. 48 etc. Vermischte Aufsätze zum Nutzen und Vergnügen, und charakteristische Begebenheiten aus der wirklichen Welt, 1. B. Eisenach 1792. S. 207 ꝛc. Carpzov's Zittauischer Schauplatz 2. Th. S. 228 ꝛc. Kamprad's Zittauer und Leißnigker Chronika. S. 442 ꝛc. Camdeni Annal. rerum anglicar. et hibernicar. regnante Elisabetha. Londini 1615, pag. 188 etc. Etwas zur Geschichte des Tabacksanbaues. Im Journal für Fabriken und Handel. 31. B. Leipzig 1806. S. 150 ꝛc. Walser's Appenzellsche Chronik ꝛc. S. 624 ꝛc. Sinel's Voyage historique et littéraire dans la Suisse occidentale. Vol. II. pag. 276 etc. Stockholmer Magazin 3. Th. 1756. S. 185. ꝛc. Poppe's Geschichte der Technologie ꝛc. 3. Bd. S. 40 ꝛc. S.

F. Hermbstädt's, Gründliche Anleitung zur Kultur der Tabackspflanzen, und der Fabrikation des Rauch- und Schnupftabacks rc. Berlin 1822.)

§. 777.

Gegenwärtig haben sich die Tabacksmanufakturen durch ganz Europa verbreitet, und mit ihrer zunehmenden Ausbreitung, ist auch die Kultur der Tabackspflanze in fast allen europäischen Staaten immer mehr vervollkommnet worden, wenn gleich Boden und Clima nicht gestatten, ein eben so edles Produkt zu erzielen, wie solches Amerika darbietet; daher wenigstens noch die feinern Tabacke einen wichtigen Gegenstand des amerikanischen Handels ausmachen.

a) Die Botaniker haben der Tabackspflanze den systematischen Namen Nicotiana gegeben. Gegenwärtig sind aber sieben verschiedene Arten bekannt, die auch in Europa kultivirt werden, wie: 1) der gemeine Landtaback (Nicotiana rustica); 2) der Jungfertaback (Nicotiana paniculata); 3) der Soldatentaback (Nicotiana glutinosa seu militaris); 4) der strauchartige Taback (Nicotiana fruticosa seu arborea); 5) der großblättrige Taback (Nicot. maccrophylla); 6) der wellenblättrige Taback (Nicot. undulata); 7) die Nicot. plumbagini folia; u. a. m.

b) Die vorzüglichsten Länder in Amerika, wo der Taback gebaut wird, sind: 1) Maryland; 2) Virginien; 3) das spanische Amerika (besonders Havanna); 4) die Antillen und 5) Brasilien.

c) In Maryland und Virginien dauert der Tabacksbau nicht länger als 4 Wochen, dann haben die Blätter ihre Reife erreicht. Die Maryland-Blätter sind entweder schön goldgelb, oder gelb, oder hellblau, oder violett, oder grünlich. Sie kommen in Fässern von 1000 bis 1800 Pfund an.

d) Die Havannablätter (welche auf der Insel Cuba erzeugt werden) bilden die feinste Gattung des Tabacks. Der Havannataback ist auch der theuerste unter allen Gattungen. Die Blätter sind gelb und kommen in Ochsenhäuten oder ledernen Säcken zu 4 bis 500 Pfund über Cadix nach Europa.

e) Der Kanastertaback, welcher theils aus Havannablättern, theils aus andern amerikanischen Blättern verfertigt wird, kommt schon gesponnen über Cadix in den Handel. Die beste Sorte jener Blätter werden Varinas-Canaster genannt. Man erhält den Kanastertaback in Körben (Canasters) von geschältem Rohr, wovon jeder 5 bis 7 Rollen Taback von verschiedener Güte enthält. Auf jeder Rolle wird ein Pfund Thara gut gethan.

f) Der Brasilientaback, der in Rollen von 100 und mehreren Pfunden erhalten wird, kommt entweder in ledernen Surronen von 500 Pfund, oder auch in Fässern an. Die ächteste Sorte des Brasilientabacks, (der Legitima) kommt über Portugal. Der Brasilientaback wird vor dem Verspinnen mit einer Sauce von Seewasser, und den Blättern und Früchten des weißen Brasilienholzes, nebst Zimmtwasser und Syrup zubereitet. Man gebraucht ihn zum Rauchen wie zum Schnupfen. Dem Brasilientaback sehr ähnlich, ist der Marrhamtaback, der vorzüglich nach Frankreich geht.

g) Den Portorikotaback erhält man von der Insel Portoriko, in Rollen von 10, 15 und mehreren Pfunden, über Kopenhagen, Hamburg und Bremen. Er wird in prima, secunda, tertia und quarta Sorte unterschieden.

h) Der Carolinataback, eine vorzüglich gute Sorte, geht größtentheils durch Virginien und von da weiter. Der Martinikataback, der schon eine Sauce erhalten hat, kommt in langen schmalen in Leinwand eingebundnen Rollen von 30 bis 40 Pfund an. Dem Martinikataback gleich, ist auch der Louisianataback.

i) Von den europäischen Tabackssorten zeichnen sich besonders aus: 1) der von Batavia, und unter diesen vornämlich: α) der Amersfoorter und β) der Neukerker; dem γ) der Geldersche folgt, an welche sich die deutschen Landtabacke anschließen.

k) Von dem türkischen Taback, der in Macedonien gebauet wird, zeichnen sich besonders aus: α) der Petrich; welcher große Blätter besitzt, und am häufigsten ins Ausland versendet wird; β) der Jenidgen, der kleine unregelmäßige ausgeschnittene Blätter besitzt, unter allen der mildeste und kostbarste ist, und besonders für die vornehmen Türken nach Konstantinopel gehet; γ) der Kara-Dagh, der das Mittel zwischen beyden Sorten hält.

(Der Taback und die verschiedenen Arten desselben. In Hermbstädt's Bülletin des Neuesten &c. 13. B. S. 321 &c. J. G. Christ. Lehmann, Generis Nicotianum Historia. Hamburg MDCCCXVII. 4. Hermbstädt's Anleitung a. (§. 776.) a. O. S. 75 bis 105.)

§. 778.

Die Fabrikation des Tabacks zerfällt in zwey Hauptzweige, nämlich α) in den des Rauchtabacks, und β) in den des Schnupftabacks, welche aber in den Tabacksfabriken gänzlich zusammen verbunden werden. Die Tabacksfabriken bekommen die reifen getrockneten Blätter von ... europäischen Tabackskultivateurs, oder sie lassen sie auch aus Amerika kommen, welches besonders für die feinern Arten des Tabacks der Fall ist.

a) Um die Kultur des Tabacks in Deutschland und in Europa überhaupt zu veranstalten, wird der Tabackssaame im Anfange des Frühjahrs in Mistbeeten ausgesäet, die jungen Pflanzen werden dann gegen Pfingsten in das dazu vorbereitete gut gedüngte Feld ausgepflanzt, 1 bis 2 Fuß entfernt von einander, und, um sie vom Unkraut rein zu halten, gleich den Kartoffeln, von Zeit zu Zeit behackt. Wenn die Pflanzen einige Größe erreicht haben, so bricht man die Ausschößlinge, welche Giez oder Geiz genannt werden, ab; desgleichen wird auch die Spitze oder Krone abgebrochen, um zu verhindern, daß die Pflanze nicht in Saamen schieße.

b) So läßt man die Blätter fortwachsen bis gegen den Herbst, wo sie gelb werden; nun werden sie abgenommen, auf

Schnüren von Bindfaden gezogen, und in der warmen Luft getrocknet.

c) Die Blätter werden sortirt, und in vier Sorten unterschieden, nämlich: 1) Bestgut; 2) Erdgut; 3) Sandgut und 4) Geiz. Sie werden nun in Bunden Centnerweise verkauft.

(Ueber die Kultur des Tabacks. In Hermbstädt's Bülletin des Neuesten ꝛc. 11. B. S. 79 ꝛc. Die Kultur des Tabacks in Maryland. Ebendas. S. 114 ꝛc Hermbstädt's Museum. 6. B. S. 198 ꝛc. Dessen Anleitung ꝛc. a. (§. 776.) a. O.)

Erste Abtheilung.

Fabrikation des Rauchtabacks.

§. 779.

Die Fabrikation des Rauchtabacks, er mag aus amerikanischen oder inländischen Blättern fabricirt werden, zerfallen in sechs verschiedene Operationen, nämlich: 1) das Sortiren der Blätter; 2) das Sauçiren derselben; 3) das Zerschneiden des Tabacks; 4) das Trocknen desselben; 5) das Einpacken desselben; 6) das Spinnen desselben zu Rollen- oder Stangentaback. Wir werden diese Operationen einzeln näher erörtern.

a) Die Güte der Blätter bestimmt die Güte des Tabacks selbst. Die Sauçen oder Brühen, die man dem Taback ertheilt, sind dazu bestimmt, den Geschmack und den Geruch desselben zu verfeinern.

b) Gesponnen wird in Deutschland nur der gemeine Landtaback. Die feinen Sorten des gesponnenen Tabacks wie Rollen-Kanaster oder Varinas ꝛc. kommen schon fertig aus Amerika.

Das Sortiren der Blätter.

§. 780.

Der Taback mag aus Amerika ankommen, oder im Inlande erzeugt seyn, so ist das Sortiren der Blätter allemal eine absolute Nothwendigkeit, weil auch die Amerikanischen Blätter, welche gemeiniglich in Fässern ankommen, eine sehr verschiedene Güte besitzen.

a) Das Sortiren bestehet in dem Auslesen der Blätter, um nur diejenigen zusammen zu bringen, die von einerley Beschaffenheit sind.

b) Man unterscheidet sie dabey nach der Farbe, und nach der Dicke, und jede Sorte wird zu einer besondern Art Taback verarbeitet.

c) Nach dem Sortiren werden die zu Rauchtaback bestimmten Blätter entribbet; nämlich, es werden die dickern Ribben ausgeschnitten, weil sie beym Rauchen einen schlechten Geschmack veranlassen.

Das Sauçiren.

§. 781.

Das Sauçiren des Tabacks ist dazu bestimmt, die Blätter mit einer Brühe oder Sauçe zu penetriren, die den Zweck hat, sie zu verbessern und zu veredeln. Jede Art des Tabacks bekommt dabey seine eigne Sauçe, die in der Fabrik geheim gehalten wird: die aber stets einer policeylichen Aufsicht unterworfen seyn muß, damit nichts der Gesundheit nachtheiliges dazu genommen werde.

a) Die Hauptzwecke des Sauçirens bestehen darin: 1) den Blättern einen angenehmen und piquanten Geschmack beym Rauchen zu ertheilen; 2) sie vor der Verderbniß zu schützen; 3) sie geschickt zu machen, langsam und ohne Flamme zu verbrennen.

b) Die Hauptmaterialien der Sauçen bestehen in Küchensalz,

salz, in Zucker, in den Säften von süßlicht sauren Früchten, als Weinmost, oder Himbeersaft; die mit Wasser gemachten Infusionen von verschiedenen Gewürzen, Wachholderbeeren rc.

c) Mit jenen in eine liquide Form versetzten Materien oder Sauçen (Brühen) durchdrungen, werden nun die Blätter in Fässer eingelegt, auch wohl damit in eine Art von Fermentation gesetzt, um ihre natürliche Grundmischungen zu verändern und sie zu veredeln, auch den Blättern dadurch mehr Zähigkeit und Biegsamkeit zu ertheilen.

Das Zerschneiden des Tabacks.

§. 782.

Die sauçirten Blätter werden nun an der Luft mäßig getrocknet, und alsdann mit der Tabacks-Schneidemaschine zerschnitten, um Kraus- oder Krulltaback oder auch Blättertaback daraus zu verfertigen.

a) Die Tabacks-Schneidemaschine hat mit einer Futterbank oder Hechsellade viel Aehnlichkeit. Ihr Boden stehet aus einem beweglichen Brett, auf dessem hintern Ende, gegen das Rad zu, ein Klotz ruhet, durch den eine eiserne Schraubenspindel hindurch gehet, auf deren Spitze hinten am Kasten sich ein Sperr-Rad nebst einem Sperrkegel befinden. An der durch das Sperr-Rad hervorragenden Spitze der Schraubenspindel ist eine Kurbel befestigt. Neben dem Sperr-Rade ist eine eiserne Klaue, welche an die unter dem Kasten hervorgehende kleine Welle befestigt und mit einem eisernen Stabe vereinigt ist, der an der einen Seite des Kastens neben dem Sperr-Rade hervorstehet, und mit der senkrechten eisernen Stange hinter der Schneidemaschine zusammenhängt. Diese Stange ist durch ein Gewinde mit dem untern Theile des Gestelles, und oben eben so mit einem horizontalliegenden Schwengel oder Hebel verbunden. An jenem Schwengel befindet sich die Klinge, die so lang seyn muß, als der Kasten breit ist. Jener Hebel wird beym Gebrauch entweder durch Menschen- oder durch Wasserkraft in Bewegung gesetzt.

b) Um das Zerschneiden des Tabacks zu veranstalten, wird die Schraubenspindel im Klotze nach dem Sperr-Rade hin zurückgeschraubt, wodurch sich das bewegliche Brett und der Klotz hinten in den Kasten zurückziehen. Nun werden die Tabacksblätter so in den Kasten geordnet, daß sie vor dem Klotze zu liegen kommen, und durch eine Presse, oder ein sonstiges Gewicht stark niedergedrückt, damit sie sich bequem zerschneiden lassen. Indem nun der Hebel in die Höhe gehalten wird, so wird die Klaue, welche durch die senkrechte Stange mit dem Hebel zusammenhängt, vom Sperr-Rade weg gestoßen; wenn aber der Hebel wieder nieder gedrückt wird, so geht die Klaue wieder an das Rad zurück und fasset einen Zahn desselben; und der Sperrkegel verhindert, daß er sich nicht links niederlegen kann. Durch diese Bewegung des Sperr-Rades wird die Schraubenspindel fortgeschraubt, und folglich der Klotz und das Brett etwas vorwärts gerückt, und dieses wird so lange fortgesetzt, bis der im Kasten liegende Taback ganz zerschnitten ist. Der Hebel kann so gestellt werden, daß der Taback mehr oder weniger hervorgeschoben wird, je nachdem er feiner oder gröber geschnitten werden soll.

c) Der sogenannte Krull- oder Kraustaback, wird nur gröblich zerschnitten, und dann in einer warmen Pfanne oder auf einer polirten eisernen Platte, die geheizt wird, mit den Händen zerrieben, damit er sich kräuselt.

d) Um die starken Ribben der Tabacksblätter zu quetschen, bedient man sich auch einer Walzenmaschine, die in zwey Walzen aus Weißbüchenholze besteht, wovon die unterste mit Messing überzogen ist. Sie können durch Stellschrauben einander genähert oder von einander entfernt werden. An der Axe der untersten Walze befindet sich ein Kammrad, dessen Zähne in einen Trilling greifen, der mittelst einer Kurbel umgedrehet wird.

(Sprengel's Handwerke in Tabellen, fortgesetzt von Hartwig. 12. Th. S. 223 ꝛc. Taf. VI. Fig. 1. Joh. Beckmann's Anleitung zur Technologie ꝛc. 6. Ausgabe. Göttingen 1809. S. 296 ꝛc. Mantinowiz Tabacks-Schneidemaschine. In Hild's Handlungszeitung ꝛc. vom Jahr 1788. S. 236 ꝛc. Nachricht von einer Maschine zum Tabackschneiden. In dem Wittenberger Wochenblatt. 6. B. S. 1 ꝛc. Wright's Maschine zum Tabackschneiden. In Dingler's polytechn. Journal. 31. B. S. 113 ꝛc.)

Das Trocknen des Tabacks.

§. 783.

Der zerschnittene Taback ist noch feucht, und würde verderben, deshalb muß er noch besonders ausgetrocknet werden. Man verrichtet dasselbe auf einer kleinen Darre bey mäßiger Wärme. Die Darre ist unten mit einem Schürrloch versehen, oben aber mit einer Drathkette belegt, auf welcher der zum Trocknen bestimmte Taback ausgebreitet wird.

a) Beym Trocknen des Tabacks ist es nothwendig, die größte Vorsicht anzuwenden, damit er nicht röstet, weil sonst die Saucen zerstört werden.

Das Einpacken des Tabacks.

§. 784.

Der zerschnittene und getrocknete Taback kommt jetzt auf den Vorrathsboden, woselbst jede Sorte besonders auf einen Haufen geschüttet wird. Hier wird er nun, wenn es erforderlich ist, nochmals mit einander gemengt und dann in Papier oder auch in Bley und Papier eingepackt.

a) Das Einpacken des Tabacks geschiehet in Papier, dem vorher, nach der Absicht der Fabriken, ein Kupferstich oder ein Holzschnitt aufgedruckt ist, der, außer dem Namen des Tabacks, auch wohl noch eine besondre Vignette enthält.

b) Man verpackt nun den Taback entweder in Briefe (Brieftaback), zu welchem Behuf der Taback abgewogen, dann in das dazu bestimmte Papier gelegt, und dieses immer, in Form eines Briefes zusammen geleg., und zugesiegelt wird; oder er wird in Paquete eingepackt.

c) Um den Taback in Paquete zu verpacken, die gemeiniglich mit dünngewalztem Bley ausgefüttert sind, bedient man sich dazu eines starken Klotzes von Holz, in welchem eine hölzerne Form steckt, die gerade so dick und so lang ist, als das Paquet werden soll. In eine und eben dieselbe Oeffnung des Klotzes kann man viertel, halbe und ganze Pfundformen einsetzen, indem man die kleinern durch dazwischen geschlagene Keile befestiget.

d) Zu jeder einzelnen Form muß ein eigener Trichter vorräthig seyn, der oben weit genug ist, um den Taback bequem einfüllen zu können. Das dazu bestimmte Papier wird vorher unten zusammengelegt, dann die obere Oeffnung um den Trichter geschlagen, und der Taback nach und nach eingefüllt. Nachdem der Trichter vorher herausgenommen worden, wird nun jede Lage mit einer hölzernen Stampfe, die genau in die Form passet, fest eingestampft. Ist die abgewogene Portion des Tabacks eingefüllt, dann wird das oben hervorragende Papier eben so wie unten zusammen gelegt, und nun das Paquet auf beiden Seiten versiegelt.

e) Briefe und Paquete werden endlich aus der Formstube in das Waarenlager gebracht, der Stempel auf die Zusammenfügung gedrückt, und sie sind nun Kaufmannsgut.

Das Spinnen des Rauchtabacks. Der gesponnene Taback. Rollentaback.

§. 785.

Außer dem zerschnittenen Taback, wird auch aus inländischen Blättern ein gesponnener oder Rollen-Taback fabricirt. Die Fabrikation desselben zerfällt in drey verschiedenen Operationen, nämlich: 1) das Sortiren der

Blätter; 2) die Vorbereitung derselben zum Spinnen; 3) das Spinnen selbst.

a) Beym Sortiren des inländischen Tabacks unterscheidet man die Blätter, nach der Güte und der Farbe, in zwey Sorten, nämlich α) in die gelben, welches die bessern sind, und β) die braunen, welche die geringere Sorte darstellen. Beyde werden ausgesucht, und besonders gelegt.

b) Von jeder Sorte jener Blätter werden nun wieder die ganzen und breiten Blätter ausgelesen, welche Wickelblätter heißen und an die Außenseite der Rollen gesponnen werden, und die kleinern zerbrochenen Blätter, welche in das Innere der Rollen eingesponnen werden.

c) Um die Vorbereitung der Blätter zum Spinnen zu veranstalten, werden aus den gelben Blättern die untern dicken Ribben etwa zwey Zoll lang ausgeschnitten, weil sie beym Rauchen einen bittern Geschmack veranlassen. Man bedient sich dazu eines eigenen Schneidemessers, unter dem ein Kloß liegt, auf welchem der Taback ausgeribbet wird. Die braunen Blätter bleiben hingegen so, wie sie sind.

d) Endlich wird nun jedes einzelne Bund der Tabacksblätter, mittelst eines Besenreißes, mit Wasser besprengt, um sie dadurch feucht und geschmeidig zu machen, damit sie sich beym Spinnen gut zusammen fügen lassen. Um nun das Spinnen selbst zu veranstalten, werden zwey Werkzeuge: nämlich der Werktisch und die Spinnmühle erfordert.

e) Der Werktisch bestehet in einem gewöhnlichen Tische, der mit Leisten umgeben ist. Er stehet neben der Spinnmühle und ist dazu bestimmt, die Blätter darauf zu legen, die gesponnen werden sollen.

f) Die Spinnmühle bestehet in einem hölzernen Haspel, der auf einer eisernen Spille steckt, welche in zwey senkrechten Ständern des hölzernen Gestelles läuft. An dem einen Ende zur Rechten, ist eine Kurbel angebracht, durch welche man den Haspel umdrehen kann; an dem andern Ende zur linken Hand, ist an der Spille ein eiserner Doppelhaken, der die Gestalt eines großen lateinischen S besitzt.

g) Um das Spinnen selbst zu veranstalten, wird die äusserste Spitze der Rolle aus freyer Hand gemacht; alsdann wird ein Wickel aus den kleinen oder zerbrochenen Blättern gemacht, und dieser mit großen Wickelblättern überzogen oder umwunden. Diese angefangene Stelle bindet nun der Tabacksspinner durch einen Bindfaden, den er in den einen Haken hängt, an die Spinnmühle, und legt den Wickel auf den Werktisch. Der Haspel wird nun (durch einen Knaben oder einer Frau) beständig herumgedrehet, und sodann ein Wickel an den andern gesetzt, welche sich während dem Umdrehen mit einander vereinigen. Um die Rolle dicht und glatt zu machen, fasset nun der Spinner den Wickel mit der linken Hand, nachdem er mit der rechten das Handeisen gegen die Rolle drückt.

h) Das Handeisen bestehet in einer eisernen Platte, auf welcher zwey lederne Riemen befestigt sind, die der Spinner sich an der rechten Hand fest schnallet, um die Platte an die besponnene Rolle auf dem Tisch mit voller Kraft anzudrücken und sie dadurch zu glätten.

i) Wenn die Länge der Rolle mit der Länge des Werktisches gleich ist, dann wird sie auf dem Haspel so aufgewickelt, daß ein Umgang neben dem andern, und eine Lage über die andere zu liegen kommt. Wenn endlich die ganze Mühle angefüllet ist, wird nun das Gesponnene abgenommen, aus freyer Hand in eine Rolle zusammen gewickelt, und endlich zuletzt noch unter eine Presse gebracht.

k) Fünf Rollen Taback wiegen gemeiniglich einen Centner, und ein geübter Arbeiter kann in der Regel täglich $1\frac{1}{2}$ Centner spinnen.

l) Ein anderes eben so gebräuchliches Werkzeug zum Spinnen des Tabacks, bestehet in einer Rolle, die mit ihrer Spindel in einem eisernen Reifen hängt. Der Reif ist an zwey entgegengesetzten Stellen in zwey Zapfen verlängert, wovon der eine auf einem am Ende des Werktisches angebrachten Zapfenlager, der andere aber auf einem vor dem Tische stehenden Bocke aufliegt. Jenes ist hohl, und läßt das Ende des bereits gesponnenen und auf die mit einem Sperr-Kegel versehenen Rolle gewundenen Tabacksseils durch. Dieser hat aber vor dem Bocke die Kurbel, durch welche ein Knabe die Spinnmühle in Bewegung setzt.

m) Bevor jene Verrichtung bekannt wurde, bediente man sich zum Spinnen des Tabacks einer einem Trilling gleichenden Handmühle. Die vordere Scheibe derselben war mit Zähnen oder Zapfen, nach Art eines Stirnrades besetzt, und größer als die hintere Scheibe, mit welcher sie durch Triebstöcke verbunden war. Dieses Werkzeug bedurfte nur eines einzigen Arbeiters, gab aber keine feste Rollen.

(Sprengel's Handwerke in Tabellen ꝛc. 12. Th. S. 223 ꝛc. Taf. VI. Fig. 11. Halle's Werkstätte der heutigen Künste, oder die neue Kunsthistorie ꝛc. Mit Kupfern. Leipzig 1761. 4. 4. Bd. S. 340 ꝛc. Taf. VII. Fig. 4. Beckmann's Anleitung zur Technologie ꝛc. 6. Auflage. 1809. S. 297 ꝛc.)

Die Fabrikation der Cigarren.

§. 786.

Das Wort Cigarro bedeutet in der spanischen Sprache ein zum Rauchen bestimmtes, röhrenförmig gewundenes Stück Papier oder auch ein Tabacksblatt, in welchem sich eine Füllung von Taback befindet. In Spanien bedienet man sich zur Fabrikation der Cigarren dreyerley Sorten Tabacksblätter: 1) der Havannablätter; 2) der Virginiablätter und 3) der Maruncosblätter, welche drey Sorten zusammen genommen unter dem Namen Tabaco blanco begriffen werden. In alten spanischen Wörterbüchern findet man bloß der Papier-Cigarren gedacht, und es ist daher sehr wahrscheinlich, daß die Gewohnheit mit Papier zu rauchen, älter als die mit Deckblättern von Taback ist, auch daß man früher nur ein einziges Blatt gebrauchte, und nur erst späterhin die Einlage dazu gab.

a) Um die Fabrikation der Cigarren zu veranstalten, wird ein breites Tabacksblatt (das Deckblatt) gehörig präparirt, sodann die Einlage darauf gebracht, und nun der Cigarro zusammen gerollet, welches auf eine sehr verschiedene Weise veranstaltet wird.

b) Viele Arbeiter rollen jeden Cigarro einzeln für sich zwischen der Hand und einem Tische (einer Tafel von Mahagony oder Zuckerkistenholz) aus. Andere (wie in der Havanna) rollen sie zwischen der Hand und einer Tafel aus, welche sie, mittelst eines um den Hals geschlagenen Riemens, vorne bis an das Knie herabhängen lassen.

c) Andere (wie in Spanien) rollen sie zwischen der rechten Hand und dem entblößten linken Arme aus. Sie rollen auf solche Weise mehrere Cigarren zugleich, und zwar mit einer bewundernswürdigen Geschwindigkeit. Sie fassen die am linken Arm herabgerollte Anzahl der Cigarren augenblicklich mit dieser Hand, und beschäftigen die rechte Hand mit dem Drehen des Kopfes und dem Beschneiden des Fußes.

d) Die Neger oder Negerinnen rollen den Cigarro zwischen der Hand und der entblößten Lende.

e) Ein Arbeiter verfertiget in einem Tage, etwa zu 12 Stunden gerechnet, 1 bis 2000 Stück Cigarren, auch wohl mehr.

§. 787.

Nach Nemnich, dem wir eine sehr lehrreiche Nachricht über die Cigarren und ihre Fabrikation verdanken, unterscheidet man in Spanien davon sechs verschiedene Arten, dahin gehören:

a) Die Papier-Cigarren (Cigarros en papel). Sie werden vorzüglich in Sevilla verfertiget, und daselbst Pitillos genannt. Eben so werden auch die Verfertiger derselben, wenn es Männer sind, Pitilleros, und wenn es Weiber sind, Pitilleras genannt. Die Papier-Cigarren werden in der Havanna und in andern Gegenden des spanischen Amerikas, Ciagarritos genannt. Um die Papier-Cigarren zu verfertigen, wird eine Einlage von geschnittenem Taback in sehr feines ungeleimtes Papier aufgerollet, das besonders in Valencia fabricirt, und in Spanien von den Buchhändlern verkauft wird. Man trägt auch kleine Taschenbücher mit Cigarren-Papier bei sich, die einige Hundert für Cigarren geschnittene Blätter enthalten, welche dazu bestimmt sind, das Blatt Taback hinein zu wickeln, das man rauchen will.

b) Die Stroh-Cigarren oder Dame's-Cigarren (Cigarros en paja), auch Pagitos und Pagillos genannt; werden in der Havanna von den Nonnen fabricirt. Das Deckblatt besteht in einem Blatte von Mais, die Einlage aus zerrissenen Havannablättern; welche mit einem Messer mehrere Mal fein zerschnitten worden sind. In Spanien werden diese Cigarren zu Cadix, zu Alicanda und zu Sevilla verfertiget.

c) Die natürlichen oder die reinen Cigarren (Cigarros puros), auch schlechtweg Puros genannt, haben zur Decke ein reines gesundes Tabacksblatt, oder ein abgeschnittenes Stück desselben, das ohne Löcher und Risse ist; die Einlage besteht aus kleinen Blättern oder auch aus Abfall von Cigarren.

d). Die Havanna-Cigarren (Cigarros havanos), welche unter allen die feinsten ausmachen. Man verfertiget sie von den köstlichsten goldgelben Blättern, die nur in einem mäßigen Bezirk der Insel Caba wachsen, und die, während dem Rauchen, den angenehmsten Geruch verbreiten. Man unterscheidet davon ächte und unächte Havanna-Cigarren. Die unächten (Cigarros illegitimos) werden in Kisten (Caxas) zu 2, 4 bis 8 Pfd. verkauft; sie weichen in Hinsicht der Länge und Dicke sehr von einander ab. Die ächten Havanna-Cigarren (Cigarros legitimos) unterscheiden sich dadurch von den nachfolgenden Sevillanischen, daß das Deckblatt von der rechten zur linken Seite gelegt ist.

e) Die Königs-Cigarren (Cigarros de la Rey). So nennt man eine überaus feine Sorte der Havanna-Cigarren, die aus ganz dünnen und den feinsten Blättern gebildet sind: sie werden von den Damen geraucht.

f) Die spanischen Cigarren (Cigarros sevillaros) auch schlechtweg Sevilleros genannt, werden in der Königl. Manufaktur zu Sevilla verfertiget. Bey ihnen ist das Deckblatt von der linken zur rechten Seite gewunden.

g) Die amerikanischen Cigarren, worunter diejenigen begriffen werden, die außer der Havanna selbst in Amerika, nämlich in Caraccas, in Buenos Ayres, in Portorico ꝛc. fabricirt werden. Sie sind von sehr verschiedener Größe und Dicke, kommen aber nie den Havanna-Cigarren gleich. Die amerikanischen Cigarren sind auch unter dem Namen der Ostindischen- und St. Thomas-Cigarren bekannt.

(Philipp Andreas Nemnich über die Cigarren und deren Verfertignng. Im Journal für Fabriken und Manufakturen ꝛc. 24. Band. Leipzig 1808. und in Hermbstädt's Bülletin des Neuesten ꝛc. 2ter Band S. 17 ꝛc. Hermbstädt's Anleitung ꝛc. a. (§. 776.) a. O. S. 320 ꝛc.)

§. 788.

Seit dem Jahre 1788 hat man die Fabrikation der Cigarren auch in Hamburg eingeführt. Die ersten Versuche damit wurden durch den Tabacksfabrikanten Schottmann daselbst angestellt, der diese Fabrikation in Spanien erlernt hatte. Den ersten Versuch machte man mit Lisabonner Blättern von vorzüglicher Qualität; seit dem Jahre 1795 verarbeitet man aber Virginiablätter, und späterhin Louisianablätter, welche die schönsten Cigarren lieferten. Im Hamburg und Altona werden gegenwärtig folgende Arten fabricirt.

a) Aechte oder starke Havanna-Cigarren oder natürliche Cigarren; wozu die feinsten Havannablätter, ohne Wässerung, so wie sie von der Natur kommen, angewendet werden. Sie werden mit reinem Wasser befeuchtet, dann in ein Tuch eingeschlagen. Decke und Einschlag sind beyde aus Havannablättern.

b) Feine, leichte oder ganze Havanna-Cigarren, bei denen gleichfalls Decke und Einschlag aus Havannablättern bestehet. Die Blätter werden vorher einige Stunden lang in kaltem Wasser eingeweicht, dann aber gepresset.

c) Kanaster-Cigarren. Die Decke ist gänzlich ein Virginiablatt, der Einschlag ein Kanasterblatt.

d) Mittel-Havanna-Cigarren; bey denen die Einlage aus Havanna-, die Decke aber aus Virginia- oder guten amerikanischen Blättern bestehet.

e) Ordinaire Cigarren, amerikanische Cigarren, Virginia-Cigarren, spanische Cgarren. Zu diesen wird die Einlage aus mancherley guten und schlechten Tabackssorten gewählt. Zur Decke werden ordinaire Virginia- oder auch Mayländische oder andere gemeine europäische Blätter in Anwendung gesetzt.

f) Posen- oder Stroh-Cigarren, welche in einer neuen Erfindung der Hamburger Fabrikanten bestehen. Das obere Ende derselben ist mit einem ins Blatt gekleistertem Mundstück, von einer dazu geschnittenen dünnen Federpose versehen, an deren Stelle auch ein Röhrchen von Stroh oder von Schilf angewendet wird.

g) Die Preise der Hamburger-Cigarren richten sich nach ihrer Qualität. Eine Kiste ausgesuchter Waare von 800 bis 1000 Stück, kostet 45 Mark. Mittelwaare 22 bis 30 Mark, und gemeine, 10, 12 bis 15 Mark, die Mark zu 10 Groschen Preuß. Courant gerechnet.

(Nemnich a. (§. 787.) a. O.)

Zweyte Abtheilung.

Die Fabrikation des Schnupftabacks.

§. 789.

Der Schnupftaback unterscheidet sich vom Rauchtaback durch seine Pulverform, die ihn zum Schnupfen bequem macht. Derselbe wird entweder aus den karrottirten Blättern (den Karotten), durch das Rappiren, oder aus den nicht karrottirten Blättern durch das Stampfen mittelst der dazu bestimmten Stampfmühlen zerkleinert; nachdem die Blätter vorher eine zweckmäßige Zubereitung mit einer dazu bestimmten Sauçe erhalten haben.

a) Die Auswahl vorzüglich guter Blätter, giebt die Grundlage zur Güte des Schnupftabacks. Die Zusammensetzung der dazu bestimmten Sauçen begreift die Geheimnisse der Tabacksfabriken in sich.

§. 790.

Die Fabrikation des Schnupftabacks zerfällt in sechs verschiedene Operationen. Dahin gehören: 1) das Sortiren der Blätter; 2) das Sauçiren derselben; 3) das Karrottiren derselben; 4) das Rappiren der Karotten; 5) das Stampfen der saucirten Blätter, mittelst der Tabacksmühlen; 6) das Einpacken des fertigen Schnupftabacks. Wir wollen jede einzelne jener Operationen hier näher erörtern. Eine Uebersicht der wichtigsten Schriften, welche von der Fabrikation des Schnupftabacks handeln, findet sich unten angezeigt.

(Abhandlung vom Tabacksbau; von dessen Zugutmachung und künstlichen Zubereitung aller Sorten des besten Rauch- und Schnupftabacks. Frankfurt und Leipzig

1781. 8. Gründliche Anweisung zur Verfertigung und Zubereitung vorzüglicher Rauch- und Schnupftabacke. Mit 8 Kupfern. 8. Neue Ausgabe. Berlin 1790. Nützliche Anweisung, von dem Landtaback verschiedene gute Sorten Rauch- und Schnupftaback zu fabriciren ꝛc. Berlin 1787. 8. Wolf Baruch Holländer's, ächte Fabrikatur des Dünkerker und englischen St. Omer's, auch aller gangbaren Sorten Rauch- und Schnupftabacke. Mit Kupfern. Amsterdam 1787. 8. Die erlernte und erfahrene Kunst allerley Sorten Rauch- und Schnupftaback zu fabriciren, so wie solche in Dünkirchen und Holland verfertiget wird, als auch die Blätter hier zu Lande nach Virginischer Art zu ziehen, auch alle Saucen zu kochen und was für Ingredienzen und Materialien genommen werden. Dünkirchen und Amsterdam 1794. 8. De Prade's Tabackshistorie, insonderheit vom Schnupftaback. Aus dem Französischen. Schneeberg 1747. 8. G. L. Bocris aufrichtige und gründliche Unterweisung guten Rauch- und Schnupftaback auf holländische Art zu verfertigen. Mit Kupfern. Leipzig 1794. 2. Auflage. 1799. 8. Neue und vollständige Abhandlung vom Taback; von einem erfahrnen Tabackshändler. Aus dem Holländischen. Leipzig 1781. J. E. Gotthard, die Cultur, Fabrikatur und Benutzung des Tabacks. Weimar 1802. 8. G. F. Helwig aufgelöstes Geheimniß der Rauch- und Schnupftabacksfabrikation. Settin 1806. 8. S. F. Hermbstädt's Anleitung ꝛc. a. (§ 776.) a. D. J. F. v. Neider, Lehre des Tabacksbaues ꝛc. Nürnberg 1824. Taschenbuch für Tabacksraucher ꝛc. Tübingen 1825. Der wohlerfahrne Tabacksfabrikant. Dresden 1825. W. Schmidt, die Tabacksfabrikation der Franzosen und Holländer. Dresden 1825.)

1. Das Sortiren der Blätter.

§. 791.

So, wie die Tabacksblätter aus Amerika als Handelsgut in Fässern verpackt ankommen, sind sie sich nicht immer gleich, sondern man findet sie in einem und eben demselben Fasse von sehr verschiedener Qualität. Sie müssen daher sortirt werden, um diejenigen, welche zum Rauchtaback dienlich sind, von denen zu trennen, die zum Schnupftaback benutzt werden können.

a) Zum Schnupftaback werden gemeiniglich diejenigen Blätter für die qualificirtesten erklärt, welche dick, fettig und braunschwarz von Farbe sind.

b) Dieselbe Vorsicht gebraucht man auch bey der Auswahl der Blätter von inländisch erzeugtem Taback.

c) Die Kultur der Blätter zum Rauchtaback erfordert einen reinen vegetabilischen Dünger, z. B. von Kuhmist. Die zum Schnupftaback erfordert einen animalischen Dünger, z. B. Schaafdünger, Urin, Menschenkoth rc.

2. Das Sauçiren oder Beizen des Tabacks.

§. 792.

Die Tabacksblätter werden, zum Schnupftaback, entweder in ihrem natürlichen Zustande verarbeitet, oder sie erhalten vorher eine Sauçe oder Beize, die dazu bestimmt ist, ihren natürlichen Geruch mehr hervor zu heben und dem Taback überhaupt mehr Reiz zu geben.

a) Die vorzüglichsten Materialien zur Zubereitung der Tabackssauçen, bestehen gemeiniglich: in Kochsalz, in Salmiak, in Pottasche, in Salpeter, in Weinstein, in Essig, in Wein, in Weinmost, in Honig, in Citronensaft, in Tamarinden, in Rosinen, in Zimmt, in Wachholderbeeren, in florentin. Violenwurzel, in Kalmuswurzel, in Lorbeerblätter, in Tonkabohnen, in wohlriechenden Oelen rc.

b) Die Zusammensetzung jener Materialien nach bestimmten quantitativen Verhältnissen, ist Geheimniß der Tabacksfabriken. Sie werden gemeiniglich mit Wasser infundirt, um eine flüssige Brühe darzustellen, welche nun die Sauçe ausmacht.

c) Mit den Sauçen werden entweder die sortirten Blätter eingeweicht, so daß sie vollkommen davon durchdrungen werden;

oder sie werden auch vorher zerstampft und gesiebt, und nun in diesem Zustande mit der Sauçe angerieben, in welcher Durchbringung man nun das Ganze in eine Art von Fermentation übergehen läßt.

(Beize zum Rappeetaback. In den Fränkischen Sammlungen rc. 1. Th. S. 324 rc. 5. Th. S. 529 rc. Formeln zur Verfertigung des Dünkerker's und des englischen St. Omer's und der meisten gangbaren Sorten des Schnupftabacks rc. In Hild's Handlungszeitung vom Jahre 1787. S. 138 rc. A W. Pletz Abhandlung vom Schnupftaback. Im allgemeinen Magazin. 8. Th. S. 301 rc. Hermbstädt a. (§. 776.) a. O. S. 353 bis 480.)

3. Das Karrottiren des Schnupftabacks.

§. 793.

Karrotte nennt man einen aus mit Sauçen oder Beizen durchdrungnen Tabacksblättern spindelförmig gebildeten Körper, der, in diesem Zustande, ohne Verderbniß des Tabacks, sich viele Jahre aufbewahren läßt und dazu bestimmt ist, um nachher auf der Rappeemühle zerkleinert zu werden. Das Karrottiren des Tabacks wird mittelst dem Karrottenzug veranstaltet.

a) Der Karottenzug bestehet aus einem Brett, welches einige Fuß über dem Boden der Arbeitsstube erhöhet ist. Ueber demselben befindet sich eine hölzerne Walze, oder auf demselben stehet ein senkrechter hölzerner Stab, an welchem ein Seil befestigt wird. Man nennt diese Vorrichtung den kleinen Karottenzug.

b) Um die Karotten zu bilden, legt man vorher die saucirten Blätter dergestalt zusammen, daß sie eine Spindel bilden. In dieser Gestalt werden sie nun in ein Stück Leinwand eingeschlagen, und in diesem Zustande auf folgende Weise zur Karotte gemacht. Der Arbeiter schlingt das oben gedachte Seil zuerst um die eine Spitze des in die Leinwand eingewickelten Tabacks, tritt dann auf das Brett, ziehet das Seil durch seine Schwere an, und presset dadurch die Tabacksblätter fest zusammen. Hierauf wird nun das Seil an die nächste ungepressete Stelle weiter vorgerückt, und diese Arbeit so fortgesetzt, bis die ganze Karotte gepresset ist. Auf solche Weise werden die kleinern Karotten gebildet.

c) Um größere Karotten zu produciren, die oft mehrere Fuß lang sind, wird ein besonderer Karottenzug angewendet, der folgende Einrichtungen besitzt. Eine starke hölzerne Walze mit einem Sperr-Rade und einem Sperr-Kegel, läuft in einem hölzernen Bocke und ist mit einem Seil umwunden, welches man nach Belieben schlaff oder stark anziehen kann. Das andere Ende des Seils ist an der entgegengesetzten Wand befestiget.

d) Um mit diesem großen Karottenzuge zu arbeiten, läßt man das Seil etwas nach, und wickelt solches um den in die Leinwand geschlagenen Taback. Der Arbeiter legt nun seine hölzerne Pritsche auf das Seil hinter der Karotte, setzt sich darauf, und presset so die Karotte durch das Gewicht seines Körpers; nun rückt man das Seil an die nächste Stelle und so weiter, bis die Karotte gebildet ist.

e) Ist der Taback karottirt, so wird die Leinwand abgewickelt, und jede Karotte einzeln annoch mit einem starken Bindfaden so umwunden, daß ein Umgang desselben neben dem andern zu liegen kommt, welches das Fisiliren der Karotten genannt wird.

f) Die fertigen Karotten werden nun einige Monate lang in einem Schranke eingeschlossen, der in einer mäßig warmen Stube placirt ist, um sie schwitzend zu machen, oder eine leichte Fermentaton darin zu veranlassen.

(Abbildung des Karottenzugs sehe man: 1) den kleinen Karottenzug, in Halle's Werkstätte der heutigen Künste ꝛc. 4. Band. Seite 340 ꝛc. Taf. 7. Fig. 6. 2) Den großen Karottenzug; in Sprengels Handwerken in Tabellen ꝛc. 12. Thl. Taf. 6. Fig. 8. und 9.)

4. Das Rappiren der Karotten.

§. 794.

Gröblicher Schnupftaback, der nicht gestampft, sondern auf einer Art von Reibeisen zerrieben worden ist, wird Rappé genannt. Der dazu bestimmte Apparat wird, falls solcher bloß mit der Hand bewegt wird, eine Handrape; falls solcher aber durch Wasserkraft in Bewegung gesetzt wird, eine Rappémühle genannt.

a) Die Handrape bestehet aus zwey Rahmen, die durch zwey Schrauben zusammen geschraubt werden können. Die Länge des Rahmens beträgt 3 bis 4 Fuß, seine Breite einen halben Fuß. Nach der Länge desselben, etwa in der Entfernung von einem viertel Zoll, liegen Sägen, welche die Gestalt der eisernen Schrotsägen haben, und unten auf Leisten ruhen, damit sie nicht schwanken. Unter der Rape befindet sich der Kasten, der dazu bestimmt ist, den rappirten Taback aufzunehmen, welcher durch eine Oeffnung hinein fällt.

b) Um das Rappiren des Tabacks mittelst jenem Apparate zu veranstalten, wird die Karotte mit der Hand gefasset, dann auf jenen Sägen hin und her gerieben, und auf solche Weise zu einem gröblichen Pulver zerkleinert, welches man nachher noch durch ein Sieb schlägt, um die gröberen dabey befindlichen Theile auszusondern.

c) Die Rappémühle, welche durch Wasser- oder auch durch Thierkraft in Bewegung gesetzt wird, bestehet in einer Welle, deren Oberfläche eine Reibe (ein Reibeisen) ist, und die sich in einem Kasten bewegt, der oben eine Oeffnung hat, durch die man die Karotte mittelst der Hand an die Reibe hält, während sich die Welle um ihre Axe bewegt: da denn der zerkleinerte oder rappirte Taback in den untern Theil des Kastens hinab fällt.

(Eine Abbildung der Handrape s. Sprengel a. (§. 793.) a. O. Taf. 6. Fig. 1.)

5. Das Stampfen und Mahlen des Tabacks.

§. 795.

Um theils diejenigen Theile der Karotten, welche nach dem Rappiren und dem Sieben des rappirten Tabacks übrig bleiben, theils auch die Karotten selbst, außer der Handrape oder der Rappémühle, zu einem gröblichen Schnupftaback zu zerkleinern, werden dieselben gestampft, welches entweder mittelst der Handstampfe, oder mittelst Stampfmühlen veranstaltet wird. Feiner staubartiger Schnupftaback wird hingegen mittelst der Tabacksmühle gemahlen.

a) Die Handstampfe zum Taback hat folgende Einrichtung. Oben an der Decke der Arbeitsstube, ist eine Prellstange befestiget, die mit einer senkrechten Stange, welche unten vier stählerne rechtwinklich angesetzte Klingen hat, durch ein Gewinde verbunden ist. Unter jener senkrechten Stange befindet sich ein starkes hölzernes Faß, welches mit groben Taback und den kleinern Stücken desselben angefüllet ist. Der Arbeiter ergreift die senkrechte Stange, und stößt sie in das Faß nieder, wodurch der Taback, mittelst den Klingen derselben, zermalmt wird.

b) Die Stampfmühle für den Schnupftaback hat die Einrichtung einer gewöhnlichen Stampfmühle, und wird, wie diese, durch Wasserkraft in Bewegung gesetzt. Sie wird statt der Rape gebraucht, um die Karotten mittelst derselben zu pulvern.

c) Nach dem Stampfen wird der gepulverte Taback nochmals gesiebt, um die gröbern ungleichförmigen Theile davon abzusondern.

d) Mittelst den Rapen und den Stampfmühlen werden nun die sogenannten Rappés (d. i. die grobkörnigen Schnupftabacke) dargestellt; zur Darstellung der feinern (der Mehl- oder Staubartigen) bedient man sich der Tabacksmühlen.

e) Die Tabacksmühlen haben dieselbe Einrichtung, wie die

Wassermühlen; der unten liegende horizontale Mühlstein ist mit einer Einfassung versehen, damit nichts herausfallen kann. Das ganz eigenthümliche der Tabacksmühle bestehet eigentlich darin, daß zwey Läufer neben einander auf ihrer Stirne, auf dem horizontalen Mühlsteine herumlaufen.

f) Zu den Mehl- oder Staubartigen Tabacken, wie Tonca oder Spaniol ꝛc bedient man sich entweder der ganzen Blätter oder auch der zerbröckelten oder der ausgesuchten Ribben. Sie werden entweder vor oder nach dem Mahlen saucirt. Nach dem Mahlen werden sie nochmals gesiebt.

(Eine Abbildung der Handstampfe s. Sprengel a. (§. 793.) a. O. Taf. 6. Fig. 10. Eine Abbildung der Tabacksmühle. Ebendaselbst. Taf. 6. Fig. 12.)

§. 796.

Man unterscheidet im Handel sehr verschiedene Arten des Schnupftabacks, welche unter eben so verschiedenen Namen bekannt sind, die sich entweder auf das Land beziehen, in welchem der Taback einheimisch ist, oder in welchem derselbe fabricirt wird, oft aber auch von dem Fabrikanten des Tabacks, zuweilen auch von den Sauçen entlehnet, endlich auch wohl bloß fingirt sind.

a) Die vorzüglichsten Namen des Rauchtabacks sind: Kanaster, Havanna, Portoriko, Varinas-Virginia (braun und gelben), Batavia, Brasilien, Petum optimum, Macaibo, Muff-Kanaster, und Landtaback.

b) Die vorzüglichsten Namen des Schnupftabacks sind; Sevilla, Tonka, Grosguillaumes, Brasilien, Macceba, Saint Omer, Marocco, Schotten d'Holland, Taback de Chevalier, Taback de Robillard, Pariser, Marino, Naturel, Offenbacher, Cusco oder Cusjo (Fleur de cusco und groscusco), von Cusco, einer Stadt in Amerika, abgeleitet, und viele andere. Die neuesten Titel sind: Tabac de Bombeillard, Tabac de la ferme de Paris, Latakia Snuff etc.

Das Einpacken des Schnupftabacks.

§. 797.

Der Schnupftaback wird entweder in Fässern versendet, oder in Karotten, oder er wird in Bley eingepackt, und im letztern Fall in Papier eingeschlagen, und mit einer Etiquette versehen, die den Namen des Tabacks und den Namen des Fabrikanten andeutet.

a) Das Gefäß von Bley wird von geschlagenem oder gewalztem Bley angefertiget. Das Schlagen oder Walzen desselben, geschiehet gewöhnlich in den Tabacksfabriken selbst.

b) Das Einpacken des Schnupftabacks, besonders der sauren Arten, in Bley, ist der Gesundheit nachtheilig, und sollte billig nicht gestattet werden.

c) Die Anfertigung der Saucen zum Schnupftaback, ist dem Gesetz der Medicinal-Polizey unterworfen, und solche müssen billig von jener erst untersucht werden, ob sie auch nicht der Gesundheit schädliche Ingredienzien enthalten.

Vierundvierzigster Abschnitt.

Die Fabrikation des Glases. Die Glasmacherkunst.

(Die grünen und weißen Glashütten.)

§. 798.

Glas (Vitrum) in der allgemeinen Bedeutung des Wortes, wird ein durch die Kunst erzeugter Körper genannt, der sich durch einen hohen Grad von Durchsichtigkeit, durch Unauflöslichkeit im Wasser und in den Säuren, durch Schmelzbarkeit in der Hitze, und viel Sprödigkeit auszeichnet. Nach seiner verschiedenen Beschaffenheit wird das Glas unterschieden: 1) in grünes Glas; 2) in weißes Glas, und 3) in farbiges Glas. Die Anstalten, in welchen das Glas fabricirt wird, werden Glashütten, und die dabey angestellten Arbeiter, werden Krüger genannt.

a) Die Kunst, Glas zu verfertigen, gehört ohnstreitig zu einer der ältesten Erfindungen. Schon zu den Zeiten des Hiobs war das Glas bekannt; doch war selbiges, wenn gleich schon Sidon im Besitz vieler Glashütten war, dennoch so theuer wie Gold. Auch Aegypten und besonders Alexandrien hatten schon Glashütten aufzuweisen.

b) Plinius schreibt die Erfindung des Glases den Phöniciern zu. Phönicische Kaufleute, die mit Salpeter handelten, wollten sich an den Ufern des Flusses Belus Fleisch kochen, sie bedienten sich, zur Aufrichtung eines Dreifußes, in Ermangelung von Steinen, einiger Stücke Salpeter. Dieser fing an zu verpuffen, mischte sich mit dem Sande, und zerfloß damit in lauter kleine Ströhme von einer durchscheinenden Substanz, welche nach dem Erstarren das Glas darstellte. Wäre dieser Bericht vollkommen gegründet, so wie ein andrer des Aristophanes, so würde daraus folgen, daß die Erfindung des Glases ohngefähr 1000 Jahr vor Christi Geburt gemacht worden sey.

c) Jener Nachricht des Plinius kann man indessen um so weniger Glauben beimessen, weil einerseits das Glas schon zu Hiobs Zeiten bekannt war; andern Theils zum Schmelzen des Glases ein viel höhecer Grad der Hitze erfordert wird, als der ist, welcher nach der gedachten Erzählung statt finden konnte; und weil endlich bekannt ist, daß die Alten ihr Glas nicht aus Salpeter (Nitrum) sondern aus dem sogenannten Mineralalkali (Natrum), in Verbindung mit Kiesel erzeugten.

d) Die höchste Vervollkommnung verdankt die Kunst Glas zu machen, wohl den Aegyptiern; denn sie verstanden die

Methode schon, solches zu blasen und zu formen; auch verstanden sie schon die Kunst, dasselbe zu schneiden.

e) Den Römern wurde das Glas erst zu der Zeit bekannt, als Aegypten eine römische Provinz wurde. Ein Beweis, wie hoch man solches schätzte, gehet daraus hervor, daß der Kayser Aurelian den Aegyptiern einen jährlichen Tribut von schönem gerabem Glas auferlegte. Marcus Scaurus ließ zu Pompejus Zeiten einen Theil des in Rom vorhandenen Theaters aus Glas machen, das die Aegyptier liefern mußten; so wie man mehrere andere Gegenstände, als Bälle, Schachspiele, Thränenurnen, Säulen aus Glas rc unter den römischen Alterthümern findet. Das Glas selbst zu verfertigen, hatten die Römer unter Tiberius erlernt.

(Plinii Historia naturalis etc. XXXVI. 26. sect. 65. pag. 758 etc. J. D. Michaelis, Historia vitri instrumentique vitrei apud. Hebraeos. In den Comment. Goetting. Tom. IV. pag. 301 etc. G. C. Hambergeri Vitri historia ex antipuitate eruta. In den Comment. Goetting. Tom. IV. pag. 484 etc. Charles Valois de la Mare, de l'orgine du verre et de ses différents usages chez les anciens. In den Mémoires de l'Académie des Inscriptions de Paris. Tom. I. pag. 109 etc. Neri Ars vitraria. Amstelodam. 1668. 12. p. 259 etc. Beyträge zur Geschichte des Glases. In Dingler's polytechn. Journal rc. 25. B. 1827. S. 61 rc.)

§. 799.

Die Fabrikation des Glases, oder die Einrichtung der Glashütten ist ein freyes Gewerbe, das bey dem häufigen Gebrauch des Glases, besonders in holzreichen Gegenden, sehr wichtig wird. Dieses, das Holz, und das Daseyn der anderen zur Fabrikation des Glases erforderlichen Materialien, müssen die Gründe bestimmen, ob die Anlegung einer Glashütte zu empfehlen ist, oder nicht.

a) Gegenden wo Holzmangel obwaltet, oder wo man das Holz zu hohen Preisen herbey fahren muß, sind nicht geeignet, eine Glashütte in selbigen mit Vortheil zu gründen. Waldreiche Gegenden, an schiffbaren Ströhmen belegen, um die Produkte zu Wasser transportiren zu können, besonders wenn volkreiche Städte in der Nachbarschaft sind, sind am bequemsten zur Anlegung einer Glashütte.

b) Die Materialien zur Anlegung der Glashütten richten sich nach der Art des Glases, das fabricirt werden soll. Die Materialien zum grünen Glas, bestehen in: 1) gemeinem leichtflüßigen Sand; 2) ausgelaugter Holzasche; 3) Kalk; 4) Kochsalz oder Steinsalz.

c) Die Materialien zum weißen Glas bestehen in: völlig weißen eisenfreyen Kieselsand; 2) Pottasche; 3) Salpeter; 4) Arsenik; 5) Grau-Manganoxyd. Für einige besondere Fälle werden auch noch in Anwendung gesetzt: Mennige (oder ein andres reines Bleyoxyd), und Kreide.

d) Das Personale, welches zur Betreibung einer Glashütte erfordert wird, bestehet 1) in einem Faktor, wenn der Entrepreneur dessen Stelle nicht selbst bekleidet, welcher die administrative Behörde ausmacht; 2) in einen Hüttenmeister, der den praktischen Betrieb leitet; 3) dem Anfänger; 4) dem Vorbläser; 5) dem Schwenker; 6) dem Fertigmacher; 7) dem Kanzelsteiger; 8) dem Strecker.

Oefen und andere Geräthe welche in einer Glashütte erfordert werden.

§. 800.

Die unentbehrlichsten Utensilien, welche zum Betrieb einer Glashütte erfordert werden, bestehen 1) in den Oefen; 2) den Glashäfen; 3) dem Blaserohr; 4) Marmorplatten oder Kupferblechen, um das Glas darauf zu walzen und zu ebenen; 5) Scheeren zum Schneiden und Formen des Glases; 6) Formen für das Hohlglas.

a) Von den in einer Glashütte gebräuchlichen Oefen kennt man drey verschiedene Arten: 1) den Kalzinir- oder

Frittofen; 2) den Glas- Schmelz- oder Werkofen; 3) den Kühlofen. Die beyden letztern Oefen werden oftmals zu gleichen Zwecken angewendet.

b) Der Kalzinir- oder Frittofen ist dazu bestimmt, die zum Glas bestimmten Materialien erst aus dem Groben zusammen zu schmelzen; er kommt mit dem Kohlenofen in der Gestalt überein, daher dieser auch eben so gut als Frittofen benutzt wird.

c) Der Glasofen, welcher auch Schmelz- oder Werkofen genannt wird, ist dazu bestimmt, die Materialien (die Fritte) vollends in Fluß zu bringen, um Glas daraus blasen zu können. Dieser Ofen ist aus feuerfesten Mauersteinen erbauet; und hat einige Aehnlichkeit mit einem Backofen. Am untern Theile des Ofens befindet sich das Aschenloch, und etwas höher belegen das Schürloch, durch welches das Brennmaterial eingetragen wird. Ueber dem Schürloche befindet sich eine Oeffnung, die gerade so groß ist, daß die Glashafen (die Schmelzgefäße) durch dieselbe in der Oeffnung eingesetzt werden können, welche Oeffnung, wenn die Häfen eingesetzt sind, durch einen hineinpassenden feuerfesten Stein verschlossen und mit Thon verschmiert wird. Die Glashafen selbst, ruhen mit ihren Boden auf der Feuerbank, welche aus einem aus dem Heerde des Ofens hervorspringenden Mauerwerk gebildet wird. Das Brennmaterial ruhet an dem untern Theile des Heerdes. Vor der Oeffnung der Häfen sind die Arbeitslöcher (die Fenster) angebracht, die aus Oeffnungen bestehen, welche man durch das Einsetzen gebrannter Röhren aus Thon (Hufeisen), die man herausnehmen kann, verengern und erweitern kann. Jene Fenster oder Arbeitslöcher sind dazu bestimmt, um mittelst dem Blaserohr das schmelzende Glas, welches geblasen werden soll, herauszunehmen. An den beyden Enden des Werk- oder Glasofens sind kleinere Häfen placirt (Bucks), in welchen kleinere Waaren, wie Medizingläser, Brandweinflaschen ꝛc. durch die Lehrlinge verfertigt werden.

d) Der Kühlofen ist gewöhnlich dicht am Werkofen angelegt, um an der Hitze desselben Theil zu nehmen. Er ruhet auf einem hohen gemauerten Fuße und ist daher gewöhnlich höher als der Glasofen; sein Gewölbe ist aber niedriger. Er bekommt seine Hitze theils durch eine mit dem Werkofen kommenden Oeffnung, theils durch eine besondere Heizung.

e) Außer dem Kühlofen hat man in den Glashütten, in welchen Tafelglas fabricirt wird, auch noch einen besondern Streckofen, zum gestreckten Glase. Dieser hat ganz die Gestalt des Kühlofens, ist aber aus großen feuerfesten Steinen erbauet, auf welchen das Glas gestreckt wird.

f) Die Glashafen, in welche die Fritte geschmolzen werden soll, werden in den Glashütten selbst angefertiget. Man bedient sich dazu eines feuerfesten eisenfreyen Thons, der entweder mit gebranntem Thon oder auch mit alten zerkleinerten Glashäfen versetzt und mit Wasser zum Teige angeknetet wird. Die Verfertigung desselben wird theils aus freyer Hand, theils in hölzernen Formen veranstaltet, in welchen man sie mit der Hand ausarbeitet, und erst der Boden gebildet wird, alsdann aber die Seitenwände angesetzt werden. Die Glashäfen haben entweder die Gestalt eines in der Spitze abgeschnittenen Kegels, oder einer in der Spitze abgeschnittenen vierseitigen Pyramide. Der Boden ist 5 bis 6 Zoll, die Seitenwände sind 3 bis 4 Zoll dick.

g) Wenn die Häfen fertig sind, so werden sie erst an einem schattigen Orte an der warmen Luft ausgetrocknet, um alle Feuchtigkeit zu vertreiben, worauf sie im Kühlofen erhitzt (getampert) werden, bis man sie zuletzt im Werkofen selbst, indem sie auf die Feuerbank gesetzt werden, noch 24 Stunden lang ausglühen läßt, bevor darin geschmolzen werden kann.

h) Das Blaserohr (auch Pfeife genannt) bestehet in einer 3 bis 5 Fuß langen, aus geschmiedetem Eisen verfertigten Röhre, an deren Ende sich ein kleines hohles Knöpfchen befindet. Oben ist ein hölzerner Griff daran befestiget, um das Rohr, ohne Verletzung der Hand, damit anfassen zu können.

i) Die Marmorplatten oder Kupferplatten, welche

am Rande des Werkofens angebracht sind, dienen dazu, das aufgeblasene Glas darauf hin und her zu walzen und solches eben zu machen.

k) Die Scheeren sind dazu bestimmt, theils die Theile des überflüssigen Glases damit hinweg zu ziehen oder hinweg zu schneiden: theils aber auch die Wölbung oder Mündung der geblasenen Gläser (z. B. Bouteillen) dadurch zu erweitern oder zu verengern.

(Sprengel's Handwerke in Tabellen rc. 10. Theil. S. 274 rc. Das Blaserohr Taf. IV. Fig. 3. Die Scheeren Taf. IV. Fig 4. 6. 13. u. 14 rc. Loysel's Versuch einer ausführlichen Anleitung zur Glasmacherkunst, für Glashüttenbesitzer und Cameralisten, mit Rücksicht auf die innern Grundsätze der Chemie. Aus dem Französischen. Mit 10 Kupfertafeln. Frankf. am Mayn 1802. 4.)

Erste Abtheilung.

Fabrikation des grünen Tafel- und Hohl-Glases.

§. 801.

Das grüne Glas oder Bouteillen-Glas, welches zu Weinbouteillen, zu Trinkgläsern, zu Arzneygläsern und andern ähnlichen Gegenständen verarbeitet wird, setzt man auf den grünen Glashütten aus gemeinem leichtflüssigen Sande, aus ausgelaugter Holzasche, aus gebranntem Kalk und aus Küchensalz zusammen. Wo man es haben kann, wird dem Gemenge auch noch ein Zusatz von alten Glasbrocken gegeben. Die Materialien werden in zerkleinertem Zustande, gesiebt, gemengt, das Gemenge im Frittofen kalzinirt, und dann im Werkofen zu Glas blank geschmolzen, die Schmelzung dauert 25 bis 30 Stunden, bevor die Mischung gahr ist.

a) Zu gemeinem grünen Bouteillen-Glas werden angewendet: 72 Pfund Sand, 26 Pfund gebrannter Kalk, 150 bis 200 Pfund ausgelaugte Holzasche.

b) Bestes grünes Bouteillen-Glas gewinnt man, aus 27 Sand, 25 Kalk, und 150 bis 200 ausgelaugter Holzasche.

c) Halbweißes Tafelglas zu Fensterscheiben, aus 120 eisenfreiem Sand, 50 kalzinirter Pottasche, 25 Steinsalz oder Kochsalz, 25 alte Glasbrocken und 50 ausgelaugter Holzasche.

d) Statt des Kalks gebraucht man auf den grünen Glashütten auch die so genannte Seifenasche (§. 498. e.) welche in den Schwarz- und den Weißseifensiedereyen abfällt.

e) Da, wo man alte Brocken vom zerbrochnen grünen Glase haben kann, werden diese entweder der schmelzenden Glasmasse zugesetzt, wenn solche schon im Fluß ist, oder auch gleich mit dem andern Gemenge zugegeben.

f) Um alle Feuchtigkeit daraus zu entfernen, werden die Materialien, nachdem sie gehörig gemengt und gesiebt sind, im Frittofen unter öfterm Umrühren so lange geglühet, bis sie anfangen zusammenzusintern, und dann nach und nach in die auf der Feuerbank schon vorher bis zum Weißglühen erhitzten Glashäfen eingetragen.

g) So oft die eingetragene Masse zusammengeschmolzen ist, wird eine neue Portion zugegeben, bis endlich alle Häfen, wovon 3, 4, bis 5 in einem Werkofen stehen, damit angefüllet sind.

h) Wenn alles geschmolzen ist, werden die auf der Oberfläche befindlichen Unreinigkeiten abgeschöpft, und dann die Masse vollends blank geschmolzen: d. i. so lange im Fluß erhalten, bis alles dünne und ruhig fließt, ohne zu schäumen, sich gut mit dem Rohr abnehmen läßt, und keine eingeschlossene Luftblasen mehr enthält; worauf nun mit dem Verblasen begonnen werden kann.

i) Auch die Torfasche kann statt der Holzasche beym gemeinen Glase in Anwendung gesetzt werden. Das damit producirte Glas besitzt eine dunkel olivengrüne Farbe, die sich ins Braune hinneigt.

k) Zum Schmelzen können Holz und Torf oder auch Steinkohlen angewendet werden.

l) Der Schaum, der sich auf die Oberfläche wirft, wird mit Kellen abgenommen und dann Glasgalle (Fel Vitri) genannt.

Glas ohne Pottasche und Holzasche.

§. 802.

Mit dem Fortschreiten in der Chemie, sind solche auch über die Fabrikation des Glases ausgedehnt worden. Erfahrungen darüber verdankt man dem Hrn. Le Guay (Unter-Direktor der Spiegel-Manufaktur zu St. Gobin in Frankreich) und andere.

a) 100 Gewichtstheile verprasseltes Kochsalz, 100 Th. zerfallener Kalk, 140 Th. Sand und 50—200 Th. alte Glasscherben sollen ein sehr gutes blaßgrünes Glas liefern.

b) 100 Theile wasserfreyes Glaubersalz, 12 Th. Kalk, 19 Th. Kohlenpulver, 225 Th. Sand und 50 — 200 Th. Glasscherben; oder

c) 100 Theile kalzinirtes Glaubersalz, 266 zerfallener Kalk, 500 Th. Sand und 50 — 200 alte Glasscherben, sollen gleichfalls ein sehr schönes Glas darbieten, dichter als jenes, und zu jedem Gebrauche geeignet.

d) 108 Th. Feldspath, 30 Th. Kiesel, 18 Th. Kalk und 6 Th. Kochsalz; oder

e) 83,3 Feldspath, 42,7 Kiesel, 16,4 Kalk und 6 Kochsalz sollen ein gutes Tafelglas darbieten.

f) 33,3 Pfd. Feldspath, 38,6 Pfd. Kiesel, 10,0 Pfd. Kalk, 10,0 Pfd. Kochsalz und 8 Loth Braunstein, soll ein brauchbares Spiegelglas darstellen.

g) 100 Kiesel, 20 Feldspath, und 20 Kochsalz soll ein gutes gemeines Glas liefern.

h) 80 Feldspath, 40 Kiesel, 6 Kochsalz, 8 Kalk und 50 Eisenschleim, soll ein brauchbares Bouteillen-Glas liefern.

(Le Guay, in den Annales de l'Industrie etc. Aout. 1822. Fabrikation des Glases ohne Pottasche und Soda. In den Jahrbüchern des K. K. polytechn. Instituts rc. 9. Bd. 1816. S. 423 rc.)

Zweyte Abtheilung.

Fabrikation des weißen Glases.

§. 803.

Die Fabrikation des weißen Glases, oder der Betrieb der weißen Glashütten, setzt reinere Materialien voraus, weil hier alles, was eine Farbe ertheilen kann, vermieden werden muß. Man unterscheidet im Allgemeinen, α) halb weißes und β) ganz weißes Glas. Beyde werden wieder unterschieden, nach der Form, in Hohlglas und in gestrecktes oder Tafelglas. Das Hohlglas zerfällt endlich wieder, nach seiner Zusammensetzung, 1) in Krystallglas; 2) in Kreideglas und 3) in bleyhaltiges Glas. Die Geräthschaften und Werkzeuge, welche in den weißen Glashütten gebraucht werden, sind dieselben wie in den grünen Glashütten.

a) Gemeines weißes Glas erfordert 100 Theile eisenfreyen Sand, 50 Pottasche, 25 Kreide.

b) Weißes Tafelglas, 100 Pfund eisenfreyen Sand, 50 gereinigte Pottasche, 30 Kreide, 2 Salpeter und 1 Loth Smalte.

c) Ordinaires Kreideglas, 60 eisenfreyen Sand, 60 reine kalzinirte Pottasche, 24 Kreide und 2 Arsenik.

d) Bestes Kreideglas, 120 Pfd. eisenfreyen Sand,

60 gereinigte kalzinirte Pottasche, 25 Kreide, 2 Salpeter, 2 Braunstein, ¼ Pfd. Arsenik.

e) Das bleyhaltige Glas wird mit einem Zusatz von reinen Bleyoxyden verfertiget, wodurch zugleich Alkalien erspart werden. Es ist sehr schwer, und sanft im Gefühl, wenig Lichtzerstreuend, besitzt aber immer einen Stich ins Gelbliche.

f) In England nimmt man zum bleyhaltigen Glase keine Glätte sondern Mennige oder auch Bleyasche, z. B. 2 Theile Bleyasche und 1 Theil Kieselsand. Je mehr Bleyoxyd angewendet wird, um so leichtflüssiger ist die Masse, und um so durchsichtiger erscheint das Glas. Man giebt auch wohl einen kleinen Zusatz von Kochsalz. Gutes bleyhaltiges Glas muß wenigstens 4 Stunden lang im Flusse erhalten werden.

g) Statt der Glätte oder Mennige, kann auch schwefelsaures Bley zum Glas benutzt werden.

(Dingler's polytechn. Journal 9. B. S. 233 rc.)

Materialien zur Darstellung des weißen Krystall-Glases.

§. 804.

Die Materialien zur Zusammensetzung des Krystall-Glases sind mannigfaltig, und richten sich nach der besondern Beschaffenheit einer jeden Art desselben, wie folgende Vorschriften lehren.

a) Feinstes Krystallglas wird zusammengesetzt aus 120 Theilen Sand, 60 Theilen gereinigter Pottasche, 10 Theilen Salpeter und ½ Theile weißen Arsenik.

b) Ordinaires Krystallglas (Kreideglas) wird zusammengesetzt aus: 120 Theilen Sand, 60 Theilen Pottasche, 24 Theilen Kreide, 2 Theilen Salpeter, 2 Theilen Arsenik und $\frac{1}{16}$ Theil Braunstein.

c) Bleyhaltiges Krystallglas wird zusammengesetzt aus: 160 Theilen Sand, 50 Theilen gereinigter Pottasche,

30 Theilen Mennige, 25 Theilen Kreide, 3 Theilen Salpeter, 3 Th. Arsenik und ½ Th. Braunstein.

d) Flintglas wird zusammengesetzt aus: 120 Theilen Sand, 35 Theilen gereinigter Pottasche, 40 Theilen Mennige, 13 Theilen Salpeter, 6 Theilen Arsenik und ½ Braunstein; oder (nach Cooper) aus 3 Theilen Kiesel, 2 Theilen Mennige, und 1 Theil Kali.

(Cooper in den New London Mechanics Register etc. No. 14. pag. 313 etc.)

Das Schmelzen des weißen Glases.

§. 805.

Jene Materialien müssen sämmtlich von der reinsten Beschaffenheit seyn. Sie werden vorher für sich zart gepülvert und gesiebt, dann im völlig ausgetrockneten Zustande unter den bestimmten quantitativen Verhältnissen mit einander gemengt, und in die vorher durchgeglüheten Glashäfen nach und nach eingetragen, ohne sie vorher zu kalziniren. Wenn alle Häfen voll sind, und die Masse völlig blank geschmolzen ist, wird der Schaum (die Glasgalle) abgenommen, und nun das Verarbeiten der fertigen Glasmasse veranstaltet.

a) Das Blankschmelzen erfolgt, sobald alle Kohlensäure vollständig entwickelt ist, und eine aus dem Hafen genommene Probe des Glases keine eingeschlossenen Luftblasen mehr wahrnehmen läßt. Man untersucht solches dadurch, daß man von Zeit zu Zeit Proben herausnimmt, die Glasthränen genannt werden.

b) Die Glasgalle ist ein unreines schwefelsaures Kali, das aus der Pottasche abstammt, wenn solche im nicht gereinigten Zustande angewendet wird.

c) Hat man keinen eisenfreyen Kieselsand, so werden an dessen Stelle eisenfreye Kieselsteine in Anwendung gesetzt. Sie werden vorher geglühet, um sie mürbe zu machen, dann zerkleinert, und zu Glas verschmolzen.

d) Der Salpeter wirkt durch sein Kali als flußbeförderndes Mittel, durch den Sauerstoffgehalt seiner Säure hingegen, als ein entfärbendes Mittel für die Glasmasse.

e) Der Arsenik, so wie das Manganoxyd (der Braunstein), wirken gleichfalls beyde, vermöge ihres Sauerstoffgehalts, als entfärbende Mittel für die Glasmasse.

f) Die Bleyoxyde lösen die Kieselerde im Schmelzen auf und verglasen sie; sie geben also sehr geschickte Stellvertreter für die Alkalien, und das damit gebildete Glas zeichnet sich allemal durch einen hohen Grad von Feinheit, Weichheit und specifischer Dichtigkeit aus; auch hat es weniger die Eigenschaft, das Licht farbig zu brechen, als das nicht bleyhaltige Glas.

g) Das Flintglas, welches durch seinen Bleygehalt sich vom Crownglas (vom Fensterglas) unterscheidet, wird besonders zur Anfertigung der achromatischen Fernröhre benutzt.

h) Die Kreide, welche beym Kreideglas in Anwendung gesetzt wird, wirkt als Alkali; als solches löset sie den Kiesel (Kieselsäure) im Schmelzen auf, und erspart dadurch Kali oder Natron.

(Loysel a. (§. 800.) a. O. S. 185 bis 137. S. F. Hermbstädt's Grundriß der allgemeinen Experimentalchemie. 3. Auflage. 2. Bd. S. 142 rc.)

Die Verarbeitung der blank geschmolzenen Glasmassen.

§. 806.

Die blankgeschmolzene Glasmasse wird entweder zu Hohlglas oder zu Tafelglas verarbeitet. Beydes geschiehet durch das Verblasen derselben, und der nachmaligen Abkühlung im Kühlofen, ohne welche das Glas immer sehr spröde bleiben, und bey dem geringsten Reiz reißen und springen würde.

a) Um

a) Um das Glasblasen zu veranstalten, nimmt der Glasbläser einen Theil der fließenden Masse mit dem Knopfe der Pfeife aus dem Hafen, setzt die Oeffnung der Pfeife an den Mund, bläst die Masse auf, schwenkt und rollt das Aufgeblasene, und giebt ihm nun die gehörige Ausbildung.

b) Um eine gegebene Masse des Glases während dem Blasen sehr auszudehnen, muß sie oft wieder in die Hitze gelegt werden, um sie weich zu erhalten.

c) Besonders figurirte Gefäße von Glas werden nach dem Blasen in Formen abgedrückt. Gläser mit Reifen werden dadurch gebildet, daß man sie in messingenen Formen ausbläst, in denen die Reifen eingegraben sind.

d) Die Höhlungen der Trinkgläser werden, wenn die Glasmasse noch weich ist, mit einem Eisen eingedrückt. Auf eine ähnliche Weise werden auch die Perlen in den Füßen der Weingläser gebildet. Die spiralförmigen Windungen in den Füßen der Weingläser werden, theils durch das Blasen, theils durch das Ziehen, erzeugt.

e) Das gestreckte Tafelglas zu Fensterscheiben, wird erst zu hohlen Walzen ausgeblasen. Diese werden dann mittelst eines Diamants der Länge nach geöffnet, dann in den geheizten Streckofen gebracht und auf dessen Boden gestreckt, d. i. zu Tafeln ausgebreitet.

f) Der Streckofen hat Aehnlichkeit mit einem Kühlofen. Sein Heerd ist völlig glatt und eben, mit Metallplatten ausgelegt. Die Arbeiter, welche das gestreckte Glas anfertigen, werden Fenstergläser genannt.

(Loysel a. (§. 800.) a. O. S. 239.)

Das Verkühlen des Glases.

§. 807.

Das fertig gearbeitete Glas muß nun im Kühlofen abgekühlt werden, um ihm seine Sprödigkeit zu benehmen, und sein leichtes Zerspringen zu verhüten.

a) Ein Beyspiel von der großen Sprödigkeit des nicht abgekühlten Glases, geben die Glastropfen oder Springgläser, so wie die Bologneser Flaschen oder Springkolben.

b) Das gemeine grüne Glas wird, so wie solches fertig ist, noch heiß in dem Kühlofen, der vorher geheizt ist, placirt, und bis zur völligen Erkältung darin erhalten.

c) Die feinen weißen Glasgeräthe, werden in aus Thon verfertigten und gebrannten Kapseln, die vorher erhitzt waren, eingeschlossen, und so dem Kühlofen ausgesetzt, und bis zur völligen Abkühlung darin erhalten.

d) Das gestreckte oder Tafelglas wird gleich im Streckofen abgekühlt.

(Loysel a. (§. 800.) a. O. S. 240.)

Dritte Abtheilung.

Fabrikation des farbigen Glases.

§. 808.

Um dem weißen Glase verschiedene Farben mitzutheilen, und solches dadurch den Edelsteinen ähnlich zu machen, giebt man selbigem beym Zusammenschmelzen verschiedene Zusätze von Metalloxyden, oder auch wohl von andern Substanzen. Undurchsichtiges, sogenanntes Milchglas, wird durch einen Zusatz von Zinnoxyd, auch wohl aus weiß gebranntem Knochenpulver zubereitet.

a) Eine blaue Farbe ertheilt man der Glasmasse, durch Kobaltoxyd; eine grüne durch Kupferoxyd; eine rothe, durch Goldpurpur auch durch Eisenoxyd oder Kupferoxyd; eine violette durch Manganoxyd; eine gelbe durch einen grünen Birkenzweig, mit welchem die flüssige Glasmasse umgerührt wird; die Farbe hängt also vom Kohlenstoff ab. Ein opalisirendes Glas erhält man, durch eine Beymengung von Spießglanzoxyd oder auch Silberoxyd.

b) Die Verarbeitung der farbigen Glasmasse, wird übrigens eben so veranstaltet, wie die des weißen Glases.

(Engelhardt, Verfertigung des rothen Glases. In Dingler's polytechn. Journal. 28. B. S. 299 2c. Brongniart, sur la peinture sur verre. In den Annales de l'Industrie française et étrangère. T. II. Paris 1828. pag. 5 etc. Engelhardt über die blauen Gläser. In den Verhandl. des Gewerbevereins in Preußen. 1829. S. 180 2c.)

Das Schleifen und Vergolden des Glases.

§. 809.

Feine gläserne Trinkgeschirre und andere Geräthe werden annoch geschliffen, auch wohl auf den Rändern vergoldet. Das Schleifen wird durch die Glasschleifer veranstaltet, welche bey den weißen Glashütten zu diesem Behuf angestellt sind.

a) Das Schleifen des Glases geschiehet auf der Schleifmühle oder dem Schleifsteine, mittelst zart gepulvertem und mit Wasser angefeuchtetem Schmirgel. Nach dem Schleifen werden die geschliffenen Stellen auch wohl noch polirt, um ihnen das Matte und Rauhe zu benehmen.

b) Um das Glas zu vergolden, wird auf eine zwiefache Weise operirt: 1) Man schlägt entweder das in Königswasser aufgelöste Gold durch grünen Eisenvitriol nieder, wäscht den metallischen Goldpräzipitat mit Wasser aus, trägt ihn mit Firniß abgerieben mit dem Pinsel auf, brennt dann das Gold, nach dem Trocknen im Kühlofen ein und polirt es; oder 2) man bemalt das Glas mit einer gesättigten Auflösung des Goldes in Königswasser, und brennt solches dann ein, damit die Säure daraus entweicht und das Gold metallisch zurück bleibt.

(C. G. Hertel's vollständige Anweisung zum Glasschleifen 2c. Halle 1716. Mit Kupfern. 8. Gerke, über die englischen Formen zur Ersparung des Schleifens von Glasgefäßen. In den Verhandl. des Vereins zur Beförderung des Gewerbefleißes in Preußen. 6. Jahrg. 1827. S. 103 2c.)

Fünfundvierzigster Abschnitt.

Die Fabrikation der Glasspiegel.

(Die Spiegelgießerey. Die Spiegel-Manufakturen.)

§. 810.

Spiegel in der allgemeinen Bedeutung, wird jeder Gegenstand genannt, der das darauf fallende Licht möglichst vollkommen zurückwirft, und von den außerhalb demselben befindenden Objecten ein Bild hinter sich entwirft: wie z. B. ein still stehendes klares Wasser, oder ein blank geschliffenes Metall. Die Glasspiegel entstehen, aus eben geschliffenen und polirten Glasflächen, denen man eine Unterlage von Metall gegeben hat.

a) Metallene Spiegel waren in den ältesten Zeiten bekannt. Die Kunst, solche zu verfertigen, ging aber späterhin, als man die gläsernen Spiegel erfand, wieder verloren, bis solche in der spätern Zeit, etwa um das Jahr 1616, aufs Neue wieder erfunden ward.

b) Bey allebem scheinen aber auch die Glasspiegel schon viel früher, nämlich zu den Zeiten des alten Testaments bekannt gewesen zu seyn; denn (wie Plinius berichtet) schon auf der Glashütte zu Sidon soll man sie gekannt und verfertigt haben. Aber das Mittel, welches man anwendete, das Glas auf der einen Fläche zu verdunkeln, um selbiges reflektirend für die Objekte zu machen, bestand ohnstreitig bloß in einem Anstriche von Ruß oder einer andern dunkeln Farbe.

c) Die Kunst, Glasplatten mit Metall zu belegen, wurde erst im 13. Jahrhundert nach Christus bekannt. Anfangs begoß man sie bloß mit geschmolzenem Bley oder Zinn, bis man späterhin auf den Gedanken gerieth, sie mit einem Amalgam von Zinn und Quecksilber regelmäßig zu belegen; ein Verfahren, das im Jahr 1369 schon zu Murano üblich war, von wo aus auch alle übrige Spiegel-Manufakturen in ganz Europa ihre Entstehung genommen zu haben scheinen: daher auch Murano als die Mutter aller Spiegel-Manufakturen in Europa angesehen werden kann.

(Joh. Beckmann's Beyträge zur Geschichte der Erfindungen rc. 3. Th. S. 467 rc. Poppe's Geschichte der Technologie rc. 3. B. S. 346 rc.)

§. 811.

Die Kunst, gläserne Spiegel zu verfertigen, so wie sie jetzt ausgeübt wird, zerfällt in fünf verschiedene Operationen. Dahin gehören: 1) die Vorbereitung und Reinigung der dazu erforderlichen Materialien; 2) das Schmelzen derselben zu Spiegelglas; 3) das Verblasen oder auch Gießen der geschmolzenen Masse zu Spiegeltafeln; 4) das Schneiden, das Schleifen und das Poliren derselben; 5) das Belegen derselben, mit Stanniol und Quecksilber; Operationen, die hier einzeln näher erörtert werden sollen.

a) Das Einfassen der Spiegelgläser in Rahmen wird durch Tischler und Bildhauer veranstaltet, die zu dem Behufe bey den Spiegel-Manufakturen angestellt sind.

I. Vorbereitung und Reinigung der Materialien.

§. 812.

Die Materialien zum Spiegelglas bestehen in reinem eisenfreyen Kiesel, in sehr reiner Pottasche, in Salpeter, in Borax, in Arsenik und in Braunstein; einige Manufakturen bedienen sich auch eines Zusatzes von Weinstein, der jedoch besser durch eben so viel

Salpeter ersetzt wird. Jene Materialien müssen die reinste Beschaffenheit besitzen, und zu dem Behuf vorher gereinigt werden.

a) Da, wo man einen reinen eisenfreyen Kieselsand zur Hand hat, bedarf man keiner weitern Zerkleinerung desselben. Da, wo man Kieselsteine anwenden muß, werden diese vorher geglühet, dann zu Pulver gestampft, und dieses mit Wasser so vollkommen wie möglich ausgewaschen.

b) Die Pottasche muß allemal vorher gereinigt werden, um sie dadurch von den inhärirenden fremden Salzen, dem schwefelsauren und salzsauren Kali zu befreyen, weil diese sonst Blasen und andere unreine Stellen im Glase veranlassen. Man bewirkt diese Reinigung dadurch, daß man die Pottasche in dem gleichen Gewicht reinem Flußwasser in der Siedhitze auflöst, nach dem Erkalten die Lösung durch dichte gebleichte Leinwand filtrirt, und das Filtrirte sodann in einem reinen eisernen Kessel zur Trockne abdunstet.

c) Um die Reinigung des Salpeters zu veranstalten, wird ganz nach derjenigen Methode operirt, wie solche (§. 699. b.) bereits erörtert worden ist.

d) Der Borax wird vorher kalzinirt. Man verrichtet solches, indem man ihn in einen irdenen Schmelztiegel, oder auch in einem blanken eisernen Kessel über gelindem Feuer so lange behandelt, bis er in eine weiße, lockere, schwammige Materie übergegangen ist.

e) Die gereinigten Materialien müssen, jedes für sich, so vollkommen wie möglich ausgetrocknet, dann aber pulverisirt und gesiebt werden.

II. Das Schmelzen der Materialien zu Glas.

§. 813.

Um die zum Spiegelglas bestimmten Materialien zu schmelzen, werden sie erst, unter den bestimmten quantitativen Verhältnissen, wohl unter einander gemengt, dann in dem Frittofen kalzinirt, und demnächst in dem Werkofen zu Glas geschmolzen.

a) Um ein angemessenes Verhältniß der Materialien zum Spiegelglas zu treffen, wählt man für einen Satz, dem Gewicht nach berechnet: 60 Theile Kiesel, 25 Theile gereinigte Pottasche, 15 Theile Salpeter, 7 Theile kalzinirten Borax, ⅛ Theil Arsenik und ⅛ Theil Braunstein.

b) Jene Materialien, im gepülverten Zustande, werden wohl untereinander gemengt, dann aber, unter stetem Umrühren, in dem Frittofen so weit kalzinirt, daß sich alle wäßrige Theile daraus entfernen, und die Masse in einen zusammengesinterten Zustand übergehet; worauf die Masse zum Eintragen in den Schmelzofen geschickt ist.

c) Der Schmelzofen oder Werkofen in der Spiegelmanufaktur ist vierkantig. Auf beyden Seiten ist er mit einer erhobenen Bank versehen, auf welcher die Glashäfen gestellt werden; in der Mitte hingegen befindet sich ein mit einem eisernen Roste versehener Heerd, auf dem das Feuermaterial brennt.

d) Die Spiegelglashäfen haben die Gestalt eines Parallelepipedums, und sind, gleich den übrigen Glashäfen, aus eisen- und sandfreyem Thon, mit gepülverten Scherben von alten Glashäfen versetzt, angefertigt, und im Glasofen selbst, ausgebrannt.

e) Die Feuerung geschiehet entweder mit Holz oder auch mit Steinkohlen. Im letztern Falle müssen die Glashäfen verschlossen sein, damit der Rauch der Steinkohlen nicht hineindringen kann.

f) Das Eintragen der Fritte in die Glashäfen geschiehet nach und nach, bey kleinen Portionen, bis alles in Fluß gekommen ist, und die Häfen vollkommen mit der schmelzenden Masse angefüllet sind. Das Schmelzen wird nur so lange fortgesetzt, bis die Masse ruhig fließt ohne zu schäumen, und eine herausgenommene Probe (die Larmprobe oder Thränenprobe), keine eingeschlossenen Luftblasen im Glase mehr wahrnehmen läßt. Nun wird der Schaum (die Glasgalle) abgenommen, und die Masse ist zum Verarbeiten geschickt.

III. Das Verarbeiten des Glases zu Spiegeltafeln.

§. 814.

Die blank geschmolzene Glasmasse wird nun entweder gegossen, oder auch ausgeblasen, um sie in Tafeln zu verarbeiten; welches auf eine verschiedene Weise veranstaltet wird.

a) Um die schmelzende Masse zu gießen, bedient man sich starker ebener Tafeln aus Kupferblech, die auf den Kanten mit Leisten von Messing belegt sind. Die Größe der Tafeln richtet sich nach der Größe, die der Spiegel erhalten soll.

b) Eine solche kupferne Tafel wiegt oftmals 12 bis 15000 Pfund. Sie ruhet auf einem Tischgestell, dessen Füße mit Rollen versehen sind, um das Gestell bequem hin und her führen zu können. Unter der kupfernen Tafel ruhet eine andre von Eisen, auf welche glühende Kohlen gebracht werden, um die kupferne dadurch zu erwärmen.

c) Ist alles dieses vorgerichtet, so wird das Gestell mit der Platte nahe vor die Oeffnung des Kühlofens hingerollet, der die Gestalt des Schmelzofens besitzt, und groß genug seyn muß, um die ganze Tafel hinein schieben zu können. Die Bänke des Kühlofens sind aber breiter, als die des Glasofens, und auf jeder Bank des Kühlofens ist zu 3 Glastafeln Raum.

d) Nun wird der Glashafen mit der schmelzenden Glasmasse mit Haken, Zangen und andern schicklichen Geräthschaften, von der Feuerbank herabgehoben, auf einen eisernen zweyrädrigen Rollwagen gesetzt, und mit diesem nach dem Kühlofen hingefahren, der vorher schon geheizt ist.

e) Der Hafen wird dann mittelst eines Kranichs oder einer Winde in die Höhe gehoben, und, indem man ihn langsam umneiget, die schmelzende Glasmasse über der kupfernen Tafel ausgegossen.

f) Wenn der Guß geschehen ist, so wird eine, vorher in dem Kühlofen erhitzte, metallene Walze über die ausgegossene Glasmasse hingerollet, um jene zu ebenen, und das überflüssige Glas hinweg zu schaffen, das dann in ein mit Wasser gefülletes Gefäß herabfällt. Am Ende des Tisches, fällt endlich die mit zwey Kurbeln zum Drehen versehene Walze auf einen eisernen Bock herab.

g) Nun wird die Tafel mit der darauf befindlichen Glasmasse so vorsichtig als möglich in den Kühlofen hineingeschoben. Die Tafeln bleiben alsdann 10 Tage oder überhaupt so lange in dem Kühlofen, bis sie völlig erkaltet sind.

h) Die gegossenen Tafeln werden nun mit Haken aus dem Ofen heraus auf einen hölzernen Tisch gezogen worauf sie dem Glaser zur Besichtigung übergeben werden.

i) Die während dieser Arbeit abgekühlten Glashäfen, werden hierauf in einem backofenförmigen Temperirofen wieder so stark erhitzt, daß sie aufs neue mit Fritte gefüllet werden können, worauf sie wieder in den Schmelzofen gebracht werden.

k) Soll das Glas nicht gegossen, sondern geblasen werden, so wird es in Cylinder ausgeblasen, diese dann in senkrechter Richtung mit dem Diamant eingeschnitten, und, wie beym gestreckten Fensterglase, in den hinreichend erhitzten Kühlofen gestreckt. Geblasene Spiegel können aber nie so groß werden, als die gegossenen.

IV. Das Schneiden, Schleifen und Poliren der Tafeln.

§. 815.

Der Guß einer großen Spiegeltafel fällt nur höchst selten ganz rein und ohne Blasen aus. Die gegossene Tafel muß daher von dem Glaser genau besichtigt, und die unreinen Stellen müssen mit dem Demant ab, und in kleinere Tafeln zerschnitten werden. Nach dem Zurechte-Schneiden werden die Tafeln geschliffen, und nach dem Schleifen werden sie polirt.

a) Während der Glaser die Tafeln zurecht schneidet, muß er immer Sorge tragen, möglichst Große übrig zu behalten, weil von der Größe derselben ihr Werth abhängt.

b) Schneidet der Glaser etwas vom Rande der Tafel ab, so muß nach geschehenem Schnitt, der Riß mit einem Hammer abgeschlagen werden. Geht hingegen der Schnitt durch die Mitte der Tafel, oder an derselben nahe vorbey, so lösen sich die getrennten Theile durch ihr eigenes Gewicht.

c) Um die Tafeln auf beyden Seiten vollkommen zu ebnen, werden solche geschliffen. Dieses wird verrichtet, indem man zwey Tafeln mit ihren Flächen über einander legt, und mit dazwischen gelegten feuchtem Sande oder Schmirgel, sie übereinander abreibt. Die untere Tafel wird dabey mit Gyps oder einem andern Kitt, auf einem horizontal-stehenden Tische fest gekittet. Die obere Tafel hingegen, besonders wenn sie klein ist, befestigt man unter einem mit Gewichten beschwerten Kasten.

d) Das Hin- und Herbewegen beyder über einander liegenden Tafeln, geschiehet nun entweder mit der Hand, oder auch mittelst der Schleifmühle, die durch Wasser getrieben wird. Sind die Glastafeln sehr groß, so wird die obere unter einem mit Speichen versehenen Rade befestiget, und dann durch zwey Arbeiter, nach verschiedenen Richtungen, auf der untern Tafel hin und her bewegt.

e) Während jenem Schleifen werden die Ebenheiten der Tafeln oft mit der Senkwaage oder einem Lineal geprüft. Nach vollendetem Schleifen erscheinen ihre Flächen matt, weiß und blind.

f) Die geschliffenen Glastafeln werden nun polirt, um ihnen die verlorne Durchsichtigkeit ganz wieder zurück zu geben. Vor dem Anfange des Polirens werden sie nochmals untersucht, ob keine Fehler daran zu erkennen sind.

g) Um das Poliren zu veranstalten, bedient man sich des geschlämmten Tripels, des feinsten Bolus, oder des zart geschlämmten Kolkothars. Mit einer oder der andern dieser Materialien, werden die Tafeln bestreuet, worauf das Poliren mit der Glättstange veranstaltet wird. Jene Stange ist unten mit einem Brett versehen, das mit Filz überzogen ist; oben ist sie mit einer Art von Charnier versehen, durch das sie beweglich ist. Mit jener Filzplatte wird nun die aufgestreuete Substanz so lange über der Glastafel herum gerieben, bis sie die verlangte Politur angenommen hat. Der Rand wird alsdann noch besonders abgeschliffen.

b) In großen Spiegelmanufakturen wird das Schleifen der Spiegelplatten jetzt schon durch Maschinen veranstaltet.

(Das Pariser Verfahren die Spiegel zu schleifen. In Dingler's polytechn. Journal. 30. B. S. 170 ꝛc.)

V. Das Belegen oder Foliiren der Spiegel.

§. 816.

Das Belegen der polirten Spiegelgläser mit Zinn (Zinnfolie, Stanniol) oder das Foliiren derselben, ist dazu bestimmt, um sie auf der hintern Fläche undurchsichtig zu machen, damit sie die darauf fallenden Lichtstrahlen möglichst vollkommen reflektiren können. Um das Zinn darauf zu befestigen, bedient man sich des Quecksilbers, mittelst welchem solches amalgamirt wird.

a) Stanniol oder Zinnfolie nennt man ein sehr reines Zinn, das entweder mit einem Hammer zu ganz dünnen Blechen ausgeschlagen worden ist, wie solches in den meisten deutschen Spiegelmanufakturen geschiehet; oder das man (wie in England und Frankreich) mittelst eines eigenen dazu bestimmten Streckwerkes ausgestreckt hat.

b) Um das Foliiren der Spiegeltafeln zu veranstalten, wird ein Stück des Stanniols dergestalt zurecht geschnitten, daß solches etwas größer, als die dazu bestimmte Spiegelplatte ist, und alsdann auf einem völlig horizontal gerichteten glatt polirtem Marmortisch ausgebreitet, der rings herum mit einem Rahmen versehen ist.

c) Nun gießt man erst so viel reines Quecksilber auf die Stanniolplatte, das selbige davon verquickt wird, worauf noch so viel Quecksilber hinzu gegeben wird, daß sie überall gleichförmig damit bedeckt erscheint; in welchem Zustande nun die vorher von allem Staube und von aller Feuchtigkeit befreyete Glasplatte behutsam darauf gelegt wird, und zwar so, daß keine Luft dazwischen bleibt, worauf sie nun mit viereckigen Platten von Stein oder von Eisen beschwert wird, die unten mit Filz überzogen sind, um sie dadurch fest anzudrücken.

d) In jenem Zustande bleibt nun die Tafel ohngefähr 24 Stunden lang liegen, während welcher Zeit das gebildete Quecksilber-Amalgam in allen Punkten mit der untern Fläche der Glastafel in Cohäsion tritt, und erhärtet.

e) Ist dieses geschehen, so wird dem Tische eine geneigte Lage gegeben, damit das überflüssige Quecksilber abfließen kann, und nun ist die Belegung des Spiegels beendigt; er ist zum Einfassen in den Rahmen geschickt.

f) Aus dem abgeflossenen Amalgam wird das Quecksilber, durch eine Destillation desselben in eisernen Retorten, von dem noch darin klebenden Zinne getrennet.

g) Lancelloti in Neapel wendet zum Belegen der Spiegel ein Amalgam aus 2 Theilen Bley und 3 Theilen Quecksilber an, indem solches geschmolzen auf die Glastafel gegossen wird, an der es fest anhaftet; nur muß das Amalgam vor dem Ausgießen von allem Oxyd befreyet seyn.

(A. J. Schultes Beschreibung der Kaiserl. Oesterreich. Spiegelmanufaktur zu Neuhaus. In Hermbstädt's Bülletin des Neuesten rc. 4. Bd. S. 89 rc. Naumann's Beschreibung der Spiegelmanufaktur zu Neustadt an der Dosse. In Hermbstädt's Bülletin rc. 6. Bd. S. 87 rc. Lancelloti im Giornale de Fisica. Decade secunda.

Tom. VII. pag. 132 etc.; auch in den Jahrbüchern des K. K. polytechnischen Instituts zu Wien. 6. Band. 1825. S. 524 ꝛc.)

Sechsundvierzigster Abschnitt.

Die Messingbrennerey. Die Messinghütten.

(Die Fabrikation des Messings.)

§. 817.

Mit dem Namen Messing wird eine durch die Verbindung von Kupfer und Zink gebildete Metallegirung bezeichnet, die, wegen ihrer goldgelben Farbe und ihrer großen Duktilität, einen sehr ausgedehnten Gebrauch erhalten hat.

a) Nach dem Aristoteles war das Messing schon den Mossinöcern, einer am Pontus Euxinus wohnenden Völkerschaft bekannt; und von dieser scheint auch der Name Messing, eigentlich Mössing, herzustammen. Aber Aristoteles gedenkt auch schon, daß vor seiner Zeit ein Mann gelebt habe, der dem Kupfer eine Erde zugegeben, wodurch die Mössinöcischen Kupfer lichter und heller geworden seyen. Plinius gedenkt des Messings unter dem Namen von Aurichalcum, wenn solches in Stücken verarbeitet, und nennt es Aes coronarius, wenn solches in Blechen verarbeitet wird: weil man sich zu seiner Zeit der dünnen Messingbleche, statt des Goldes, zum Kopfputz bediente.

(Aristoteles auscultationes mirabiles. Cap. 50. pag. 98 und Cap. 63. pag. 132 etc. Plinii Historia naturalis. Tom. XXXIV. 2. u. 8. u. 13.)

§. 818.

Gegenwärtig wird das Messing aus Kupfer und aus Zink, oder da wo man diesen nicht hat, und wie es ge=

wöhnlich der Fall ist, aus Kupfer und Galmey, in Versetzung mit Kohle zubereitet. Die Materialien, welche zur Fabrikation des Messings erfordert werden, sind also Kupfer, Galmey und gepülverte Kohle.

a) Es giebt auch Erze, welche gleich beym Ausschmelzen ein wirkliches Messing darbieten, welches da, wo zinkhaltige Kupfererze vorkommen, immer der Fall ist.

b) Das Kupfer, welches zur Zubereitung des Messings angewendet wird, muß rein seyn, es darf weder Bley noch Eisen noch Zink eingemengt enthalten, weil diese Metalle sonst die gute Beschaffenheit des Messings verderben.

c) Man kann aus regulinischem Zink und Kupfer auf der Stelle ein schönes Messing zusammensetzen, wenn 2 Theile Kupfer und 1 Theil Zink, unter einer Deckung von Kohlenstaub, zusammengeschmolzen werden.

d) Auch wenn man eine Stange regulinisches Kupfer in einem verschlossenen Gefäße über schmelzenden Zink bringt, geht solches in Messing über; weil der Zink das Kupfer in Dämpfen durchdringt, und eine Cementation desselben veranlasset.

e) Der Galmey ist ein natürliches Kiesel und Thonerde haltiges Zinkoxyd. Der Galmey muß wohl ausgelesen werden, damit kein Bleyglanz darin bleibt, worauf er geröstet, und dann auf der Galmeymühle zermahlen wird.

§. 819.

Um aus den dazu erforderlichen Materialien das Messing zusammenzusetzen, werden solche erst wohl untereinander gemengt, dann die Tiegel damit angefüllet, dieselben in den Messingofen eingesetzt, die Tiegel zugedeckt, und nun die Masse zusammen geschmolzen, sodann aber zwischen 2 erhitzten Gußsteinen zu Tafeln ausgegossen.

a) Der Messingofen, welcher in der Hüttensohle vertieft angelegt ist, bestehet in einer Art von großem Windofen, der die Gestalt eines abgekürzten Kegels besitzt. Der obere Rand des Messingofens liegt mit dem Fußboden der Hütte in einer Ebene; zu Aschenheerde desselben, der zugleich der Luftzug ist, führt eine Treppe hinab. Die Mündung des Ofens wird mit einem thönernen Deckel, der von eisernen Reifen zusammengehalten wird, und in der Mitte eine Oeffnung (Janken genannt) besitzt, verschlossen und verenget, wenn man die Hitze mäßigen will. Die untere Oeffnung des Ofens ist mit einem Roste versehen.

b) Was die quantitativen Verhältnisse des Kupfer zum Galmey betrifft, so sind diese nicht an allen Orten gleich. Zu Hägermühle (bey Neustadt-Eberswalde), und so auch am Unterharz, gebraucht man gegen 30 Theile Kupfer, 45 Theile gemahlnen Galmey und 22½ Theil Kohlenpulver. In England werden auf 40 Theilen Kupfer 60 Theile Galmey; in Frankreich auf 35 Theilen Kupfer 46 Theile Galmey; in Schweden auf 30 Theilen Kupfer, 46 Theile Galmey angewendet. An manchen Orten setzt man dem Gemenge auch noch altes Messing zu.

c) Der Galmey wird mit dem Kohlenpulver in einem Fasse genau gemengt, und das Gemenge etwas angefeuchtet; dann wird solches in die dazu bestimmten Tiegel eingeschichtet, hierauf noch mit Kohlenpulver überdeckt, und die Tiegel mit ihren Deckeln verschlossen.

d) Die Schmelztiegel sind aus einem feuerfesten mit Sand vermengten Thon geformt und gebrannt, und haben die Gestalt von hohlen Cylindern. Die dazu bestimmten Deckel haben in der Mitte eine Oeffnung.

e) Von jenen Tiegeln werden 6 oder 8 Stück im Kreise auf den Rost des Ofens gestellt, in die Mitte desselben hingegen ein größerer leerer Tiegel placirt. Nun wird Feuer auf dem Roste gemacht, und zwar von oben hinein. Zwischen die Tiegel und die Wand des Ofens werden Kohlen zugeschüttet, und nun die Feuerung anhaltend 10 bis 12 Stunden lang fortgesetzt, oder auch längere Zeit, je nachdem es die Umstände gebieten. Zuletzt wird das Feuer sehr vermehrt, um die Niedersenkung des Messings auf den Böden der Tiegel zu begünstigen.

f) Ist die Masse gut durchgeschmolzen, so wird nun der leere glühende Tiegel in eine vor dem Ofen befindliche stark erwärmte Grube (das Monthal) gestellt, das geschmolzene Messing aus den sämmtlichen Tiegeln hineingegossen, alles mit einem Rühreisen (dem Kaliol) wohl umgerührt, dann der oben verschlackte Theil abgenommen (das Messing wird mundirt), und dann das gereinigte Messing zwischen die vorher erhitzten Gußsteine ausgegossen.

g) Die Gußsteine sind aus Granit angefertiget, und auf der innern Seite mit einer Art Tünche (dem Kürlehm oder Körlehm) überzogen. Sie bestehen in länglicht viereckigen Tafeln, die mit eisernen Stäben (dem Steinbande) eingefasset sind. Der untere Theil raget vorne etwas über den obern vor, und ist mit einem Mundstücke versehen. Beyde Platten sind durch ein Gelenk des Steinbandes mit einander verbunden. Der untere ruhet auf einem Balkengerüste über einer Grube oder auf der Brücke. Beyde Tafeln werden, nachdem sie durch die eisernen Schienen so weit von einander gestellt sind, als die Messingtafeln dick werden sollen, mit Schrauben (Stemschrauben genannt) an einander gedrückt, und durch Hülfe einer Winde, so wie der in die Oehren des Steinbandes eingehängten Kette, in jede erforderliche Lage gebracht. Nach dem Gusse werden die Gußsteine mit wollenen Tüchern bedeckt, um sie warm zu erhalten, und so oft es nöthig ist mit neuer Tünche überzogen, vorher aber die alte Tünche mit Steinpulver abgerieben.

h) In vielen Messinghütten wird das Messing vor dem Gießen zweymal geschmolzen. Das einmal geschmolzene Messing wird in diesem Zustande unreines Messing, auch Stückmessing, Mengepresse auch Arco genannt; erst nach der zweiten Schmelzung und dem Ausgießen in Tafeln wird es mundirtes Messing genannt.

i) Die gegossenen Tafeln werden nun mit einer großen Tafelscheere, deren einer Schenkel in dem in der Erde eingesenkten Scheerenstocke befestiget, der andere hingegen durch ein Gelenk mit einem Hebebaume verbunden ist, der um einen Nagel in einem auf der Erde liegenden Klotze von eini-

einigen Arbeitern bewegt wird, während unterdessen ein anderer auf dem Scheerenstocke die Tafel zwischen der Scheere leitet. An einigen Orten werden die Tafeln auch mit durch Wasser getriebenen Sägen zerschnitten.

(Joh. Beckmann's Anleitung zur Technologie rc. 6. Ausgabe. 1809. S. 598 rc. S. F. Hermbstädt's Grundsätze der experimentellen Kameralchemie rc. 1808. S. 637 rc. Gallon, l'art de convertir le cuivre rouge en laiton. Paris 1764. fol. Gallon, die Kunst Messing zu machen, in Tafeln zu gießen und in Drath zu ziehen. Aus dem Franz. v. D. G. Schreiber. Leipzig 1766. 4. J. Jac. Ferber's Versuch einer Orygtographie von Derbyshire in England. S. 83 rc.)

§. 820.

Wenn die quantitativen Verhältnisse des Kupfers zum Zink abgeändert werden, so entstehen andere Metallmischungen, die gleich dem Messing zu allerhand Gegenständen verarbeitet werden können, wie: 1) Tombak; 2) Pinchback; 3) Semilor; 4) Prinzmetall rc.

a) Das Tomback ist ursprünglich ein ostindisches Kunstprodukt. Man gewinnt dasselbe, wenn 1 Theil Messing und 2 Theile Kupfer, oder auch wenn 4 Theile Kupfer und 1 Theil Zink zusammengeschmolzen werden Der Name Tombak bezeichnet eigentlich ein aus Achim und Siam in Ostindien nach Europa gekommenes bekanntes gelbes, aus Kupfer und Gold zusammengesetztes Metall, das auch Tambak, so wie Tambaque und Tambayk genannt wird. Das Wort Tambaga soll in der Sprache der Malayen Kupfer bedeuten.

b) Das Pinchbak wird aus 5 Theilen Kupfer, 4 Theilen Zink und $\frac{1}{2}$ Theil Eisen zusammengeschmolzen. Es verdankt seine Benennung einem Engländer dieses Namens.

c) Das Semilor auch Semid'or und Manheimer Gold genannt, gewinnt man durchs Zusammenschmelzen von 5 Theilen Kupfer und 2 Theilen Zink. Auch (nach Leonhard Tourn) aus 32 Theilen Kupfer, 4 Theilen Messing und 6 Theilen Zink. Es besitzt eine dem Golde ähnliche Farbe.

d) Das Prinzmetall, welches von einem pfälzischen Prinzen, Namens Rupert, erfunden worden ist, wird aus 3 Theilen Kupfer und 1 Theil Zink zusammengeschmolzen.

e) Das Lioner Gold, welches zu den Lioner Tressen und andern Sachen verarbeitet wird, bereitet man durch eine Cementation des reinsten Kupfers mit metallischem Zink, welches dadurch in der ganzen Masse eine Goldfarbe annimmt.

(S. F. Hermbstädt's Grundsätze der experiment. Kameralchemie rc. Berlin 1808. S. 640 rc.)

Die Latunhütte.

(Die Fabrikation des Latuns oder des Messingblechs.)

§. 821.

Die Latunhütte ist eine Anstalt, worin die gegossenen Messingtafeln zu Latun d. i. Messingblech ausgearbeitet werden. In der Latunhütte befindet sich: 1) eine Glühe; 2) ein Hammerwerk; 3) ein großer Schleifstein; 4) eine Stockscheere, mit welcher das Messingblech in Tafeln zerschnitten wird. Die dabey angestellten Arbeiter werden Latunschläger genannt.

a) Die Glühe, auf welcher die Messingtafeln zum Ausschmieden erwärmt werden, bestehet in einem Rauchfange, vor dessen Brandmauer, in der Entfernung von $1\frac{1}{2}$ bis 2 Fuß, eine Mauer gezogen ist, deren Länge der Raum der Hütte bestimmt; deren Höhe hingegen, 2 bis $2\frac{1}{2}$ Fuß beträgt. Diese Mauer und zugleich die Brandmauer, trägt die Glühbalken: d. i. eiserne Stäbe, welche darauf horizontal liegen, und nur einige Zolle von einander abstehen.

b) Das Hammerwerk, welches dazu bestimmt ist, die bis zum anfangenden Glühen erhitzten Messingtafeln in Platten und Schalen auszuarbeiten, wird durch Wasser getrieben. Es bestehet in einer Hammerwelle, die gemeiniglich 3 Kränze hat, und jeder Kranz hat 12 eiserne Hebeplatten und Kämme, welche die Helme, an denen vorn die Hämmer fest gekeilt sind, an dem entgegengesetzten Ende (dem Schwanze) das mit den Schwanzringen umgeben ist, gewaltsam gegen den Preller niederdrücken. Die Hammerstiele dehnen sich dabey in ihren Hülsen um Zapfen, mittelst welchen sie in dem Hammergerüste hängen. Vor jedem Hammer stehet sein Amboß, und über demselben hängt die Stemmschützenstange herab, durch welche der Arbeiter die Schützen des Gerinnes stellt, und nach Erforderniß Wasser auf das Rad fallen lassen kann.

c) Die Bahn der Hämmer ist auf einem Schleifsteine abgeschliffen und polirt; und, gleich den Ambossen, haben sie eine verschiedene Gestalt und Namen, von welchen die vorzüglichsten sind: α) der Scharfhammer; β) der Breithammer, welche beyde dazu dienen, Latun oder Bleche zu schlagen; und von denen beyde eine cylindrische, der erstere eine schmälere, der zweyte eine breitere Bahn haben; γ) der Tiefhammer, der auf den Kesselschläger-Hütten zum Bearbeiten der vertieften Sachen gebraucht wird; und δ) der Schierhammer, der dazu bestimmt ist, auf einem spitzen Amboß die Beulen aus den messingenen Schalen zu schlagen.

d) Der Schleifstein dienet dazu, um die Bleche abzuschleifen; und die Stockscheere, um die Bleche oder Kesselschalen damit zu beschneiden. Der eine Schenkel dieser Scheere hat eine Angel, welche in einem Klotze befestiget ist; der andere hat einen langen Arm, mittelst welchem man beym Beschneiden die Scheere anfasset. Die Schneiden dieser Scheere sind nur kurz, aber stark verstählt; die Scheere ist auf dem Klotze des Hammerambosses angebracht; das Ganze ist $2\frac{1}{2}$ bis 3 Fuß lang.

e) Die in der Hütte angestellten Arbeiter oder Latunschläger, erlernen die Kunst auf der Hütte in 4 oder 5 Jahren, und sind daselbst zünftig. In jeder Hütte arbeiten gemeiniglich ein Meister und zwey Gesellen. Sie arbeiten die Messingtafeln zu dünnen Blechen von verschiedenen Nummern aus.

f) In großen Latunhütten werden gemeiniglich 50 Centner Messingtafeln mit einem Male ausgeglühet, und nachdem solches auf der Glühe, die mit Holz geheizt wird, erkaltet ist, wird dasselbe von dem Latunschläger unter dem Hammer dergestalt gelenkt, daß der Hammer, nach der Breite des Messings, immer einen Schlag nach dem andern thut, und die Schläge einander so nahe stehen, daß sie nicht wahrzunehmen sind. Ist das Latun auf der einen Seite nach Parallellinien (der Breite nach) übergeschmiedet, dann wird solches umgekehrt, und auf gleiche Weise der Länge nach ausgeschmiedet. Weil aber gewöhnlich die Länge des Blechs seine Breite um ein ziemliches übertrifft, so muß das Schlagen nach der Breite öfters wiederholt werden. Haben sich die Stücken unter dem Hammer um etwas ausgedehnt, dann werden beym fernern Schlagen die Bleche zugleich, die über einander liegen, unter den Hammer gebracht und ausgeschmiedet, welches dann eine Ete genannt wird.

g) Nach den vorgeschriebenen Nummern, welche von dem Direktor des Messingwerks bestimmt werden, wird nun das Messingblech nach verschiedener Dicke ausgedehnt. Gemeiniglich werden davon unterschieden: Nummer 1. das Rollblech, welches das dünnste ist, woraus die Platten auf den Knöpfen der kleinen Nägel verfertigt werden. Nr. 2. das Klempnerblech oder Beckenschläger-Latun, welches wieder von Nr. 1. bis 17. von verschiedener Dicke angefertigt wird, so daß das Eine von dem Andern nur wenig abweicht. Nr. 3. das Schlösserlatun, welches dicker als das Vorige ist. Seine verschiedenen Sorten werden mit Buchstaben von a bis n bezeichnet, und schlechtweg Blech genannt. Bey dieser Sorte zeigt die höhere Nummer allemal ein feineres Blech an. Nr. 4. das Trommelblech, welches von verschiedener Dicke für die Trommeln der Infanterie, die der Dragoner und die der Garnisonregimenter angefertigt wird.

h) Auf einigen Messingwerken werden die Bleche nach dem Ausstrecken noch mittelst Walzen geglättet

i) Um sie zu reinigen und blank zu machen, werden sie gescheuert, und mit Theergalle (§. 772. b.) oder mit durch Wasser verdünnete Schwefelsäure, (aus 1 Theil Säure und 16 Theilen Wasser), gebeizt, und zuletzt noch gescheuert.

(P. A. Chambrier von der Verbesserung des Messings. In den Mémoires de la Société à Gèneve. T. I. Pars 2. pag. 43 etc. Anmerkungen vom Messing, aus Uffenbachs Reisen. In Junkers Leipziger Sammlung. 151. Stück. S. 544 rc. Von der Hagen Beschreibung der Messinghütte zu Neustadt-Eberswalde. In dessen Beschreibung der Stadt Neustadt-Eberswalde. Berlin 1788. 4. Joh. Beckmann's Anleitung zur Technologie rc. 6. Ausgabe. Göttingen 1809. S. 598 rc. Jacobsons technolog. Wörterbuch. 3. Th.)

Die Kesselschlägerhütte.

§. 822.

Die Kesselschlägerhütte, welche mit der Latunhütte allemal verbunden ist, ist dazu bestimmt, die viereckigen Tafeln von Messing (die Schroten) zu dünnen Scheiben auszuschmieden; die weitere Ausarbeitung dieser Scheiben zu wirklichen Kesseln wird in dem Bereithause, durch die Kesselbereiter, veranstaltet.

a) Von jenen Stücken, werden beym Ausschmieden gewöhnlich 5 Scheiben, oder wenn sie schwer sind, nur 4 Scheiben aufeinandergelegt, welche mit dem eingelegten Rande der äußern Scheibe zusammengefügt oder gefalzt umgeben sind. Ein solcher Pack heißt eine Külette, und wird mit einem Male zu Kesseln vertieft, wobey der Arbeiter in einer Grube vor dem Amboß sitzt.

(Jacobsons technologisches Wörterbuch rc. 2. Th. 1782. S. 392 rc.)

Die Fabrikation des Messingdrathes.

§. 823.

Die Messingbleche, welche zu Drath gezogen werden sollen, werden, nachdem sie mit dem Breithammer dünn genug geschmiedet sind, von einer Scheere, die von der Welle eines Wasserrades in Bewegung gesetzt wird, zu Drathriemen, (zu Zainen oder Regalen) geschnitten, und dann auf der Ziehbank zu Drath ausgezogen.

a) Der Daum der Welle stößt hiebey den Zieharm, welcher mit dem beweglichen Schenkel der Scheere verbunden ist, vorwärts, und schließt selbige. Dahingegen eine elastische Prellstange, welche durch die erste Bewegung gebogen worden ist, die Scheere wieder öffnet, sobald als der Daumen den Schwengel des Zieharms verlassen hat. Der Arbeiter schiebt den Drathriemen in der Scheere, welche im zweyten Stockwerk steht, durch dessen Fußboden der Zieharm zur Welle hinabgehet, herunter, und richtet sie nach der verschiedenen Breite.

b) Jene Riemen werden nun auf dem Drathzuge zu wirklichen Drath gezogen. Die Daumwelle stößt dabey einen Hebel zurück, welcher durch den Boden des obern Stockwerks gehet, und daselbst anf der Ziehbank eine Stange, die in ihrer Ruthe mit einer Schraube an einem Blocke, welche in Falzen läuft, befestigt ist, zurückziehet, worauf diese, wenn der Daum den Hebel verläßt, durch eine Prellstange wieder auf der Ziehbank vorwärts geschoben wird.

c) Vor jener Zange stehet das stählerne Zieheisen mit trichterförmigen Löchern, deren engste Oeffnung der Dicke des Drathes gleich ist, und erforderlichen Falles, mit dem Läufter vergrößert wird. Die Zange, welche sich vor dem Zieheisen öffnet, schließt sich wieder, indem sie in den Falz zurückgeschoben wird, und ziehet dem von den Zieheisen gefasseten Faden mit sich, welchen sie dann fahren läßt, wenn sie so weit gekommen ist, daß sie sich wieder öffnen kann.

d) Der Drathzieher richtet anfangs das eine Ende des Riemens mit dem Hammer und der Feile durch das Ziehloch, und windet den gezognen Drath durch ein anderes Zieheisen auf eine Winde oder Scheibe der Welle im untern Stockwerk, die einen Trilling hat, welcher von einem Kammrade an der Daumwelle umgetrieben wird, sobald der Arbeiter beyde mit einander in Verbindung setzt.

e) Damit der Drath nicht spröde werde, wird selbiger jedesmal, bevor er durch ein engeres Loch gezogen wird, geglühet und in Talg abgelöscht.

f) Der fertige Messingdrath wird endlich durch eine Sauerbeize (§. 821. i.) vom Schmutz gereinigt, und dann zum Theil zu Nadeln verarbeitet, zum Theil aber durch die Scheibenzieher zu Claviersaiten und unächten Tressenfäden verfeinert.

(Joh. Beckmann's Anleitung zur Technologie ꝛc. 6te Ausgabe 1809. S. 695 ꝛc. Die Messingdrathzieher. In Weigels Hauptständen ꝛc. S. 292 ꝛc. Jacobson's technologisches Wörterbuch ꝛc. 1. Theil 1781. S. 449 ꝛc. und 5. Theil. 1793. S. 407 ꝛc.)

Siebenundvierzigster Abschnitt.

Die Münzkunst.

§. 824.

Die Münzkunst bestehet in der mechanischen Kunstfertigkeit, allerley Münzen von Metall, nach gegebnen Vorschriften anzufertigen oder auszuprägen, die, wenn sie durch ein obrigkeitliches Gepräge als geltend bestätigt sind, Geld genannt werden.

a) Geld heißt alles dasjenige, was in irgend einem Lande gebraucht wird, um Waaren dagegen einzutauschen, oder damit zu bezahlen. Auf der Küste von Guinea, Bengalen und auf den Philippinen, werden die Schneckengehäuse der Cypraea moneta, so wie einige andere Arten dieser Gattung (Boujes oder Kauris genannt), welche an den Ufern der Maldwin gefischet und von den Holländern das Pfund für 1 Groschen eingetauscht werden, statt des metallenen Geldes gebraucht.

b) Wahre Münzen sind zur Eintauschung aller andern Waaren bestimmt, und werden dazu angewendet. Hierdurch unterscheiden sie sich von den Medaillen, den Jettons, den Preismünzen, und den Rechenpfennigen ꝛc.

c) Das Gepräge der Münzen bestehet in einem mittelst dem Münzstempel aufgedruckten Zeichen, durch welches die Regierung eines Landes den Werth der Münze andeutet; welcher aus der Feinheit und der Quantität des edlen Metalles entstehet. Das Bildniß, das Wappen, so wie der Name des Regenten eines Landes, sichert dem Empfänger der Münze die Gewährleistung ihres Werths.

d) Die klingenden Münzen aus edlen Metallen geprägt, unterscheiden sich dadurch von den Rechnungsmünzen, welches nur eingebildete Münzen sind, nach denen man rechnet, wenn gleich sie nicht alle im Umlaufe sind: wie z. B. das Pfd. Sterling der Engländer; die Livres und Sols der Franzosen; die Scudi di Banco und die Lire in Venedig; die Scudi di Camera und die Paoli in Rom ꝛc.

e) Eine systematische Vereinigung aller derjenigen Kenntnisse, welche das Münzwesen in sich begreift, wird die Münzwissenschaft (Scientia numismatica) genannt.

f) Die Münzwissenschaft zerfällt wieder in fünf verschiedene Theile, dahin gehören: 1) der technologische Theil oder die Münzkunst, welche die Verfertigung der Münzen lehrt; 2) der historische Theil, welcher die Geschichte des Geldes oder der Münzen und der münzwissenschaftlichen Verordnungen derselben in sich begreift; 3) der antiquarische Theil, oder die Numismatik, welcher die Kunst der alten nicht mehr gangbaren Münzen in sich begreift; 4) der merkantilische Theil, welcher den innern und äußern Werth der gangbaren Münzen und ihr Verhältniß zu einander lehrt; 5) der politische Theil, welcher alles dasjenige in sich fasset, was bey den Münzen in Rücksicht des Gemeinsinns zu beobachten ist.

(Joh. Beckmann's Anleitung zur Technologie. 6te Ausgabe. S. 641 ꝛc. Dessen Waarenkunde. 1. Theil. S. 350 ꝛc. Praun (von) gründliche Nachricht von dem Münzwesen insgemein, insbesondere aber von dem deutschen Münzwesen alter und neuer Zeiten. 3te Aufl. von J. F. Klotzsch. Leipzig 1784. 8. J. G. Busse Kenntnisse und Betrachtungen des neuen Münzwesens für Teutschland. 2 Theile. Leipzig 1795 und 1796. 8. J. G. Dieze (Großherzogl. Badenschen Münzrath) Geschichtliche Darstellung des alten und neuen deutschen Münzwesens ꝛc. Weimar 1817. 8. Franz Xavier Weilmeyer allgem. miasmatisches Lexicon oder Münzwörterbuch ꝛc. 1. u. 2. Th. Salzburg 1817. 8. Mit Kupfern.)

§. 825.

Zu den Metallen, welche ganz vorzüglich zu Münzen ausgeprägt werden, gehören das Gold, das Silber und das Kupfer, oder auch ihre Versetzung unter einander. Gold und Silber ohne Versetzung mit einander, oder mit Kupfer, werden feine Metalle genannt. Man berechnet den innern Werth der Münzen nach der Mark des feinen Metalls, welches darin enthalten ist.

a) Ganz reine edle Metalle, nämlich Gold und Silber, werden fast niemals zu Münzen ausgeprägt. Sie werden vielmehr allemal vorher, in bestimmten quantitativen Verhältnissen, zusammen geschmolzen d. i. legirt oder karadirt.

b) Das Gold wird entweder mit Kupfer oder mit Silber, oder auch mit Silber und Kupfer zugleich legirt. Diesem gemäß unterscheidet man die Legirung des Goldes α) in die rothe; β) in die weiße und γ) in die gemischte. Auch wird sie die rothe oder die weiße Karadirung genannt.

c) Die Zusammenschmelzung der Metalle, die legirt oder karabirt werden sollen, geschieht in sogenannten Ipsertiegeln oder Passauertiegeln von Graphit.

d) In Deutschland wird das feine Metall in den Münzen beym Golde nach Karaten, beym Silber nach Marken berechnet.

e) Die Mark Silber enthält 16 Loth, oder 8 Unzen, oder 256 Richtpfennige, oder 512 Heller, oder 4352 Eschen, oder 65536 Richtpfennigtheile. Ganz feines Silber wird deshalb 16löthiges genannt.

f) Eine Mark fein Gold wiegt in Deutschland gleichfalls 16 Loth. Sie wird eingetheilt in 24 Karat oder 288 Grän. Feines Gold wird daher 24karäthig genannt.

g) Eine Mark legirtes edles Metall, wird eine rauhe oder beschickte Mark genannt. Der Gehalt des feinen Goldes, oder des Silbers in diesem, wird das Korn genannt. Der Gehalt des damit legirten unedlen Metalls, z. B. des Kupfers, wird das Schrot genannt.

h) Eine Münze ist α) entweder im Korn und im Schrot recht; oder β) sie ist im Korn recht und im Schrot zu schlecht; oder γ) sie ist im Schrot recht und im Korn zu schlecht; oder δ) sie ist im Korn und im Schrot zu schlecht.

§. 826.

Die Officianten, welche in einer Münze angestellt zu seyn pflegen, sind: 1) der Münzdirektor; 2) der Münzmeister; 3) der Münzwardein; 4) der Schmelzer; 5) der Stückmeister; 6) der Durchschneider; 7) der Münzschlösser; 8) der Sieder; 9) der Präger; 10) der Zuschläger. Außerdem gehören hiezu noch mehrere Nebengehülfen.

a) Der Münzdirektor hat die Generaldirektion über das ganze Münzgeschäft. Der Münzmeister bestimmt die Gewichte der Materialien, die zusammen legirt werden sollen. Der Münzwardein prüfet die Richtigkeit des Korns;

d. i er nimmt die Tiegelprobe, vor oder während dem Guß der Zainen, mit der Probekelle.

§. 827.

Die Anfertigung der Münzen zerfällt in acht verschiedene Operationen; dahin gehören: 1) das Legiren der Metalle; 2) das Ausgießen derselben in Stangen oder Zainen; 3) das Strecken der Zainen auf dem Streckwerke; 4) das Zerstückeln der gestreckten Zainen; 5) das Adjustiren derselben; 6) das Sieden derselben; 7) das Prägen der Münzen; 8) das Rändeln derselben.

a) Um die Metalle zu den Münzen zu legiren, werden sie von dem Münzmeister in bestimmter Quantität abgewogen, dann von dem Schmelzer in einem Ypsertiegel, im Windofen geschmolzen, und wenn der Wardein die Probe genommen hat, in Zainen ausgegossen.

b) Das Ausgießen wird mittelst eines eisernen mit Thon oder Kreide überwischten Löffels, entweder in ein angefeuchtetes Gemenge von Sand-Thon und Kohlenpulver, oder in den Planenbogen (nassen zusammengelegten Zwillich), oder auch wohl in eisernen Formen verrichtet.

c) Um das Strecken der gegossenen Zainen zu veranstalten, bedient man sich des Streck- oder Walzwerks, das durch Wasser- oder durch Thierkraft in Bewegung gesetzt wird. Vermöge dieses Streckwerks treiben ein Paar Getriebe zwey stählerne Walzen herum, zwischen welchen die Zainen zu dünnen Blechen ausgewalzt werden. Vor den Walzen befindet sich der Durchlaß, aus welchem die Zainen von den Walzen in Empfang genommen werden, nachdem sie vorher einige Mal auf dem Roste des Glühofens, oder in der Glühpfanne, ausgeglühet worden waren. Zum Ausglühen bedient man sich eines Windofens mit einer Seitenkammer, in der das Feuer brennt.

d) Die noch nicht dünn genug gestreckten Zainen werden nun auf die Adjüstirbank (das Adjüstirwerk) gebracht.

Dieses besteht in einem eisernen gezähnten Balken, der auf einer Bank ruhet, und mittelst einem Getriebe von 2 Kurbeln hin und her bewegt wird. Eine an dem Balken festsitzende Zange ziehet nun die Zainen durch den am Ende der Bank aufgerichteten Durchlaß, nämlich durch den Zwischenraum zweyer starken Backen oder Tafeln aus Stahl hindurch, die nach Erforderniß einander genähert und von einander entfernt werden können.

e) Das Zerstückeln der gestreckten und adjustirten Zainen, oder die Ausstückelung derselben, ist dazu bestimmt, das Metall entweder in Scheiben oder in Platten zu verwandeln. Dazu bedient man sich des sogenannten Durchschnitts. Diese Maschine besteht in einem eisernen Gerüste, in welchem ein Stempel oder Drucker senkrecht niederfällt. Jener Stempel ist unten mit einem kleinen hervorstehenden schneidenden stählernen Rande versehen. Fällt er nun auf die Zaine, welche auf einer durchlöcherten, gleichfalls mit einem schneidenden Rande versehene Unterlage ruhet, so schneidet er eine runde Platte aus, die dann durch das Loch der Unterlage in eine Schieblade fällt. Die Bewegung des Stempels wird entweder mittelst einer Kurbel, durch die Hand, oder mittelst eines Steigbiegels, durch den Fuß verrichtet.

f) Hierauf werden die Platten dem Justirer übergeben, der sie genau abwiegt, die zu leichten zurückwirft, die zu schweren aber befeilt, damit die bestimmte Anzahl für die Mark passe.

g) Nun werden sie blank gesotten. Dieses geschiehet, indem man sie in einem Kessel mit Wasser, Kochsalz und Weinstein siedet; oder auch bloß in mit vielem Wasser verdünnter Schwefelsäure einweicht; worauf sie mit Kohlenpulver entweder in einer Scheuertonne oder in einem schmalen Sacke von Zwillich gescheuert, und dann getrocknet werden.

h) Jetzt sind die Platten zum Prägen vorbereitet. Dieses geschah vormals mit einem Hammer, mittelst welchen man auf den Stempel schlug, der auf die Platte gesetzt ward. Jetzt wird das Ausprägen der Münzen, mittelst der Prägwerke (dem Druckwerk oder Stoßwerk, dem Anwurf) veranstaltet.

i) Nach der Ausprägung werden die Münzen noch gerändelt, wenn solches verlangt wird, wozu das Rändelwerk oder Kräuselwerk in Anwendung gesetzt wird.

Das Prägwerk, das Klipwerk und das Rändelwerk.

I. Das Prägwerk.

§. 828.

Das Prägwerk oder Druckwerk, womit man die Münzen ausprägt, besitzt folgende Einrichtung: die senkrechte Schraube einer starken Presse drückt mittelst dem Schieber der Prägstange des obern Gepräges, (der in Stahl geschnitten ist) auf die Platte herunter, welche auf dem Prägeklotze und unter dem Stempel liegt. Mittelst eines großen metallnen Schlüssels, der an den Enden mit metallnen Kugeln verbunden ist, wird nun die Schraube in Bewegung gesetzt: indem die Arbeiter selbige, vermöge der an die Kugeln gebundnen Seile, hin und her schwenken; und mit Hülfe der Wippe (eines in einer Gabel hängenden Hebels, der an einem Ende mit Gewichten beschwert ist) wird nun der obere Stempel, nach geschehenem Drucke, wieder in die Höhe gehoben.

a) Des Prägewerks bedient man sich gemeiniglich nur zu den großen Münzen; zu den kleinern wird das Klipwerk oder Schlagwerk in Anwendung gesetzt.

b) Man hat auch Druck-Prägwerke, die vom Wasser getrieben werden, wobey die Schraube die zum Prägen nothwendige Bewegung von selbst verrichtet, und wobey nur die Platten durch einen Arbeiter unter die Stempel geschoben werden.

c) Der bekannte Engländer Bolton, zu Birmingham, hat

im Jahre 1790 die Einrichtung getroffen, daß alle Werkzeuge bey dem Münzwerke durch eine Dampfmaschine in Bewegung gesetzt werden. Die Zainen werden dadurch gewalzt; die Platten werden zerschnitten und ausgeprägt. Acht Stempel arbeiten dabey zugleich; jeder liefert in einer Minute 70 bis 84 Platten, und alle 8 zusammen genommen in einer einzigen Stunde 30 bis 40,000 Stück Platten. Die Inschrift kann damit zum Theil erhoben zum Theil vertieft dargestellt werden; und vier Knaben sind im Stande, mittelst dieses Münzwerks 30,000 Stück Guineen in einer Stunde zu prägen.

d) Ein andres Prägwerk hat der Uhrmacher Droz in Neufchatel erfunden, mittelst welchem die Münzen, durch einen einzigen sehr starken Druck, mit den Rändern ganz geprägt werden, und zwar, ohne Rücksicht auf die Größe und die Beschaffenheit des Metalls, 60 Stück in einer Minute.

e) Die vollkommen gut ausgefallen geprägten Münzen werden Eisalien genannt. Die Seite der Münze, auf welcher das Brustbild stehet, heißt der Avers; die entgegengesetzte, auf welcher das Wappen sich befindet, wird der Revers genannt.

II. Das Klipwerk oder Schlagwerk.

§. 829.

Nur die größern Münzen werden mittelst des Präg- oder Stoßwerks geprägt; zu den kleinern wird das Klipwerk oder Schlagwerk in Anwendung gesetzt.

a) Bey dem Klipwerk liegt die Platte zwischen 2 Stempeln. Der obere Stempel wird von einem Arbeiter mittelst einer Wippe mit dem Fuße emporgehoben, worauf er ihn fallen läßt, und nun ein andrer Arbeiter mit einem schweren Hammer darauf schlägt.

b) Auch werden wohl goldne und silberne Münzen durch ein Walzwerk oder Taschwerk geprägt, wobey 2 Walzen, eben so wie beym Streckwerke, durch Menschen oder durch Wasserkraft herumgetrieben werden, von denen die eine den eingestochenen Avers, die andre hingegen den Revers enthält, und beyde das Gepräge auf den zwischen sich genommenen Zainen eindrücken; worauf sie nun noch den Durchschnitt (§. 827. e.) passiren.

III. Das Rändelwerk oder Kräuselwerk.

§. 830.

Um die geprägten Münzen vor dem Beschneiden zu sichern, hatten schon die alten Römer die Gewohnheit, ihren Münzen einen gekräuselten Rand zu geben. Aber Castaing, ein Franzose, erfand bereits im Jahr 1685 eine eigne Maschine dazu, so wie sie noch jetzt gebräuchlich ist.

a) Das Kräuselwerk oder Rändelwerk besteht in 2 Walzen oder Stangen, von welchen entweder die eine allein, oder auch jede zur Hälfte gekräuselt, oder beschnitten ist. Zwischen beyden Walzen wird nun die Münze dergestalt eingezwängt, daß der Rand derselben den bestimmten gekräuselten Eindruck empfängt. Auch wird auf gleiche Weise der Rand mit Einschriften versehen.

b) Die Randschriften sollen die Engländer bereits unter Cromwell, um die Mitte des 17ten Jahrhunderts eingeführt haben. Man pressete die Münze zu dem Behufe in einen stählernen Ring, der die eingegrabne Schrift enthielt, so stark aneinander, daß solche den Eindruck des Ringes annehmen mußte.

Der Schlageschatz.

§. 831.

Um die Kosten auszubringen, welche das Prägen der Münzen veranlasset, werden solche in den meisten Ländern auf die Münzen selbst gelegt; auch bleibt dem Regenten, der die Münze schlagen läßt, dabey noch eine besondere

Provision übrig. Man giebt ihnen nämlich einen geringern Gehalt an feinem Metall, als sie eigentlich enthalten sollten, und dieses wird der Schlageschatz genannt.

a) Der Unterschied zwischen dem innern Werthe der Münze, Minus dem Schlageschatz, und zwischen dem äußern durch das Gepräge angedeuteten Werthe, wird das Münzregale genannt.

Der Münzfuß.

§. 832.

Der Münzfuß bestehet in einer obrigkeitlichen Bestimmung des Schrots und des Korns (§. 825. g. u. h.) bey den gangbaren Münzen. Durch den Münzfuß wird 1) das quantitative Verhältniß des Goldes und des Silbers in der Münze festgesetzt; 2) der Preis einer feinen Mark vom edlen Metall; 3) die Legirung derselben zu jeder Münzart; 4) die Kosten der Legirung und die der Münzung; 5) die Anzahl der einzelnen Münzstücke, welche aus einer feinen und einer rauhen Mark verfertigt werden sollen.

a) Man nennt den Münzfuß schwer, wenn die Münzen nach selbigem feiner ausgeprägt werden.

b) Höher wird der Münzfuß genannt, wenn solcher eine Menge Geld in sich begreift, das nicht der eigenthümliche Werth besagt.

c) Der 20 Guldenfuß ist z. B. schwerer als der 24 Guldenfuß; aber der 24 Guldenfuß ist höher als jener.

d) Beym 20 Guldenfuß werden auf eine Mark fein Silber 20 Gulden ausgeprägt. Beym 24 Guldenfuß hingegen 24 Stück. Ein jedes Land hat seinen eignen Münzfuß.

e) Nach dem Preußischen Münzfuße wird die Mark fein Silber zu 14 Thalerstücken ausgeprägt, und das Verhältniß des Silbers zum Golde, wie, 1 : 13⅔. Nach dem Con-

Conventionsfuße wird die Mark fein Silber zu 20 Gulden ausgeprägt, und das Verhältniß des Silbers zum Golde wie 1 : $14\frac{1}{7}$ genommen.

f) Nach dem Conventionsfuße rechnen besonders Oestreich, Sachsen, Braunschweig-Wolfenbüttel.

g) Nach dem 24 Guldenfuß rechnen besonders Schwaben, Franken 2c.

Das Valviren und das Devalviren.

§. 833.

Valviren und Devalviren sind Ausdrücke, mit welchen die genaue Bestimmung und Ausmittelung des Schrots und Korns in einer Münze, und ihr Werth nach einem gewissen Münzfuße, bezeichnet wird. Die Ausübung dieses Geschäfts selbst, wird durch den Münzwardein veranstaltet, der zu dem Behuf überall ein Stück von dem gestempelten Gelde aufbewahrt, welches die Stockprobe genannt wird. Das Valviren der Münzen geschiehet entweder mittelst des Probiersteins, oder durch die Probierung auf der Kapelle.

a) Zur Probe auf dem Probiersteine, bedient man sich der Probiernadeln, die aus bestimmten quantitativen Verhältnissen der in der Münze mit einander legirten Metalle, zusammengesetzt sind. Mit den zu probierenden Münzen wird, nachdem sie vorher etwas abgefeilt werden, ein Strich auf den Probierstein gemacht, und nun mit der Nadel, deren Gehalt an feinem Metall bekannt ist, ein Gegenstrich gemacht, bis man Uebereinstimmung in der Farbe findet.

b) Bey der Probierung der Goldmünzen müssen bestimmte Nadeln zur weißen, zur rothen und zur gemischten Karadirung vorräthig seyn.

b) Genauer, als mit den Probiernadeln, geschieht das Valviren der Münzen durch die Probe auf der Kapelle, wobey das Probegewicht zur Bestimmung genommen wird.

Die Probierung des Silbers.

§. 834.

Um die Probierung des Silbers auf der Kapelle zu veranstalten, wird solches mit Bley in dem Probierofen zusammengeschmolzen und dann das Bley auf der Kapelle abgetrieben: da dann das Gewicht des rückständigen Silberkorns, den Gehalt des feinen Silbers in der geprüften Münze andeutet.

a) Man wiegt ein Stück des Silbers, das probiert werden soll, auf der Probierwaage genau ab. In die Kapelle legt man ein Stückchen Bley, dessen Gewicht, dem Gewichte des zu probierenden Silbers und seinem ohngefähren Gehalt an Kupfer proportionirt seyn muß. Wenn das Bley schmelzt, thut man das Silber hinzu, das nun bald in Fluß kommt.

b) Nun wird die Feuerung fortgesetzt, da dann das Bley sich allmählig verschlackt, sich in die Kapelle hineinziehet, das unedle Metall mit sich nimmt, und das edle Metall hellglänzend auf der Kapelle zurück läßt.

c) Das reine Silberkorn wird nun herausgenommen, nach dem Erkalten am untern Theile mit der Kratzbürste polirt, dann auf der Probierwaage gewogen, und sein Gewicht bestimmt.

d) Zur Gewichtsbestimmung bedient man sich dabey des Probiergewichts. Ist solches ein Grängewicht, so werden für die Mark 256 Theile des Richtpfennigs gerechnet. Ist solches hingegen ein Pfenniggewicht, so werden die 256 Theile des Richtpfennigs für die Mark in Lothe, in Quentchen, in Pfennige und in Heller eingetheilt.

e) Bey dem Grängewichte sind 32 Richtpfennige = 2 Lothen; 16 Richtpfennige = 1 Loth, und 8 Richtpfennigtheile = 9 Grän.

f) Bey dem Pfenniggewichte, sind gleichfalls 32 Richtpfennigtheile = 2 Loth, 16 Richtpfennigtheile = 1 Loth; als 8 Richtpfenigtheile = 2 Quentchen; 2 Richtpfennigtheile = 2 Pfennige; und $\frac{1}{2}$ Richtpfennigtheil = 1 Heller.

Die Probierung des Goldes.

§. 835.

Das Probieren des Goldes wird auf eine ähnliche Weise, wie die des Silbers, veranstaltet; nur wird die Probemark dabey nicht in Lothe rc., sondern in Karate eingetheilt, wozu einige nur ein Viertheil, andre nur ein Achttheil Quentchen aus dem Richtpfennige nehmen. Man setzt nun eine verhältnißmäßige Quantität reines Silber zu, und zwar um so weniger, je schlechter das Gold ist. Jene Metalle werden hierauf, wie beym Silber, (§. 834.) mit Bley auf die Kapelle gebracht und abgetrieben. Das abgetriebene Korn wird dann gewogen, und das dabey bestimmte Gold und Silber nun noch durch die Quartation geschieden. Jenes ist der Fall, wenn das zu probierende Gold Kupfer und Silber zugleich enthält, also eine gemengte Karadirung erhalten hatte. Hatte solches dagegen bloß eine rothe Karadirung ausgestanden, dann ist die bloße Abtreibung auf der Kapelle mit Bley allein hinreichend, um beyde Metalle zu scheiden.

a) Je schlechter das Gold ist, desto weniger Zusatz von Silber ist erforderlich. Zu 22 karäthigem Golde von gemengter Legirung, wendet man auf 1 Theil Gold $2\frac{1}{2}$ Theil Silber und 10 Theile reines Bley an.

b) Das nach der Abtreibung auf der Kapelle rückständige silberhaltige Goldkorn, wird nun abgelöset, dann zu dünnen Blättchen ausgeschlagen, hierauf nochmals ausgeglühet und sodann dergestalt gebogen, daß es die Gestalt einer Düte annimmt.

c) Um jene Metallbüten nun der Quartation zu unterwerfen, übergießt man dieselben in einem gläsernen Kolben mit sehr reiner Salpetersäure, setzt diesen in die Wärme, und setzt die Digestion so lange fort, bis sich nichts mehr auflösen will.

d) Wenn die Salpetersäure nichts mehr auflöst, wird die Flüssigkeit abgegossen, der ungelöste Rückstand mit Wasser ausgesüßt, und dann in einem Tiegel ausgeglühet, da dann das Ausgeglühte das reine Gold darstellt, das gewogen wird.

e) Setzt man 256 Richtpfennigtheile = 24 Karat; so betragen 32 Richtpfennigtheil = 3 Karat; $21\frac{1}{3}$ derselben = 2 Karat; $5\frac{1}{3}$ Richtpfennigtheile sind = 6 Grän; und $\frac{8}{9}$ Richtpfennigtheile = 1 Grän ꝛc.

(Le Sage Kunst Gold und Silber zu probieren ꝛc. Mit 1 Kupfer. Reval und Leipzig 1782. 8. S. Stratingh, Ez. chemisches Handbuch für Polier Gold- und Silberarbeiter. Aus dem Holländ. übersetzt von J. H. Schultes. Augsburg 1829. 8.)

Nachtrag,

den Königl. Preuß. Münzfuß betreffend.

§. 836.

Die preußischen Goldmünzen bestehen aus doppelten, aus einfachen und aus halben Friedrichsd'oren; sämmtlich aus einer Masse geprägt, worin $\frac{65}{72}$ reines Gold und $\frac{7}{72}$ Zusatz enthalten sind.

a) 35 doppelte oder 70 einfache, oder 140 halbe Friedrichsd'ore, wiegen ein preuß. Pfund, welches 2 Mark köllnisch an Gewicht gleich ist.

b) Bey der Rechnung in Golde, wird der Friedrichsd'or zu 5 Thaler Gold angenommen.

c) In $193\frac{11}{23}$ Thalern preußischer Goldwährung, muß daher eine Mark reines Gold enthalten seyn.

d) Das Gesetz über die Münzverfassung in den Königl. preußischen Staaten vom 30sten September 1821 hat diese, wesentlich seit 1764 unverändert bestandenen Verhältnisse, zur öffentlichen Kenntniß gebracht und bestätigt.

e) An solchem Gold sind geprägt worden, seit Wiederherstellung des Münzfußes von 1750, durch das Münz-Edikt vom 29sten März 1764, bis zum 1sten Junius 1786, als dem sonst üblichen Schlusse des Rechnungsjahres, für 29 Millionen, 599,482$\frac{1}{2}$ Thaler. 2) Vom 1sten Junius 1786 bis dahin 1798, 12 Millionen 419,227$\frac{1}{2}$ Thaler; 3) Vom 1sten Junius 1798 bis 11ten October 1806, 13 Millionen, 305,677$\frac{1}{2}$ Thaler. 4) Vom 11ten October 1806 ab, (unter französischer Verwaltung) 790,585 Thaler. 5) Seit dem 1sten Januar 1809 bis zum 31sten December 1829, 10 Millionen, 64,597$\frac{1}{2}$ Thaler; also zusammen 66 Millionen, 179,570 Thaler.

f) Vom 1sten Junius 1793 bis dahin 1795 sind auch für 4 Millionen 178,043 Thaler Goldwährung in Dukaten unter preußischem Stempel geprägt worden, und außerdem haben noch Ausprägungen von Dukaten und andern Goldmünzen, im Betrage von 185,367 Thaler, in den Rechnungsjahren 17$\frac{88}{89}$; 17$\frac{89}{90}$; 17$\frac{95}{96}$; 17$\frac{96}{97}$ und 17$\frac{99}{1800}$ statt gefunden; welche Goldmünzen indessen, schon seit dem Jahre 1806, aus dem Umlaufe verschwunden zu seyn scheinen.

§. 837.

Den größten Theil des preußischen Silbergeldes, bilden die Thalerstücke, aus einer Masse von $\frac{3}{4}$ reinem Silber und $\frac{1}{4}$ Zusatz von Kupfer; so daß 21 Stück ganze Thaler, ein preußisches Pfund wiegen.

a) Hiervon sind geprägt worden: 1) von 1764 bis zum 1sten Junius 1786, 15 Millionen, 875,874$\frac{1}{2}$ Thaler. 2) Vom 1sten Junius 1786 bis dahin 1798, 14 Millionen 875,187$\frac{1}{2}$ Thaler. 3) Vom 1sten Junius 1798 bis 11ten October 1806, 9 Millionen, 643,312 Thaler. 4) Vom 11ten October 1806 ab (unter französischer Verwaltung) 1 Million, 536,341 Thaler; 5) In der Nothmünze zu Glatz, vom August 1807 bis Februar 1810, 32,653 Thaler. 6) Seit dem 1sten Januar 1809 bis zum 31sten December 1829, 55 Millionen 671,239 Thaler; also zusammen 97 Millionen, 634,507 Thaler

b) Unter obiger Angabe sind mit einbegriffen, diejenigen halben und Viertel-Thalerstücke, welche aus eben der Masse wie die ganzen Thalerstücke (doch hauptsächlich nur in den Jahren 1764 bis 1766) geprägt wurden, und wovon Beziehungsweise 42 Stück und 84 Stück, ein preußisches Pfund wogen.

c) Es sind nun nicht allein Thalerstücke aus allen Jahren, von 1764 einschließlich, auch halbe und viertel Thalerstücke, und (obwohl minder häufig) halbe und viertel Thaler, aus den Jahren 1750 bis 1754 im Umlaufe.

d) Daß preußische Thalerstücke auf fremden Münzstätten zu irgend erheblichen Quantitäten eingeschmolzen wären, ist kaum wahrscheinlich. Wenn also auch verhältnißmäßig nur ein kleiner Theil der preußischen Thalerstücke, die seit 1764 geschlagen worden, wieder eingeschmolzen seyn dürfte: so ist doch gewiß, daß sehr viele davon außer dem preußischen Staate im Umlaufe sind.

§. 838.

In Folge des Gesetzes über die Münzverfassung vom 30sten September 1821, wird nunmehr kein anderes kleines Courant geprägt, als Sechstel-Thaler. Aus diesem Gesetze gehet hervor, daß diese Geldstücke ein Sechstheil des Silberwerths des Thalers also $\frac{1}{84}$ Mark reines Silber enthalten sollen.

a) Da es allzu kostbar blieb, die vorhandenen großen Summen von Sechstelstücken einzuziehen und umzuprägen; so war man genöthigt, sich fortwährend der alten stark versetzten Massen zu bedienen, und suchte nur, durch ein sehr sorgfältiges Gepräge der neuen Sechstelstücke, die betrügliche Nachahmung zu erschweren.

b) Die ganze Ausprägung von kleinem Courant seit 1764 bis zum 31sten December 1829, nach Abzug der wieder eingezogenen Münzen, beträgt in $\frac{1}{6}$ Stücken 16 Millionen,

650,566$\frac{1}{2}$ Thaler. In $\frac{1}{3}$ Stücken, 16 Millionen, 897,789$\frac{1}{2}$ Thaler. In $\frac{1}{3}$ Stücken, 621,318 Stück; zusammen also 70 Millionen, 603,365$\frac{5}{8}$ Thaler. Die Thalerstückprägung, mit Einschluß der halben und viertel Thaler, betrug in demselben Zeitraume 97 Millionen, 634,507 Thaler; die ganze Silberprägung endlich, außer der Scheidemünze, 168 Millionen, 237,863$\frac{5}{8}$ Thaler.

§. 839.

Die alte Scheidemünze betrug über $\frac{1}{10}$ aller Silber- und Billon-Gelder. Sie war in solchen Massen vorhanden, daß Beutel mit 100 bis 500 Thaler Scheidemünze im Umlaufe waren, die Jeder wegen der Mühe des Auszählens uneröffnet weiter beförderte; wodurch Betrügereyen und die Verbreitung falscher Münze, sehr erleichtert wurden.

a) Das Aufgeld gegen das Silber stieg in den letzten Jahren bis zu 3 Procent. Alte Sechspfennigstücke $\frac{1}{48}$ gab es für 4 Millionen, 41,336 Thaler, 26 Silbergr, 8 Pfennige. die Friedrich der Große seit 1772 hatte prägen lassen. Derselbe ließ auch für 17 Millionen, 524,716 Thaler, 10 Silbergr., alte Groschen prägen, von denen jedoch 8 Millionen, 979 Thl. 17 Sgr. 6 Pf. wieder eingelöst wurden.

b) An Groschen und Düttchen wurden vom 1sten Junius 1786 bis 1sten Junius 1798, für 8 Millionen, 101,241 Thl. 21 Sgr. 3 Pf.; und vom 1sten Junius 1798 bis 11ten October 1806, für 17 Millionen, 316,008 Thl. 23 Sgr. 9 Pf. geprägt. Unter der französischen Verwaltung, für 3 Millionen, 938,540 Thaler und auf der Nothmünze zu Glatz, bis zum Februar 1810, in 3, 16 und 18 Kreuzerstücken, für 273,018 Thl., 1 Sgr.; also zusammen gab es an alter Scheidemünze, für 42 Millionen 215,672 Thl. 4 Sgr. 9 Pf.

c) Durch die Herabsetzung der Scheidemünze, auf $\frac{4}{7}$ ihres Werths, werden die Umprägekosten gedeckt. Man beschloß wöchentlich für 105,000 Thaler, des alten Nennwerths, einzuschmelzen, würde aber nicht weniger als 402 Wochen oder 7$\frac{3}{4}$ Jahre damit zu thun gehabt haben.

d) Verschiedene Umstände begünstigten und verzögerten das Geschäft. Im Jahr 1825 verschwand die alte Münze aus dem Verkehr. Nach Abschluß der Rechnung hat sich ergeben, daß nur 31 Millionen 815,887 Thaler Nennwerth, der alten Scheidung wieder zum Einschmelzen gekommen ist. Beynahe ¼ ist, im Verkehr, zufällig verloren gegangen oder auswärts umgeprägt worden.

e) An den alten kleinen Dreyern waren überhaupt von 1764 bis 1806 für 901,348⅝ Thaler ausgeprägt worden.

§. 840.

Die ganze alte Ausprägung in Kupfer, von 1764 bis 30. September 1821, betrug 341,994 Thaler, 26 Silbergroschen, 10½ Pfennig. Solches war der frühere Zustand der preußischen Scheidemünze.

a) An neuer Scheidemünze, Silbergroschen und Silbersechser, sind, vom 30. September 1821 bis zum Schluß des Jahres 1829, für 2 Millionen 469,329 Thl. 4 Sgr. ausgeprägt worden.

b) Die ganze neue Kupferausprägung vom 31. September 1821 bis zum Schluß des Jahres 1829, beträgt 403,115 Thl. 8 Sgr. 6 Pf.; welches bey einer Volkszahl von 12⅔ Million Einwohner (am Schlusse des Jahres 1829) nicht mehr als etwa 6 Sgr. $\frac{8}{10}$ Pf. für den Kopf beträgt.

(Berlin. Nachrichten von Staats- und gelehrten Sachen vom 31. Julius 1830. No. 175., und vom 4. August 1830. No. 178. in der Beylage.)

Ende.

Register.

C.

D.

E.

G.

H.

J.

K.

L.

M.

N.

O.

Q.

R.

U.

V.

W.

Z.

Errata.

Erste Abtheilung.

Seite 5	v. o.	Zeile	17	lies	Kunstgewerbe	statt	Kunstgewerke
— 21	—	—	10	—	Baumgarten	—	Baumgärten
— 39	—	—	16	—	Auchenia Vicuna	st.	Camelus Vicuna
— 118	—	—	26	—	Taf. I. Fig. 1.	statt	Fig. 1.
— 125	—	—	8	—	Taf. I. Fig. 2.	—	Fig. 2.
— 126	—	—	13	—	Taf. I. Fig. 3.	—	Fig. 3.
— 126	—	—	30	—	Taf. I. Fig. 4.	—	Fig. 4.
— 129	—	—	31	—	Taf. I. Fig. 1.	—	Fig. 1.
— 130	—	—	31	—	Taf. I. Fig. 3.	—	Fig. 3.
— 130	—	—	31	—	Taf. I. Fig. 5.	—	Fig. 5.
— 197	—	—	6	—	Taf. IV.	—	Taf. III.
— 201	—	—	5	—	Taf. IV. Fig. 13.	—	Taf. III. Fig. 4.
— 210	—	—	23	—	Taf. IV. Fig. 12.	—	Taf. II. Fig. 8.
— 240	—	—	6	—	Taf. IV. Fig. 9.	—	Taf. II.
— 273	—	—	25	—	Taf. V. No.	—	Taf. IV. Fig.

Zweyte Abtheilung.

Seite 95	v. o.	Zeile	8	lies	Stolten	statt	Stollen
— 95	—	—	11	—	gestolteten	—	gestolleten
— 123	—	—	26	—	Waid	—	Wald
— 175	—	—	19	—	Lupulin	—	Lupulis
— 259	—	—	21	—	sind	—	ist
— 329	—	—	32	—	den Comment.	statt	Comment.
— 521	—	—	29	—	Spiegeltafeln	—	Tafeln
— 545	—	—	23	—	worden sind	—	worden
— 549	—	—	20	—	Goldmünzen	—	Geldmünzen
— 549	—	—	23	—	Goldmünzen	—	Geldmünzen

Nachricht für den Buchbinder.

Sämmtliche Kupfertafeln werden der ersten Abtheilung beygebunden.

Kolibri 360 GmbH
Ferdinand-Jühlke-Straße 7
99095 Erfurt, Deutschland
produktsicherheit@kolibri360.de